Reine und angewandte Metallkunde in Einzeldarstellungen
Herausgegeben von W. Köster
7

Plastische Eigenschaften von Kristallen und metallischen Werkstoffen

Von

Dr. habil. Albert Kochendörfer

Dozent für Physik an der Technischen Hochschule Stuttgart
Wissenschaftlicher Mitarbeiter des Kaiser-Wilhelm-Instituts
für Metallforschung

Mit 91 Abbildungen

Berlin
Verlag von Julius Springer
1941

ISBN-13: 978-3-642-98485-3   e-ISBN-13: 978-3-642-99299-5
DOI: 10.1007/978-3-642-99299-5

Vorwort.

Die experimentelle Erforschung des plastischen Verhaltens der Einkristalle hat vor etwa 20 Jahren in großem Umfange eingesetzt, nachdem nahezu gleichzeitig die äußeren Vorbedingungen, die Möglichkeit der Herstellung großer Einkristalle beliebiger Form und der Anwendung der Röntgeninterferenzverfahren zur Untersuchung des Verformungsvorgangs, erfüllt waren. Die Ergebnisse einer 15jährigen Forschungsarbeit haben in den Büchern von Schmid und Boas (1935, 1) und Elam (1935, 1) ausgezeichnete zusammenfassende Darstellungen erhalten. Der lebhafte Anteil, den diese Forschungen in Wissenschaft und Technik gefunden haben, war sicher zum großen Teil durch die Hoffnung bedingt, auf diesem Wege zu einem Verständnis des plastischen Verhaltens der technischen Werkstoffe zu gelangen, nachdem sich die Erkenntnis Bahn gebrochen hatte, daß durch technische Untersuchungen allein die grundlegenden Gesetzmäßigkeiten der Kristallplastizität nicht ermittelt werden können. Aber gerade in dieser Hinsicht wurden die Erwartungen nicht erfüllt, und auch auf dem Gebiet der Einkristalle selbst waren die Versuche, eine einheitliche theoretische Grundlage hinter der Mannigfaltigkeit der experimentellen Erscheinungen zu finden, zunächst wenig verheißungsvoll.

Die Lage im Jahre 1935 hat P. P. Ewald (1936, 1) in einer Besprechung der obengenannten Bücher als „einen Kampf um die Ermittlung der Zustandsgrößen" gekennzeichnet. Durch diese sehr treffende Formulierung der Fragestellung angeregt, habe ich mich in den letzten Jahren eingehend mit diesen Problemen befaßt. Die zum großen Teil bisher unveröffentlichten Ergebnisse sind in diesem Buch, mit dem ich mich gleichermaßen an den Wissenschaftler wie an den Techniker wende, dargestellt.

Die Schwierigkeiten, welche sich einer umfassenden Behandlung dieser Fragen entgegenstellen, können am besten durch die Tatsache gekennzeichnet werden, daß die plastischen Eigenschaften „strukturempfindliche" Eigenschaften im Sinne Smekals sind, d. h. durch geringfügige Unterschiede im Kristallgefüge, die vielfach noch gar nicht unmittelbar gemessen werden können, maßgebend beeinflußt werden. Es ist bis heute auch noch nicht gelungen, genaue theoretische Vorstellungen von ihnen zu gewinnen und damit eine rein deduktive Theorie der Kristallplastizität zu entwickeln, wie das bei den „strukturunempfindlichen" Eigenschaften, für welche vorwiegend die Eigenschaften des idealen, d. h. vollkommen regelmäßig gebauten Gitters bestimmend sind, in großem Umfange möglich geworden ist.

Einen Ausblick, wie man auch unter diesen Umständen zu einer geschlossenen und quantitativen Theorie gelangen kann, eröffnet die Tatsache, daß die allgemeinen mechanischen und thermodynamischen Gesetzmäßigkeiten auch in diesen Fällen gültig sein müssen und nur die Bedingungen, unter denen sie zur Anwendung kommen, nicht sehr einfach sind. Die Aufgabe besteht dann darin, von dem experimentellen Tatsachenmaterial ausgehend, die in den Einzelerscheinungen enthaltenen gemeinsamen Grundzüge herauszuschälen, die ihnen zugrunde liegenden allgemeinen Gesetzmäßigkeiten zu finden und mathematisch zu fassen. Selbstverständlich können in den so erhaltenen Beziehungen die Einzelheiten, von denen man von vornherein abgesehen hat, auch nicht enthalten sein. Die Beweiskraft der gebildeten Vorstellungen liegt aber in einer ganz anderen Richtung, nämlich in der Vollständigkeit, mit der sie alle allgemeinen Beobachtungsergebnisse richtig wiedergeben können. Dieser Punkt wird häufig nicht beachtet, wenn unter Zugrundelegung bestimmter Modellvorstellungen einzelne Erscheinungen zwar sehr genau erfaßt, andere wesentliche Tatsachen aber nicht berücksichtigt werden. Zu einer häufig anzutreffenden Überbewertung dieser Theorien trägt sicher die durch nichts gerechtfertigte Anschauung bei, daß eine deduktive Methode an sich wertvoller sei als eine halbempirische Methode. Wohl ist erstere das erstrebenswerte Ziel der Forschung; es hieße aber auf wertvolle Erkenntnisse verzichten, wenn man einen anderen zunächst gangbaren Weg außer acht lassen würde, der die Möglichkeit einer mathematischen Fassung bietet, durch welche Umfang und Grenzen der Aussagen eindeutig umrissen und unklare Behauptungen ausgeschlossen werden.

Ich habe mich überall bemüht, den physikalischen Inhalt der Fragestellungen und der Ergebnisse möglichst anschaulich herauszustellen, um auch dem mathematisch weniger geschulten Leser ein gutes Verständnis zu ermöglichen. Außerdem habe ich einige Rechnungen, die den Gang der Entwicklung unterbrochen hätten, in einem besonderen Kapitel durchgeführt.

Im experimentellen Teil des I. Kapitels über die einsinnige homogene Verformung von Einkristallen konnte ich auf Einzelheiten in den Versuchsergebnissen, die bereits mehrfach ausführlich dargestellt sind, zugunsten einer eingehenden Behandlung der Versuchsmethodik verzichten. Diese war in den letzten Jahren häufig der Gegenstand kritischer Betrachtungen, die oft die Brauchbarkeit des größten Teils der vorhandenen Messungen in Frage stellten. Demgegenüber bin ich auch zu einer positiven Bewertung der „unter nicht genau bestimmten Versuchsbedingungen" durchgeführten Messungen gelangt und habe die Bedeutung der so ermittelten „praktischen Meßwerte" für die wissenschaftliche Forschung und die technische Anwendung aufgezeigt. Auf der anderen Seite habe ich klar betont, bei welchen Fragestellungen auf eine genaue Versuchsführung, die an den vorhandenen Beispielen erläutert wird, zu achten ist, wenn die Versuchsergebnisse eindeutige Schlußfolgerungen ermöglichen sollen.

Die Grundlage der Untersuchungen in geometrischer Hinsicht bildet die kristallographische Bestimmtheit der Gleitung, in dynamischer Hinsicht das Schmidsche Schubspannungsgesetz, das in zahlreichen Untersuchungen bestätigt wurde. Diese Erfahrungstatsachen besagen u. a., daß die Gleichwertigkeit je zweier Deformations- bzw. Spannungskomponenten infolge der Symmetrie der entsprechenden Tensoren nur eine mathematische, aber keine physikalische Bedeutung besitzt. Aus diesem Grunde bin ich auf die Versuche nicht eingegangen, für das Einsetzen des plastischen Gleitens an Stelle des Schmidschen Schubspannungsgesetzes die allgemeine Bedingung zu setzen, daß eine Fließfunktion, die nur gegenüber den Symmetrieoperationen des Gitters und der Hinzufügung eines kugelsymmetrischen Tensors invariant ist, einen bestimmten Wert annehmen soll. Auf diese Weise wird zwar eine mathematische Geschlossenheit erreicht, die aber der einfacheren physikalischen Wirklichkeit nicht entspricht. Der interessierte Leser sei auf v. Mises (1928, 1) und die bei Schmid und Boas (1935, 1) angeführten diesbezüglichen Literaturstellen verwiesen.

Vorwiegend behandelt sind die Eigenschaften der Metalle und des von den organischen Stoffen bisher untersuchten Naphtalins, da an ihnen fast ausschließlich die neueren Erkenntnisse von allgemeiner Bedeutung gewonnen wurden. Die an den unter normalen Bedingungen nur sehr wenig verformbaren Salzkristallen erhaltenen Ergebnisse sind bei Smekal (1931, 1; 1933, 1) und bei Schmid und Boas (1935, 1) ausführlich dargestellt.

Bei der Behandlung der inhomogenen Verformungen von Einkristallen konnte die Wirkung der dabei auftretenden elastischen Verzerrungen der Gleitlamellen formelmäßig erfaßt und damit die Grundlage zu einer Untersuchung des plastischen Verhaltens der technischen Werkstoffe, bei denen jedes Korn einen inhomogen verformten Einkristall darstellt, geschaffen werden. Diese Untersuchung wird in den beiden letzten Kapiteln durch folgerichtige Auswertung der erhaltenen Beziehungen durchgeführt mit dem Ziel, die physikalische Bedeutung der für das betriebsmäßige Verhalten der Werkstoffe wichtigen Kennwerte, wie Streckgrenze, Dauerstand- und Wechselfestigkeit, aufzuzeigen und ihre gegenseitigen Beziehungen für die verschiedenen Kristallstrukturen sowie ihre Temperaturabhängigkeit zu berechnen. Es ist dabei gelungen, ein vollständiges, alle gesicherten Tatsachen enthaltendes Bild zu entwerfen, das für die Beurteilung der technologischen Eigenschaften der Werkstoffe brauchbar sein dürfte.

Die erhaltenen Ergebnisse dürften auch den Weg ebnen zur Lösung einer Reihe noch offener Fragen. Zu ihnen gehört die physikalische Bedeutung der unter weniger einfachen Bedingungen, wie z. B. bei Härtemessungen und Kerbschlagversuchen, gemessenen Kennwerte. Ferner das Verhalten der Werkstoffe bei Verformungsarten wie Walzen, Düsenziehen und Pressen. Ihre Untersuchung erfolgte bereits in großem Umfange unter Zugrundelegung bestimmter Annahmen (Schubspannungshypothese von Mohr und Guest; Gestaltsänderungsenergiehypothese von Hencky, Huber und v. Mises) über den Fließbeginn bei dem einfachsten Beanspruchungsfall, dem freien Zug, und hat viele, auch technisch verwertbare Ergebnisse erbracht [vgl. Nádai (1927, 1); E. Siebel (1932, 1); Körber und Eichinger (1940, 1)]. Von unserer Fragestellung aus gesehen bedeutet die physikalische Begründung dieser Annahmen ein Endziel, denn die rechnerische Behandlung dieser Vorgänge wird kaum anders erfolgen können als in der Weise, daß man den Werkstoff durch einen isotropen Körper ersetzt, der geeigneten Fließbedingungen gehorcht.

Die Durchführung der vorliegenden Untersuchungen erfolgte in enger Zusammenarbeit mit Herrn Professor Dr. U. Dehlinger, der mir seinen Rat und seinen reichen Erfahrungsschatz immer gerne zur Verfügung stellte. Es ist mir ein Bedürfnis, ihm hierfür herzlich zu danken, sein Beispiel wird mir stets eine Verpflichtung sein. Ferner danke ich Herrn Professor Dr. R. Glocker für wertvolle Hinweise und Herrn Professor Dr. W. Köster für die Aufnahme des Buches in die von ihm herausgegebene Sammlung „Reine und angewandte Metallkunde in Einzeldarstellungen". Ebenso danke ich der Verlagsbuchhandlung Julius Springer, die bereitwillig auf meine Wünsche eingegangen ist und mir die Fertigstellung des Buches sehr erleichtert hat.

Kapitel I und die zugehörigen Teile von Kapitel VI wurden der Fakultät für Naturwissenschaften und Ergänzungsfächer der Technischen Hochschule Stuttgart als Habilitationsschrift eingereicht.

Stuttgart, im April 1941.

Zweites physikalisches Institut
der Technischen Hochschule.   **A. Kochendörfer.**

Inhaltsverzeichnis.

IV. Einsinnige Verformung metallischer Werkstoffe.

V. Wechselbeanspruchung metallischer Werkstoffe.

VI. Mathematische Zusätze.

Zusammenstellung der wichtigsten Formelzeichen.

a Abgleitung.

A_1, A_1', A_2 Bildungs- bzw. Rückbildungs- bzw. Auflösungs(schwellen)energie einer Versetzung.

A_T thermischer Anteil an der Bildungsenergie.

b bei homogener Verformung von Einkristallen: Kristallabmessung in Richtung von $\mathfrak{g}$.

b bei Biegung von Einkristallen mit rechteckigem Querschnitt: halbe Kristallbreite senkrecht zur Kräfteebene.

D^0 bei Einkristallen: Dehnung (Stauchung), bezogen auf l^0.

dD, dD^0 bei Einkristallen: kleine Zunahme der Dehnung, bezogen auf l bzw. l^0.

D bei Vielkristallen: Dehnung, bezogen auf l^0.

D_{10}, D_{10}^* bei Vielkristallen: Bruchdehnung bzw. praktische —.

D_φ tangentiale Schiebung bei Torsion.

E in **7**: Elastische Energie einer Versetzung.

E in allen übrigen Fällen: Elastizitätsmodul.

$F(x)$, $F(r)$ axiales Flächenmoment eines Teilquerschnitts bzw. des ganzen Querschnitts[1].

φ, φ_λ, φ_χ Azimut von $\mathfrak{P}$ bzw. $\mathfrak{g}$ bzw. $\mathfrak{N}$ bezüglich $\mathfrak{z}$.

$\varphi(u, T)$ Gleitgeschwindigkeit-, Temperaturfunktion von σ_0.

G Schubmodul.

$g = ds/dt$ bei Vielkristallen: Verformungsgeschwindigkeit.

g_0 „großer" Wert von g zur Bestimmung von K_0 bzw. S_0.

g_m vereinbarter Wert von g zur Bestimmung von K_D bzw. S_D.

$\mathfrak{G}$ Gleitebene.

$\mathfrak{g}$ Gleitrichtung.

h bei der Bausch-Anordnung: Höhe des Kristalls (Dicke der gleitenden Schicht).

h bei Biegung: halber Abstand der Kraftangriffspunkte.

$J(x)$, $J(r)$ axiales Flächenträgheitsmoment eines Teilquerschnitts bzw. des ganzen Querschnitts[1].

k Boltzmannsche Konstante.

K bei Einkristallen: äußere Kraft.

K in **22a** und bei Vielkristallen: verallgemeinerte Kraft.

K_0, K_0^* Streckgrenze bzw. praktische —.

K_{σ_0}, K_τ Mittelwert der Streckgrenzen bzw. der Anteile der atomistischen Verfestigung der Einkristalle (Körner) über alle Orientierungen.

K_D praktische Dauerstandfestigkeit.

K_k wahre Kriechgrenze.

K_{σ_k} Beitrag der wahren Kriechgrenze σ_k der Einkristalle (Körner) zu K_k.

$K_D^{\pi o}$ praktische Schwingungsfestigkeit.

$K_D^{\pi \lambda}$ praktische Wechselfestigkeit.

$K_k^{\pi o}$ wahre Schwingungsfestigkeit.

$K_k^{\pi \lambda}$ wahre Wechselfestigkeit.

K^π, K^λ Schwingungslast bzw. Vorlast bei Wechselbeanspruchung.

L Mosaikgröße.

$L_0 = 10^{-4}$ cm benutzte Maßeinheit für L.

l^0, l bei Ein- und Vielkristallen: Ausgangslänge bzw. jeweilige Länge.

λ_0, λ in Verbindung mit trigonometrischen Funktionen: spitzer Winkel zwischen $\mathfrak{g}$ und $\mathfrak{z}$, Anfangswert bzw. jeweiliger Wert.

λ in allen übrigen Fällen: Atomabstand.

$\mathfrak{M}$ Biege- oder Torsionsmoment[1].

$\mathfrak{M}_0$, $\mathfrak{M}_0^*$ kritisches bzw. praktisches kritisches Biege- oder Torsionsmoment[1].

$\overline{\mathfrak{M}}_0$ Knickwert von $\mathfrak{M}_0$[1].

---

[1] Die Unterscheidung für Kristalle mit kreisförmigen bzw. rechteckigen Querschnitten erfolgt durch die Zeichen $\odot$ bzw. $\square$.

$\mu = \sin\chi_0 \cos\lambda_0$ Orientierungsfaktor bei Dehnung und Biegung von Einkristallen.

N, N_1, N_2 Zahl der gebundenen bzw. gebildeten bzw. aufgelösten Versetzungen.

$\mathfrak{N}$ Gleitebenennormale.

ν, ν^0 Orientierungsfaktor bei Torsion von Einkristallen bzw. größter Wert derselben.

$\mathfrak{P}$ zu $\mathfrak{z}$ senkrechte Achse des Koordinatensystems I durch den Punkt, in dem der Deformations- und Spannungszustand untersucht wird.

$\psi\lambda$ Azimut von $\mathfrak{g}$ bezüglich $\mathfrak{N}$.

$\psi(g, T)$ Verformungsgeschwindigkeit-, Temperaturfunktion von K_{σ_0}.

q Kerbwirkungsfaktor.

Q^0, Q Querschnitt, Anfangswert bzw. jeweiliger Wert.

r bei Kristallen mit kreisförmigem Querschnitt: Halbmesser; bei Biegung von Kristallen mit rechteckigem Querschnitt: halbe Höhe in der Kräfteebene.

ϱ Krümmungshalbmesser bei Biegung.

s bei Einkristallen: gegenseitige Verschiebung der Kraftangriffspunkte (Verlängerung bzw. Verkürzung bei Dehnung bzw. Stauchung).

s in **22a** und bei Vielkristallen: beliebige Verformungskoordinate, die den Verformungszustand eindeutig kennzeichnet.

$s_0 = s_m$ $(= 0{,}2\%)$ vereinbarter Wert von s zur Bestimmung von K_0 und K_D.

S^0, S bei Zug- und Druckbeanspruchung von Einkristallen: auf Q^0 bzw. Q bezogene Spannung (Nennspannung bzw. wahre Spannung).

S bei Zug- und Druckbeanspruchung von Vielkristallen: auf Q^0 bezogene Spannung (Nennspannung).

S_0, S_0^* bei Ein- und Vielkristallen: Streckgrenze bzw. praktische —.

S_{σ_0}, S_τ Mittelwert der Streckgrenzen bzw. der Anteile der atomistischen Verfestigung der Einkristalle (Körner) über alle Orientierungen.

S_B, S_B^* Zugfestigkeit bzw. praktische —.

S_φ tangentiale Schubspannung bei Torsion.

σ Schubspannung (Schubspannungskomponente in der Gleitebene parallel zur Gleitrichtung).

σ_0, σ_0^* kritische Schubspannung bzw. praktische — —.

$\bar\sigma_0 = \sigma_0(u_\varepsilon)$ Knickwert von σ_0.

σ_{01} Wert von σ_0 bei $T = 0$.

σ_k bei Einkristallen: wahre Kriechgrenze.

σ_R theoretische Schubspannung.

χ_0, χ spitzer Winkel zwischen $\mathfrak{G}$ und $\mathfrak{z}$, Anfangswert bzw. jeweiliger Wert.

t Zeit.

T absolute Temperatur.

$\mathfrak{T}$ zu $\mathfrak{z}$ und $\mathfrak{P}$ senkrechte Achse des Koordinatensystems I.

τ Verfestigung.

u Gleitgeschwindigkeit; benutzte Einheit: Abgleitung 10/Stunde.

$u_\varepsilon = 1/100$ ein noch kleiner, aber unter üblichen Bedingungen schon meßbarer Wert von u; trennt „große" und „kleine" Werte von u.

u_0, u_m; der g_0 bzw. g_m entsprechende Wert von u in einem Korn eines Vielkristalls.

U, U_V Energie der elastischen Verzerrungen der Gleitlamellen, bezogen auf die Volumeinheit bzw. im ganzen Kristall.

v in **7** und **12**: maximale Atomverschiebung im Bildungsbereich einer Versetzung.

v in allen übrigen Fällen bei Einkristallen: Verformungsgeschwindigkeit.

V Kristallvolumen.

w Wanderungsgeschwindigkeit der Versetzungen.

W Wahrscheinlichkeit für einen Vorgang.

W_B, W_w, W_A Bildungs- bzw. Wanderungs- bzw. Auflösungswahrscheinlichkeit einer Versetzung.

x in **12**: Ortskoordinate in Richtung einer Versetzung.

x bei Biegung: Abstand von der neutralen Faser; bei Torsion: Abstand von $\mathfrak{z}$.

$\mathfrak{z}$ Kristallachse (Längsachse), Zug- oder Stauchrichtung.

Vorbemerkungen.

Hinweise auf die Kapitel (I, . . .), Punkte (1, . . .) und Abschnitte (a, . . .) erfolgen durch fette Ziffern und Buchstaben (z. B. **12 a**), auf die Abschnitte innerhalb eines Punktes nur durch die betreffenden Buchstaben. Die Gleichungen sind kapitelweise durchnumeriert; bei einem Hinweise innerhalb eines Kapitels ist nur die Gleichungsnummer angegeben, bei einem Hinweise aus einem andern Kapitel auch die Kapitelnummer [z. B. (20 I)]. Bei einem Literaturhinweis sind der Verfassername, das Erscheinungsjahr und eine Nummer, unter der die Arbeit auch im Literaturverzeichnis aufgeführt ist, angegeben [z. B. Glocker (1936, 1)]. Bei einer Arbeit mit mehreren Verfassern bezieht sich die Nummer auf den zuerst genannten Verfasser. Das Literaturverzeichnis ist gleichzeitig Namenverzeichnis, die Seitenzahlen sind in kursiv angegeben. Die bisherigen zusammenfassenden Berichte über das Gebiet eines Kapitels sind am Anfang desselben in einer Fußnote zusammengestellt.

I. Einsinnige homogene Verformung von Einkristallen.

A. Experimentelle Untersuchungsverfahren und Ergebnisse[1].

1. Allgemeines über Einkristalle.

a) Kennzeichnung. Ein Einkristall ist ein kristalliner Körper, dessen Orientierung, d. h. die Lage seiner kristallographischen Achsen bezüglich eines festen Koordinatensystems (2e), in allen Punkten dieselbe ist. Seine äußere Form kann beliebig sein. Äußerlich ist ein Einkristall daran zu erkennen, daß nach geeignetem Ätzen alle Stellen der Oberfläche mit gleicher Neigung das auffallende Licht in gleicher Weise reflektieren. Bei zylindrischen Kristallen liegen diese Stellen auf Mantellinien, bei plattenförmigen Kristallen bilden sie die ganze Oberfläche.

Genaue Beobachtungen haben ergeben, daß die Orientierung bei größeren Kristallen im allgemeinen nicht in allen Punkten dieselbe ist, sondern je nach den Herstellungsbedingungen (Temperaturgefälle, Wachstumsgeschwindigkeit) sich stetig mehr oder weniger ändert [Hoyem und Tyndall (1929, 1); Poppy (1934, 1); George (1935, 1)]. Buerger (1934, 1) hat an Zinkkristallen diese Orientierungsänderung als Verzweigungs- oder Stammbaumstruktur (lineage structure) beschrieben, die darin besteht, daß der anfänglich einheitlich orientierte Kristall sich während seines Wachstums in Zweige teilt, deren Orientierung immer mehr von der des Kerns abweicht. Inwieweit diese besondere Struktur allgemein zutrifft, ist noch nicht untersucht. Von Ausnahmefällen abgesehen, liegen die Orientierungsschwankungen innerhalb der Fehlergrenzen, mit denen eine Orientierungsbestimmung ausgeführt[2] und rechnerisch verwertet werden kann, so daß sie praktisch keine Rolle spielen.

Einkristalle können aus allen Stoffsystemen hergestellt werden, sowohl solchen mit gegenseitig löslichen (Mischkristalle) als unlöslichen

---

[1] Sachs (1930, 1); Smekal (1931, 1; 1933, 1); Schmid und Boas (1935, 1); Elam (1935, 1). Kürzere Übersichten bei Burgers, W. G. und Burgers, J. M. (1935, 1); Burgers, W. G. (1937, 1; 1938, 1); Burgers, J. M. (1938, 1). Vgl. auch die Literaturangaben auf S. 203.

[2] Bei der Untersuchung der Orientierungsunterschiede handelt es sich nicht um unabhängige Einzelmessungen der Orientierung, sondern um Vergleichsmessungen, die natürlich mit größerer Genauigkeit ausgeführt werden können.

Bestandteilen, unterscheiden sich also von den Vielkristallen, entgegen einer noch vielfach anzutreffenden Meinung, nicht durch größere Reinheit. Auch der submikroskopische Gitterbau (Mosaikstruktur 7b) ist bei beiden, bei bestimmten übereinstimmenden Herstellungsbedingungen, derselbe. Lediglich die an den Korngrenzen vielkristalliner Materialien vorhandenen besonderen Gitterstörungen fehlen bei Einkristallen.

b) Herstellung[1]. Zur quantitativen Untersuchung der plastischen Eigenschaften von Einkristallen benötigt man größere Stücke, meist in zylindrischer Form mit kreisförmigem oder rechteckigem Querschnitt. Ihre Herstellung kann erfolgen a) aus der Schmelze, entweder durch Kristallisation im Schmelzgefäß [nach Tammann (1923, 1); Obreimow und Schubnikoff (1924, 1)] oder durch Ziehen aus der Schmelze [nach Czochralski (1917, 1) für Metallkristalle, nach Kyropoulos (1926, 1) für Salzkristalle]; b) durch Rekristallisation nach Kaltreckung [nach Carpenter und Elam (1921, 1) und Czochralski (1924, 1)]; c) durch Sammelkristallisation und d) durch Wachstum aus dem Dampf.

a) Ohne besondere Vorsichtsmaßnahmen erstarrt eine Schmelze im allgemeinen vielkristallin. Das kommt daher, daß sich bei Unterschreiten der Schmelztemperatur (Unterkühlung) an vielen Stellen der Schmelze Kristallisationskeime mit zufälliger Orientierung bilden [Tammann (1932, 1); Volmer (1939, 1)], die zu den Körnern weiterwachsen. Wird die Schmelze nur wenig überhitzt, so befinden sich erfahrungsgemäß noch Keime in ihr, und die Kristallisation kann ohne merkliche Unterkühlung stattfinden [Goetz (1930, 1); Webster (1933, 1); Donat und Stierstadt (1933, 1)].

Um Einkristalle zu erhalten, sind folgende Punkte zu beachten: 1. Durch genügend starkes Überhitzen müssen alle Keime aus der Schmelze entfernt werden. 2. Es muß eine einkristalline Grenzfläche Kristall-Schmelze hergestellt werden. Das kann durch Verwendung eines größeren künstlichen Keims (Impfkristall) geschehen[2] oder dadurch, daß an einer verjüngten Gefäßstelle [Bridgman (1925, 1; 1926, 1); Chalmers (1935, 1)] bzw. beim Ziehverfahren in der schmalen Berührungsschicht zwischen Kristall und Schmelze von den zunächst entstandenen Keimen beim Weiterwachsen alle bis auf einen unterdrückt werden, und schließlich dadurch, daß man am Tiegel eine spitz zulaufende Vertiefung anbringt, von der aus die Kristallisation ausschließlich beginnt [Hausser und Scholz (1927, 1)]. Im ersten Fall ist die Orientie-

---

[1] Carpenter (1930, 1); Goetz und Hasler (1930, 2); Schmid und Boas (1935, 1).

[2] Für Metalle: Graf (1931, 1) (senkrechte Tiegelstellung); Kapitza (1928, 1); Goetz (1930, 1) und Bausch (1935, 1) (waagerechte Tiegelstellung); Grüneisen und Goens (1923, 1) (Ziehen aus der Schmelze). Für Salzkristalle: Blank und Urbach (1929, 1). Für organische Kristalle: Kochendörfer (1937, 1).

rung beliebig vorgebbar, im zweiten nur unter bestimmten Bedingungen und innerhalb gewisser Grenzen [Palabin und Froiman (1933, 1)]. 3. Die freiwerdende Kristallisationswärme darf nur durch den schon gebildeten Kristall abgeführt werden, damit die Schmelze nur in unmittelbarer Nähe der Kristalloberfläche (Wachstumszone) die Erstarrungstemperatur annimmt, sonst bilden sich an andern Stellen unerwünschte Keime. Praktisch wird diese Bedingung durch ein möglichst gleichmäßiges Temperaturgefälle erzielt.

Die Wahl des Tiegelmaterials bedarf großer Sorgfalt, damit keine Reaktion mit der Schmelze eintritt, und die Kristalle ohne Beschädigung aus dem Tiegel gelöst werden können [Kapitza (1928, 1); Goetz (1930, 1); Osswald (1933, 1)].

b) Das Rekristallisationsverfahren beruht darauf, daß in einem möglichst gleichmäßig feinkörnigem Material, das vorsichtig um einige Prozent gedehnt wurde, nach langem Glühen stets sehr große Körner entstehen, und häufig nur ein einziges Korn, welches das ganze Stück umfaßt [für sehr reines Aluminium vgl. Gisen (1935, 1)].

c) Bei der Sammelkristallisation wachsen bei hohen Temperaturen einige Körner auf Kosten der andern weiter, und schließlich ergibt sich ein Einkristall. Eine Kornneubildung wie bei der Rekristallisation nach Kaltbearbeitung findet nicht statt. Dieses Verfahren wird insbesondere bei Wolfram angewandt [Pintschverfahren. Siehe z. B. Alterthum (1924, 1)]. Ein ähnliches, für hochschmelzende Metalle geeignetes Verfahren hat Andrade (1937, 1) beschrieben. Damit wurden von Tsien und Chow (1937, 1) erstmals Molybdänkristalle hergestellt.

d) Auch die Herstellung von Einkristallen aus dem Dampf ist vorzugsweise bei Wolfram [van Arkel (1925, 1)], dann bei Tantal, Zirkon, Titan und auch Eisen [vgl. Koref und Fischvoigt (1925, 1)] angewandt worden. Kleine Kristalle von Zink und Kadmium für mikroskopische Beobachtung der plastischen Erscheinungen wurden von Straumanis (1932, 1) durch Sublimation gewonnen.

c) Orientierungsbestimmung. Die größte Bedeutung für die Orientierungsbestimmung von Einkristallen besitzen wegen ihrer allgemeinen Anwendbarkeit die Röntgenverfahren[1]. In vielen Fällen sind andere Verfahren einfacher. Bei kubischen Kristallen mit Spaltflächen (insbesondere Salzkristallen) kann die Orientierung unmittelbar durch Anspalten festgestellt werden, bei durchsichtigen Kristallen führen oft optische Beobachtungen, z. B. der Auslöschungslagen, rasch zum Ziel [bei Naphthalinkristallen von Kochendörfer (1937, 1) angewandt]. Vielfach wird auch die Lage der Helligkeitsmaxima des an der Kristalloberfläche reflektierten Lichts [Bridgman (1925, 1; 1926, 1); Smith

---

[1] Mark (1926, 1); Ott (1928, 1); Trillat (1930, 1); Schmid und Boas (1935, 1); Glocker (1936, 1).

und Mehl (1933, 1); Weerts (1928, 1); Chalmers (1935, 1)] zur Orientierungsbestimmung benutzt.

Von den Röntgenverfahren hat das Laue-Verfahren den Vorzug, daß es mit einer Aufnahme die vollständige Orientierung bezüglich eines im Kristall festen Koordinatensystems zu bestimmen gestattet. Das Goniometerverfahren, bei dem Kristalldrehung und Filmbewegung zwangsläufig gekoppelt sind, leistet zwar dasselbe, erfordert aber einen größeren experimentellen Aufwand und einige Erfahrung in der Auswertung. Demgegenüber sind beim Drehkristallverfahren zur vollständigen Orientierungsbestimmung zwei Aufnahmen erforderlich; aus einer Aufnahme allein kann nur die Orientierung bezüglich einer Kristallrichtung (z. B. Zugrichtung) entnommen werden. Das genügt in vielen Fällen, und das Verfahren empfiehlt sich dann wegen seiner Einfachheit [s. z. B. Mark, Polanyi und Schmid (1922, 1)].

Beim Laue-Verfahren wird man bei wenig absorbierenden Kristallen wegen der kürzeren Belichtungszeit Durchstrahlaufnahmen machen [Schiebold und Sachs (1926, 1); Schiebold und G. Siebel (1931, 1)], bei stärker absorbierenden Kristallen Rückstrahlaufnahmen [Boas und Schmid (1931, 1)]. Doch ist die Verschleierung des Films in diesem Falle oft so stark, daß eine Auswertung nicht möglich ist. Hat man Schmelzflußkristalle, die unten zugespitzt sind (Tiegelform), oder ätzt man eine Spitze an, so kann man diese anstrahlen und erhält gute Durchstrahldiagramme [Held (1940, 1)]. E. Schmid (Stuttgart) (1935, 1) hat eine Anordnung beschrieben, bei der die Kristalloberfläche schräg angestrahlt wird, die bei beliebig absorbierenden Kristallen angewandt werden kann [z. B. von Bausch (1935, 1) bei Zinnkristallen].

2. Geometrie der homogenen Verformungen.

a) Gleitvorgang. Das hervorstechende Merkmal der plastischen Verformung von Kristallen ist ihre kristallographische Bestimmtheit. Die Formänderung besteht in einer gegenseitigen Verschiebung von Kristallteilen parallel zu einer kristallographisch einfachen Gitterebene, längs einer ebenfalls kristallographisch einfachen Gittergeraden. Den Vorgang bezeichnet man als Gleiten, die Gitterelemente als Gleitebene und Gleitrichtung, beide zusammen als Gleitsystem[1]. Abb. 1 veranschaulicht die Verformung eines kreiszylindrischen Zinkkristalls mit der Basisebene (0001) als Gleitebene und einer digonalen Achse erster Art [11$\bar{2}$0] als Gleitrichtung. Der Kristall wird dabei in ein (abgestuftes) elliptisches Band verformt. Da die Gleitrichtung und

---

[1] Häufig wird die Bezeichnung Translation, Translationsebene und -richtung gebraucht. Die Zwillingsbildung ist geometrisch ebenfalls ein Gleitvorgang (mit festem Gleitbetrag). Daher wird auch hier oft von Gleitebene (1. Kreisschnittebene) und Gleitrichtung gesprochen.

die große Achse der Gleitebenenellipse nicht zusammenfallen, so ist die große Querschnittsachse des Bandes größer als der ursprüngliche Halbmesser. Nur wenn diese bei den Richtungen übereinstimmen, bleibt die ursprüngliche Kristallbreite erhalten[1].

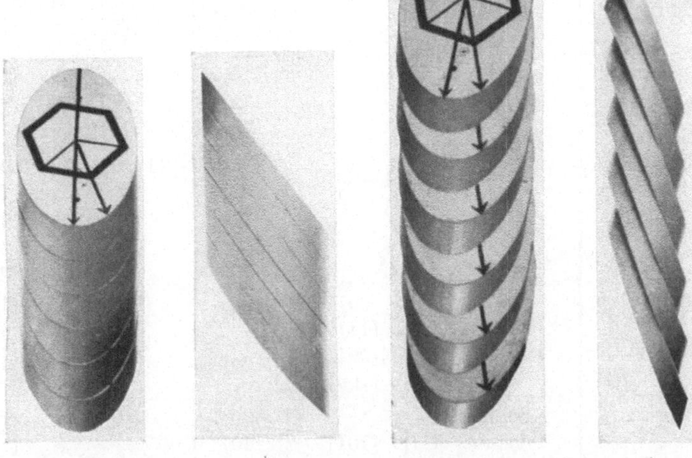

Abb. 1. Schematische Darstellung des Gleitvorgangs für einen hexagonalen Kristall. a) und b) Ausgangszustand mit eingezeichneter hexagonaler Basisebene als Gleitebene. Der lange Pfeil gibt die Richtung der großen Achse der Querschnittsellipse an, der kurze Pfeil die Gleitrichtung. c) und d) Endzustand der geglittenen Kristalle. Aus Schmid und Boas (1935, 1).

Tabelle 1 gibt eine Übersicht über die Gleitelemente der wichtigsten Kristalle. Bei Temperaturen oberhalb der Zimmertemperatur treten die bezeichneten Elemente neu auf, die bei tieferen Temperaturen vorhandenen bleiben jedoch daneben bestehen. Bemerkenswert ist, daß dabei meist nur die Gleitebene eine andere ist, während die Gleitrichtung erhalten bleibt[2]. Wie man aus Tabelle 1 sieht, sind die Gleitrichtungen stets die dichtest besetzten Gittergeraden und die Gleitebenen besonders dicht, in vielen Fällen auch dichtest belegte Gitterebenen. Bei den höher symmetrischen Kristallen sind die Gleitelemente in mehreren kristallographisch gleichwertigen Lagen vorhanden (bei den kubisch flächen-

---

[1] Die ersten grundlegenden Arbeiten über den Gleitmechanismus stammen von Mark, Polanyi und Schmid (1922, 1) [Zinkkristalle] und Taylor und Elam (1923, 1) [Aluminiumkristalle]. An der weiteren experimentellen Erforschung der plastischen Eigenschaften von Metallkristallen sind vorwiegend diese Forscher und ihre Mitarbeiter beteiligt; vgl. die Bücher von Schmid und Boas (1935, 1) und Elam (1935, 1).

[2] Andrade und Mitarbeiter (1940, 1) haben an kubisch-raumzentrierten Metallen festgestellt, daß für die Auswahl der Gleitebene das Verhältnis der Versuchstemperatur zur Schmelztemperatur maßgebend ist.

Tabelle 1. Gleitelemente von Kristallen.

Die Angaben sind entnommen aus Schmid und Boas (1935, 1); Smekal (1935, 1);
Bausch (1935, 1) und Kochendörfer (1937, 1).

Gittertypus	Vertreter	Gleit-		Dichtest besetzte	
		richtungen	ebenen	Gittergeraden	Gitterebenen
kub.-fläch.- zentr.	Al, Ag, Au, Cu, Ni	[110]	(111) (100)[1]	[110] [100] [112]	(111) (100) (110)
kub.-raum.- zentr.	α-Fe β-Messing	[111]	(110)[2] (112) (123)	[111] [100] [110]	(110) (100)[3] (111)
hex. dicht. Kugelpackung	Cd, Mg, Zn	$[11\bar{2}0]$	(0001) $(10\bar{1}1)$[1]	$[11\bar{2}0]$	(0001) $(11\bar{2}0)$[3] $(10\bar{1}0)$ $(11\bar{2}2)$ $(10\bar{1}1)$
tetragonal	β-Sn (weiß)	[001] [111][1] [001] [100]	(110) (100)	[001] [111] [100]	(100) (110) (101)
Steinsalz	Alkalihalo- genide	[101]	(100) (110) (111)	[101]	(100) (110) (111)
monoklin	Naphthalin	[010]	(001)		

zentrierten Metallen die Oktaedersysteme [011], (111) (Abb. 28), z. B.
12fach[4]). In diesen Fällen, wie überhaupt bei mehreren Gleitsystemen,
kann mehrfache Gleitung auftreten (vgl. 6).

Die Erfahrung zeigt, daß nicht alle Gleitebenen eines Systems[5]
gleichmäßig, sondern einzelne von ihnen bevorzugt gleiten, so daß sich
Gleitschichten oder Gleitlamellen ausbilden, wie sie in Abb. 1 etwas
grob gezeichnet sind. Die Spuren der wirksamen Gleitebenen zeichnen
sich auf der Kristalloberfläche als Gleitlinien[6] ab (Abb. 3). Diese

---

[1] Bei höheren Temperaturen.   [2] Vgl. S. 8.

[3] Diese Ebene enthält die Gleitrichtung nicht.

[4] Will man in diesen Fällen nur die Art der Gleitsysteme bezeichnen, ohne
ein bestimmtes ins Auge zu fassen, so benutzt man, wie es auch in der Kristallographie üblich ist, die Millerschen Symbole ohne Berücksichtigung des Vorzeichens
der Indizes.

[5] Die Bezeichnung Gleitebene wird sowohl zur Kennzeichnung der kristallographischen Lage der einzelnen Gitterebenen, die gegeneinander verschoben werden,
als auch für jede dieser Ebenen selbst verwendet. Die jeweilige Bedeutung ergibt
sich stets aus dem Zusammenhang.

[6] Die ersten Beobachtungen von Gleitlinien an vielkristallinen Metallen haben
Ewing und Rosenhain (1900, 1) [vgl. die Diskussionsbemerkungen bei Gough
und Cox (1931, 1)], an Einkristallen Andrade (1914, 1) gemacht.

sind meist verschieden stark ausgebildet und reichen von solchen, die
mit dem bloßen Auge sichtbar sind, bis zu solchen unterhalb der mikroskopischen Auflösungsgrenze. Es ist daher bis jetzt noch nicht möglich
gewesen, auf diese Weise den kleinsten Gleitlinienabstand bzw. die
kleinste Gleitlamellendicke optisch festzustellen. Bei jeder Vergrößerung
erscheinen die Linien bestimmter Stärke besonders deutlich und ihre
Abstände sind verschiedentlich gemessen worden. Andrade und
Hutchings (1935, 1) haben an Quecksilberkristallen bei 22facher Vergrößerung einen mittleren Abstand von $5 \cdot 10^{-3}$ cm beobachtet und
Straumanis (1932, 2) an kleinen, aus dem Dampf gewachsenen Zinkkristallen bei 1200facher Vergrößerung sehr gleichmäßige Schichten von

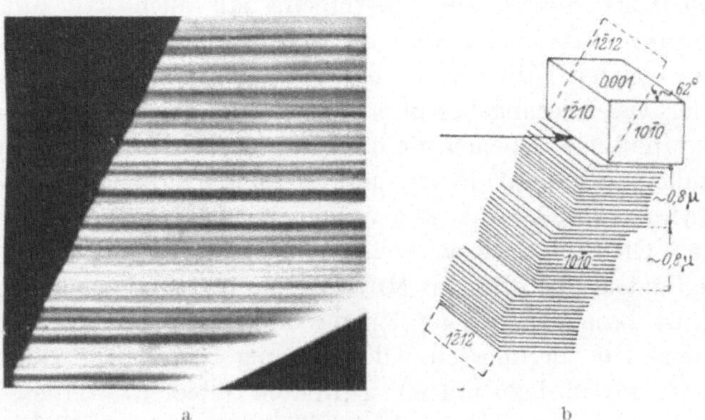

Abb. 2. a) Gleitlamellen in einem Zinkkristall bei 1200facher Vergrößerung. b) Schematische
Darstellung der Gleitung an den Grenzen und innerhalb der optisch aufgelösten Gleitlamellen.
Aus Straumanis (1932, 2).

etwa 10^{-4} cm Dicke (Abb. 2a), innerhalb deren jedoch weitere, optisch
nicht mehr auflösbare Gleitung deutlich zu erkennen ist (vgl. Abb. 2b).
Bei derselben Vergrößerung haben Andrade und Roscoe (1937, 2)
an Kadmiumkristallen Abstände bis $0,5 \cdot 10^{-4}$ cm festgestellt. Der
Übergang von gröberen zu feinsten Gleitlinien ist hier fließend, während
bei Blei bei 800facher Vergrößerung die Gleitlinien mit einem Abstand
von etwa $4 \cdot 10^{-4}$ cm gegenüber den feineren noch beobachtbaren zahlenmäßig weit überwiegen. Polanyi und Schmid (1925, 2) haben gelegentlich bei Zinnkristallen ganz glatte Bänder erhalten, bei denen die
Gleitlamellendicke überhaupt unterhalb der optischen Auflösungsgrenze lag.

　　Tiefer in den Feinbau der Gleitlamellen einzudringen gestatten die
Röntgenstrahlen durch Messung der Breite der Debye-Scherrer-Linien
an vielkristallinen Metallen. Dieses Verfahren beruht auf der Annahme,
gegen die heute noch keine Gründe sprechen, daß die Gleitlamellen mit
den kohärenten Gitterbereichen (vgl. 7b) identisch sind. Die einwandfreie Berechnung ihrer Größe (Teilchengröße) wurde ermöglicht, nach-

dem es Dehlinger und Kochendörfer (1939, 1; 2) gelungen war, die Linienbreite eindeutig in einen Teilchengrößen- und Spannungsanteil zu zerlegen. An der Bruchstelle frei gedehnter und an gewalzten Kupferblechen ergab sich für alle Walzgrade oberhalb etwa 5%[1] eine Teilchengröße von etwa $4 \cdot 10^{-6}$ cm. Demnach wird etwa jede hundertste Gleitebene betätigt. Ob die Verhältnisse bei homogener Verformung von Einkristallen dieselben sind, kann noch nicht gesagt werden; die erwähnten Beobachtungen von Straumanis und von Polanyi und Schmid sprechen dafür. Sicher geht die Aufteilung in Gleitlamellen nicht bis zu einem Ebenenabstand herab, so daß nicht alle Gleitebenen physikalisch gleichwertig sind. Darüber hinaus zeigt die unterschiedliche Stärke der Gleitlinien, daß auch die betätigten Gleitebenen untereinander nicht gleichwertig sind.

In den meisten Fällen liegen die Gleitlinien in Ebenen, die sich auf Grund der Orientierungsbestimmung mit den Tabelle 1 angegebenen kristallographischen Ebenen identisch erweisen. Bei den raumzentrierten Metallen Eisen, Wolfram und Messing[2] sowie bei Quecksilber [Greenland (1937, 1) Abb. 3] wurden neben ebenen, kristallographisch definierten Gleitlinien (bzw. Teilen von ihnen) auch gewellte Linien (-teile) gefunden, die aber im Mittel in parallelen Ebenen liegen. Die Wellung ist besonders ausgeprägt in der Umgebung der Durchstoßstellen der zur definierten Gleitrichtung parallelen Durchmesser, während sie in den dazu um 90° gedrehten Gebieten, wo die Gleitlinien gerade und untereinander (und zur Gleitrichtung) parallel verlaufen, fehlt. Taylor (1928, 1) hat angenommen, daß hierbei nur die Gleit-

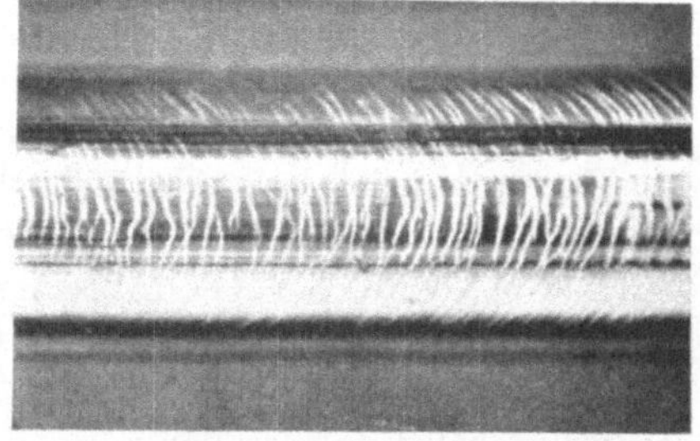

a　　　　　　　　　　　　　　　　b

Abb. 3. Gleitlinien an gedehnten Quecksilberkristallen bei 16facher Vergrößerung. a) Kristall vor der Dehnung leicht gebogen. b) Kristall vor der Dehnung unverformt. Aus Greenland (1937, 1).

richtung kristallographisch genau festgelegt ist, definierte Gleitebenen aber fehlen und eine „Stäbchengleitung" stattfindet, wobei die Achse

---

[1] Bei kleineren Walzgraden sind die Linien noch punktförmig geschwärzt, so daß ihre Breite nicht genau gemessen werden kann.

[2] Taylor (1928, 1); Gough (1928, 1); Fahrenhorst und Schmid (1932, 1); Elam (1936, 1); Barret, Ansel und Mehl (1937, 1).

der Stäbchen in der Gleitrichtung liegt und ihre Querschnittsform durch die Wellung der Gleitlinien festgelegt ist. Gough (1928, 1) hat gezeigt, daß die Beobachtungen mit einer Mehrfachgleitung nach einzelnen der in Tabelle 1 angegebenen Gleitebenen verträglich sind. Die neueren Untersuchungen haben noch nicht zu einer endgültigen Klärung der Frage geführt. Bemerkenswert sind die Feststellungen von Greenland, nach denen an vorher leicht gebogenen und dann gedehnten Quecksilberkristallen die Gleitlinien eben, an vorher unverformten Kristallen dagegen gewellt sind. Die Gleitrichtung ist in beiden Fällen dieselbe. Neben den andern zeigen insbesondere diese Befunde, daß die Unbestimmtheit der Gleitebene stark von äußeren Einflüssen abhängt, während die Gleitrichtung davon nicht berührt wird, so daß der Gleitrichtung kristallographisch eine Bevorzugung vor der Gleitebene zukommt. Zu dem gleichen Ergebnis sind Wolff (1935, 1) und Smekal (1935, 1) durch ähnliche Beobachtungen an Steinsalzkristallen gelangt.

Zum Schluß sei noch auf die Feststellung von Greenland (1937, 1) hingewiesen, nach der die Gleitlinien nicht so entstehen, daß nur eine Gleitebene gegenüber ihrer Nachbarebene verschoben wird. In diesem Falle müßte die Neigung der Gleitlinienkante genau mit der Neigung der Gleitebene übereinstimmen. Demgegenüber beobachtet Greenland eine schwächere Neigung und eine „Breite" der Gleitlinien bis zu $5 \cdot 10^{-4}$ cm. In diesem Bereich sind also mehrere Gleitebenen um verschiedene Beträge gegeneinander geglitten. In dem schematischen Modell von Abb. 1 ist diese Erscheinung nicht berücksichtigt.

b) Die Bedeutung der Gleitlamellenbildung. Würde die Gleitung stetig erfolgen, so könnte jede beliebige Verformung eines Einkristalls durch gleichzeitige geeignete Betätigung von mindestens fünf Gleitsystemen, die sich nicht in zu spezieller Lage befinden, erzielt werden (28 d), während bei weniger Gleitsystemen mit der allgemeinsten plastischen Verformung notwendig elastische Gitterverzerrungen verbunden wären. Da sich aber in Wirklichkeit in allen Fällen Gleitlamellen ausbilden, so verliert diese Aussage ihre Gültigkeit: Bei der allgemeinsten Verformung eines Einkristalls werden die Gleitlamellen elastisch verzerrt. Die dabei auftretenden Spannungen haben einen wesentlichen Einfluß auf die Verformungskräfte[1] (III). Um die für die „reine" Gleitung gültigen Gesetzmäßigkeiten kennenzulernen, müssen wir also die Verformungsarten anwenden, bei denen diese Verzerrungen nicht auftreten. Es sind dies die dem kristallographischen

---

[1] Wir bezeichnen diesen Einfluß in den Kapiteln III—V als „Spannungsverfestigung" im Gegensatz zu der bei homogener Verformung von Einkristallen auftretenden „atomistischen" Verfestigung. Da wir es zunächst nur mit letzterer zu tun haben, so lassen wir der Einfachheit halber den Zusatz atomistisch weg.

Charakter der Gleitung angepaßten homogenen Verformungsarten der reinen Scherung, der freien Längsdehnung und der Stauchung, von denen jedoch die beiden letzten die Bedingungen unter den üblichen Verhältnissen nur näherungsweise erfüllen. Wir untersuchen sie im folgenden.

c) Die homogenen Verformungsarten. Ohne Drehung der Gleitebenen wird ein Kristall nur dann verformt, wenn lediglich Schubkräfte parallel zur Gleitebene und Gleitrichtung auf ihn wirken. Experimentell wird dieser Fall verwirklicht, wenn der Kristall nach Abb. 4 gefaßt und in Richtung des Pfeiles gedehnt wird. Diese Anordnung wurde zuerst von Bausch (1935, 1) bei Zinnkristallen, dann von Kochendörfer (1937, 1) bei Naphthalinkristallen angewandt. Wir bezeichnen sie im folgenden nach Dehlinger (1939, 3) als Bausch-Anordnung, den Gleitvorgang selbst nach Bausch als Schiebegleitung. Die Gleitlinienbildung ist geometrisch bei dieser Anordnung ohne Einfluß. Abb. 26 zeigt einen in dieser Weise verformten Kristall.

Bei der Stauchung, die insbesondere von Taylor (1926, 1; 1927, 1; 2) untersucht wurde, werden bei ungestörtem Verlauf die Gleitebenen zwar nicht verbogen, aber als Ganzes gedreht (Abb. 5b), die Verformung ist also unter „idealen" Bedingungen homogen. Wesentlich für eine experimentelle Verwirklichung dieser Bedingungen ist, daß die Kristalloberflächen sich reibungslos auf den Druckflächen bewegen können, was sich zwar nicht ganz streng, aber durch schrittweise Verformung und gute Schmierung zwischen den einzelnen Schritten nahezu erreichen läßt. Eine von außen grundsätzlich nicht beeinflußbare Inhomogenität entsteht jedoch dadurch, daß das

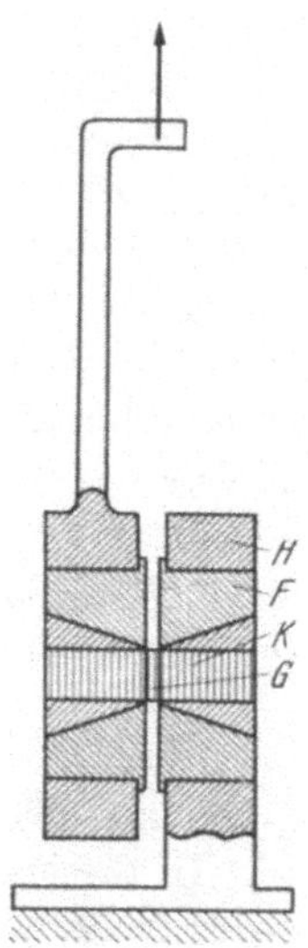

Abb. 4. Prinzip der Bausch-Anordnung. *H* Kristallhalter, *F* Kristallfassung, *K* eingekitteter Teil des Kristalls, *G* freie Gleitschicht. Aus Kochendörfer (1938, 2).

den Druckflächen bewegen können, was sich zwar nicht ganz streng, aber durch schrittweise Verformung und gute Schmierung zwischen den einzelnen Schritten nahezu erreichen läßt. Eine von außen grundsätzlich nicht beeinflußbare Inhomogenität entsteht jedoch dadurch, daß das

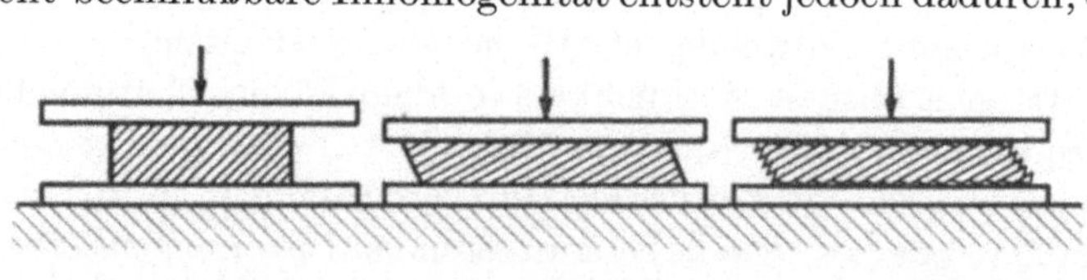

Abb. 5. Drehung der Gleitebenen bei der Stauchung. a) Ausgangslage. b) Ideal homogene Stauchung. c) Stauchung bei Gleitlamellenbildung. Die dabei auftretenden elastischen Verzerrungen der Gleitlamellen sind nicht gezeichnet.

Gleiten in einzelnen Gleitebenen bei kleineren Schubspannungen erfolgt als in den übrigen, wie die Gleitlamellenbildung an frei gedehnten Kristallen zeigt. Diese Gleitebenen werden auch bei der Stauchung zuerst betätigt, so daß sich ein Verformungszustand ähnlich wie in Abb. 5c

ausbildet[1], bei dem besonders in der Umgebung der auf den Druckflächen aufliegenden Punkte inhomogene Verzerrungen der Gleitlamellen
(in Abb. 5c nicht gezeichnet) auftreten, welche durch die nie ganz zu
beseitigende Reibung noch begünstigt werden.
Dabei kann die Stauchung äußerlich, d. h. nach
der Form des Kristalls oder der Änderung
eines eingeritzten Koordinatensystems beurteilt,
vollkommen homogen erscheinen.

Bei der Längsdehnung treten auf jeden Fall
in der Nähe der Einspannungen Verbiegungen
der Gleitebenen auf, wie Abb. 6 zeigt[2]. Wenn
die Kristalle genügend lang sind, so bleiben in
einiger Entfernung von den Einspannstellen, wie
bei der Stauchung, nur noch reine Drehungen
übrig. Kleine Inhomogenitäten, die durch die
Gleitlamellenbildung noch verstärkt werden, lassen
sich jedoch auch hier grundsätzlich nicht vermeiden.

Unter den „homogenen" Verformungsarten ist
also die Schiebegleitung dadurch ausgezeichnet,
daß Reste von inhomogenen Verzerrungen, die
sich in den beiden andern Fällen nicht vermeiden
lassen, nicht auftreten.

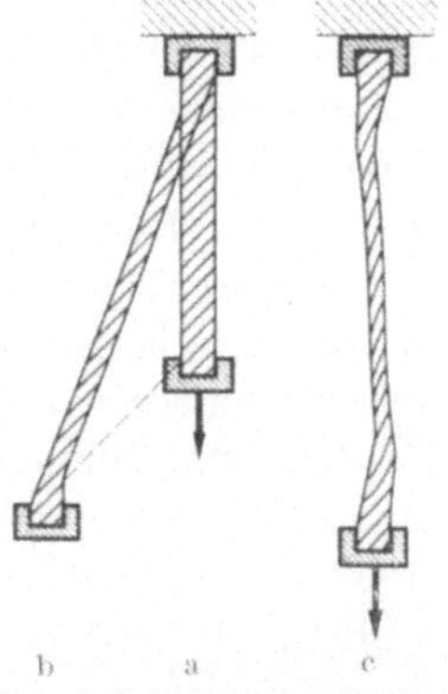

Abb. 6. Gleitvorgang bei
der Dehnung. a) Ausgangs-
lage. b) Gleitung bei reiner
   Schubbeanspruchung.
c) Drehung der Gleitlamellen im mittleren Teil, Verbiegung in der Nähe der
Fassungen bei Zugbean-
spruchung (die Gleitstufen
sind nicht eingezeichnet).
Aus   Polanyi (1925, 1)
   (etwas abgeändert).

d) Laue-Asterismus und Verbreiterung der Debye-Scherrer-Linien.
Wir berücksichtigten bisher nicht die Möglichkeit, daß durch den
Gleitvorgang selbst inhomogene Gitterverzerrungen bewirkt werden
können. Daß überhaupt Veränderungen im Kristall eintreten, zeigen
die mit der Verformung einhergehenden Änderungen der physikalischen Eigenschaften[3], am unmittelbarsten die Tatsache der Verfestigung (3c). Diese Veränderungen können zunächst sehr vielfältig
sein, z. B. in Gitterverzerrungen bestehen oder die Elektronenhülle der
Atome betreffen.

---

[1] Grobe Gleitlamellenbildung kann bei der Stauchung nicht auftreten, da sonst
bei der Drehung der Gleitebenen der Abstand der Druckflächen größer werden,
also entgegen dem zweiten Hauptsatz die freie Energie des Systems Kristall
+ äußere Kräfte (Druckgewicht) zunehmen würde. Eine obere Grenze bildet
die Gleitschichtendicke, bei der der Abstand gerade konstant bleibt.

[2] Wegen dieser Verbiegung bezeichnen Mark, Polanyi und Schmid (1922, 1)
den Verformungsvorgang als Biegegleitung. [Die Unterscheidung von „reiner"
und mit Biegung verbundener Gleitung ist bereits bei Mügge (1898, 1) zu finden.]
Um demgegenüber das Fehlen von Verbiegungen (das allerdings damals noch nicht
experimentell nachgewiesen war) bei reiner Schubbeanspruchung hervorzuheben,
hat Bausch für diesen Verformungsvorgang die Bezeichnung Schiebegleitung
verwandt.

[3] Zusammenstellung z. B. bei Schmid und Boas (1935, 1), S. 210ff.

An dieser Stelle interessiert uns nur die Frage, ob Verbiegungen der Gleitlamellen, wie sie bei der Längsdehnung und Stauchung aus geometrischen Gründen vorhanden sind, auch bei der Schiebegleitung auftreten, also auch durch die Gleitung als solche verursacht werden. Wir können sie durch Vergleich von Laue-Aufnahmen von Kristallen, welche auf die drei Arten verformt wurden, beantworten. Die Laue-Flecke gedehnter und gestauchter Kristalle sind wegen dieser Verbiegungen in radialer Richtung verlängert (Laue-Asterismus).

Verfasser hat solche Vergleichsuntersuchungen an Naphthalinkristallen ausgeführt, die Ergebnisse zeigt Abb. 7. Naphthalin wurde aus verschiedenen Gründen gewählt: Die Kristalle gestatten bei der Bausch-Anordnung sehr große Verformungen und können durch Auskratzen des zur Befestigung eingegossenen Naphthalins [Kochendörfer (1937, 1)] ohne die geringste Verbiegung aus den Fassungen entfernt werden. Außerdem ist ihre Gleitung sehr gleichmäßig, nur vereinzelt treten Gleitlinien auf (Abb. 26). Bei Metallen ist die Entfernung der Kristalle aus den Fassungen erheblich schwieriger. Sie müssen ausgebohrt werden, da das technisch leicht durchführbare Ausschmelzen wegen der dabei eintretenden Erholung und Rekristallisation nicht angewandt werden darf.

Wir sehen aus Abb. 7, daß bei der Schiebegleitung trotz der großen Abgleitungen (2f) ein Laue-Asterismus nicht auftritt, dagegen, wie auch bei den übrigen Kristallen, bei der Dehnung und Stauchung[1]. Damit ist eindeutig gezeigt, daß *die* inhomogenen Gitterverzerrungen, welche den Laue-Asterismus verursachen, mit dem Gleitvorgang als solchem nichts zu tun haben, sondern nur durch die Art der Verformung bedingte Begleiterscheinungen darstellen. Insbesondere sind sie nicht die eigentliche Ursache der Verfestigung, da diese bei Schiebegleitung und Dehnung nahezu übereinstimmt[2]. Das zeigen mittelbar auch die experimentellen Tatsachen, daß bei einer Umkehr der Verformungsrichtung der Laue-Asterismus abnimmt, die Verfestigung dagegen weiter ansteigt [Czochralski (1925, 1)], und daß bei Erholung die Verfestigung bereits merklich abgenommen hat, ehe Veränderungen der Laue-Flecke beob-

---

[1] Herr Dr. W. G. Burgers hatte freundlicherweise bereits vor längerer Zeit einige durch Schiebegleitung und Stauchung verformte Naphthalinkristalle untersucht und in beiden Fällen keinen Asterismus festgestellt. Die Kristalle waren jedoch seit der Verformung annähernd 1 Jahr gelagert, so daß inzwischen weitgehende Erholung eingetreten sein konnte. Ich danke auch an dieser Stelle Herrn Dr. Burgers für seine Bemühungen.

[2] Bausch (1935, 1) hat das an Zinnkristallen nachgewiesen, Taylor (1927, 2) für Dehnung und Stauchung an Aluminiumkristallen. Geringe Erhöhungen der Verfestigung bei der Dehnung gegenüber der Schiebegleitung sind den restlichen Verzerrungen der Gleitlamellen zuzuschreiben.

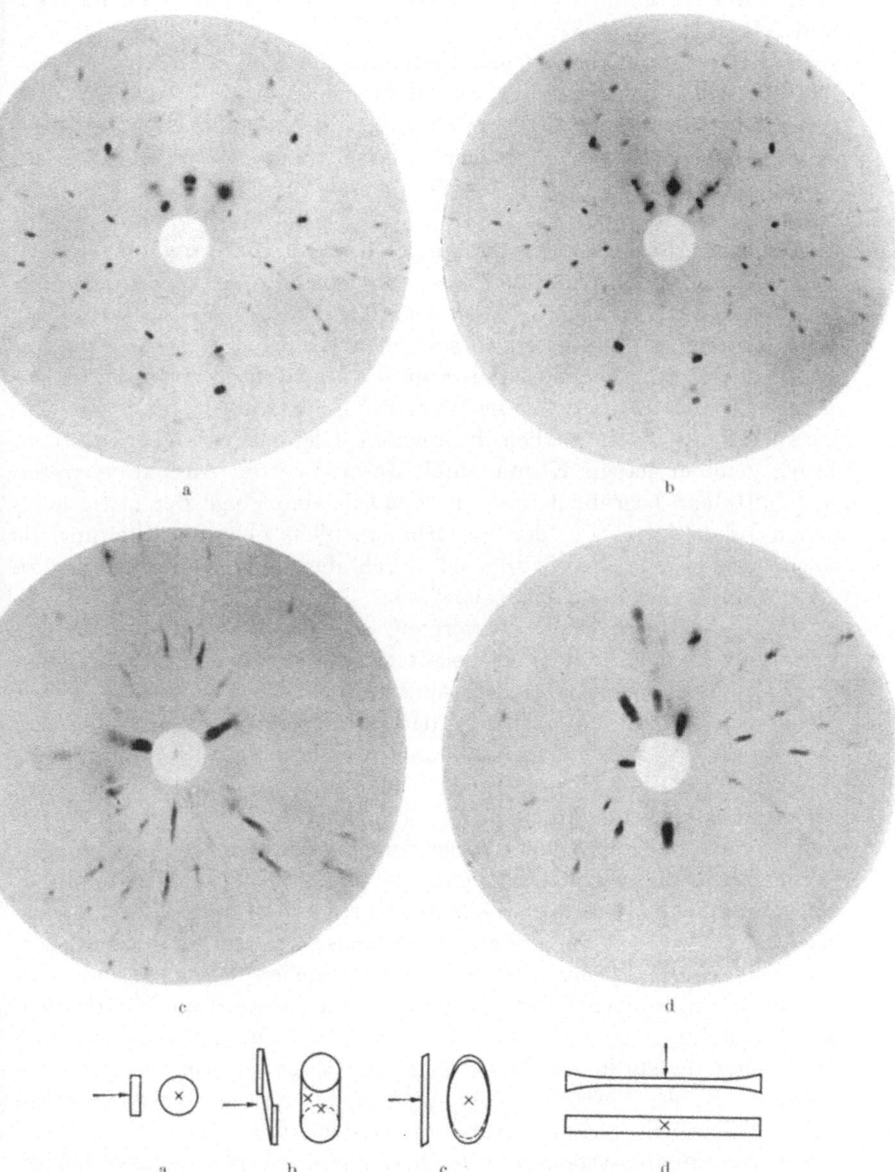

Abb. 7. Laue-Durchstrahlaufnahmen homogen verformter Naphthalinkristalle. Mo-Strahlung, 60 kV, Blendendurchmesser 0,5 mm, Abstand Blende-Film 4 cm, Belichtungsdauer $^3/_4$ h. In den Skizzen sind die durchstrahlten Stellen und die Lage des einfallenden Strahls angegeben. a) Unverformte Kristallscheibe von ∼1,5 mm Dicke. b) Durch Schiebegleitung verformter Kristall, Abgleitung ∼8,5. c) Gestauchter Kristall. Die Stauchung erfolgte von 2 mm auf 1,48 mm in 25 Schritten. Schmierung vor jeder Belastung mit Vaseline-Ölmischung. Äußerlich war die Verformung vollkommen homogen. d) Gedehnter Kristall. Die Dehnung in der Mitte betrug etwa 100%.

achtet werden können [Karnop und Sachs (1927. 2); Laschkarew und Alichanian (1931, 1)].

Die Berechnung der Art und Verteilung der durch den Laue-Asterismus angezeigten Verzerrungen der Gleitlamellen mit Hilfe des geometrischen Zusammenhangs zwischen Gitterorientierung und Lage der Laue-Flecke ist Gegenstand zahlreicher Untersuchungen gewesen[1]. Übereinstimmend haben Taylor (1928, 2), Yamaguchi (1929, 1) und W. G. Burgers und Louwerse (1931, 1) [vgl. auch Gough (1933, 1)] an gestauchten Aluminiumkristallen und Komar und Mochalov (1936, 3) an gedehnten Magnesiumkristallen gefunden, daß die Verzerrungen im wesentlichen in Verbiegungen der Gleitlamellen um eine senkrecht zur Gleitrichtung in der Gleitebene gelegenen Richtung bestehen. Im Anschluß an die Arbeiten von Taylor und Yamaguchi haben insbesondere Burgers und Louwerse die Vorstellung entwickelt, daß die Verbiegungen als Folge örtlich begrenzten Gleitens entstehen würden. Demgegenüber haben Komar und Mochalov die Ansicht vertreten und mittelbar begründet, daß sie lediglich eine Folge der unvermeidlichen Inhomogenitäten der Verformung, nicht aber der Gleitung als solcher sind. Diese Annahme ist durch die Vergleichsaufnahmen in Abb. 7 nunmehr unmittelbar bewiesen.

Über die durch den Gleitvorgang selbst verursachten „inneren" Gitterverzerrungen können vielleicht genaue Messungen der röntgenographischen Linienverbreiterung Aufschluß geben. Die Analyse solcher Messungen ist dadurch erschwert, daß die Verbreiterung nicht nur von der Größe der Verzerrungen abhängt, sondern auch von ihrer Verteilung, d. h. davon, ob sie periodisch oder teilweise periodisch und langsam oder rasch veränderlich sind[2]. So ergeben z. B. statistisch unregelmäßig verteilte, durch ein Fourier-Integral darstellbare Verzerrungen (ähnlich wie die Wärmeschwingungen) und solche, die sich nur über Bruchteile des Materials erstrecken, keine Verbreiterung. Da die Verzerrungen, welche einen Laue-Asterismus verursachen, auch Verbreiterungen der Debye-Scherrer-Linien ergeben können, sind Verbreiterungsmessungen an frei gezogenen und gestauchten Einkristallen zur Feststellung der „inneren" Verzerrungen nicht gut geeignet, man muß hierzu Kristalle, die durch Schiebegleitung verformt wurden, verwenden. Solche Versuche liegen noch nicht vor, so daß diese Frage zunächst nur theoretisch untersucht werden kann (7c).

e) Koordinatensysteme zur Beschreibung des Verformungszustandes. Zur Festlegung der Orientierung und zur Beschreibung des Verformungs-

---

[1] Auf die diesbezüglichen Untersuchungen bei der Biegung von Einkristallen kommen wir in **20a** zu sprechen.

[2] Dehlinger (1927, 1; 1931, 1); Dehlinger und Kochendörfer (1939, 1; 2); Kochendörfer (1939, 1); Boas (1937, 1).

und Spannungszustandes eines Kristalls benutzen wir zwei Koordinatensysteme I und II, von denen das eine (I) der äußeren Form des Kristalls, das andere (II) dem kristallographischen Charakter der Verformung angepaßt ist. Abb. 8 veranschaulicht ihre gegenseitige Lage in sphärischer Darstellung.

Die Koordinatenachsen von I sind die Kristallachse $\mathfrak{z}$, die wir stets nach oben weisend annehmen, und zwei im Querschnitt liegende radiale Achsen $\mathfrak{P}$ und $\mathfrak{T}$. Erstere ist durch ein zunächst beliebiges Azimut φ festgelegt, dessen Nullpunkt wir durch eine Mantellinie auf dem Kristall kennzeichnen.

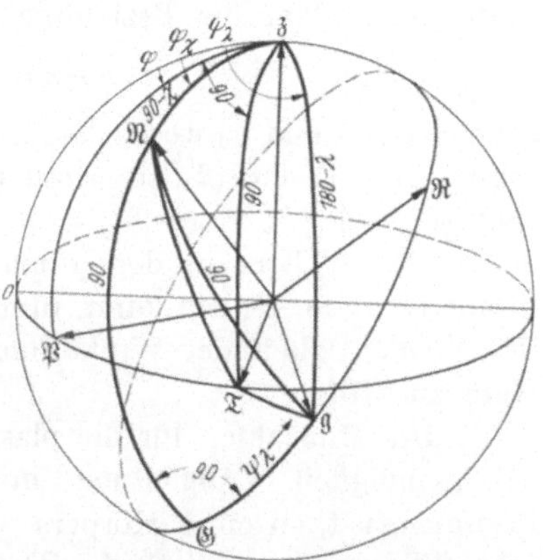

Das Koordinatensystem II legen wir bezüglich der Gleitebene $\mathfrak{G}$ und der Gleitrichtung $\mathfrak{g}$ fest. Letztere und die dazu senkrechte Richtung $\mathfrak{R}$ in der Gleitebene sowie die Gleitebenennormale $\mathfrak{N}$ bilden die Achsen des Systems.

Die Orientierung des Kristalls, d. h. die Lage des Systems II bezüglich des Systems I, ist bestimmt durch den Winkel χ von $\mathfrak{G}$ mit $\mathfrak{z}$ und die Azimute φ_χ und φ_λ von $\mathfrak{N}$ und $\mathfrak{g}$ bezüglich $\mathfrak{z}$. Für χ nehmen wir

Abb. 8. Lage der Koordinatensysteme I und II im Kristall. $\mathfrak{z}$ Richtung der Kristallachse. $\mathfrak{P}$ und $\mathfrak{T}$ zueinander senkrechte Achsen im Kristallquerschnitt. $\mathfrak{N}$ Gleitebenennormale. $\mathfrak{g}$ Gleitrichtung. $\mathfrak{R}$ zu $\mathfrak{g}$ senkrechte Richtung in der Gleitebene. $\mathfrak{G}$ Gleitebene. Erklärung der Winkelgrößen im Text.

stets den spitzen Winkel $(\mathfrak{z}\,\mathfrak{G})$; φ_χ und φ_λ sind nach Abb. 8 bei Blickrichtung $\mathfrak{z}$ im Sinne des Uhrzeigers positiv zu zählen, sie können Werte zwischen 0 und 360° annehmen. Wir haben unsere Festsetzung so getroffen, daß (bei kreisförmigen Querschnitten) die tiefsten Punkte von Gleitebene und Gleitrichtung die Azimute angeben. Ihre Werte unterscheiden sich dann höchstens um $\pm\,90°$[1].

In vielen Formeln, die wir später gebrauchen, tritt neben χ der Winkel λ der Gleitrichtung mit der Kristallachse auf. Auf Grund der Bedingung, daß der Winkel $(\mathfrak{g}\,\mathfrak{N}) = 90°$ sein muß ($\mathfrak{g}$ liegt in $\mathfrak{G}$), ergibt sich aus dem sphärischen Dreieck $(\mathfrak{z}\,\mathfrak{g}\,\mathfrak{N})$ in Abb. 8 die Beziehung

$$\cos(\varphi_\lambda - \varphi_\chi)\,\mathrm{tg}\,\lambda = \mathrm{tg}\,\chi, \tag{1}$$

aus der λ berechnet werden kann. Wie für χ, so nehmen wir auch für λ stets den spitzen Winkel. Sind umgekehrt χ und λ bekannt, so kann aus (1) $\varphi_\lambda - \varphi_\chi$ berechnet werden, allerdings nur bis aufs Vorzeichen,

---

[1] Oft wird das Azimut von $\mathfrak{g}$ durch den Wert $\varphi_\lambda' = 180 + \varphi_\lambda$ des höchsten Punktes von $\mathfrak{g}$ festgelegt. In einigen Formeln sind in diesem Falle die Vorzeichen von den unsrigen verschieden.

denn zu einem Wertepaar χ und λ gibt es zwei zu φ_χ symmetrisch gelegene Gleitrichtungen. Um in diesem Falle φ_λ und damit die Orientierung eindeutig angeben zu können, muß noch das Vorzeichen von φ_λ bekannt sein. Dasselbe gilt für das Azimut ψ_λ von $\mathfrak{g}$ bezüglich der Gleitebenennormalen $\mathfrak{N}$, dessen Nullpunkt wir in den tiefsten Punkt der Gleitebene legen (Abb. 8). Damit erhalten $\varphi_\lambda - \varphi_\chi$ und ψ_λ stets das gleiche Vorzeichen. Aus dem bei $\mathfrak{G}$ rechtwinkligen Dreieck ($\mathfrak{z}\,\mathfrak{g}\,\mathfrak{G}$) liest man unmittelbar die Beziehung

$$\cos\lambda = \cos\psi_\lambda \cos\chi \tag{2}$$

ab, aus der λ und ψ_λ wechselseitig berechnet werden können. Eliminiert man λ aus (1) und (2), so erhält man eine Gleichung zwischen $\varphi_\lambda - \varphi_\chi$ und ψ_λ.

In den Fällen, in denen man das Vorzeichen der Winkel nicht unmittelbar übersehen kann, nimmt man zu ihrer Bestimmung, wegen der Vieldeutigkeit der Winkelfunktionen, zweckmäßig das **Wulff**sche Netz zu Hilfe.

f) Die Maßzahlen für die plastische Verformung und Verformungsgeschwindigkeit (Abgleitung und Gleitgeschwindigkeit). Der Verformungszustand eines Körpers wird allgemein durch einen symmetrischen Tensor zweiter Stufe (Deformationstensor) mit sechs Komponenten $\varepsilon_{i\varkappa}$ ($= \varepsilon_{\varkappa i}$) beschrieben. Die Bedeutung der Indizes ist: i gibt die Richtung an, in der zwei Flächenelemente mit der Normalenrichtung $\varkappa$ gegeneinander verschoben werden. ε_{ii} sind Dehnungen (Stauchungen[1]), das sind Abstandsvergrößerungen (-verkleinerungen) der Flächenelemente, bezogen auf den Abstand Eins, und $2\varepsilon_{i\varkappa}$ ($i \neq \varkappa$) Schiebungen oder Scherungen, das sind gegenseitige Verschiebungen der Flächenelemente längs der in ihnen gelegenen Richtung i, bezogen auf den Abstand Eins. Die Schiebung ist gleich dem Tangens des Schiebungswinkels, das ist der Winkel, den die Verbindungsgerade zweier Punkte der Flächenelemente, die ursprünglich senkrecht übereinander lagen, nach ihrer Verschiebung mit der Flächennormalen bildet. Die $\varepsilon_{i\varkappa}$ sind dimensionslose reine Zahlen.

Bei einer Verformung durch Gleitung verschwinden im Koordinatensystem II bis auf $\varepsilon_{\mathfrak{g}\mathfrak{N}}$ alle Deformationskomponenten. $a = 2\varepsilon_{\mathfrak{g}\mathfrak{N}}$ gibt die auf den Gleitebenenabstand 1 bezogene Verschiebung zweier Gleitebenen längs der Gleitrichtung an[2]. Sie wird als **Abgleitung** be-

---

[1] Wir rechnen die ε_{ii} sowohl bei der einsinnigen Dehnung als auch bei der einsinnigen Stauchung positiv. Als Maß für die Verformung (aber nicht als Verformungsvorgang) nehmen wir die Stauchung mit unter die Bezeichnung Dehnung herein.

[2] Von dem unstetigen Verlauf von a infolge der Gleitlamellenbildung sehen wir zunächst ab. Wir kommen darauf in **15 b** zu sprechen. a hat dann in allen Punkten des Kristalls denselben Wert.

zeichnet. Wir rechnen sie bei den einsinnigen homogenen Verformungen stets positiv.

Bei der Bausch-Anordnung messen wir die unmittelbar zu a proportionale gegenseitige Verschiebung s der beiden äußersten Gleitebenen der Gleitschicht mit dem Abstand h:

$$s = ha. \tag{3}$$

Sie ist gleich der gegenseitigen Verschiebung der Kristallfassungen.

Bei der Dehnung und Stauchung dagegen messen wir die zur Komponente $D^0 = \varepsilon_{\mathfrak{z}\mathfrak{z}}$ (Dehnung) proportionale Verlängerung bzw. Verkürzung $s = |l - l^0|$, wo l^0 die Ausgangslänge[1], l die Länge im verformten Zustand ist:

$$D^0 = \frac{|l - l^0|}{l^0} = \frac{s}{l^0}. \tag{4}$$

Nach Abb. 5 und 6 ändert sich die Orientierung des Kristalls, d. h. die Lage des Systems II gegenüber der des Systems I, im Laufe der Verformung. Die Änderung erfolgt bei der Dehnung in der Weise, daß sich Kristallachse (Zugrichtung) und Gleitrichtung auf dem durch sie bestimmten Großkreis ($\mathfrak{z}\mathfrak{g}$ in Abb. 8) einander nähern[2]. χ und λ nehmen stetig ab und streben dem Grenzwert Null (für $D^0 \to \infty$, $a \to \infty$) zu. Bei der Stauchung dagegen nähern sich die Kristallachse (Stauchrichtung) und Gleitebenennormale auf dem durch sie bestimmten Großkreis ($\mathfrak{N}\mathfrak{z}$ in Abb. 8). χ und λ nehmen zu gegen den Grenzwert $90°$ (für $D^0 \to 1$, $a \to \infty$). Aus den Abb. 5 und 6 ist dieses unterschiedliche Verhalten bei den beiden Verformungsarten qualitativ unmittelbar zu erkennen.

Die Abhängigkeit der χ und λ von D^0 und den Anfangswerten χ_0 und λ_0 ist für die Dehnung auf Grund der Tatsache, daß sowohl das Volumen des Kristalls als der Flächeninhalt der Gleitfläche (bis auf die zu vernachlässigenden freiwerdenden Teile, vgl. Abb. 1) im Laufe der Verformung ihre Werte nicht ändern, leicht zu berechnen. Das Volumen ist

$$V = l^0 Q^0 = lQ \tag{5}$$

(Q^0, Q, Ausgangs- bzw. Endquerschnitt), und die Größe der Gleitfläche

$$Q(\mathfrak{G}) = \frac{Q^0}{\sin \chi_0} = \frac{Q}{\sin \chi} \quad \text{für die Dehnung.} \tag{6}$$

---

[1] Für die Ausgangslänge (bzw. Dicke) und die auf sie bezogene Dehnung sowie für den Ausgangsquerschnitt und die auf ihn bezogene Spannung schreiben wir den Index Null oben, für den Anfangswert der Spannung und Schubspannung (Streckgrenze bzw. kritische Schubspannung) unten.

[2] Hierauf beruht ein viel angewandtes Verfahren zur Bestimmung der Gleitrichtung.

Aus (5) und (6) erhält man die erste der folgenden Beziehungen[1]:

$$\frac{l}{l^0} = 1 + D^0 = \frac{\sin\chi_0}{\sin\chi} = \frac{\sin\lambda_0}{\sin\lambda} \quad \text{für die Dehnung,} \tag{7a}$$

$$= 1 - D^0 = \frac{\cos\chi}{\cos\chi_0} = \frac{\cos\lambda}{\cos\lambda_0} \quad \text{für die Stauchung.} \tag{7b}$$

Wegen der Orientierungsänderung hängen D^0 und a nicht in einfacher Weise miteinander zusammen. Proportionalität besteht nur für kleine Zunahmen da und dD, wobei aber letztere nicht auf die Ausgangslänge l^0, sondern auf die jeweilige Länge l zu beziehen ist. Nach (28 c) gilt für die Dehnung und Stauchung

$$\frac{|dl|}{l} = dD = \sin\chi\cos\lambda \cdot da \tag{8}$$

oder nach (7a) und (7b):

$$\frac{|dl|}{l^0} = dD^0 \quad \begin{aligned} &= \sin\chi_0\cos\lambda \cdot da &&\text{für die Dehnung,} &&\text{(9a)}\\[1ex] &= \frac{\sin\chi\cos\lambda\cos\chi}{\cos\chi_0}\,da &&\text{für die Stauchung.} &&\text{(9b)} \end{aligned}$$

Eliminieren wir in (8) die Endwerte χ und λ mit Hilfe von (7a) bzw. (7b) vollständig, so erhalten wir eine Differentialgleichung, deren Integration die Beziehungen zwischen endlichen Werten von a und D^0 liefert[2]:

$$a = \frac{1}{\sin\chi_0}\left(\sqrt{(1+D^0)^2 - \sin^2\lambda_0} - \cos\lambda_0\right) \quad \text{für die Dehnung,} \tag{10a}$$

$$\left(\frac{l^0}{l}\right)^2 = \frac{1}{(1-D^0)^2} = 1 + 2a\sin\chi_0\cos\lambda_0 + a^2\cos^2\lambda_0 \quad \text{für die Stauchung.} \tag{10b}$$

In (10a) und (10b) treten χ_0 und λ_0 als Parameter auf, d. h. zu gleichen Dehnungen gehören bei verschiedenen Orientierungen verschiedene Abgleitungen und umgekehrt. In Abb. 9a ist der Verlauf von a als Funktion von D^0 für die Dehnung gezeichnet[3]. Man erkennt, daß er, ausgenommen bei flachen Lagen der Gleitrichtung ($\lambda_0 \gtrsim 70°$), weitgehend linear ist[4], so daß wir (8) näherungsweise auch für endliche

---

[1] Die übrigen drei Beziehungen ergeben sich auf Grund einfacher geometrischer Betrachtungen.

[2] Die Ableitung erfolgt im allgemeinen geometrisch. Z. B. bei Schmid und Boas (1935, 1); Elam (1935, 1) und P. P. Ewald (1929, 1). Die von Ewald benutzte vektorielle Schreibweise ist besonders anschaulich. Bei der Behandlung der mehrfachen Gleitung bildet im allgemeinen die Differentialbeziehung (8) den Ausgangspunkt. Vgl. **6**.

[3] Abgleitung und Dehnung sind in Prozent aufgetragen. $a = 1$ bzw. $D^0 = 1$ entspricht 100%.

[4] Der Grund liegt darin, daß sich $\cos\lambda$ in (9a) nicht mehr wesentlich ändert, wenn schon λ_0 ($= \chi_0$ in Abb. 9a) genügend klein ist.

Werte Δa und ΔD mit festen Werten $\chi = \chi_0$ und $\lambda = \lambda_0$ benutzen können. Wir bezeichnen die dafür notwendigen Bedingungen, daß λ_0 und χ_0 hinreichend klein sind, als **Orientierungsbedingungen**.

Abschließend bemerken wir noch, daß die Einführung der Abgleitung neben der unmittelbar meßbaren Dehnung durch den kristallographischen Charakter der Gleitung nahegelegt wird. Wir werden in **3c** sehen, daß sie auch physikalisch gegenüber der Dehnung bevorzugt ist.

Die bis zum Bruch erzielbaren Abgleitungen sind für die einzelnen Stoffe recht verschieden. Mit der Temperatur nehmen sie allgemein zu. Für die kubisch flächenzentrierten Metalle sind sie bei Zimmertemperatur von der Größenordnung 1, für die hexagonalen Metalle von der Größenordnung 5 (Abb. 11). Das unter den organischen Kristallen untersuchte Naphthalin gestattet Abgleitungen bis zu 13. Salzkristalle brechen bei Zimmertemperatur fast spröde, oberhalb 200 bis 300°C wird ihre Verformbarkeit merklich und reicht bis zu Abgleitungen von einigen Hundertsteln. Eine Ausnahme machen die Silber- und Thalliumhalogenide, bei denen Abgleitungen bis zu 6 erreicht werden können [Stepanow (1934, 1)].

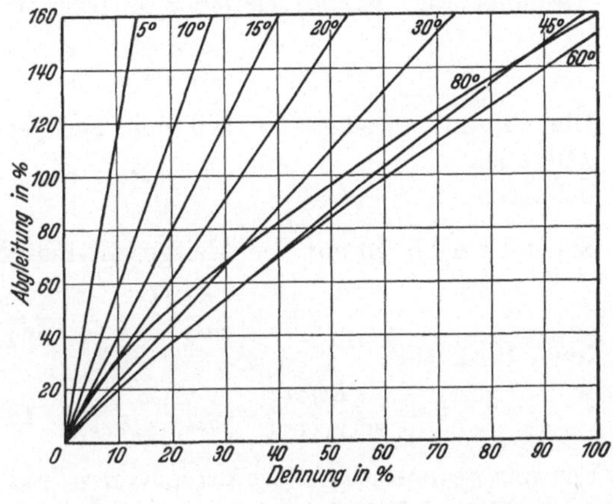

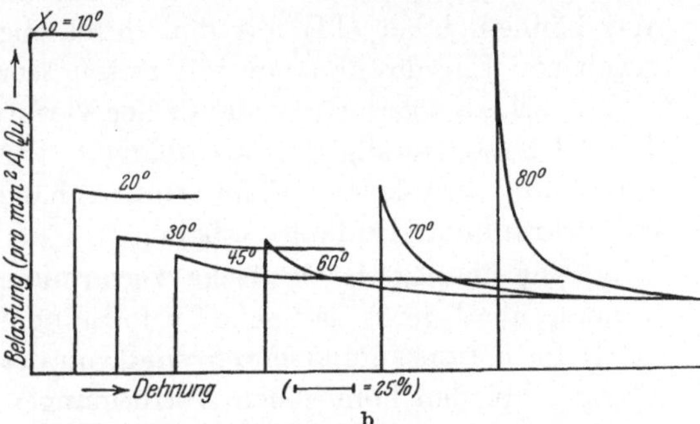

Abb. 9. Verlauf a) der Abgleitung, b) der Spannung S^0 bei konstanter Schubspannung. je als Funktion der Dehnung D^0 bei verschiedener Ausgangsorientierung. Die Werte von χ_0 sind den Kurven angeschrieben. Ohne wesentliche Beschränkung der Allgemeinheit ist $\chi_0 = \lambda_0$ angenommen. Aus Schmid und Boas (1935, 1).

Der Zusammenhang zwischen der **Verformungsgeschwindigkeit**[1] $v = ds/dt$ (Dimension [cm sec^{-1}]) und der **Gleitgeschwindigkeit** $u = da/dt$ (Änderung der Abgleitung bezogen auf die Zeiteinheit, Dimension [sec^{-1}]) ergibt sich unmittelbar aus obigen Beziehungen.

---

[1] Sie ist gleich der Geschwindigkeit, mit der die Kraftangriffspunkte am Kristall gegeneinander bewegt werden.

Bei der Bausch-Anordnung sind nach (3) beide zueinander proportional:

$$u = \frac{v}{h}.\tag{11}$$

Bei der Dehnung und Stauchung ergibt sich aus der Verformungsgeschwindigkeit zunächst die Dehnungsgeschwindigkeit bezogen auf die Ausgangslänge dD^0/dt (Dimension $[\sec^{-1}]$) nach (4) zu:

$$\frac{dD^0}{dt} = \frac{v}{l^0}.\tag{12}$$

Die auf die jeweilige Kristallänge bezogene Dehnungsgeschwindigkeit dD/dt ist:

$$\frac{dD}{dt} = \frac{v}{l}.\tag{13}$$

Sie steht nach (8) mit der Gleitgeschwindigkeit in folgender Beziehung:

$$u = \frac{dD/dt}{\sin\chi\cos\lambda} = \frac{v}{l\sin\chi\cos\lambda}.\tag{14}$$

Nach (9a) ist:

$$u = \frac{dD^0/dt}{\sin\chi_0\cos\lambda} = \frac{v}{l^0\sin\chi_0\cos\lambda} \quad \text{für die Dehnung.}\tag{15}$$

Für das gegenseitige Verhältnis von u und dD^0/dt und seine Orientierungsabhängigkeit gilt dasselbe wie für das Verhältnis von a zu D^0. Wir können daher (14) mit den durch die Orientierungsbedingungen gegebenen Einschränkungen mit festen Werten von χ und λ benutzen, und innerhalb dieser Grenzen mit der Verformungsgeschwindigkeit auch die Gleitgeschwindigkeit unabhängig vorgeben. Bei der Bausch-Anordnung, wo keine Orientierungsabhängigkeit auftritt, ist das in unbeschränktem Umfange möglich.

g) Die überlagerte elastische Verformung. Die der plastischen Verformung überlagerte elastische Verformung ist in allen Fällen sehr klein, die Deformationskomponenten sind von der Größenordnung 10^{-5}. Sie ist aber bei den homogenen Verformungen nicht aus diesem Grunde unwesentlich, sondern weil sie sich der plastischen Verformung unabhängig überlagert, und nur von der Größe der äußeren Kräfte, nicht aber von der Abgleitung abhängt. Sie ist reversibel und unterscheidet sich dadurch grundsätzlich von der plastischen Verformung, selbst wenn letztere kleiner ist. Bei inhomogener Verformung sind plastische und elastische Anteile nicht mehr unabhängig voneinander, letztere ohne Aufschneiden des Kristalls nicht mehr reversibel und beide von Einfluß auf die äußeren Kräfte (III B).

3. Die praktische Verfestigungskurve und ihre Temperaturabhängigkeit.

a) Die Spannungskomponenten. Wir wenden uns nunmehr den Verformungskräften zu. Der durch sie im Innern des Kristalls hervorgerufene Spannungszustand wird, in ähnlicher Weise wie der Deformationszustand, durch einen symmetrischen Tensor zweiter Stufe, den Spannungstensor mit den Komponenten $\sigma_{i\varkappa}$ ($= \sigma_{\varkappa i}$) beschrieben. $\sigma_{i\varkappa}$ ist die Spannungskomponente in einem Flächenelement mit der Normalenrichtung $\varkappa$ in Richtung i. σ_{ii} sind Normalspannungen, $\sigma_{i\varkappa}$ $(i \neq \varkappa)$ Schubspannungen.

Das unmittelbare Ergebnis einer Verformungsmessung ist eine Kraft-Verlängerungskurve (Kraft K aufgetragen gegen die gegenseitige Verschiebung s der Kraftangriffspunkte). Da bei einer homogenen Verformung der ebenfalls homogene[1] elastische Spannungszustand sich unabhängig vom plastischen Verformungszustand ausbildet, so ist er nach den Gesetzen der Elastizitätslehre mit den äußeren Kräften verknüpft und in den drei Fällen leicht zu berechnen.

Eine besondere Bedeutung für die plastische Verformung besitzt die Schubspannungskomponente (im Koordinatensystem II) $\sigma = \sigma_{\mathfrak{g}\mathfrak{R}}$ in der Gleitebene längs der Gleitrichtung. Wir bezeichnen sie kurz mit **Schubspannung** und gebrauchen diesen Ausdruck ohne weitere Zusätze nicht für andere Spannungskomponenten.

Bei der Bausch-Anordnung ist die äußere Kraft K unmittelbar proportional zur Schubspannung:

$$K = Q(\mathfrak{G})\,\sigma \tag{16}$$

[$Q(\mathfrak{G})$ Gleitfläche]. Bei der Dehnung und Stauchung ist K proportional zu der Normalspannungskomponente (im Koordinatensystem I) $S = \sigma_{\mathfrak{z}\mathfrak{z}}$ in der Zug- bzw. Druckrichtung:

$$K = QS = Q^0 S^0. \tag{17}$$

S^0 ist die auf den Ausgangsquerschnitt Q^0 bezogene Spannung[2]. Nach (6) ist

$$S^0 = \frac{\sin\chi}{\sin\chi_0}\,S \quad \text{für die Dehnung.} \tag{18}$$

Nach (4) und (17) können wir die gemessenen Kraft-Verlängerungskurven in die von den Kristallabmessungen, aber **nicht von der Orientierung unabhängigen Dehnungskurven**, bei denen S^0 gegen D^0 aufgetragen ist, umrechnen.

---

[1] In Wirklichkeit ist der Spannungszustand submikroskopisch nicht homogen (7). Diese Tatsache berührt die hier zur Untersuchung stehenden Fragen nicht, da die Inhomogenitäten unregelmäßig verlaufen, und in jedem noch meßbaren Gebiet der mittlere Spannungszustand derselbe ist, im Gegensatz zu den makroskopisch inhomogenen Verformungen (Biegung, Torsion), wo er sich makroskopisch stetig mit dem Ort ändert.

[2] Im technischen Sprachgebrauch wird S^0 als **Nennspannung**, S als **wahre** **Spannung** bezeichnet.

Die Beziehung zwischen S (bzw. S^0) und σ hängt von der Orientierung ab. Nach (28 b) gilt für die Dehnung und Stauchung:

$$\sigma = \sin\chi \cos\lambda \cdot S. \tag{19}$$

Mit Hilfe von (7) und (18) können daraus χ und λ eliminiert und so Beziehungen zwischen σ und S^0 mit χ_0 und λ_0 als Parameter gewonnen werden, die zusammen mit den Beziehungen (10) erlauben, die Dehnungskurven in die sog. Verfestigungskurve (3 c), in der σ gegen a aufgetragen ist, umzurechnen. Wir benötigen diese Beziehungen im einzelnicht.

Aus (18) und (19) ergibt sich:

$$\sigma = \sin\chi_0 \cos\lambda \cdot S^0. \tag{20}$$

Die Beziehung (20) [bzw. (19)] zwischen den Spannungskomponenten in den Koordinatensystemen I und II ist genau reziprok zu derjenigen (9a) [bzw. (8)] zwischen kleinen Änderungen der Deformationskomponenten[1]. Also ist mit derselben Näherung, mit der a proportional zu D^0 (da/dD^0 konstant) ist, auch σ proportional zu S^0 und wir können mit denselben, durch die Orientierungsbedingungen gegebenen Einschränkungen, wie (8) so auch (19) mit festen Werten $\chi = \chi_0$ und $\lambda = \lambda_0$ benutzen[2] und innerhalb dieser Grenzen mit der Spannung auch die Schubspannung unabhängig vorgeben. Die Verfestigungskurven sind dann Dehnungskurven mit linear veränderten Maßstäben in der Abszissen- und Ordinatenrichtung. Dabei wird der Maßstab in der Dehnungsrichtung in demselben Maße verkleinert ($a \geqq 2\,D^0$ wegen $\sin\chi \cos\lambda \leqq {}^1\!/_2$) wie in der Spannungsrichtung vergrößert ($2\sigma \leqq S^0$).

Jede konvexe Krümmung der Kurven in Abb. 9a hat zur Folge, daß S^0 gegenüber σ mit zunehmender Verformung kleiner wird. Da solche Krümmungen stets auftreten, besonders bei flachen Gleitebenenlagen und zu Beginn der Verformung, so fällt S^0 bei konstantem σ ab (Abb. 9 b). Man bezeichnet diese Erscheinung als Orientierungsentfestigung. Sie hat bei hinreichend flachen Gleitebenenlagen zur Folge, daß zu Beginn der Verformung die Spannung in den Dehnungskurven abnehmen kann, trotzdem die Schubspannung in der Verfestigungskurve zunimmt.

---

[1] Der Grund liegt darin, daß σ und S^0 (bzw. S) verallgemeinerte Kräfte, a und D^0 (bzw. D) verallgemeinerte Lagekoordinaten sind in dem Sinne, daß die Produkte $\sigma\,da$ und $S^0 dD^0$ (bzw. $S \cdot dD$) die während der Verformungszunahme in der Volumeinheit geleistete Arbeit angeben. Diese muß natürlich unabhängig vom Koordinatensystem sein, was (20) und (9a) [bzw. (19) und (8)] zum Ausdruck bringen (vgl. 28 c).

[2] Bei dieser Näherung wird angenommen, daß der Orientierungsfaktor $\sin\chi \cos\lambda$ während der Verformung im gleichen Verhältnis abnimmt wie der Querschnitt Q, denn dann stimmt der in dieser Weise berechnete Wert $S^0 = \sigma/\sin\chi_0 \cos\lambda_0$ mit dem wirklichen Wert $S^0 = \sigma Q/Q^0 \sin\chi \cos\lambda$ überein.

Bei der Bausch-Anordnung treten diese Besonderheiten nicht auf. Bei ihr sind die gemessenen Kraft-Verlängerungskurven, bis auf die linearen Maßstabsänderungen, unmittelbar Verfestigungskurven.

b) Versuchsapparate und Versuchsführungen. Wir haben bisher den Verformungs- und Spannungszustand eines Kristalls getrennt untersucht und wenden uns nun der eigentlichen Aufgabe zu, die Gesetzmäßigkeiten, nach denen beide miteinander verbunden sind, aufzustellen. Wir geben zunächst eine kurze Beschreibung der Versuchsapparate und Versuchsführungen.

Am meisten verwandt wird der Polanyi-Apparat oder die auf demselben Prinzip beruhende Zerreißmaschine von Schopper. Eine Ausführungsform[1] zeigt Abb. 46. Sie ist für (Wechsel-) Schiebegleitung eingerichtet, der Kristall daher nach Abb. 4 gefaßt. Bei Dehnungsversuchen ist der Kristall nach Abb. 6 zu fassen. Der rechte (bei der Dehnung obere) Kristallhalter ist oben als Bügel ausgebildet (häufig wird ein Faden verwandt), der vermittels der Spitze D in die untere Feder P greift[2], deren Durchbiegung ein Maß für die Last ist[3]. Sie wird durch einen Lichtzeiger über einen an der Feder angebrachten Spiegel auf einem mit konstanter Geschwindigkeit bewegtem Film aufgezeichnet. Durch die mit der anderen Fassung über das Gestänge G verbundene Antriebsspindel Sp mit der Antriebsschraube R, die gleichzeitig als Meßschraube für die Verschiebung der Spindel (Zugweg) dient[4], kann der Kristall mit einer vorgebbaren Zuggeschwindigkeit verformt werden. Die schmale und lange Ausführung des Gestänges erlaubt es, einen Behälter B für Temperaturbäder anzubringen.

Es ist für den Polanyi-Apparat kennzeichnend, daß der Zugweg nicht genau gleich der Verlängerung s des Kristalls ist, sondern noch die Federdurchbiegung enthält. Letztere ist durch die Größe der Last und die Federkonstante bestimmt. Entsprechend ist die Zuggeschwindigkeit gleich der Summe der Verformungsgeschwindigkeit v und der Geschwindigkeit der Federdurchbiegung, die durch die Federkonstante und den Lastanstieg gegeben ist. Führen wir zunächst einen Versuch mit einem vielkristallinen Körper aus, dessen elastische Dehnung klein

---

[1] Weitere Ausführungsformen sind bei Schmid und Boas (1935, 1) und Andrade und Roscoe (1937, 2) abgebildet.

[2] Die obere Feder und die Steuerorgane A, H und S_2 sind bei einsinniger Verformung nicht erforderlich.

[3] Bei der Schopperschen Maschine tritt an Stelle der Federdurchbiegung eine Bewegung des Lasthebels.

[4] Wird durch Kontaktanordnungen auf dem Antriebsrad ein zweiter Lichtzeiger nach je einer bestimmten Drehung des Rades bzw. Bewegung der Spindel periodisch ein- und ausgeschaltet (Abb. 17a) oder die Intensität des Lastzeigers periodisch geschwächt und verstärkt (Abb. 17b, c), so kann aus der Registrieraufnahme unmittelbar der Zugweg s und die Zuggeschwindigkeit v entnommen werden [Kochendörfer (1937, 1)].

ist gegenüber der Durchbiegung der Feder, so erhalten wir die elastische Gerade[1] des Apparats. Jede Abweichung der Neigung einer Verformungskurve von der Neigung dieser Geraden zeigt an, daß eine zusätzliche plastische Verformung stattgefunden hat. Diese Abweichung ist um so größer, je kleiner der Lastanstieg und je härter die Feder ist, und um so näher kommt die Verformungsgeschwindigkeit der Zuggeschwindigkeit. Da zur Lastmessung eine Federdurchbiegung erforderlich ist, so ist ein Unterschied zwischen beiden Geschwindigkeiten stets vorhanden. Bei Verwendung einer genügend harten Feder bleibt er jedoch während der Verformung praktisch konstant [Kochendörfer (1937, 1)], so daß wir durch geeignete Wahl der Federhärte die Verformungsgeschwindigkeit mit hinreichender Genauigkeit vorgeben können. Bei der Bausch-Anordnung gilt nach (11) dasselbe für die Gleitgeschwindigkeit, bei der Dehnung nur innerhalb der durch die Orientierungsbedingungen gegebenen Einschränkungen. Eine Versuchsführung, bei der die Gleitgeschwindigkeit als unabhängige Versuchsgröße vorgegeben wird, bezeichnen wir als dynamisch.

Den Verlauf der Belastung können wir beim Polanyi-Apparat in der Weise vorgeben, daß wir den Lichtzeiger für die Last verfolgen und die Zuggeschwindigkeit in entsprechender Weise regeln. Dieses Verfahren ist aber nur in Ausnahmefällen (z. B. beim Fließen unter konstanter Last) anwendbar. Am einfachsten ist es, wenn wir die Feder weglassen und an der unteren Kristallfassung ein Gefäß anbringen, in das wir in der gewünschten Weise eine Flüssigkeit zulaufen lassen oder bei schrittweiser Belastung Gewichte auflegen. In diesen Fällen ist ein besonderes Meßgerät zur Feststellung der Kristallverlängerung erforderlich. Eine Versuchsführung mit schrittweiser Belastung, bei der nach jedem Schritt die Kristallverlängerung, die sich nach einiger Zeit eingestellt hat[2], gemessen wird, bezeichnen wir als statisch[3].

c) Die praktische Verfestigungskurve. Wir kommen nun zur eigentlichen Verformungsdynamik und geben zunächst einen Überblick über einige grundlegenden Ergebnisse, wobei wir auf feinere Einzelheiten, deren Untersuchung den Gegenstand der folgenden Punkte bildet, noch keine Rücksicht nehmen.

Dehnen wir einen Kristall im Polanyi-Apparat und bestimmen zu jeder Dehnung D^0 die zugehörige Spannung S^0, so erhalten wir eine

---

[1] Erfolgt die Kraftübertragung durch Fäden und über Rollen (wie z. B. bei dem Biegungsapparat in Abb. 51), so ist die elastische „Gerade" im Anfangsteil gekrümmt, bis die Fäden hinreichend stark gespannt sind (vgl. Abb. 17c).

[2] Hierbei ist, wenn diese Versuchsführung sinnvoll sein soll, vorausgesetzt, daß der Kristall unter der Einwirkung der Last nicht dauernd weiterfließt. Wegen der Erholung (3d) ist das oberhalb bestimmter Temperaturen nicht mehr der Fall. Bei den meisten Metallen ist die Zimmertemperatur noch zulässig.

[3] Hierbei ist also die Spannung S^0 die unabhängig vorgegebene Versuchsgröße.

Dehnungskurve. Die Erfahrung zeigt, daß ihr Verlauf bei einer bestimmten Temperatur für eine bestimmte Kristallorientierung (χ_0, λ_0) weitgehend (aber nicht ganz) unabhängig ist von den Einzelheiten der Versuchsführung. So können wir die Verformungsgeschwindigkeit innerhalb gewisser, praktisch noch verhältnismäßig weiter Grenzen ändern oder auch statisch verformen. Bei der Stauchung müssen wir das letztere Verfahren anwenden und nach jedem Schritt die Druckflächen schmieren, da sonst wegen der auftretenden Reibung der Zusammenhang zwischen Dehnung und Spannung gefälscht und außerdem die Verformung inhomogen wird (2c). Eine mit dieser Näherung festgelegte Dehnungskurve bezeichnen wir als **praktische Dehnungskurve**[1].

Ein Hauptergebnis der experimentellen Untersuchungen lautet, daß die für verschiedene Orientierungen verschiedenen Dehnungskurven in eine einzige, **von der Orientierung unabhängige Kurve**, die **praktische Verfestigungskurve**, übergehen, wenn man an Stelle von Nennspannung S^0 und Dehnung D^0 die Schubspannung σ und die Abgleitung a als Koordinaten verwendet. Die übrigen Spannungskomponenten im Koordinatensystem II sind ohne Einfluß auf die Verfestigungskurve (erweiterte Fassung[2] des **Schmidschen Schubspannungsgesetzes**). Bei der Bausch-Anordnung treten im System II andere Spannungskomponenten gar nicht auf, Schubspannung und Abgleitung sind hier naturgemäße Koordinaten. Wie wir schon erwähnten, ergibt sich bei den drei homogenen Verformungsarten nahezu dieselbe Verfestigungskurve[3]. Die Fehlergrenzen, mit der die verschiedenen Dehnungskurven eine Verfestigungskurve ergeben, sind verhältnismäßig groß ($\pm 15\%$), doch ist dieser Spielraum klein gegenüber dem Bereich, den die Dehnungskurven umfassen. Außerdem streuen auch die Schiebegleitungskurven, bei denen Orientierungsunterschiede gar nicht vorhanden sind, innerhalb derselben Fehlergrenzen, da nicht vermeidbare Unterschiede in den Kristalleigenschaften (Verunreinigungen, bei der Herstellung entstandenen Gitterstörungen, verschiedene Gleitlamellenbildung), gegen welche die plastischen Eigenschaften sehr empfindlich sind, einen großen Teil der Streuung verursachen.

Abb. 10 zeigt die Grundform der Verfestigungskurven. Unterhalb einer bestimmten Schubspannung, der **praktischen kritischen Schubspannung** σ_0^*, ist der plastische Anteil der Verformung Null

---

[1] Den Zusatz praktisch gebrauchen wir auch für alle andern mit dieser Näherung festgelegten Größen. Wenn ihre Bedeutung aus dem Zusammenhang unmittelbar hervorgeht, so lassen wir ihn jedoch häufig weg.

[2] Die ursprüngliche Fassung von Schmid (1924, 1) bezog sich nur auf die sog. kritische Schubspannung, in obiger Fassung wurde das Gesetz zuerst von Smekal (1935, 1) ausgesprochen.

[3] Vgl. Fußnote 2, S. 12.

oder so klein, daß er mit den üblichen Meßapparaten meist nicht mehr nachweisbar ist. Von da an biegt die Kurve fast unstetig um, d. h. es

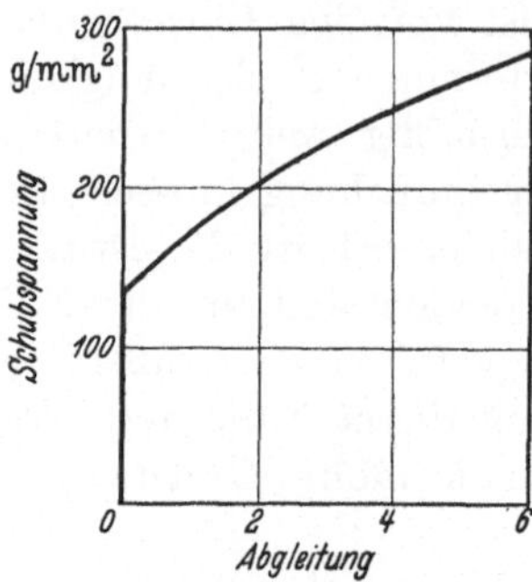

Abb. 10. Beispiel einer Verfestigungskurve. Die gewählten Zahlwerte sind von der Größenordnung der bei Metallen vorkommenden Werte.

setzt ausgiebiges Gleiten ein. Während dieser Einsatz durch einen konstanten Wert der Schubspannung gekennzeichnet ist, hängt die σ_0^* entsprechende Nennspannung S_0^*, die Streckgrenze[1], nach (20) (mit $\sigma = \sigma_0^*$) von der Orientierung ab.

Für Metalle ist σ_0^* von der Größenordnung 100 g/mm², Einzelwerte sind aus den Abb. 13, 15 und 34 und Tabelle 9 zu entnehmen. Einen Überblick über die praktischen Verfestigungskurven von Metallen gibt Abb. 11, weitere Kurven sind in Abb. 23 enthalten.

Die Tatsache, daß die plastische Verformung oberhalb der kritischen Schubspannung nicht mit demselben Wert der Schubspannung fortgesetzt werden kann, diese vielmehr dauernd ansteigt, wird als Verfestigung bezeichnet[2]. Ihre Größe ist durch $\tau = \sigma - \sigma_0^*$ gegeben, wenn σ die jeweils wirksame Schubspannung ist.

Entlasten wir einen verfestigten Kristall nach einer bestimmten Abgleitung a_1 bzw. Schubspannung σ_1, und nehmen mit ihm unmittelbar darauf[3] einen neuen Deh-

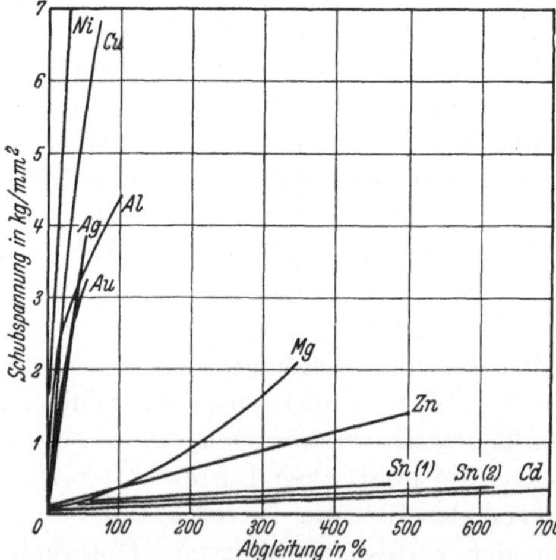

Abb. 11. Praktische Verfestigungskurven von Metallkristallen. Cu, Ag, Au nach Sachs und Weerts (1930, 2); Al nach Karnop und Sachs (1927, 1); Ni nach Osswald (1933, 1); Mg nach Schmid und G. Siebel (1931, 3); Zn nach Schmid (1926, 1); Cd nach Boas und Schmid (1929, 1); Sn nach Obinata und Schmid (1933, 1). Entnommen aus Schmid und Boas (1935, 1).

[1] Der obere Index Null kann hierbei weggelassen werden, da in der Definition der Streckgrenze enthalten ist, daß sie sich auf den Ausgangsquerschnitt bezieht.

[2] In der Literatur wird gelegentlich bemerkt, daß die plastische Verformung eigentlich gar nicht mit einer Verfestigung, sondern mit einer Entfestigung verbunden sei insofern, als die Spannungszunahme, bezogen auf die dazugehörige Dehnungszunahme, im plastischen Gebiet wesentlich kleiner sei als im vorausgehenden elastischen Gebiet. Die obige Bezeichnung Verfestigung, die allgemein verwandt wird, gibt einen ganz andern Sachverhalt, der sich nur auf das plastische Gebiet bezieht, wieder.

[3] Um eine Erholung zu vermeiden.

nungsversuch vor, so setzt eine ausgiebige plastische Verformung erst
wieder ein, nachdem die Schubspannung den früheren Wert σ_1 angenommen hat, und die neue Verfestigungskurve bildet die Fortsetzung
der alten. Die Verfestigung kann also als Erhöhung der kritischen
Schubspannung aufgefaßt werden. Deuten wir die Schubspannung
einer Verfestigungskurve in diesem Sinne, so sprechen wir von einer
erhöhten kritischen Schubspannung[1].

d) Erholung und Rekristallisation. Ein verfestigter Kristall befindet
sich nicht im thermodynamischen Gleichgewicht, die Verfestigung geht
im Laufe der Zeit zurück. Man bezeichnet diese Erscheinung als Erholung[2]. Macht man also einen Dehnungs-
versuch an einem verformten Kristall erst
nach längerer Zeit, so hat die neue kritische Schubspannung einen kleineren
Wert als der frühere Endwert σ_1. Wartet
man genügend lange, so wird sie schließlich gleich der (ursprünglichen) kritischen
Schubspannung σ^*, d. h. der Kristall hat
seine ursprünglichen Festigkeitseigenschaften wieder erhalten. Die Erho-
lungsgeschwindigkeit nimmt mit der Temperatur zu. Innerhalb eines bestimmten,
verhältnismäßig engen Temperaturgebiets
(Erholungsintervall) nimmt sie sehr rasch
zu, unterhalb dieses Gebiets besitzt sie so kleine Werte, daß inner-

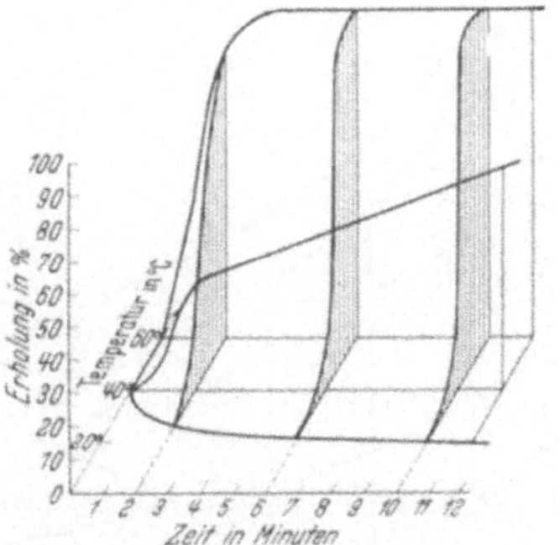

Abb. 12. Erholungsdiagramm von Zinnkristallen. Aus Haase und Schmid (1925, 1).

halb praktisch in Frage kommender Wartezeiten keine merkliche Erholung eintritt (Abb. 12). Die Erholungstemperatur (mittlere Temperatur des Erholungsintervalls) ist für die einzelnen Stoffe sehr verschieden,
soweit sich übersehen läßt, steht sie in einem bestimmten Verhältnis
zur Schmelztemperatur. Bei Zink, Zinn und ähnlichen Metallen z. B.
liegt sie etwa bei Zimmertemperatur, wo vollständige Erholung nach
etwa 24 Stunden eintritt. Bei 60° C ist das bereits nach einigen Minuten
der Fall. Bei Eisen liegt sie bei etwa 400° C; bei Zimmertemperatur
zeigt dieses Metall praktisch keine Erholung mehr.

Die Rückbildung der früheren Eigenschaften erfolgt bei der Erholung stetig und ohne Änderung der Kristallorientierung.
Sie unterscheidet sich dadurch scharf von der Rekristallisation,
welche nahezu unstetig unter Kornneubildung erfolgt. Die
Orientierung der neugebildeten Körner ist im allgemeinen in verschiedenen

---

[1] Die Bezeichnung kritische Schutzspannung ohne Zusatz verwenden wir
nur bei einem unverformten Kristall.

[2] Unter Erholung verstehen wir die Rückbildung der ursprünglichen Festigkeitseigenschaften im unbelasteten Kristall. Vgl. Fußnote 1 auf S. 90.

Kristallbereichen verschieden, so daß auch aus einem Einkristall ein vielkristallines Material entsteht. Die Rekristallisationsgeschwindigkeit wird ebenfalls erst oberhalb eines bestimmten Temperaturgebiets merklich, das aber viel enger ist als das Erholungsintervall, so daß man praktisch von einer Rekristallisationstemperatur sprechen kann[1]. Sie liegt höher als die Erholungstemperatur und beträgt etwa das 0,4fache der Schmelztemperatur (in absoluten Temperaturwerten), bei Zink $\sim 290°$ C, bei Eisen $\sim 720°$ C [van Liempt (1935, 1)].

Abschließend bemerken wir noch, daß sich das über die Erholung Gesagte, insbesondere die völlige Erholungsfähigkeit, nur auf homogen verformte Einkristalle bezieht. Bei inhomogen verformten Einkristallen und Vielkristallen liegen die Verhältnisse etwas anders (23a, 25e).

e) Temperaturabhängigkeit der praktischen kritischen Schubspannung. In viel stärkerem Maße als von den sonstigen Versuchsbedingungen hängt die kritische Schubspannung von der Temperatur ab, so daß es für die Untersuchung ihrer Temperaturabhängigkeit genügt, die praktische kritische Schubspannung σ_0^* zugrunde zu legen. Einige Beispiele[2] zeigt Abb. 13.

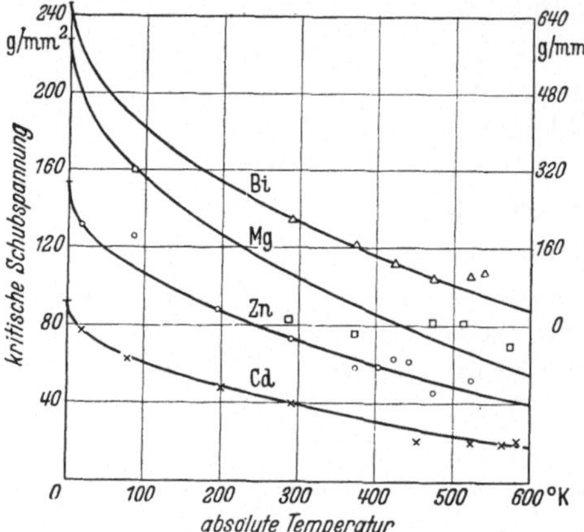

Abb. 13. Verlauf der praktischen kritischen Schubspannung von Metallkristallen mit der Temperatur. Meßwerte aus Schmid und Boas (1935, 1). Für Wismut gilt der rechte Schubspannungsmaßstab. Die Kurven sind nach (54) mit den Zahlwerten von Tabelle 2 berechnet.

σ_0^* nimmt demnach im großen ganzen mit zunehmender Temperatur gleichmäßig ab. Bei höheren Temperaturen ist ihr Verlauf unregelmäßiger. Deutlich ist ausgeprägt, daß sie in der Nähe des Schmelzpunktes nahezu konstant bleibt oder sogar wieder zunimmt (Wismut). Der Abfall zum Wert Null im geschmolzenen Zustand muß daher ziemlich schroff erfolgen.

f) Temperaturabhängigkeit der praktischen Verfestigungskurve. Auch auf den Verlauf der Verfestigungskurven hat die Temperatur einen stärkeren Einfluß als die andern Versuchsbedingungen, so daß

---

[1] Allerdings besitzt auch die Rekristallisation unterhalb der eigentlichen Rekristallisationstemperatur ein Vorstadium, in dem sich bereits rekristallisationsähnliche (mit Orientierungsänderungen verbundene) Vorgänge in sehr kleinen Bereichen abspielen, ohne daß es zu einer mikroskopisch sichtbaren Neubildung von Körnern kommt. Vgl. **25f**.

[2] Die Kurven in den Abb. 13 und 14 sind auf Grund theoretischer Ergebnisse gezeichnet (**8, 10b**).

zu ihrer Untersuchung die praktischen Verfestigungskurven ausreichen. Ihre Form ist für die verschiedenen Stoffe sehr unterschiedlich. Sie lassen sich jedoch deutlich in zwei Gruppen teilen: Bei den kubischen Metallen, den heteropolaren Salzen und bei Naphthalin sind sie näherungsweise Parabeln (Abb. 23a) und können durch ihren Parameterwert τ^2/a gekennzeichnet werden; bei den hexagonalen Metallen sind sie uneinheitlicher, aber in roher Näherung Geraden mit dem Parameterwert (Verfestigungskoeffizient) τ/a. Beispiele für den Temperaturverlauf dieser Kennwerte[1] zeigt Abb. 14. Qualitativ ist er in beiden Fällen derselbe und ist auch in den übrigen Fällen in dieser Weise beobachtet worden. Es ist zu beachten, daß sich bei

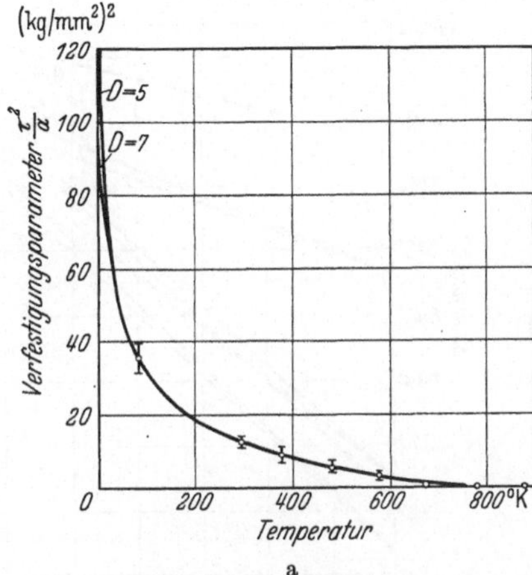
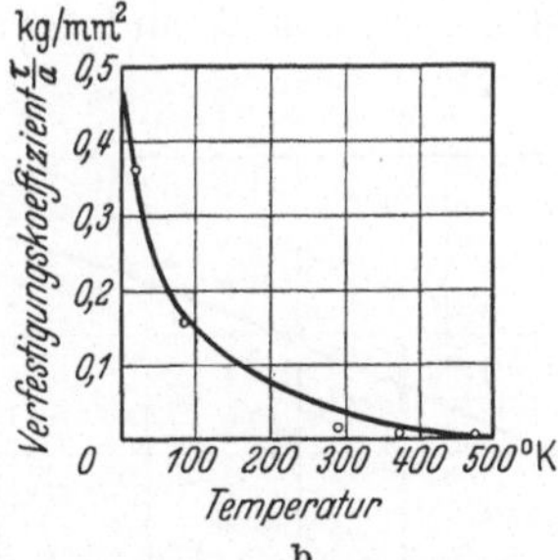

Abb. 14. Verlauf der Verfestigungsparameter der praktischen Verfestigungskurven mit der Temperatur. a) Aluminiumkristalle. Die senkrechten Striche geben die Bereiche an, innerhalb deren die Parameterwerte τ^2/a der Parabeln liegen, durch welche die experimentellen Verfestigungskurven bei Boas und Schmid (1931, 3) angenähert werden können [Zahlwerte bei Kochendörfer (1938, 1)]. Die Kurven sind nach (72a, b) berechnet. b) Kadmiumkristalle. Meßwerte aus Boas und Schmid (1930, 1). Die Kurve ist nach (72c) berechnet.

den linearen Verfestigungskurven die Parameterwerte stärker ändern als die Werte der Neigungswinkel der Kurven, so daß die Verfestigungskurven bei tiefen Temperaturen näher beisammen liegen, als die rasche Änderung ihrer Parameterwerte zunächst vermuten läßt.

g) Einfluß von Beimengungen. Einen merklichen Einfluß auf die Größe der kritischen Schubspannung und den Verlauf der Verfestigungskurven besitzen Beimengungen löslicher oder unlöslicher fremder Bestandteile. Aus Abb. 15 ist zu ersehen, wie außerordentlich groß er gerade im Gebiet kleinster Zusätze ist (vgl. auch Abb. 16 und 20). Der

---

[1] Die Verfestigungskurven von Kadmium bestehen unterhalb Zimmertemperatur aus zwei gegeneinander geneigten geraden Ästen. In Abb. 14b sind die Werte von τ/a für den weniger geneigten Anfangsast, der bei $-185°$ C etwa bis zur Abgleitung 1,5 reicht, aufgetragen. Bei Benutzung der mittleren Neigung beider Äste sind die τ/a-Werte für die zwei tiefsten Temperaturen größer als in Abb. 14b (etwa 2,1 kg/mm^2) und liegen näher beisammen [Schmid (1930, 1)], der gesamte Temperaturverlauf ist aber qualitativ derselbe.

Verfestigungsanstieg zeigt gerade das umgekehrte Verhalten wie die kritische Schubspannung, er wird um so kleiner, je mehr letztere zunimmt (Abb. 15b; vgl. auch Abb. 23b, c).

Neben den verschiedenen Bestandteilen eines Kristalls ist ihre gegenseitige Atomanordnung von Bedeutung. So sinkt beim Übergang von der regellosen zur regelmäßigen Atomanordnung die kritische Schubspannung von $AuCu_3$ von 4,4 kg/mm² auf 2,3 kg/mm², während gleichzeitig der Verfestigungsanstieg beträchtlich zunimmt [Sachs und Weerts (1931, 1)]. Bei Ausscheidungsvorgängen übersättigter Mischkristalle nimmt die kritische Schubspannung mit der Entmischung anfänglich stark zu, ähnlich wie die Brinellhärte bei vielkristallinen Materialien [Karnop und Sachs (1928, 1); Schmid und G. Siebel (1934, 1)].

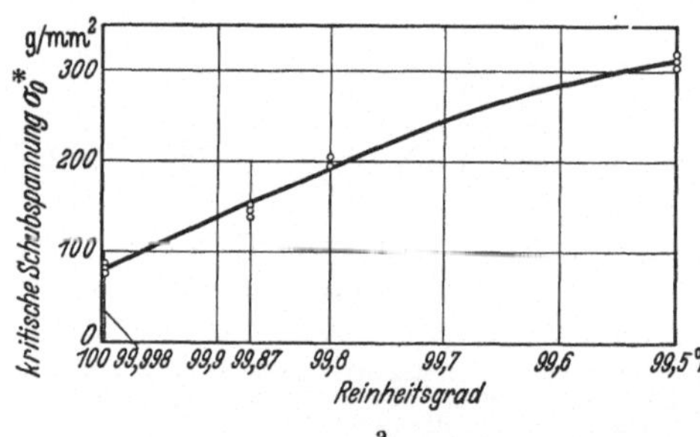
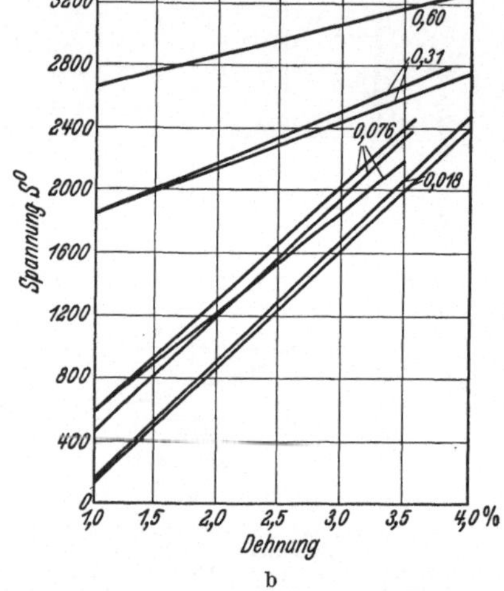

Abb. 15. Einfluß von Beimengungen auf die Größe der kritischen Schubspannung und auf den Verlauf der Verfestigungskurven. a) Rekristallisierte Aluminiumkristalle. Aus Dehlinger und Gisen (1934, 1). b) Zinkkristalle nahezu gleicher Orientierung mit Kadmiumzusätzen, deren Atomprozentgehalt angegeben ist. Aus Rosbaud und Schmid (1925, 1).

Obige Tatsachen zeigen eindringlich, daß beim Vergleich der Ergebnisse verschiedener Verfasser (neben den Versuchsbedingungen) sehr auf den Reinheitsgrad der Kristalle zu achten ist.

Auf den Einfluß von Beimengungen und den Herstellungsbedingungen der Kristalle auf den Verlauf der Verfestigungskurven unterhalb der praktischen kritischen Schubspannung kommen wir in 4 c, d zu sprechen.

4. Der Einfluß der Versuchsbedingungen und des Kristallgefüges[1] auf den Beginn der plastischen Verformung.

a) Bedeutung des Einflusses der Versuchsbedingungen. Bei dem vorhergehenden Überblick über die Grundzüge der Verfestigungskurven

---

[1] Unter Gefüge verstehen wir den Inbegriff der Gitterstörungen, das sind die Abweichungen eines wirklichen Kristallgitters von einem idealen Gitter mit vollkommen regelmäßiger Atomanordnung (vgl. 7 a, b).

haben wir von dem Einfluß der Versuchsbedingungen außer der Temperatur abgesehen, da er zahlenmäßig nicht so sehr ins Gewicht fällt. Er hat aber eine grundsätzliche Bedeutung, da er zunächst zeigt, daß Schubspannung und Abgleitung nicht die allein maßgebenden Größen für die plastische Verformung sind, denn sonst würde es für eine bestimmte Kristallart (bei einer bestimmten Temperatur) nur e i n e, von den Versuchsbedingungen unabhängige Verfestigungskurve geben. Mit andern Worten, σ und a würden den Verformungszustand eindeutig bestimmen und wären Z u s t a n d s g r ö ß e n, die Gleichung der Verfestigungskurve die Z u s t a n d s g l e i c h u n g der plastischen Verformung.

Aus dieser negativen Feststellung ergibt sich die Aufgabe, den Einfluß dieser Versuchsbedingungen näher zu untersuchen, um auf diese Weise das Ziel der experimentellen Forschung zu erreichen, die wirklichen Zustandsgrößen und die zwischen ihnen bestehende Zustandsgleichung[1] aufzustellen. Dieser Aufgabe wenden wir uns jetzt zu.

b) Geschwindigkeitsabhängigkeit der kritischen Schubspannung. Ein Einfluß der Versuchsbedingungen besteht schon am Beginn der Gleitung. Führen wir einen dynamischen Versuch mit vorgegebener Gleitgeschwindigkeit u durch, so beobachten wir, daß das Gleiten mit dieser Geschwindigkeit erst einsetzt, nachdem die Schubspannung einen bestimmten Wert σ_0, der von u abhängt, angenommen hat. In den Registrierkurven wird der entsprechende Lastwert durch einen Knick angezeigt (Abb. 17). In **3 c** haben wir den Wert der Schubspannung, bei dem ausgiebiges Gleiten einsetzt, ohne die Gleitgeschwindigkeit näher anzugeben, als praktische kritische Schubspannung bezeichnet. Obiges Ergebnis zeigt, daß wir den Begriff erweitern und die Abhängigkeit von u berücksichtigen müssen. Wir bezeichnen daher $\sigma_0 = \sigma_0(u)$ als die zu der betreffenden Gleitgeschwindigkeit gehörige kritische Schubspannung. Der Einfachheit halber lassen wir den Zusatz „zu der betreffenden Gleitgeschwindigkeit" weg, halten uns aber stets vor Augen, daß sie kein nur von den Materialeigenschaften abhängiger Wert, sondern auch eine Funktion der Gleitgeschwindigkeit ist.

Ihren Verlauf mit u bei dynamischer Versuchsführung haben R o s c o e (1936, 1) an Kadmiumkristallen bei Dehnung, und K o c h e n d ö r f e r (1937, 1) an Naphthalinkristallen bei der Bausch-Anordnung bestimmt. Abb. 16 zeigt die Ergebnisse. Als E i n h e i t d e r G l e i t g e s c h w i n d i g k e i t, die wir im folgenden beibehalten, ist der normale Wert von A b gleitung 10/Stunde benutzt. Der mittlere Fehler für die Schubspannungswerte bei fester Gleitgeschwindigkeit beträgt bei Naphthalin

---

[1] Da es sich bei der plastischen Verformung durchweg um thermodynamische Nichtgleichgewichtszustände handelt, also mit der Zeit veränderliche Größen (z. B. Verfestigung) auftreten, so beziehen sich die Begriffe Zustandsgröße und Zustandsgleichung auf augenblickliche Zustände.

5%[1], Roscoe hat in seiner Veröffentlichung keine Fehlergrenzen angegeben.

Für die Kurven ist kennzeichnend, daß sie bei einer Schubspannung, die noch bei verhältnismäßig kleiner Gleitgeschwindigkeit liegt, rasch umbiegen, also einen mehr oder weniger ausgeprägten „Knick" besitzen. Ihr genauer Verlauf bei Gleitgeschwindigkeiten unterhalb etwa $^1/_{10}$ kann bei dynamischer Versuchsführung nicht mehr festgestellt werden (siehe unten). Er ist auch für die Beurteilung des plastischen Verhaltens bei größeren Gleitgeschwindigkeiten, die wir anwenden müssen, wenn wir größere Abgleitungen in angemessener Zeit

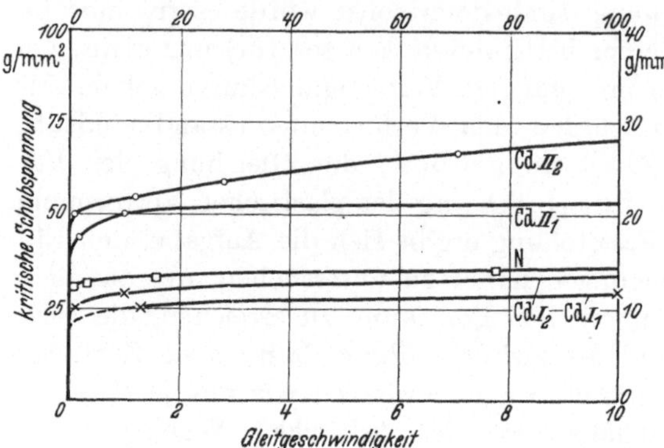

Abb. 16. Verlauf der kritischen Schubspannung mit der Gleitgeschwindigkeit. Meßpunkte: × für gedehnte Kadmiumkristalle sehr hoher Reinheit (weniger als 1 Teil Verunreinigungen auf 10⁶ Teile Cd), ⊙ für gedehnte Kadmiumkristalle mit dem Reinheitsgrad 99,86%. Aus Roscoe (1936, 1). ▢ für Naphthalinkristalle durch Schiebegleitung verformt. Aus Kochendörfer (1937, 1). Zu den Kurven Cd I1, Cd II1 und N gehört der untere, zu Cd I2 und Cd II2 der obere Maßstab für die Gleitgeschwindigkeit, zu N der rechte Maßstab für die kritische Schubspannung. Bei Cd I2 und Cd II2 liegen noch Meßpunkte bei höheren Gleitgeschwindigkeiten vor (Abb. 23).

erzielen wollen, nicht erforderlich. Dagegen ist er für das Dauerstandsverhalten der Kristalle maßgebend.

Es ist zweckmäßig, diese beiden in ihrer praktischen und physikalischen Bedeutung ganz verschiedenen Gebiete durch eine Gleitgeschwindigkeit u_ε gegeneinander abzugrenzen, die mit normalen Hilfsmitteln schon meßbar, aber praktisch immer noch klein ist. Wir wählen $u_\varepsilon = {}^1/_{100}$ (Abgleitung 0,1/Stunde). Gleitgeschwindigkeiten $u \gg u_\varepsilon$ ($\gtrsim {}^1/_{10}$ = Abgleitung 1/Stunde) bezeichnen wir als „groß", Gleitgeschwindigkeiten $u \ll u_\varepsilon$ ($\lesssim {}^1/_{1000}$ = Abgleitung 0,01/Stunde) als „klein".

Die kritische Schubspannung nimmt bei „großen" Gleitgeschwindigkeiten nur noch verhältnismäßig wenig mit u zu. Ihre untere Grenze $\sigma_0(u_\varepsilon)$ in diesem Gebiet bezeichnen wir als Knickwert $\bar\sigma_0$. Er gibt den Beginn des Knicks der (σ_0, u)-Kurven an, wenn der Maßstab für u so gewählt ist, daß entsprechend unserer Festsetzung u_ε durch eine

---

[1] Um die Streuungen der Meßwerte so klein zu halten, daß sie die Geschwindigkeitsabhängigkeit nicht überdecken, ist sorgfältig auf gleichen Reinheitsgrad, Herstellungsbedingungen und Behandlung der Kristalle zu achten (vgl. 3 g). In 5 a werden wir ein Verfahren zur Messung des Verlaufs von σ_0 mit u angeben, bei dem diese Einflüsse weitgehend ausgeschaltet sind.

schon meßbare, aber immer noch kleine Strecke dargestellt wird, wie es z. B. in Abb. 16 der Fall ist[1].

Infolge der Federdurchbiegung des Polanyi-Apparats ist der Anwendung des dynamischen Verfahrens zur Bestimmung der kritischen Schubspannung eine Grenze nach kleinen Gleitgeschwindigkeiten hin gesetzt. Ist die Gleitgeschwindigkeit „groß" $(u \gg u_\varepsilon)$, so durchlaufen wir zu Beginn das Gebiet $u \leqq u_\varepsilon$ bzw. $\sigma \leqq \bar{\sigma}_0$. In ihm ist der Kristall nur sehr wenig verformbar, so daß zu der Federdurchbiegung eine geringe plastische Kristalldehnung hinzukommt und die Registrierkurve um einen kleinen, im allgemeinen nicht meßbaren Betrag von der elastischen Geraden abweicht. Das Gebiet zwischen $\bar{\sigma}_0$ und $\sigma_0(u)$ lassen wir zunächst außer Betracht. Bei σ_0 setzt das Gleiten mit der vorgegebenen Geschwindigkeit ein. Zu der nunmehr großen Kristalldehnung kommt eine, im allgemeinen kleine Federdurchbiegung infolge der Verfestigung hinzu. Die Registrierkurve besteht also aus zwei gegeneinander geneigten Ästen, deren Verbindung zwischen $\bar{\sigma}_0$ und σ_0 erfolgt. In diesem Gebiet ist die Gleitgeschwindigkeit vergleichbar mit der vorgegebenen Gleitgeschwindigkeit, so daß eine meßbare Verformung, d. h. ein Umbiegen der Kurve vor σ_0 eintritt, wenn es nicht rasch genug durchschritten wird. Die Verweilzeit hängt von der Federhärte ab, bei einer weichen Feder ist sie groß, bei einer harten Feder klein. Damit also die Kurve bei σ_0 unstetig, d. h. mit einem Knick[2], und bei der „richtigen" Schubspannung σ_0 umbiegt, müssen wir die Feder hinreichend hart wählen. Nach erfolgtem Versuch können wir feststellen, ob diese Bedingung erfüllt war: Die Registrierkurve muß einen scharfen Knick zeigen und darf vorher nicht von der elastischen Geraden abweichen.

Bei einem Polanyi-Apparat mit unendlich steifer Feder würde die Gleitgeschwindigkeit unmittelbar zu Beginn des Versuchs den verlangten Wert annehmen, der Knick wäre ideal scharf (ideale dynamische Versuchsbedingungen). Allerdings ginge damit die Möglichkeit der Lastanzeige verloren, denn diese setzt eine Federdurchbiegung voraus. Vielleicht kann man durch Verwendung eines piezoelektrischen Kristalls als Kraftmesser diesem Ziel nahekommen. Nach den Erfahrungen des Verfassers läßt sich in allen Fällen eine Federstärke wählen, bei welcher der Knick in der Registrierkurve scharf ausgebildet und gleichzeitig die Lastmessung hinreichend genau ist. Abb. 17 zeigt einige Beispiele. Die Bedingungen sind um so leichter zu erfüllen, je

---

[1] Wir werden sehen, daß die (σ_0, u)-Kurven bei jedem Maßstab bzw. jeder (ausgenommen sehr großer) Meßgenauigkeit für u einen „Knick" besitzen, der die Gebiete der jeweils gut meßbaren und der nicht mehr meßbaren Gleitgeschwindigkeiten trennt. $\bar{\sigma}_0$ kennzeichnet den „Knick", der die oben definierten (unter üblichen Bedingungen) „großen" und „kleinen" Gleitgeschwindigkeiten trennt.

[2] Dieser wirkliche Knick der aufgezeichneten Verformungskurven ist von dem „Knick" der (σ_0, u)-Kurven zu unterscheiden.

weniger σ_0 oberhalb $\bar{\sigma}_0$ ansteigt und je geringer der Verfestigungsanstieg ist, denn um so stärker sind die beiden Äste der Dehnungskurve gegeneinander geneigt. Selbst bei den in dieser Hinsicht ungünstigen Verhältnissen bei Aluminiumkristallen (vgl. 4e) tritt bei richtig gewählten Versuchsbedingungen ein noch gut ausgeprägter Knick auf (Abb. 17c), allerdings ist er nicht so scharf wie in den beiden anderen Fällen von Abb. 17. Die Geschwindigkeitsabhängigkeit von σ_0 kann dann durch Messung der Werte von σ_0 selbst nicht mehr hinreichend genau bestimmt werden, und es ist ein anderes geeignetes Verfahren (5a) anzuwenden.

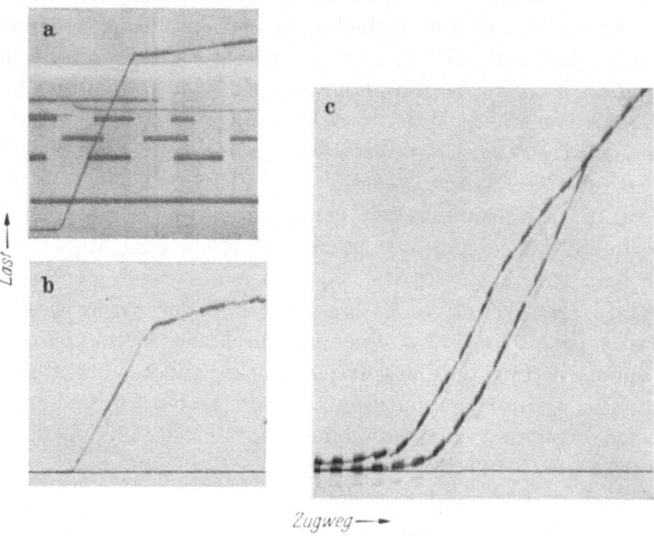

Abb. 17. Anfangsteile von Registrierkurven bei dynamischer Versuchsführung. a) Naphthalinkristall, Bausch-Anordnung. Aus Kochendörfer (1937, 1). b) Zinkkristall, Dehnung. Aus Held (1938, 1). c) Gegossener Aluminiumkristall, Dehnung. Die rechte Kurve ist die elastische „Gerade" des für die Dehnung eingerichteten Biegeapparats in Abb. 51. Aus Lörcher (1939, 1).

Bei „kleinen" Gleitgeschwindigkeiten können wir sinnvolle dynamische Versuche unter nichtidealen Bedingungen nicht ausführen. Denn wenn wir die erforderlichen kleinen Zuggeschwindigkeiten anwenden, so verweilen wir wegen der Federdurchbiegung lange Zeit im Gebiet der Gleitgeschwindigkeiten, die kleiner als die gewünschte sind. Dadurch treten schon vor σ_0 Abgleitungen auf, die gegenüber den beabsichtigten nicht mehr zu vernachlässigen sind, d. h. die beiden Äste der Registrierkurve gehen stetig ineinander über, ein Knick tritt nicht auf. Wesentlich ist ferner, daß wir, ebenfalls wegen der Federdurchbiegung, über die Gleitgeschwindigkeit gar nicht mehr verfügen können, so daß die erhaltenen Verfestigungskurven keine einfache Bedeutung mehr besitzen. Bis zu $u = u_\varepsilon$ herab sind die Versuche noch durchführbar.

Selbst beim idealen Polanyi-Apparat wird durch die unvermeidliche elastische Kristalldehnung eine untere Grenze für die Gleitgeschwindigkeit gesetzt, bis zu der sinnvolle Verfestigungskurven mit Knick dynamisch aufgenommen werden können. Aber diese liegt sehr tief, denn bei der Gleitgeschwindigkeit $1/10\,000$ benötigt man nur 3,6 Sekunden, bis die elastische Dehnung von etwa 10^{-5} bewirkt, und damit der Wert $\sigma_0\,(1/10\,000)$ erreicht ist[1]. Mit einem idealen Polanyi-Apparat könnten wir also bis weit unterhalb $u = u_\varepsilon$ bzw. $\sigma_0 = \bar\sigma_0$ messen.

Die Geschwindigkeitsabhängigkeit der kritischen Schubspannung kann auch bei statischer Versuchsführung bestimmt werden. Hierzu ist erforderlich, daß man nicht.nur die Abgleitungszunahme nach einer bestimmten Zeit, sondern ihren gesamten zeitlichen Verlauf vom Zeitpunkt der Belastung an mißt[2]. Daraus kann dann die jeweilige Gleitgeschwindigkeit entnommen werden.

Während des Fließens wird die Gleitgeschwindigkeit durch viele Faktoren beeinflußt, sicher wirken die Verfestigung und die Erholung mit. Eine einfache physikalische Bedeutung hat daher nur die Anfangsgleitgeschwindigkeit bei der ersten Belastung eines vorher unverformten Kristalls. Dabei ist die angelegte Schubspannung offenbar die kritische Schubspannung, welche zu der gemessenen Anfangsgleitgeschwindigkeit gehört. Die Beschränkungen, welche für die dynamische Versuchsführung im Gebiet kleiner Gleitgeschwindigkeiten auftreten, fallen hier weg. Wie bei den dynamischen Versuchen ist auf gleiche Herstellungsbedingungen der Kristalle zu achten.

Dehnungsversuche an rekristallisierten Aluminiumkristallen bei mittleren Gleitgeschwindigkeiten wurden von Kornfeld (1936, 1) ausgeführt. Die Ausgangslänge der Kristalle betrug 10 mm, ihre Verlängerung wurde durch die Verschiebung eines Fadens, der an der unteren Fassung angebracht war, mit einem Mikroskop auf $1/100$ mm genau gemessen. Die erhaltenen Fließkurven bei Zimmertemperatur und bei 500° C zeigt Abb. 18. Die den Kurven beigefügten Zahlen geben die Schubspannungswerte in g/mm² an. Bei Zimmertemperatur (und bei Temperaturen unterhalb 500° C) erfolgt eine mehr oder weniger große Abgleitungszunahme a_s nach dem Anlegen der Last so rasch, daß sie Kornfeld als unstetige Zunahme (Deformationssprung) auffaßt. Ihre Größe in Abhängigkeit von der angelegten Spannung ist aus Abb. 19b zu entnehmen. Unterhalb 500° C verschwindet diese sehr

---

[1] Bei einer Stahlfeder wird diese Zeit um so viel größer, als die Federdurchbiegung bei der $\bar\sigma_0$ entsprechenden Last größer ist als die elastische Dehnung. Dieser Faktor hat mindestens den Wert 1000.

[2] Obwohl dann die Bezeichnung statische, d. h. ohne Berücksichtigung der Gleitgeschwindigkeit erfolgende Versuchsführung nicht mehr streng zutrifft, so behalten wir sie zur Unterscheidung von der dynamischen Versuchsführung, bei welcher die Gleitgeschwindigkeit unabhängig vorgebbar ist, bei.

rasche Dehnungszunahme, und die Anfangsgleitgeschwindigkeit ist definiert. Ihren Verlauf mit der angelegten (kritischen) Schubspannung σ_0 zeigt Abb. 19a.

Die Auffassung von Kornfeld, daß die anfängliche Dehnungszunahme bei den tieferen Temperaturen sprunghaft erfolge, ist wohl darauf zurückzuführen, daß die dabei auftretenden Dehnungsgeschwindigkeiten sehr viel größer sind als bei höheren Temperaturen. Nehmen wir etwa an, die kleinste noch beobachtbare Verlängerung von $^2/_{100}$ mm erfolge in $^1/_{10}$ Sekunde, so würde das eine Dehnungsgeschwindigkeit von Dehnung $^1/_{50}$/sec und eine Gleitgeschwindigkeit von Abgleitung $^1/_{25}$/sec, also etwa 15 mit unserer Einheit gemessen, bedeuten. Bei größeren Sprüngen wäre sie entsprechend größer. Da diese großen Gleitgeschwindigkeiten bei dynamischer Versuchsführung üblich sind, so erfolgt sehr wahrscheinlich die anfängliche Dehnungszunahme nicht sprunghaft,

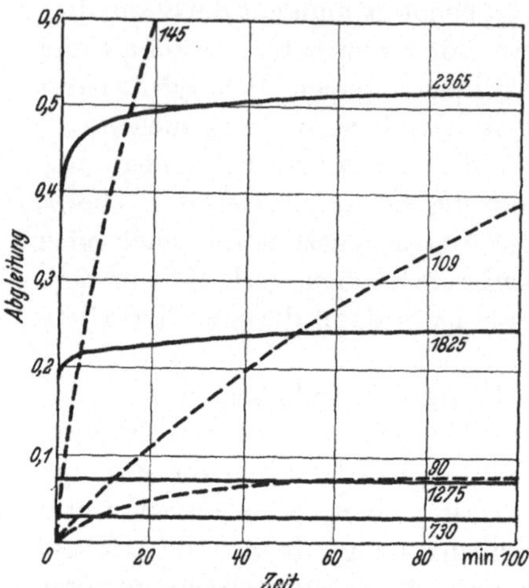

Abb. 18. Verlauf der Abgleitung von rekristallisierten Aluminiumkristallen mit der Zeit bei konstanter Schubspannung, deren Werte in g/mm² angeschrieben sind. Die ausgezogenen Kurven sind bei Zimmertemperatur, die gestrichelten bei 500° C erhalten. Die Meßpunkte sind nicht eingezeichnet, sie liegen fast ohne Streuung auf den Kurven. Aus Kornfeld (1936, 1).

sondern mit einer definierten, wenn auch sehr viel größeren Gleitgeschwindigkeit, als die anfängliche Dehnung bei höheren Temperaturen[1]. Da

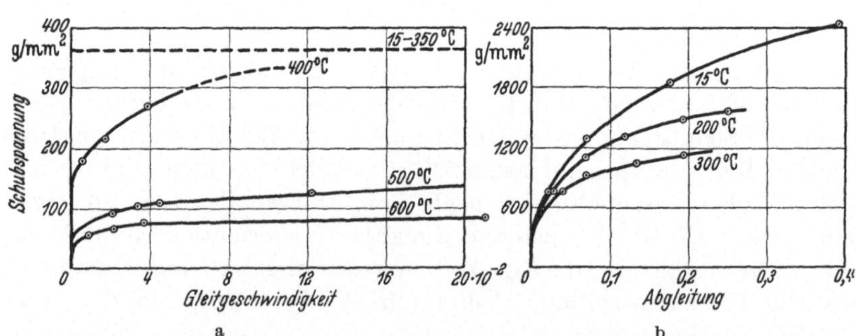

Abb. 19.   a) Verlauf der kritischen Schubspannung mit der Gleitgeschwindigkeit. b) Größe der „sprunghaften" Abgleitung a_s als Funktion der angelegten Schubspannung von rekristallisierten Aluminiumkristallen bei verschiedenen Temperaturen, deren Werte angeschrieben sind. Aus Kornfeld (1936, 1).

---

[1] Es ist zu beachten, daß Gleitgeschwindigkeiten dieser Größe bei visueller Beobachtung der Fadenverschiebung zahlenmäßig nicht mehr genau bestimmt werden können.

die Größe des Sprungs nach Abb. 19 b bei einer bestimmten Schubspannung nahezu Null wird, also praktisch keine Gleitung mehr stattfindet, so muß die (σ_0, u)-Kurve nahezu unstetig von der σ_0-Achse abbiegen, wie es in Abb. 19 a durch die gestrichelte Kurve angedeutet ist. Ihr genauer Verlauf kann aus den vorliegenden Angaben nicht festgestellt werden.

Die Kurven in Abb. 19 a stimmen bei Verwendung desselben Maßstabs für die Gleitgeschwindigkeit mit denen in Abb. 16 qualitativ überein. Zum Unterschied gegenüber den dynamischen Messungen erlauben die statischen Messungen, ihren Verlauf bei kleineren Gleitgeschwindigkeiten festzulegen. Dabei bleiben die Grundzüge der Kurven erhalten, d. h. bis zu einer bestimmten kritischen Schubspannung ist die Gleitgeschwindigkeit (im Hinblick auf die Meßgenauigkeit) sehr klein und nimmt dann in einem verhältnismäßig schmalen Schubspannungsgebiet rasch größere Werte an.

Auf weitere Einzelheiten der Ergebnisse von Kornfeld kommen wir in 4 c im Zusammenhang mit weiteren statischen Versuchsergebnissen an Aluminiumkristallen zu sprechen.

Statische Versuche bei sehr kleinen Gleitgeschwindigkeiten, die eine vollkommene Auflösung des Anfangsverlaufs der (σ_0, u)-Kurve in der Umgebung von $u = 0$ ermöglichen, hat Chalmers (1936, 1) an Zinnkristallen, die nach dem Verfahren von Bridgman im Vakuum hergestellt wurden, ausgeführt. Die Kristalldehnung wurde durch die gegenseitige Verschiebung zweier auf dem Kristall angebrachter Marken[1] mit Hilfe einer optischen Interferenzanordnung auf 10^{-7} cm pro cm Kristallänge genau gemessen.

Die Ergebnisse zeigt Abb. 20. Die von Chalmers angegebenen Werte der Spannungen und Dehnungsgeschwindigkeiten wurden nach (19) bzw. (14) mit $\sin\chi \cos\lambda = {}^1/_2$ in Schubspannungs- und Gleitgeschwindigkeitswerte umgerechnet[2].

Die Kurve II_2 hat in ihren Grundzügen denselben Verlauf wie die (σ_0, u)-Kurven bei geringerer Meßgenauigkeit, sie weist einen „Knick" auf. Zu ihrer Feststellung würde eine größenordnungsmäßig geringere Meßgenauigkeit genügen, als sie Chalmers erreichte.

Das so gewonnene Ergebnis, daß eine (σ_0, u)-Kurve unterhalb einer gewissen Genauigkeit unabhängig vom Maßstab für u einen „Knick" besitzt, weist darauf hin, daß u in diesem Gebiet exponentiell von σ_0 abhängt. Die genaue Form der Funktion von σ_0 im Exponenten kann aus den vorliegenden Messungen, die in verschiedenen Meßbereichen

---

[1] Dadurch werden Fehler, die durch unkontrollierbare Verschiebungen des Kristalls an den Einspannstellen entstehen könnten, vermieden.

[2] Die Orientierung war für alle Proben nahezu $\chi_0 = 45°$, $\lambda_0 = 45°$. Die Orientierungsbedingungen sind erfüllt.

und an verschiedenen Stoffen erfolgten, nicht entnommen werden (vgl. hierzu 8). Erst unterhalb einer Gleitgeschwindigkeit von etwa 10^{-5} hört die exponentielle Abhängigkeit (wenigstens für Zinnkristalle) auf,

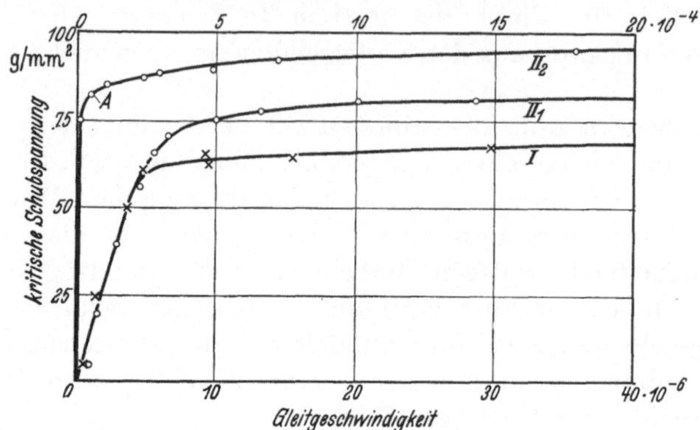

Abb. 20. Verlauf der kritischen Schubspannung mit der Gleitgeschwindigkeit von Zinnkristallen. Meßpunkte: × für Kristalle mit dem Reinheitsgrad 99,996%, ⊙ für Kristalle mit dem Reinheitsgrad 99,987%. Aus Chalmers (1936, 1). Für die Kurven I und II₁ gilt der untere, für die Kurve II₂ der obere Maßstab für die Gleitgeschwindigkeit.

und σ_0 geht, wie die Kurven I und II$_1$ in Abb. 20 zeigen, nahezu linear mit u nach Null.

c) Einfluß des Kristallgefüges. Untersuchungen, die sich unmittelbar mit der Frage befassen, ob Unterschiede des Kristallgefüges infolge verschiedener Herstellungsbedingungen der Kristalle einen Einfluß auf den Verlauf der (σ_0, u)-Kurven besitzen, liegen noch nicht vor. Dagegen können aus andern vorhandenen Ergebnissen mittelbar wichtige Folgerungen in dieser Hinsicht gezogen werden.

Wir haben gesehen, daß bei idealer dynamischer Versuchsführung die Gleitung erst bei der kritischen Schubspannung, welche der vorgegebenen Gleitgeschwindigkeit entspricht, einsetzt. Die Verfestigungskurve hat also genau die in Abb. 10 gezeichnete Form mit scharf ausgebildeter kritischer Schubspannung. Bei statischer Versuchsführung wäre das nur der Fall, wenn unterhalb dieser Schubspannung überhaupt kein Gleiten stattfinden würde. Das trifft aber nach den Ergebnissen des vorhergehenden Abschnitts allgemein nicht zu, so daß wir einen stetigen Anfangsverlauf der statisch gemessenen Verfestigungskurven zu erwarten haben (vgl. 4e). Die Größe der erreichbaren Abgleitungen in diesem Gebiet hängt außer von der Verfestigung von der Anfangsgleitgeschwindigkeit bei den betreffenden Schubspannungen ab. Wir können daher durch Vergleich zweier Verfestigungskurven von Kristallen verschiedenen Gefüges, die unter gleichen Versuchsbedingungen (gleiche Meßgenauigkeit, gleiche Wartezeiten bei den Belastungsschritten) gewonnen wurden, wenigstens qualitativ angeben, ob und in welcher Weise ihre (σ_0, u)-Kurven voneinander abweichen.

Einen verschiedenen Anfangsverlauf der Verfestigungskurven von Aluminiumkristallen verschiedener Herstellung (aus der Schmelze, rekristallisiert) haben Dehlinger und Gisen (1933, 1) gefunden. Die Ergebnisse zeigt Abb. 21. An Stelle der Kristallverlängerung ist die größte Durchmesserabnahme (vgl. 2a) aufgetragen. Die Meßgenauigkeit beträgt $^1/_{1000}$ mm bei einem Ausgangsdurchmesser von etwa 5 mm. Die Meßgenauigkeit für die Dehnung[1] ist somit etwa $2 \cdot 10^{-4}$.

Der Unterschied der Verfestigungskurven bei den beiden Herstellungsarten tritt deutlich in Erscheinung: Die rekristallisierten Kristalle haben eine ausgeprägte Streckgrenze bzw. Anfangsschubspannung[2], bei den gegossenen Kristallen findet schon bei sehr viel kleineren Schubspannungen eine plastische Verformung statt, eine definierte Anfangsschubspannung ist nicht vorhanden. Doch erfolgt der Übergang von kleinen zu großen Abgleitungen in einem verhältnismäßig schmalen Schubspannungsgebiet; die Dehnungs- bzw. Verfestigungskurven bestehen aus zwei deutlich unterscheidbaren gegeneinander geneigten

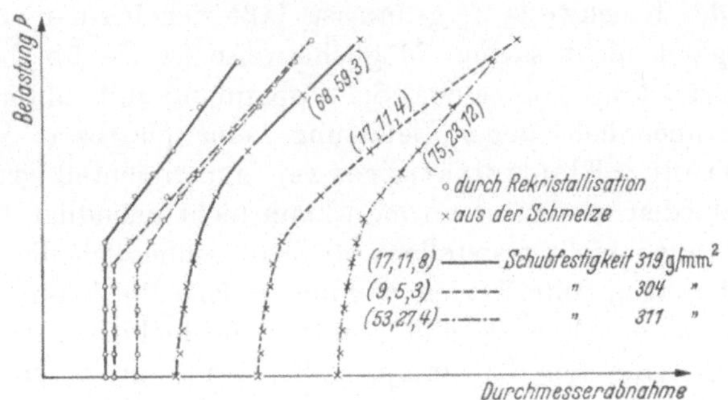

Abb. 21. Dehnungskurven gegossener und rekristallisierter Aluminiumkristalle bei statischer Versuchsführung. Aus Dehlinger und Gisen (1933, 1).

Ästen. Oberhalb des Übergangsgebietes stimmen die Kurven für die Kristalle beider Herstellungsarten überein, ihre Gefügeunterschiede spielen hier keine Rolle mehr.

Aus diesen Befunden ergibt sich, daß die (σ_0, u)-Kurven bei „kleinen" Gleitgeschwindigkeiten in beiden Fällen verschieden sind, bei großen Gleitgeschwindigkeiten aber zusammenfallen. Im ersten Gebiet ist u

---

[1] Die Maßzahl für die relative Änderung des Durchmessers ist ungefähr dieselbe wie für die Dehnung, da sich bei den hochsymmetrischen Kristallen im wesentlichen nur ein Durchmesser ändert, und das Volumen erhalten bleibt.

[2] Da die kritische Schubspannung als Funktion der Gleitgeschwindigkeit definiert ist, die bei statischer Versuchsführung nicht gemessen wird, so verwenden wir hier die Bezeichnung Anfangsschubspannung. Nimmt oberhalb derselben die Abgleitung bzw. Gleitgeschwindigkeit rasch gut meßbare Werte an, während sie vorher verschwindend klein ist, wie in obigem Beispiel, so stimmt sie offenbar mit dem Knickwert $\bar{\sigma}_0$ der kritischen Schubspannung praktisch überein.

bei gleichem σ_0 bei gegossenen Kristallen größer, die Umgebung des Knickwerts unschärfer als bei rekristallisierten Kristallen. Die kritische Schubspannung ist also bei „kleinen" Gleitgeschwindigkeiten keine Funktion der Gleitgeschwindigkeit allein, sondern hängt noch von den besonderen Eigenschaften des Kristallgefüges ab. Bei „großen" Gleitgeschwindigkeiten fällt, soweit sich heute übersehen läßt, dieser Einfluß fort. σ_0 und u sind hier die Zustandsgrößen, die durch die Kurven in Abb. 16, 19a oder 20 bestimmte Gleichung

$$\sigma_0 = \varphi(u) \tag{21}$$

die Zustandsgleichung für den Beginn der Gleitung[1].

Dehlinger und Gisen (1934, 1) konnten zeigen, daß ein grundlegender Unterschied der Kristalle beider Herstellungsarten in ihrer Mosaikstruktur (7b) besteht, auf deren Bedeutung für die plastische Verformung durch obige Ergebnisse unmittelbar hingewiesen wird.

Wie groß die Gleitgeschwindigkeit bei rekristallisierten Kristallen unterhalb des Knickwerts $\bar{\sigma}_0$ genau ist, läßt sich bei der vorhandenen Meßgenauigkeit nicht sagen. Möglicherweise ist sie überhaupt Null. Doch kann die Frage, ob es eine Schubspannung gibt, unterhalb deren auch nach unendlich langer Belastung keine plastische Verformung eintritt (strenge Elastizitätsgrenze), experimentell grundsätzlich nicht entschieden werden, denn man kann nicht unendlich lange beobachten und auch nicht feststellen, ob nicht schließlich die Meßinstrumente Änderungen unterworfen werden, welche die beobachteten Ergebnisse fälschen. Dasselbe gilt auch für die technisch sehr wichtige Frage, ob es eine Schubspannung gibt, unterhalb deren zwar eine plastische Verformung möglich ist, die aber auch bei unendlich langer Belastung nicht unbegrenzt zunimmt (wahre Kriechgrenze[2]). Wir kommen darauf in 12 und für die vielkristallinen Werkstoffe in 25f zu sprechen.

Der stetige Anfangsverlauf der Verfestigungskurve bei statischen Versuchen tritt bei den meisten gegossenen Kristallen auf. Eine Ausnahme machen z. B. gegossene Nickelkristalle, die eine scharf ausgebildete kritische Schubspannung besitzen, wie rekristallisierte Aluminiumkristalle (Abb. 22).

---

[1] Das gilt bei konstanter Temperatur. Allgemein kommt diese als weitere Zustandsgröße hinzu und es ist $\varphi(u, T)$ an Stelle von $\varphi(u)$ zu schreiben. Da es uns hier aber nur darauf ankommt, die andern, nicht so unmittelbar in Erscheinung tretenden Zustandsgrößen zu ermitteln, so lassen wir T in den Formeln weg.

[2] Bezeichnung nach Dehlinger (1939, 3). Das Beiwort „wahre" soll anzeigen, daß es sich um die größte Schubspannung (bei bestimmter Temperatur) handelt, bei der die Fließgeschwindigkeit schließlich streng Null wird und nicht etwa nur sehr kleine, auch mit den feinsten Hilfsmitteln nicht mehr nachweisbare Werte annimmt.

Wir betrachten nun nochmals die Versuche von Kornfeld (4b) an rekristallisierten Aluminiumkristallen. Aus Abb. 18 ist zu ersehen, daß nach erfolgtem „Sprung" die Abgleitung nicht mehr wesentlich zunimmt. Die Größe a_s gibt also nahezu die zu der angelegten Schubspannung σ gehörige Abgleitungszunahme an, d. h. die (σ, a_s)-Kurven in Abb. 19b sind statisch aufgenommene Verfestigungskurven. Die Kurve für Zimmertemperatur muß also mit der von Dehlinger und Gisen an rekristallisierten Kristallen erhaltenen Kurve übereinstimmen. Genau läßt sich das durch Vergleich von Abb. 19b und 21 nicht entnehmen, doch ist in beiden Fällen die Anfangsschubspannung (Knickwert der kritischen Schubspannung) bei etwa 300 g/mm² deutlich ausgeprägt[1]. Nun sehen wir, daß der Grund für die „sprunghafte" Dehnung darin liegt, daß oberhalb $\bar{\sigma}_0$ die Gleitgeschwindigkeit bereits „groß" ist und bei der visuellen Ablesung von Kornfeld nicht mehr zahlenmäßig erfaßt werden kann. Bei gegossenen Kristallen hätte sich eine stetige Zunahme der Anfangsgleitgeschwindigkeit mit der Schubspannung ergeben, wie sie nach Abb. 19a auch bei rekristallisierten Kristallen bei höheren Temperaturen auftritt.

d) Einfluß des Reinheitsgrades der Kristalle. Neben Unterschieden im Kristallgefüge besitzen auch Unterschiede im Reinheitsgrad einen wesentlichen Einfluß auf den Anfangsverlauf der (σ_0, u)-Kurve. Mes-

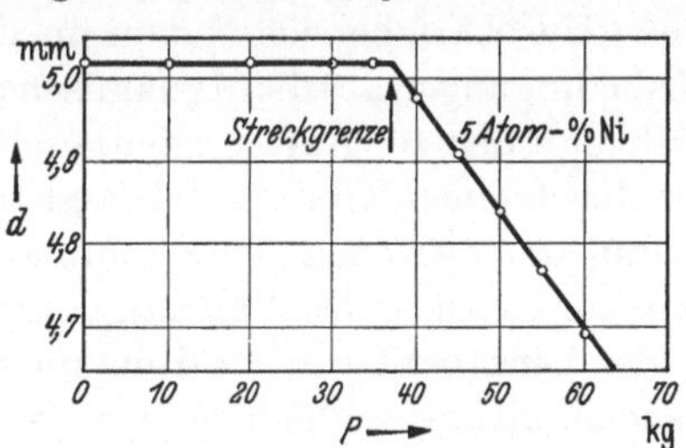

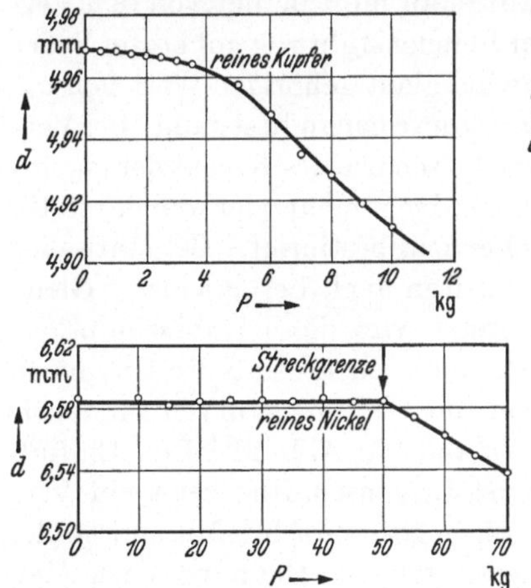

Abb. 22. Anfangsverlauf der Dehnungskurven von Kupfer-, Kupfer-Nickel- und Nickelkristallen bei statischer Versuchsführung. Aus Osswald (1933, 1). d ist der kleinste Kristalldurchmesser, L die Last.

sungen über das ganze Gebiet der lückenlosen Mischkristallreihe Kupfer-Nickel, nach demselben Meßverfahren und mit derselben Genauigkeit wie bei den Untersuchungen an Aluminium im vorhergehenden Abschnitt, hat Osswald (1933, 1) ausgeführt. Abb. 22 zeigt als Beispiel

---

[1] Ihre Größe hängt allerdings stark vom Reinheitsgrad der Kristalle ab, über den Kornfeld keine Angaben macht. Obiger Wert gilt nach Abb. 15a für das handelsübliche 99,5proz. Aluminium.

drei Dehnungskurven. Schon durch geringe Zusätze von Nickel geht also der stetige Anfangsverlauf der Verfestigungskurve des reinen bzw. nur wenig verunreinigten Kupfers in einen (innerhalb der Meßgenauigkeit) unstetigen Verlauf mit ausgeprägter Anfangsschubspannung über. Diese Tatsache wird auch bei geringerer Meßgenauigkeit allgemein beobachtet. Den Einfluß des Reinheitsgrades auf die Größe der kritischen Schubspannung haben wir bereits in **3 g** angegeben.

e) Die praktische kritische Schubspannung. Die bisherigen Ergebnisse zeigen, wie sehr der Anfangsverlauf einer Verfestigungskurve durch die Versuchsführung beeinflußt wird. Für die Erforschung der atomistischen Grundlagen der Kristallplastizität sind diese Erscheinungen sehr wichtig geworden. In der Praxis besitzen sie, wenn es sich um größere Verformungen handelt, nur eine untergeordnete Bedeutung. Der Verlauf von σ_0 bei „kleinen" Werten von u ist ganz nebensächlich. Auch von der Geschwindigkeitsabhängigkeit von σ_0 im Gebiet „großer" Gleitgeschwindigkeiten kann man absehen, da sie meist durch die Streuungen der Einzelmeßwerte überdeckt wird. In diesem Sinne gibt es eine bestimmte Schubspannung, bei der erst ausgiebige plastische Verformung einsetzt, die **praktische kritische Schubspannung**, wie wir sie in **3 c** eingeführt haben. Sie ist um so genauer festgelegt, je schärfer der „Knick" der (σ_0, u)-Kurven ist. Welchen Wert innerhalb dieses „Unschärfebereichs" man im Einzelfall mißt, hängt von den Versuchsbedingungen ab: Bei dynamischer Versuchsführung mit harter Feder erhält man den zur Anfangsgleitgeschwindigkeit gehörigen Wert von σ_0, er ist durch einen Knick in der Registrierkurve genau bestimmt. Bei Verwendung einer weichen Feder kommt die Unschärfe des Knicks der (σ_0, u)-Kurve zur Geltung: Die Verfestigungskurve biegt mehr oder weniger stetig um, der Einzelmeßwert wird entsprechend unbestimmt. Bei statischer Versuchsführung schließlich, wo das Gleiten auch bei „kleinen" Gleitgeschwindigkeiten zur Auswirkung kommt, wird diese Unbestimmtheit noch verstärkt[1]. Anschauliche Beispiele über den Einfluß der Unschärfe des „Knicks" der (σ_0, u)-Kurve geben die Dehnungskurven für rekristallisierte und gegossene Aluminiumkristalle in Abb. 21. Den Einfluß der Versuchsführung bei gleichen Kristalleigenschaften zeigt ein Vergleich der Kurven in Abb. 17 c und 21 für gegossene Aluminiumkristalle.

Schließlich spielt die Meßgenauigkeit für die Dehnung noch eine Rolle. Ist sie z. B. bei Aluminiumkristallen eine Größenordnung geringer ($\sim 10^{-3}$) als in Abb. 21, so wird der Neigungsunterschied der Kurvenäste für gegossene und rekristallisierte Kristalle so gering[2], daß

---

[1] Ein dynamischer Versuch mit sehr weicher Feder ist gleichbedeutend mit einem statischen Versuch bei hinreichend kleinen Belastungsschritten.

[2] Entsprechend der Verringerung der Meßgenauigkeit muß der Dehnungsmaßstab verkleinert werden.

auch eine von Null verschiedene praktische kritische Schubspannung nicht mehr mit Sicherheit festgestellt werden kann, wenn man, wie bei statischer Versuchsführung, nur einzelne Meßpunkte zur Verfügung hat[1]. Demgegenüber ist bei gleicher Meßgenauigkeit bei dynamischer Versuchsführung das Abbiegen der fortlaufend aufgenommenen Registrierkurve von der elastischen Geraden bei einer verhältnismäßig genau bestimmten kritischen Schubspannung deutlich erkennbar (Abb. 17 c).

5. Die Zustandsgleichung für den Verlauf der plastischen Verformung.

a) **Zustandsgrößen und Zustandsgleichung.** Auch im weiteren Verlauf der plastischen Verformung, wo die Verfestigung als neue Erscheinung hinzukommt, ist ein Einfluß der Versuchsführung vorhanden.

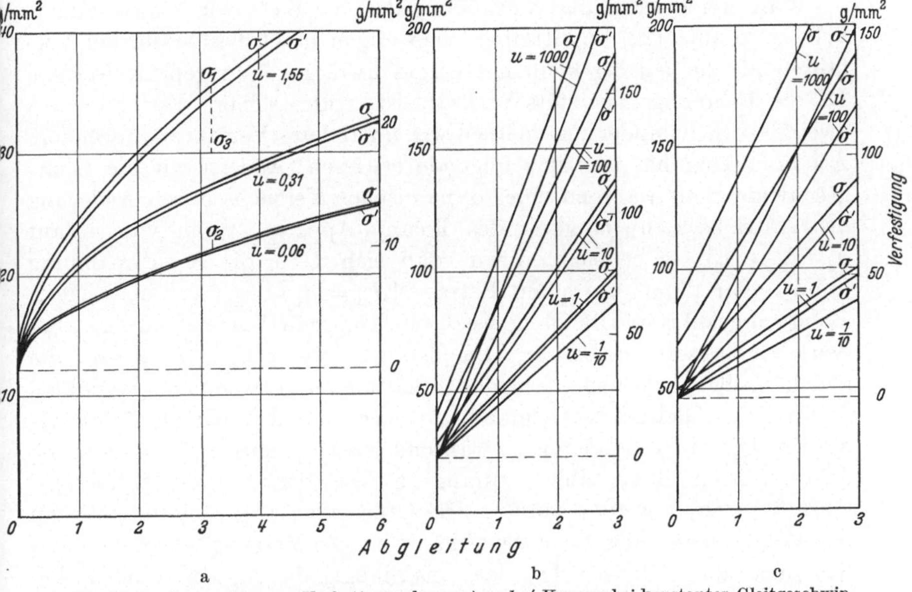

Abb. 23. Verlauf der σ-Kurven (Verfestigungskurven) und σ'-Kurven bei konstanter Gleitgeschwindigkeit, deren Werte angeschrieben sind. Die linken Ordinatenmaßstäbe gelten für die Schubspannung, die rechten für die Verfestigung. a) Für Naphthalinkristalle. Aus Kochendörfer (1937, 1; 1938, 2). b) Für Kadmiumkristalle des Reinheitsgrades I. c) Für Kadmiumkristalle des Reinheitsgrades II (vgl. Unterschrift zu Abb. 16). Aus Roscoe (1936, 1). In Teilbild a gibt σ_3 die Schubspannung an, bei der die Gleitung in einem Kristall, der bis zur Schubspannung σ_1 verformt wurde, nach 24 Stunden Erholungspause wieder einsetzt.

Bei dynamischen Versuchen besteht er darin, daß die Verfestigungskurven bei höheren Gleitgeschwindigkeiten bei höheren Schubspannungswerten verlaufen. Abb. 23 zeigt drei Beispiele[2].

---

[1] Den Aluminiumkristallen wird daher häufig die praktische kritische Schubspannung Null zugeschrieben.

[2] Bei Roscoe sind nur die Werte von σ_0 und die Endwerte von σ für die Abgleitung 3 angegeben. Durch diese Punkte wurden in Abb. 23a, b gerade Verfestigungskurven gelegt (vgl. **3f**).

Da wir die jeweilige Schubspannung einer Verfestigungskurve als erhöhte kritische Schubspannung auffassen können[1], so erhebt sich die Frage, ob auch diese von der Gleitgeschwindigkeit abhängt. Sie wurde von Kochendörfer (1937, 1) an Naphthalinkristallen bei der Bausch-Anordnung untersucht. Das Ergebnis lautet: Die kritische Schubspannung σ des verfestigten Kristalls besitzt bei „großen" Gleitgeschwindigkeiten die gleiche Abhängigkeit von der Gleitgeschwindigkeit wie die kritische Schubspannung σ_0 des unverfestigten Kristalls, ihr Knickwert $\bar{\sigma}$ ist gerade um den Betrag τ der Verfestigung gegenüber dem Knickwert $\bar{\sigma}_0$ erhöht. Es gilt also:

$$\sigma - \tau = \varphi(u) \quad \text{für} \quad u \gtreqqless u_\varepsilon, \tag{22}$$

wo $\varphi(u)$ dieselbe Funktion von u wie in (21) ist[2].

Wäre keine Erholung vorhanden, also der Wert von τ unveränderlich, so könnte (22) unmittelbar nach einem in **4b** beschriebenen Verfahren bis zu beliebig kleinen Gleitgeschwindigkeiten geprüft werden. Da die Erholung aber stets wirksam ist, τ also seinen Wert zwischen zwei Messungen ändert, so müssen wir ein anderes Verfahren anwenden. Als brauchbar hat sich das folgende erwiesen: Ändern wir die Gleitgeschwindigkeit während eines dynamischen Versuchs durch Änderung der Antriebsgeschwindigkeit des Polanyi-Apparats rasch von u_1 auf u_2 $(u_1 > u_2)$, so beobachten wir, daß sich dabei die Schubspannung unmittelbar damit um einen Betrag $\Delta\sigma_{12} = \sigma_1 - \sigma_2$ $(\sigma_1 > \sigma_2)$ ändert. Beim umgekehrten Übergang wechselt $\Delta\sigma_{12}$ sein Vorzeichen, hat aber denselben absoluten Betrag. Das ist sehr wesentlich, denn erst die gleich große Änderung in beiden Richtungen zeigt einen reversiblen Einfluß der Gleitgeschwindigkeit „an sich" an, den wir als **dynamischen Einfluß** bezeichnen, während eine einseitige Verminderung allein, als ein irreversibler, anfänglich besonders starker Erholungseinfluß gedeutet werden müßte. Die Größe von $\Delta\sigma_{12}$ könnte noch von der Vorgeschichte des Kristalls abhängen. Die Messungen ergeben, daß das nicht der Fall ist: $\Delta\sigma_{12}$ ist, unabhängig davon, bei welcher Abgleitung wir messen, d. h. wie der Kristall vorher mit oder ohne Erholungspausen (homogen) verformt wurde, allein durch die Werte von u_1 und u_2 bestimmt, läßt sich also in der Form

$$\Delta\sigma_{12} = \sigma_1 - \sigma_2 = \varphi(u_1) - \varphi(u_2) \tag{23a}$$

oder

$$\sigma_1 - \varphi(u_1) = \sigma_2 - \varphi(u_2) \tag{23b}$$

schreiben, wo $\varphi(u)$ dieselbe Funktion wie in (21) ist, da (23) auch für den Beginn der Gleitung gilt[3]. (23) besagt, daß die Gleitgeschwindigkeit

---

[1] Vgl. Fußnote 1, S. 27.

[2] Auf die Bedingung $u \gtreqqless u_\varepsilon$ kommen wir gleich zu sprechen.

[3] Durch die Meßwerte von $\Delta\sigma$ ist $\varphi(u)$ nur bis auf eine additive Konstante bestimmt. Wir wählen diese so, daß die Funktion für den Beginn der Gleitung unmittelbar den Verlauf der kritischen Schubspannung angibt.

eine Zustandsgröße für die dynamische Schubspannungsänderung $\Delta\sigma$ ist.

Setzen wir (21) in (23 b) ein, so erhalten wir:

$$\sigma_1(u_1) - \sigma_0(u_1) = \sigma_2(u_2) - \sigma_0(u_2) = \tau \tag{24}$$

Nach (24) ist die Verfestigung eindeutig bestimmt als die Differenz der Schubspannungswerte des verfestigten und unverfestigten Kristalls bezogen auf dieselbe Gleitgeschwindigkeit. Aus (24) und (21) ergibt sich (22), wenn wir an Stelle von σ_1 und u_1 allgemein σ und u schreiben.

Mit einem idealen Polanyi-Apparat könnten wir in dieser Weise bis zu sehr kleinen Gleitgeschwindigkeiten herab verfahren, da hier die Schubspannungsänderung ohne begleitende Federdurchbiegung, also augenblicklich mit der Änderung der Gleitgeschwindigkeit erfolgt, so daß sich die Verfestigung dabei nicht ändert. Bei einem Polanyi-Apparat mit Stahlfeder dagegen muß diese bei der Schubspannungsänderung etwas weiter durchbiegen oder zurückbiegen. Im letzteren Fall, also bei einer Verkleinerung der Gleitgeschwindigkeit, fließt dabei der Kristall um denselben Betrag[1]. Dieser Vorgang erfordert eine gewisse Zeit Δt, deren Größe von u_1 und u_2 abhängt. Sind beide Gleitgeschwindigkeiten „groß", so erfolgt das Fließen so rasch, daß die Registrierkurve zwei Knicke aufweist (Abb. 24), deren Spannungsdifferenz $\Delta\sigma$ angibt. Dabei ändert sich die Verfestigung praktisch nicht. Mit kleiner werdendem u_2 wird Δt jedoch immer größer, so daß infolge der Erholung die gemessene Schubspannungsabnahme nicht allein vom dynamischen Einfluß herrührt. Unter nichtidealen Bedingungen kann daher (22) nicht ganz bis zum Knickwert $\bar\sigma_0$ bestätigt werden[2]. Für die Messung der Verfestigung ist das nicht erforderlich, da auch höhere Gleitgeschwindigkeiten, etwa $u = 1$, zugrunde gelegt werden können. Es besteht aber kein Grund, (22) nicht bis zum Knickwert als erfüllt anzusehen, so daß wir die Bedingung $u \geqq u_\varepsilon$ bestehen lassen können.

Damit ist experimentell nachgewiesen, daß bei „großen" Gleitgeschwindigkeiten σ, u und τ Zustandsgrößen der plastischen

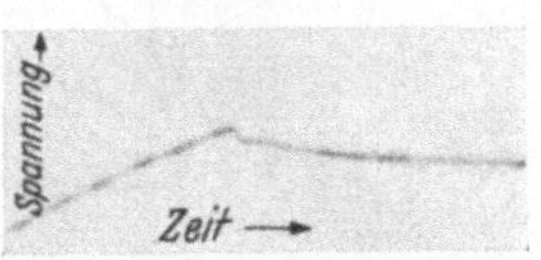

Abb. 24. Registrierkurve eines Naphthalinkristalls bei Änderung der Gleitgeschwindigkeit von 1,55 auf 0,31. Aus Kochendörfer (1937, 1).

---

[1] Unter Fließen verstehen wir ein Gleiten unter konstanter oder abnehmender Schubspannung. Das Fließen infolge des dynamischen Einflusses bezeichnen wir als dynamisches Fließen, im Gegensatz zum Erholungsfließen, das auftritt, wenn in einem belasteten Kristall die Verfestigung infolge der Erholung abnimmt. Vgl. hierzu Fußnote 1 auf S. 90.

[2] Bei Naphthalin konnte bei Zimmertemperatur bis zu $u \infty 0{,}05$ heruntergegangen werden.

Verformung sind, die durch die Zustandsgleichung (22) miteinander in Beziehung stehen.

Bei unverfestigten Kristallen können wir unmittelbar nach Überschreiten der kritischen Schubspannung den Polanyi-Apparat abstellen und den Kristall unter der Federeinwirkung bis zu Gleitgeschwindigkeiten der Größe $^1/_{100}$ fließen lassen. Der noch vorhandene geringe Einfluß der Erholung ist bis zu diesem Wert nicht störend.

Durch Messung der dynamischen Schubspannungsänderung in dieser Weise ist es möglich, die Geschwindigkeitsabhängigkeit der kritischen Schubspannung, also die Funktion $\varphi(u)$, genauer zu bestimmen, als

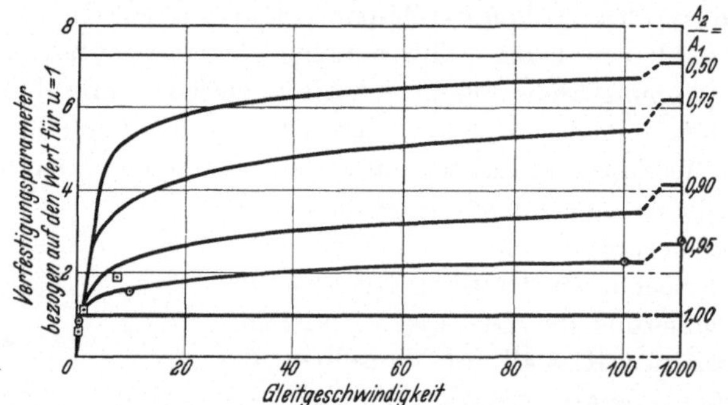

Abb. 25. Verlauf der Verfestigungsparameter mit der Gleitgeschwindigkeit. Meßpunkte: ⊙ Für die Parameterwerte τ/a von Kadmiumkristallen (Mittelwerte für die beiden Reinheitsgrade) aus Abb. 23. ⊡ Für die Parameterwerte ι^2/a von Naphthalinkristallen aus Abb. 23. Die Kurven sind nach (71) mit den Zahlwerten von Tabelle 3 berechnet.

durch unmittelbare Messung von σ_0 bei verschiedenen Gleitgeschwindigkeiten selbst, da dabei der prozentuale Fehler für $\Delta\sigma$ nicht größer ist als für σ_0.

In Abb. 23 sind die zahlenmäßigen Verhältnisse für Kadmium und Naphthalin veranschaulicht. Da die Gleitgeschwindigkeit bei jeder Verfestigungskurve konstant ist, so ist die Verfestigung unmittelbar gegeben durch den Unterschied zwischen der gemessenen Schubspannung σ und der zu der betreffenden Gleitgeschwindigkeit gehörigen kritischen Schubspannung σ_0. Wir können aber auch in jedem Punkt der Verfestigungskurven die dynamische Schubspannungsabnahme $\Delta\sigma(u_1, u_2)$ für eine feste Endgeschwindigkeit u_2 abziehen und erhalten dann zu ihnen parallele Kurven mit den Schubspannungswerten $\sigma' = \sigma - \Delta\sigma(u_1, u_2)$, welche alle dieselbe kritische Schubspannung $\sigma_0(u_2)$ besitzen. Die Verfestigung ist dann gegeben durch den Unterschied von σ' und dem festen Wert $\sigma_0(u_2)$. Sie stimmt natürlich mit der in der ersten Weise gemessenen Verfestigung überein, da eben nach (23a) σ' bei allen Abgleitungen gegenüber σ um denselben Betrag erhöht ist wie $\sigma_0(u)$ gegenüber $\sigma_0(u_2)$. Für die σ'-Kurven in Abb. 23 ist $u_2 = {}^1/_{10}$ (Kadmium) bzw. $u_2 = {}^1/_{100}$ (Naphthalin). Sie geben, gemessen mit den rechten Ordinatenmaßstäben, deren Nullpunkte bei $\sigma_0(u_2)$ liegen, die Werte der Verfestigung an.

In Abb. 25 ist der Verlauf der Verfestigungsparameter τ/a für Kadmium und τ^2/a für Naphthalin (vgl. **3f**) mit der Gleitgeschwindigkeit eingezeichnet[1].

b) Die Bestimmungsgleichung für die Verfestigung. Bisher haben wir die Verfestigung als bekannt vorausgesetzt. Die Beziehung (22) läßt es offen, durch welche Größen sie selbst bestimmt ist. Dieser Frage wenden wir uns nun zu.

Zunächst ist aus Abb. 23 die wichtige Tatsache zu erkennen, daß die σ'-Kurven nicht mit der Verfestigungskurve[2] übereinstimmen, welche bei der konstanten Gleitgeschwindigkeit u_2 erhalten wird[3]. Für Kadmium ist diese Kurve für $u = u_2 = {}^1/_{10}$ eingezeichnet, für Naphthalin mit $u_2 = {}^1/_{100}$ liegt sie tiefer als die Kurve für $u = {}^1/_5$. Die Geschwindigkeitsabhängigkeit der Verfestigungskurven kann also nicht durch den dynamischen Einfluß allein erklärt werden. Würde das zutreffen, so hätte die Verfestigung für jede σ-Kurve, unabhängig von der Versuchsgeschwindigkeit u, denselben Wert $\tau = f(a)$, der nur von der Abgleitung a abhängt[4], und (22) ließe sich in der Form

$$\sigma = F(a, u) \tag{25}$$

schreiben. Damit wäre unser früheres Ergebnis dahin zu erweitern, daß die Abgleitung a eine Zustandsgröße für die Verfestigung, und σ, a und u Zustandsgrößen für die plastische Verformung mit der Zustandsgleichung (25) wären. Diese Annahme entspricht der rein dynamischen Auffassung der Kristallplastizität[5] [Orowan (1934, 1; 1935, 1)]. Wie Abb. 23 zeigt, ist sie nicht vollständig; die Geschwindigkeitsabhängigkeit der Verfestigungskurven beruht nur insoweit auf dem dynamischen Einfluß, als die σ-Kurven bei verschiedener Gleitgeschwindigkeit verschieden hoch über die σ'-Kurven verlaufen. Zum größeren Teil kommt sie daher, daß die Verfestigung τ selbst von der Gleitgeschwindigkeit abhängt.

---

[1] Die Kurven sind auf Grund theoretischer Ergebnisse (**10b**) gezeichnet.

[2] Unter Verfestigungskurven (σ-Kurven) verstehen wir stets die unmittelbar gemessenen Kurven. Die zu ihnen gehörige Gleitgeschwindigkeit u ist für die Verfestigung maßgebend, nicht die zu den σ'-Kurven gehörige Endgleitgeschwindigkeit.

[3] In der Veröffentlichung (1938, 2) des Verfassers wurden die σ'-Kurven als diejenigen Kurven bezeichnet, für welche $u_2 = 0$ ist. Das ist nicht richtig, u_2 hat zwar einen praktisch kleinen, aber von Null verschiedenen Wert. Die übrigen Ergebnisse dieser Arbeit werden davon nicht berührt.

[4] Von dem Einfluß der Erholung ist dabei abgesehen. Das ist keine wesentliche Vernachlässigung, da seine Berücksichtigung die Verhältnisse nicht grundsätzlich ändert.

[5] Vgl. hierzu Fußnote 1 auf S. 50.

Diese Abhängigkeit besteht sicher nicht darin, daß τ selbst eine Funktion von a und u ist, denn sonst würde sich wieder eine Zustandsgleichung der Form (25) ergeben. Es ist möglich, daß sie durch die Erholung bedingt ist, denn diese wirkt im Sinne der Beobachtungen. Danach ist die Abnahme der Verfestigung mit abnehmender Gleitgeschwindigkeit eine Folge der längeren Einwirkungsdauer der Erholung bis zu einer bestimmten Abgleitung und beruht unmittelbar auf einem Zeiteinfluß und nicht auf einem Einfluß der Gleitgeschwindigkeit an sich[1]. Folgender Versuch zeigt, daß diese Annahme nicht richtig ist: Bei den Verfestigungskurven für $u = 1{,}55$ bzw. $0{,}06$ in Abb. 23a hat man bis zur Abgleitung 3,2 mit den zugehörigen Schubspannungen σ_1 und σ_2 bei $u = 0{,}06$ etwa 15 Stunden länger zu verformen als bei $u = 1{,}55$. Während dieser Zeit müßte der mit $u = 1{,}55$ verformte Kristall durch Erholung so entfestigt werden, daß bei nunmehriger Verformung mit $u = 0{,}06$ die Gleitung bei der kritischen Schubspannung σ_2 einsetzt. In Wirklichkeit ist das nach 24 Stunden Erholungsdauer erst bei der Schubspannung σ_3 der Fall. Die Erholung ist also, wenn nur die Zeitdauer ihrer Einwirkung maßgebend ist, zu klein, um die beobachtete Geschwindigkeitsabhängigkeit bewirken zu können[2].

Einige Versuchsergebnisse von Kochendörfer (1937, 1) weisen darauf hin, daß der Verfestigungsanstieg $d\tau/da$ und damit $d\tau/dt = u \cdot d\tau/da$ eindeutig durch τ, a und u bestimmt ist, also der Ansatz

$$\frac{d\tau}{dt} = f(\tau, a, u) \tag{26}$$

besteht. Demnach dürften sich zwei Verfestigungskurven, die bei beliebiger Versuchsführung erhalten wurden, nicht in einem Punkt schneiden, in dem für beide die Gleitgeschwindigkeit dieselbe ist, denn sonst würden in den beiden Schnittpunkten im Gegensatz zu (26) zwei verschiedene Werte von $d\tau/dt$ bei gleichen Werten von τ, a und u bestehen. Die untersuchten Kristalle zeigten bis auf einen das (26) entsprechende Verhalten. Man darf daher annehmen, daß in diesem Ausnahmefall besondere Änderungen der Kristalleigenschaften vorlagen[3], und der

---

[1] Nach der sog. statischen Auffassung [Polanyi und Schmid (1929, 1)] ist nicht nur die Geschwindigkeitsabhängigkeit von τ, sondern auch die der Verfestigungskurven überhaupt durch die Erholung bedingt. Sie ist unvollständig, weil sie den dynamischen Einfluß nicht berücksichtigt, und weil die Erholung allein nicht zur Erklärung des Geschwindigkeitseinflusses auf die Verfestigung genügt.

[2] Orowan (1934, 1; 1935, 1) hat das an vielen weiteren Beispielen zahlenmäßig belegt.

[3] In Anbetracht des niedrigen Schmelzpunktes von Naphthalin ist es wohl möglich, daß während der langen Ruhepause, welcher der Kristall ausgesetzt war, Rekristallisation eingetreten ist.

Ansatz (26) nicht grundsätzlich in Frage gestellt ist. Für ihn spricht, daß er in Übereinstimmung mit der Erfahrung bei gegebenem Anfangswert von τ (z. B. $= 0$ für unverfestigte Kristalle) eine einparametrige Schar von Verfestigungskurven konstanter Gleitgeschwindigkeit mit u als Parameter liefert. Auf rein experimentellem Wege ist es heute noch nicht möglich, genauere Angaben darüber zu erhalten, durch welche Größen und in welcher Weise die Verfestigung bestimmt ist, dagegen gelingt die Lösung dieser Frage unter Hinzunahme theoretischer Ergebnisse (10).

Bei Berücksichtigung einer nur durch die Dauer ihrer Einwirkung bestimmten Erholung ergibt sich für τ ebenfalls eine Differentialgleichung erster Ordnung, in der aber τ nicht in Verbindung mit u auftritt, wie in (26). Die letztere Beziehung ist daher so zu deuten, daß die Erholung während der Verformung von der ruhenden Erholung verschieden ist, und so einen andern Einfluß auf die Verfestigung ausübt. Wir werden diese Ansicht in **10b** bestätigen können[1].

c) Die praktische Verfestigungskurve. Wie der Einfluß der Versuchsführung auf die kritische Schubspannung, so ist auch der auf die Verfestigung in erster Linie für die tiefere Erforschung der Kristallplastizität wichtig, praktisch besitzt er innerhalb der üblichen Verformungsgeschwindigkeiten keine besondere Bedeutung. Man kann dann von ihm absehen und mit dieser Näherung von einer der **praktischen Verfestigungskurve** sprechen. Ihr Unschärfebereich ist in erster Linie durch die Geschwindigkeitsabhängigkeit von τ selbst bestimmt, der dynamische Einfluß hat nur einen geringen Anteil. Er bewirkt, daß bei einer, unter nicht näher bezeichneten Versuchsbedingungen gewonnenen Verfestigungskurve, die Verfestigung nicht genau angebbar ist, da ja hierzu die jeweilige Schubspannung und die kritische Schubspannung auf denselben Wert der Gleitgeschwindigkeit bezogen werden müssen. Ist z. B. die Gleitgeschwindigkeit bei einer gemessenen Schubspannung σ_1 größer als bei σ_0, so ist $\sigma_1 - \sigma_0$ größer als die „wahre" Verfestigung. Die im Laufe des Versuchs erfolgte Erhöhung der Gleitgeschwindigkeit täuscht infolge des dynamischen Einflusses eine „scheinbare" Verfestigung vor. Wie die Ausführungen des vorhergehenden Abschnitts gezeigt haben, sind die dadurch möglichen Fehler gering. Nur bei dynamischen Versuchen mit sehr weicher Feder, wo die Registrierkurve schon von der elastischen Geraden abweicht, ehe die vorgegebene Gleitgeschwindigkeit erreicht ist, und die so festgelegte kritische Schubspannung sich somit auf eine kleinere Gleitgeschwindigkeit bezieht als die folgenden Schubspannungen, kann der dynamische Einfluß die Meßwerte der Verfestigung, solange sie noch klein ist,

---

[1] Vgl. S. 90.

wesentlich fälschen[1] (wenn auf die Gleitgeschwindigkeit keine Rücksicht genommen wird). Bei statischer Versuchsführung, wo bei jedem Schritt sehr kleine Endgleitgeschwindigkeiten abgewartet werden, spielt der dynamische Einfluß gar keine Rolle mehr. Hierbei können merkliche Unterschiede von Einzelmessungen durch verschieden große Belastungsschritte bewirkt werden, denn je größer diese sind, um so größer sind die anfänglichen „großen" Gleitgeschwindigkeiten und um so größer wird die Verfestigung.

Versuche mit stetiger Gewichtsbelastung nehmen eine Mittelstellung zwischen dynamischen und statischen Versuchen ein. Die Gleitgeschwindigkeit ändert sich dabei je nach dem Verfestigungsanstieg mehr oder weniger im Laufe der Versuche, so daß sie trotz ihrer leichten Ausführbarkeit physikalisch keineswegs einfach sind.

Bei Aluminium, wo die Geschwindigkeitsabhängigkeit der Verfestigung außergewöhnlich gering ist[2], wird der Einfluß der Versuchsführung nahezu unmerklich. Darauf ist es zurückzuführen, daß die unter den verschiedensten Bedingungen erhaltenen Verfestigungskurven hier so gut übereinstimmen.

d) Vergleich der homogenen Verformungsarten. Die bisherigen Ausführungen haben gezeigt, daß die Gleitgeschwindigkeit für das plastische Verhalten eine maßgebende Rolle spielt. Um sie als Zustandsgröße nachweisen und ihren Einfluß experimentell genau untersuchen zu können, ist es mindestens erforderlich, daß sie während eines Versuchs unabhängig vorgegeben werden kann. Wir haben bereits mehrfach darauf hingewiesen, unter welchen Bedingungen eine solche dynamische Versuchsführung möglich ist. Hier stellen wir nochmals die drei homogenen Verformungsarten unter diesem Gesichtspunkt einander gegenüber.

Die Stauchung scheidet aus, da bei ihr wegen der notwendigen Schmierung nur statische Versuche möglich sind.

Bei der Dehnung werden die Gebiete in der Nähe der Einspannungen inhomogen verformt. Ihr Dehnungsbeitrag nimmt im Laufe der Verformung in unbestimmter Weise zu, so daß aus der gemessenen Dehnungsgeschwindigkeit die Gleitgeschwindigkeit im homogen verformten

---

[1] Diesen Ausnahmefall hat Orowan (1934, 1; 1935, 1) unzulässig verallgemeinert. Würde die rein dynamische Auffassung zutreffen, also die gesamte Geschwindigkeitsabhängigkeit der Verfestigung auf dem dynamischen Einfluß beruhen, so könnten allerdings ohne Kenntnis der jeweiligen Gleitgeschwindigkeit keine brauchbaren Angaben über die Größe der „wahren" Verfestigung gemacht werden.

[2] Bei 23 000 facher Erhöhung der Gleitgeschwindigkeit verläuft die Verfestigungskurve bei um etwa 16 % höheren Schubspannungswerten [Weerts (1929, 1)].

Teil nicht genau berechnet werden kann[1]. Selbst wenn die dadurch bedingten Fehler bei hinreichend langen und dünnen Kristallen vernachlässigt werden können, so ist wegen der mit der Gleitung verbundenen Orientierungsänderung die Abgleitung keine einfache Funktion der Dehnung, so daß es aus diesem Grund nur in engen Grenzen (solange die Orientierungsbedingungen erfüllt sind) möglich ist, die Gleitgeschwindigkeit beliebig vorzugeben.

Die Bausch-Anordnung besitzt diese Mängel nicht. Wegen der geringen Dicke der gleitenden Schicht ist die Gleitung im allgemeinen sehr gleichmäßig, gröbere Unregelmäßigkeiten treten kaum auf. Bei Metallen sind die Gleitlinien sehr fein, bei Naphthalin sind im allgemeinen trotz der großen Abgleitungen keine Gleitlinien zu beobachten, die Mantellinien des zylindrischen Bandes, in das ein Kristall ausgezogen wird, erscheinen bei mikroskopischer Beobachtung vollkommen gerade (Abb. 26). Aus diesem Grunde hat die Gleitgeschwindigkeit längs der ganzen gleitenden Schicht denselben Wert. Da sie aus rein geometrischen Gründen proportional zur Dehnungsgeschwindigkeit ist, so kann sie auch in beliebiger Weise vorgegeben werden.

Abb. 26. Durch Schiebegleitung verformter Naphthalinkristall. Seitenansicht des durch Auskratzen des eingegossenen Naphthalins aus einer Fassung freigelegten Kristalls. Aus Kochendörfer (1937, 1).

Eine geringe Abweichung von dieser Proportionalität ist bei einem nichtlinearen Verfestigungsanstieg durch die veränderliche Federdurchbiegung des Polanyi-Apparats bedingt. Nach den Erfahrungen des Verfassers läßt sich jedoch in jedem Falle eine solche Feder wählen, daß die Änderungen der Gleitgeschwindigkeit bei konstanter Zuggeschwindigkeit auch bei starken Krümmungen der Verfestigungskurven (wie z. B. im Anfangsteil der Kurven in Abb. 23a) weniger als 10% ihres Mittelwertes betragen, also den Verlauf der Kurven bedeutend weniger beeinflussen, als die Streuungen durch die unvermeidlichen Unterschiede in den der Kristalleigenschaften betragen.

Die Bausch-Anordnung ist also vor den beiden andern „homogenen" Verformungsarten nicht nur dadurch ausgezeichnet, daß bei ihr das Gleiten ungestörter (reiner) verläuft (kein Laue-Asterismus), sondern auch dadurch, daß bei ihr allein einwandfreie dynamische Versuche

---

[1] Vorrichtungen, wie etwa das Martensche Spiegelgerät, die es gestatten, die Dehnung im homogen verformten Teil laufend, also ohne Versuchsunterbrechung, abzulesen, sind bei Einkristallen nicht anwendbar, da sie an ihren Befestigungsstellen den Gleitvorgang stören. Bei Vielkristallen ist diese Störung wegen ihrer bedeutend größeren Härte zu vernachlässigen.

möglich sind. Wir haben gesehen, daß diese Versuche zu wertvollen Ergebnissen führen, welche die Bedeutung der Gleitgeschwindigkeit klarstellen und die Aufstellung der Zustandsgleichung erlauben, und später eine wichtige Stütze für die theoretischen Vorstellungen bilden werden.

Durch diese Feststellung wird der Wert der grundlegenden Ergebnisse, welche Dehnungs- und Stauchversuche geliefert haben (lange, ehe die ersten Schiebegleitungsversuche angestellt wurden), nicht geschmälert. Wichtige Gesetze, wie z. B. das Schmidsche Schubspannungsgesetz, die es erst ermöglichen, die Zustandsgleichung auf beliebige Verformungen von Ein- und Vielkristallen anzuwenden und so ihre quantitative Behandlung erlauben, können bei der Bausch-Anordnung nicht gewonnen werden und unterstreichen die Bedeutung der Dehnungs- und Stauchversuche.

6. Gleiten nach mehreren Gleitsystemen.

a) Geometrie der Doppelgleitung. Wir haben bisher nur das Gleiten nach einem Gleitsystem betrachtet. Im allgemeinen besitzt ein Kristall mehrere kristallographisch gleichwertige (bei höherer Kristallsymmetrie) oder ungleichwertige Systeme[1], die unter geeigneten Bedingungen (**6b**) gleichzeitig oder abwechselnd in Tätigkeit treten können.

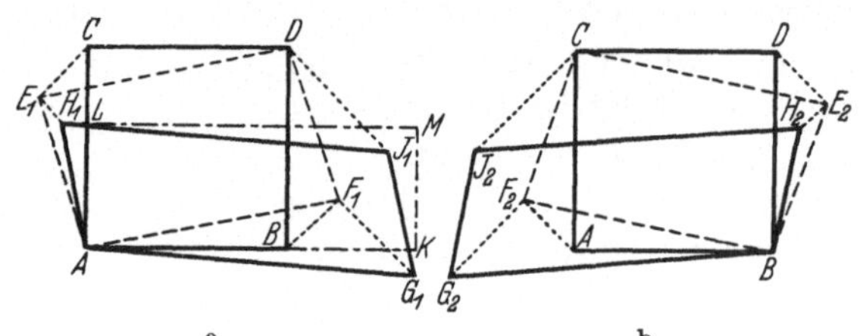

Abb. 27. Verschiedene Verformung eines Kristalls bei Vertauschung der Reihenfolge von endlichen Einzelabgleitungen nach zwei Gleitsystemen.

Wir behandeln hier nur das Gleiten nach zwei Systemen, da die Verhältnisse bei mehreren Systemen ähnlich liegen. Bei abwechselndem Gleiten mit endlichen Abgleitungen hängt der Endzustand des Kristalls im allgemeinen (über die Ausnahmefälle s. unten) von der Reihenfolge der Betätigung der Systeme ab. Wir sehen das an dem einfachen Beispiel der Abb. 27, die einen auf Druck beanspruchten Kristall (*ABCD*)

---

[1] Ob es überhaupt Kristalle mit nur einem einzigen Gleitsystem gibt, ist unseres Wissens noch nicht eindeutig festgestellt worden. Solche Kristalle können nur dem triklinen oder monoklinen System angehören (höchstens eine Symmetrieebene und zweizählige Drehachse), denn in allen übrigen Fällen gibt es mehrere kristallographisch gleichwertige Gleitebenen oder -richtungen oder beides. Bei monoklinen Naphthalinkristallen ist zwar das System (001), [010] einfach, aber es gibt daneben noch ein System mit der Gleitebene (010).

mit zwei aufeinander senkrechten Gleitebenen (AD) und (BC) (senkrecht
zur Zeichenebene) und Gleitrichtungen $[AD]$ und $[BC]$ (in der Zeichenebene) zeigt. Das System (AD), $[AD]$ bezeichnen wir mit I, das System
(BC), $[BC]$ mit II. Verformen wir in der Reihenfolge I—II je bis zur
Abgleitung $a_\mathrm{I} = a_\mathrm{II} = \frac{1}{2}$ (Teilbild a), so nimmt der Kristall über
(AF_1E_1D) die Form $(AG_1H_1J_1)$ an[1], in der Reihenfolge II—I (Teilbild b)
über (F_2BCE_2) die Form $(G_2BJ_2H_2)$. Wir sehen, daß sich in beiden
Fällen die Orientierung gegenüber der Ausgangsorientierung in verschiedener (spiegelbildlicher) Weise geändert hat, dasselbe gilt für die
Form der Kristalle.

Diese Unterschiede werden um so geringer, je kleiner die Abgleitun-
gen sind, und im Grenzfall beliebig kleiner Abgleitungen da_I und da_II
verschwinden sie. Die Reihenfolge der Betätigung der Systeme spielt
dann keine Rolle mehr, Orientierung und Kristallform stimmen in
beiden Fällen überein. Durch Ausführung beliebig vieler solcher Schritte,
die geometrisch gleichbedeutend mit einer gleichzeitigen Betätigung
beider Systeme mit den Gleitgeschwindigkeiten da_I/dt und da_II/dt ist,
können wir endliche Verformungen erzielen.

Im Beispiel von Abb. 27 nimmt der Kristall bei gleich großen
unendlich kleinen Gleitschritten $\frac{1}{2}\, da = da_\mathrm{I} = da_\mathrm{II}$ bzw. bei gleichen
Gleitgeschwindigkeiten $da_\mathrm{I}/dt = da_\mathrm{II}/dt$ nach den Abgleitungen $\frac{1}{2}\, a$
$= \int da_\mathrm{I} = \int da_\mathrm{II} = \frac{1}{2}$ die Form $(AKLM)$ an; sie ist die Mittelform
zwischen den beiden andern, bei abwechselnder Betätigung der beiden
Systeme je bis zur Abgleitung $\frac{1}{2}$, erhaltenen Formen. Die Größe der
Stauchung läßt sich in diesem Falle leicht berechnen. Nach (8) ist
für beliebige, aber für beide Systeme gleich große Werte von χ
und λ: $dD_\mathrm{I} = dD_\mathrm{II} = \frac{1}{2}\sin\chi\cos\lambda \cdot da$, also $dD = dD_\mathrm{I} + dD_\mathrm{II} = -dl/l$
$= \sin\chi\cos\lambda \cdot da$. Da die Orientierung sich nicht ändert, können wir
integrieren und erhalten:

$$\ln\frac{l^0}{l} = \sin\chi\cos\lambda \cdot a\,.$$

Für die Werte in Abb. 27: $\chi = \lambda = 45°$ und $a = 1$ wird $l = 0{,}606\, l^0$,
wie es auch die geometrische Konstruktion ergibt.

Bei den bisher durchgeführten Berechnungen der Doppelgleitung
bei Dehnung [v. Göler und Sachs (1927, 1; 2); P. P. Ewald (1929, 1)]
und Stauchung [Taylor (1927, 1; 2)] sind stets unendlich kleine, gleich
große Gleitschritte bzw. gleiche Gleitgeschwindigkeit in beiden Systemen
und gleichberechtigte Lage der Gleitsysteme zur Zugrichtung angenommen worden. Für die Dehnung ergibt sich dann, daß die Zugrichtung
in der Symmetrieebene der beiden Gleitebenen, in der sie zu Anfang

---

[1] Im Gegensatz zu Abb. 5 haben wir hier zur besseren Veranschaulichung
der Gleitvorgänge nicht die Druckrichtung, sondern die Kristallachsen räumlich
fest gelassen. Die Druckflächen sind die jeweiligen Kristalloberflächen.

liegt, bleibt (wie man auch unmittelbar anschaulich erkennt) und sich der „resultierenden" Gleitrichtung[1] nach demselben Gesetz (7a) wie bei einfacher Gleitung zubewegt, wenn man für λ_0 und λ die Winkelwerte zwischen der Zugrichtung und der resultierenden Gleitrichtung einsetzt. Fallen beide Richtungen schon im Ausgangszustand zusammen (wie z. B. in Abb. 27), so bleibt ihre Lage, wie die ganze Kristallorientierung ungeändert. Trotz dieses gleichen Verhaltens von Gleitrichtung und resultierender Gleitrichtung bei Einfach- bzw. Doppelgleitung sind diese grundsätzlich verschieden, denn die Doppelgleitung läßt sich nicht durch einen einfachen Gleitvorgang ersetzen, d. h. es gibt keine resultierende Gleitebene, in der die resultierende Gleitrichtung liegt[2] [vgl. insbesondere P. P. E w a l d (1929, 1)], es sei denn, daß die Gleitebenen und Gleitrichtungen[3] zusammenfallen. Dann und nur dann führen auch endliche Einzelabgleitungen unabhängig von ihrer Reihenfolge zum gleichen Endergebnis. Im ersten Fall (z. B. zwei [110]-Richtungen in einer (111)-Ebene) ist das unmittelbar ersichtlich. Ist die resultierende Gleitrichtung vorgegeben, so ist es auch immer möglich, die Doppelgleitung durch zwei geeignete Gleitungen nach zwei beliebigen in der Gleitebene liegenden Gleitrichtungen zusammenzusetzen. Bei gemeinsamer Gleitrichtung [S c h m i d und B o a s (1935, 1)], die dann in der Schnittgeraden der beiden Gleitebenen liegt, müssen die Abgleitungen nach beiden Gleitebenen gleich groß sein, damit die Doppelgleitung durch eine einfache Gleitung dargestellt werden kann. Die resultierende Gleitebene ist dann eine der beiden Symmetrieebenen der Gleitebenen.

b) Verlauf der Verfestigungskurve bei Doppelgleitung. Wir wenden uns nun den Bedingungen zu, unter denen Doppelgleitung eintritt. Wir beschränken uns dabei auf kristallographisch gleichwertige Gleitsysteme. Bei allgemeiner Ausgangsorientierung ist eines von ihnen durch den größten Wert der Schubspannung ausgezeichnet. Wird mit zunehmender Belastung der Knickwert $\bar{\sigma}_0$ der kritischen Schubspannung in diesem System überschritten, so tritt es mit „großer" Gleitgeschwindigkeit in Tätigkeit. Zu diesem Zeitpunkt liegt die Schubspannung in den übrigen Systemen im allgemeinen noch so weit unterhalb des Knickwerts, daß ihre Gleitgeschwindigkeit praktisch verschwindend

---

[1] Bei gleich großen Gleitschritten bzw. Gleitgeschwindigkeiten ist sie eine der Mittelrichtungen der beiden Gleitrichtungen und liegt in einer der Symmetrieebenen der Gleitebenen. Welche Mittelrichtung bzw. Symmetrieebene das im Einzelfall ist, hängt von dem Vorzeichen ($\rightleftarrows$ oder $\leftrightarrows$) der beiden Gleitungen ab.

[2] Der Unterschied wird besonders dadurch deutlich, daß ein Kristall, dessen resultierende Gleitrichtung in die Zugrichtung fällt, durch Doppelgleitung beliebig verformbar ist, dagegen ein Kristall, für dessen einfache Gleitrichtung das zutrifft, gar nicht (wenn sonst kein weiteres Gleitsystem mehr vorhanden ist).

[3] In diesem Falle nur bei gleich großen Abgleitungen in beiden Ebenen.

klein ist und vernachlässigt werden kann. Für kubisch-flächenzentrierte
Kristalle zeigt Abb. 28 das jeweils zuerst wirksame, durch die größte
Schubspannung ausgezeichnete, Gleitsystem für jede Lage der Zug-
bzw. Druckrichtung $\mathfrak{z}$.

Befindet sich $\mathfrak{z}$ im Punkt A, so tritt das System 4 I in Tätigkeit,
und $\mathfrak{z}$ bewegt sich im Laufe einer Dehnung längs des Großkreises A I
auf I zu[1] (vgl. 2 f). Dabei tritt die Verfestigung τ in Erscheinung. Nach
der Zustandsgleichung (22) ist dann nicht mehr die Schubspannung σ,
sondern $\sigma - \tau$ für die Gleitgeschwindigkeit maßgebend. Nehmen wir

an, daß τ in allen, also auch den zunächst nichtbetätigten, „latenten"
Gleitsystemen denselben Wert hat, so
bleibt das System 4 I allein (mit „großer" Gleitgeschwindigkeit) in Tätigkeit,
bis $\mathfrak{z}$ den Punkt B auf der Grenzlinie
2, 3 der Bereiche für die Gleitsysteme
4 I und 1 III erreicht hat. Von da an
treten dann beide Systeme mit gleicher
Gleitgeschwindigkeit in Tätigkeit, es
findet Doppelgleitung unter den Voraussetzungen des vorhergehenden Abschnitts statt (immer unter der Annahme, daß τ in allen Systemen denselben Wert besitzt). $\mathfrak{z}$ bewegt sich dann
längs 2, 3 auf die resultierende Gleitrichtung in C (eine [112]-Richtung) zu.
Die Verfestigungskurve von Beginn der

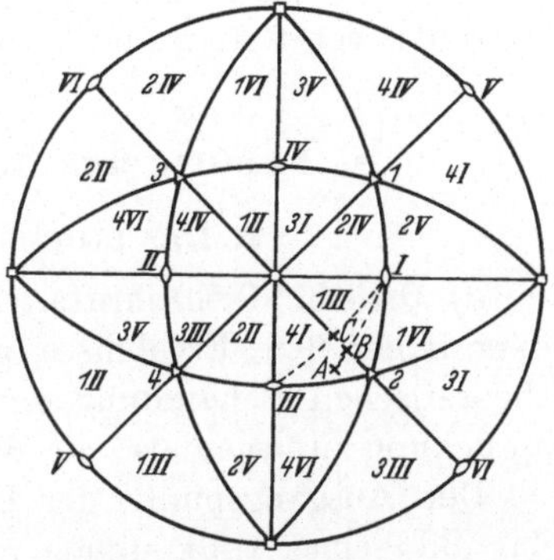

Abb. 28. Wirksame Gleitsysteme von kubischen Kristallen mit Oktaedergleitung
für jede Lage der Zug- bzw. Druckrichtung. *1—4* Gleitebenenpole, *I—VI* Gleitrichtungen. Befindet sich bei Dehnung
die Zugrichtung zu Beginn in A, so bewegt
sie sich über B auf die resultierende Gleitrichtung in C zu. Längs AB erfolgt Einfachgleitung, längs BC Doppelgleitung.

Doppelgleichung an erhält man, wenn man $a = \int da\,(4\,\mathrm{I}) + \int da\,(1\,\mathrm{III})$
gegen die gemessene Schubspannung aufträgt[2]. Sie stimmt mit der
bei einfacher Gleitung erhaltenen Verfestigungskurve überein.

Zahlreiche experimentelle Untersuchungen an kubisch-flächenzentrierten Metallen bei Dehnung [Taylor und Elam (1925, 1) Aluminium; Elam (1926, 1) Gold, Silber, Kupfer; Karnop und Sachs
(1927, 1) Aluminium] und Stauchung [Taylor (1927, 1; 2) Aluminium]
haben gezeigt, daß obige Annahme zwar nicht ganz streng, aber doch
mit guter Näherung zutrifft. Die Zugrichtung bewegt sich nicht genau
auf der Grenzlinie der beiden Gleitsysteme, sondern beschreibt eine
Zickzacklinie, wobei sie die Grenzlinie immer wieder etwas überschreitet.
D. h. das latente Gleitsystem wird immer etwas stärker verfestigt als

---

[1] Wie in Abb. 27 ist hier die Orientierung festgehalten.

[2] Nicht nur $\int da\,(4\,\mathrm{I})$ oder $\int da\,(1\,\mathrm{III})$, denn während einer kleinen Abgleitungszunahme $da\,(4\,\mathrm{I})$ [oder $da\,(1\,\mathrm{III})$] soll ja die Verfestigung in beiden Gleitsystemen
um denselben Wert $d\tau$ zunehmen.

das jeweils wirksame. Die unter Zugrundelegung der Gesamtabgleitung $a = \int da_\mathrm{I} + \int da_\mathrm{II}$ erhaltene Verfestigungskurve stimmt in allen Fällen gut mit der bei einfacher Gleitung erhaltenen überein. Auf dieses Ergebnis werden wir bei der Untersuchung der plastischen Eigenschaften der vielkristallinen Werkstoffe noch zu sprechen kommen (25d).

Bei Legierungskristallen dagegen überschreitet die Zickzackkurve die Grenzlinie nach beiden Seiten so stark [Elam (1927, 2) Kupfer-Zink; (1927, 3) Kupfer-Aluminium; Masima und Sachs (1928, 1) Kupfer-Zink], daß man von einer Doppelgleitung im eigentlichen Sinne des Wortes nicht mehr sprechen kann. Der Verfestigungsunterschied zwischen betätigtem und latenten Gleitsystem ist hier sehr bedeutend.

B. Theorie der homogenen Verformungen[1].

7. Das atomistische Bild der Gleitung.

a) Örtliche Gleitschritte. Nachdem wir einen Überblick über die experimentellen Ergebnisse gewonnen haben, wenden wir uns der theoretischen Behandlung der reinen Gleitung bei reiner Schubbeanspruchung zu, legen also die Bausch-Anordnung nach Abb. 4 zugrunde[2].

Den Ausgangspunkt der Untersuchungen bildet die Tatsache, daß das Bild eines vollkommen regelmäßig gebauten Kristalls, eines sog. Idealkristalls, das sich für viele Zwecke als Näherung sehr gut bewährt hat, für die Erklärung der plastischen Kristalleigenschaften vollkommen unzureichend ist. Ein solcher Kristall würde sich bis zu seiner Schubfestigkeitsgrenze, der sog. theoretischen Schubspannung, deren Größe in verschiedener Weise berechnet werden kann [Polanyi und Schmid (1929, 1); Dehlinger (1939, 4)] und sich zu etwa 100 kg/mm² ergibt[3], rein elastisch verhalten und dabei Schiebungen bis zu 50% erfahren, danach aber schon bei geringen äußeren Schubspannungen unbegrenzt weitergleiten. Das Gitter bliebe bei dem ganzen Vorgang ideal, lediglich die Gleitebenen würden schrittweise um Vielfache des Atomabstandes gegeneinander verschoben werden. Die Energieverhältnisse wären ähnlich wie bei einer Kugel, die reibungslos über ein Wellblech bewegt wird.

---

[1] Siehe die in Fußnote 1 auf S. 1 zitierten Darstellungen von Smekal, Schmid und Boas, J. M. und W. G. Burgers.

[2] Die Verhältnisse sind dabei besonders einfach zu übersehen. Man erkennt nachträglich leicht, daß die für das Gleiten maßgebenden atomistischen Vorgänge nur durch die Schubspannung σ, nicht aber durch die übrigen Spannungskomponenten beeinflußt werden, also dem Schmidschen Schubspannungsgesetz (in seiner erweiterten Fassung) Genüge leisten.

[3] Von derselben Größenordnung ist die Bruchfestigkeitsgrenze eines Idealkristalls, die sog. „theoretische Reißfestigkeit" [Polanyi (1921, 1); Zwicky (1923, 1)], die ebenfalls wesentlich größer ist als die beobachtete Reißfestigkeit.

Dieses Verhalten steht in scharfem Widerspruch zu den in **I A** beschriebenen experimentellen Beobachtungen. Die Folgerung, daß der Gitterbau der Realkristalle Abweichungen vom idealen Gitterbau zeigen muß, die wir zunächst allgemein als **Fehlstellen** bezeichnen, ist unbestritten und darf als gesichert angesehen werden.

Über die Natur dieser Abweichungen und ihrer Wirkung hinsichtlich des plastischen Verhaltens wurden jedoch sehr unterschiedliche Vorstellungen entwickelt, die aber vielfach nicht klar genug ausgesprochen wurden oder wechselnde Darstellungen erfahren haben, so daß es oft schwer ist, die Meinung eines Verfassers genau zu erkennen. Das Sonderheft der Zeitschrift für Kristallographie (1934, 1) mit den folgenden Diskussionsbemerkungen[1,2] (1936, 1) zeigt, welche Bedeutung diese Frage besitzt, aber auch wie hart die Meinungen aufeinanderstoßen. Man wird wohl sagen können, daß alle vertretenen Ansichten richtige Punkte aufweisen, daß sie aber andererseits einzeln nicht zur Erklärung aller Erscheinungen, die überhaupt mit den Fehlstellen im Zusammenhang stehen, geeignet sind. Die Abgrenzung der Gültigkeitsbereiche scheint nicht immer richtig gewürdigt zu werden.

Die Frage, welche Fehlstellen die niedrige Schubfestigkeit der Kristalle verursachen, bedarf daher sorgfältiger Prüfung. Zweifellos gehört von allen Versuchsergebnissen, die einen Hinweis darauf geben, denjenigen, die das bereits tun, ehe der Kristall verformt wurde, der Vorzug vor denen, die erst durchführbar sind, wenn der Kristall schon verformt ist. Denn es ist ja keineswegs sicher, ob die so festgestellten Änderungen nicht Folgeerscheinungen der Verformung sind, die selbst keinen oder keinen wesentlichen Einfluß auf sie besitzen[3]. Solche Ergebnisse liegen vor (Dehlinger und Gisen 4c), wurden jedoch bisher bei den Erörterungen nicht berücksichtigt. Wir werden in **12** auf Grund neuer thermodynamischer Berechnungen, welche unter anderm mit diesen Befunden in Einklang stehen, nachweisen, daß sich die Frage unter Berücksichtigung aller Umstände eindeutig beantworten läßt. Zunächst sind genaue Vorstellungen über die Natur der plastisch wirksamen Fehlstellen nicht erforderlich.

Die Tatsache, daß die plastische Verformung nicht in einer homogenen Deformation des ganzen Gitters besteht, wie es bei einem Idealkristall der Fall wäre, besagt, daß sie zunächst in mehr oder weniger großen Teilbereichen einsetzt. Diese Bereiche können nicht ideal sein, da sonst die äußere Schubspannung gleich der theoretischen Schub-

---

[1] Im Literaturverzeichnis unter Zeitschrift angegeben.

[2] Die Beiträge, die sich unmittelbar mit den plastischen Eigenschaften und den Festigkeitseigenschaften der Kristalle befassen, stammen von Orowan, Smekal und Taylor.

[3] Wie das z. B. nach **2d** für die durch den Laue-Asterismus angezeigten Gitterverzerrungen zutrifft.

spannung sein müßte. Für die in einem Bereich befindlichen Atome
gibt es also mindestens zwei stabile Lagen mit je einem relativen Energie-
minimum, die dadurch auseinander hervorgehen, daß die in benachbarten Netzebenen liegenden Atome um gewisse Beträge gegeneinander
verschoben werden. Diese Verschiebung nimmt nach dem Rand des
Bereichs hin ab, da ja außerhalb noch keine plastische Verformung
stattgefunden hat. Ist v die maximale Verschiebung im Bereich, so
hat die potentielle Energie A einen
Verlauf mit v, wie er in Abb. 29
gezeichnet ist. Die Energie A_1 von
der Ausgangslage bis zur labilen
Lage bei $v = v_1$ bezeichnen wir als
Bildungsenergie. Sie muß auf
irgendeine Art und Weise aufgebracht werden, damit ein „örtlicher Gleitschritt", das ist

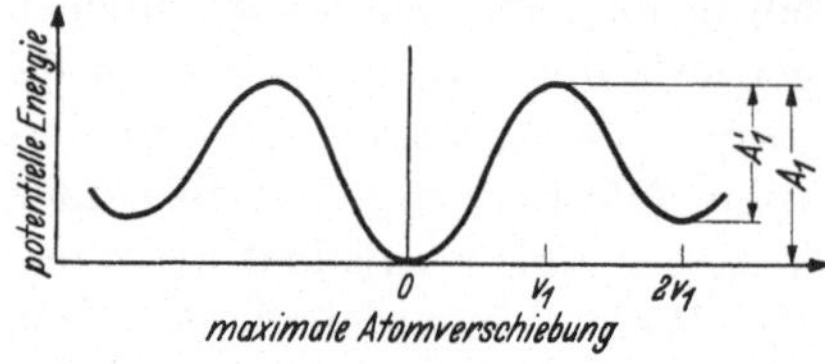

Abb. 29. Verlauf der potentiellen Energie A mit
der maximalen Atomverschiebung v in einem
Bereich, in dem ein örtlicher Gleitschritt erfolgt.

eine im Bereich bleibende Verformung, eintreten kann. Die nach $v = v_1$
freiwerdende Energie A_1' ist zur „Rückbildung", d. h. zur Wieder-
herstellung des ursprünglichen Zustandes, erforderlich. Wir bezeichnen
sie als Rückbildungsenergie[1].

Die Energie eines Kristalls mit Gleitschritt ist um den Betrag

$$A_1 - A_1' = O + E \tag{27}$$

gegenüber seiner ursprünglichen Energie erhöht. O bezeichnet dabei
die Zunahme der inneren Energie (z. B. Energie innerer Oberflächen),
E die Energie der mit dem Gleitschritt verbundenen elastischen Gitterverzerrungen.

Ihre Werte können aus Meßwerten berechnet werden (7c, 8). Sie
stimmen in den bisher untersuchten Fällen nahezu überein. Ihre Mittelwerte sind[2, 3]:

$$A_1/k = 25000, \tag{28}$$

$$A_1'/A_1 = 0{,}85; \quad E/A_1 = 0{,}05; \quad O/A_1 = 0{,}1. \tag{29}$$

k ist die Boltzmannsche Konstante (~ 2 cal/pro Mol Grad).

Obiger Wert von A_1 stimmt mit dem Mittelwert der Schwellenenergie bei Diffusionsvorgängen in Substitutionsmischkristallen überein,
während die Schwellenenergie bei allotropen Umwandlungen höchstens
4000 k beträgt [Jost (1937, 1); Seith (1939, 1); Dehlinger (1939, 4)].

---

[1] Allgemein bezeichnet man A_1 und A_1' als Schwellenenergien oder Aktivie-
rungswärmen.

[2] Wir sehen A_1/k als reine Zahl an, fassen es also als Verhältnis der Energien A_1
und kT für $T = 1°$K auf. Als absolute Größe hat A_1/k die Bedeutung einer
absoluten Temperatur. Sein Zahlenwert ist in beiden Fällen derselbe.

[3] Der Wert von O/A_1 ist Kochendörfer (1938, 3) entnommen.

Das ist verständlich, da bei letzteren die Atome an freie Gitterplätze gelangen, bei den Gleitschritten und bei den Platzwechseln in Substitutionsmischkristallen dagegen an Plätze, an denen oder in deren Nähe sich vorher Atome befunden haben, die erst weggedrängt werden mußten.

Einfache Ansätze für die bei der Bildung aufzuwendende Arbeit A und die nach Überschreiten der labilen Lage freiwerdende Energie A', welche den Verlauf der Kurve in Abb. 29 richtig wiedergeben, sind:

$$A = \frac{A_1}{2}\left(1 - \cos\frac{\pi v}{v_1}\right), \qquad 0 \leqq v \leqq v_1 \qquad (30)$$

$$A' = \frac{A_1'}{2}\left(1 + \cos\frac{\pi v}{v_1}\right). \qquad v_1 \leqq v \leqq 2v_1 \qquad (31\,\mathrm{a})$$

Setzen wir in (31 a)

$$v' = v - v_1, \qquad\qquad (32)$$

so wird:

$$A' = \frac{A_1'}{2}\left(1 - \cos\frac{\pi v'}{v_1}\right). \qquad 0 \leqq v' \leqq v_1 \qquad (31\,\mathrm{b})$$

Mit einem Gleitschritt kann ein Elementarvorgang zu Ende sein, es kann sich aber auch von diesem aus die plastische Verformung weiter ausbreiten. Diese Frage bleibt zunächst offen. Die makroskopische Gleitgeschwindigkeit ist bestimmt durch die Häufigkeit, mit der Gleitschritte im Kristall erfolgen (Bildungsgeschwindigkeit) und durch die Geschwindigkeit, mit der sie sich ausbreiten (Wanderungsgeschwindigkeit). Umgekehrt erfordert eine bestimmte makroskopische Gleitgeschwindigkeit eine bestimmte Größe dieser beiden Geschwindigkeiten.

Nach diesen allgemeinen, aus experimentellen Erfahrungen folgenden Ergebnissen erhebt sich die Frage, wie die lokalen Gleitschritte hervorgerufen werden, d. h. die Schwellenenergie A_1 aufgebracht wird. Um sie beantworten zu können, müssen wir über die Fehlstellen selbst bestimmte Vorstellungen gewinnen. Wie zuerst Voigt (1919, 1) bemerkt hat, sind hierbei thermische und strukturelle Inhomogenitäten in Betracht zu ziehen[1]. Wir wenden uns zunächst ersteren zu.

Bekanntlich führen die Atome eines Kristallgitters thermische Schwingungen um ihre Gleichgewichtslagen aus. Wenn man gemeinhin von einem Kristallgitter spricht, so sieht man von diesen Schwingungen

---

[1] Beide Annahmen sind Gegenstand eingehender Untersuchungen geworden. Die strukturellen Inhomogenitäten bilden die Grundlage der Lockerstellentheorie von Smekal (1931, 1; 1933, 1), die thermischen Inhomogenitäten der Theorie von Becker (1925, 1), die dann von Orowan (1934, 1; 1935, 1) unter gleichzeitiger Heranziehung struktureller Inhomogenitäten (Fehlstellen), weiter ausgebaut wurde. Seine Darstellung des Beginns der Gleitung stimmt mit unserer in den Grundzügen überein, enthält jedoch keine bestimmten Vorstellungen über die Lage der plastisch wirksamen Fehlstellen.

ab und betrachtet die Atome als ruhend an diese Gleichgewichtslagen gebunden. Diese Idealisierung ist in vielen Fällen berechtigt; z. B. werden Lage und Breite der Röntgeninterferenzen von den thermischen Schwingungen nicht beeinflußt, sondern nur ihre Intensität, die häufig keine Rolle spielt. Wäre die Schwingungsamplitude eines Atoms zeitlich konstant, so könnten sie auch für die Plastizität keine maßgebende Rolle spielen, denn ihre Energie wäre viel zu klein, um einen Gleitschritt bewirken zu können.

Sie können aber dadurch bedeutungsvoll werden, daß ihre Energie nach den Gesetzen der Statistik im Laufe der Zeit lokalen Schwankungen unterworfen ist. Die Wahrscheinlichkeit, daß in einem ins Auge gefaßten Bereich während einer Beobachtungszeit t eine Schwankung der Mindestgröße ΔE eintritt, ist

$$W = \text{const}\, e^{-\frac{\Delta E}{kT}} \cdot t. \tag{33}$$

Die Zahl der in dieser Zeit in einem großen Kristall wirklich auftretenden Schwankungen ΔE ist ebenfalls durch eine Beziehung (33) gegeben, wenn die Schwankungen unabhängig voneinander erfolgen (const ist dann proportional zum Gesamtvolumen).

Aus (33) sieht man, daß, außer am absoluten Nullpunkt[1], stets eine von Null verschiedene Wahrscheinlichkeit für die erforderlichen Schwankungen der Größe A_1 besteht, so daß die thermischen Schwingungen in der Tat plastisch wirksam werden können.

Man erkennt aber leicht, daß außerdem noch weitere Fehlstellen vorhanden sein müssen. Denn wäre der Gitterbau sonst ideal, so könnten die in Wirklichkeit angewandten Schubspannungen, die im Vergleich zur theoretischen Schubspannung sehr klein sind, keinen merklichen Beitrag zu A_1 liefern. Die Zahl der in der Zeit- und Volumeinheit auftretenden Gleitschritte wäre dann im wesentlichen schon durch (33) mit $t = 1$ gegeben. Damit könnte aber die experimentelle Tatsache, daß die Kristalle bis zu den tiefsten Temperaturen mit denselben Geschwindigkeiten verformt werden können, wie bei höheren Temperaturen, ohne daß die Schubspannungen größenordnungsmäßig

---

[1] Nach der Quantentheorie besteht auch am absoluten Nullpunkt eine von Null verschiedene Aufenthaltswahrscheinlichkeit für ein Atom, das wie ein harmonischer Oszillator gebunden ist, außerhalb $v = 0$. Eckstein (1939, 1) hat berechnet, daß sie bei Metallen mit der „klassischen" Aufenthaltswahrscheinlichkeit für $T \sim 100 - 150°$ K übereinstimmt. Da bei diesen Temperaturen letztere bereits sehr klein ist, so ist die Nullpunktsenergie praktisch ohne wesentlichen Einfluß. Sie bedingt nur einen flacheren Verlauf der Temperaturkurven der kritischen Schubspannung und der Verfestigung in der Umgebung des absoluten Nullpunkts als in Abb. 13 und 14. Auch der quantenmechanische Tunneleffekt dürfte wegen der großen Masse der Atome und „Länge" $v_1 = \lambda/2$ [nach (35)] der Potentialschwelle keine Rolle spielen. Vgl. Eucken (1938, 1), S. 235.

erhöht werden müssen, auch nicht annähernd erklärt werden. Somit müssen neben den thermischen Schwingungen noch tiefergehende Abweichungen vom idealen Gitterbau in den Kristallen vorhanden sein.

Wie wir bereits bemerkten, zeigen die Versuche von Dehlinger und Gisen einen unmittelbaren Zusammenhang zwischen den plastischen Eigenschaften und der sog. Mosaikstruktur auf. Mit dieser wollen wir uns daher zunächst befassen.

b) Die Mosaikstruktur der Kristalle. Das wichtigste Hilfsmittel, den Feinbau der Kristalle, soweit er unter der optischen Auflösbarkeitsgrenze liegt, zu untersuchen, bieten die Röntgenstrahlen. In einem großen idealen Kristall kommen die Röntgenreflexe dadurch zustande, daß die von den einzelnen Atomen ausgehenden Streuwellen bestimmte, keinerlei Schwankungen unterworfene Phasendifferenzen besitzen, denen zufolge sie sich in den meisten Streurichtungen durch Interferenz gegenseitig auslöschen und nur in einigen wenigen, scharf definierten Richtungen verstärken. Wenn der Kristall kleiner als 10^{-5} cm wird, so genügen die verhältnismäßig wenigen Streustrahlen nicht mehr, um sich in der Umgebung der obengenannten Richtungen vollkommen auszulöschen; es tritt die Linienverbreiterung infolge Teilchenkleinheit auf. Die strengen Phasenbeziehungen kommen daher, daß die streng regelmäßigen Gitterkraftfelder durch die ankommende Röntgenwelle an gleichwertigen Punkten in genau derselben Weise beeinflußt werden.

Störungen in der regelmäßigen Atomanordnung haben Störungen der Phasenbeziehungen zur Folge, und damit Änderungen der Breite oder Intensität (oder von beiden) der Reflexe. Übersteigen die Störungen nach Stärke und Ausdehnung ein bestimmtes Maß, so verhalten sich die von ihnen eingeschlossenen idealen Bereiche hinsichtlich der Röntgeninterferenzen genau so, wie voneinander getrennte Teilchen derselben Größe: Die Phasenbeziehungen bilden sich in ihnen unabhängig voneinander aus. Man bezeichnet die regelmäßige Aufeinanderfolge der Gitterpunkte als Kohärenz, die Bereiche dementsprechend als kohärente Bereiche. Bei der Untersuchung der Linienverbreiterung spricht man allgemein von Teilchen und Teilchengröße.

Wie nun Darwin (1922, 1), W. L. Bragg (1926, 1) und James (1934, 1) sowie P. P. Ewald (1933, 1; 1934, 1; 1940, 1) und Renninger (1934, 1; 1938, 1) experimentell und theoretisch nachgewiesen haben, zeigen Breite und insbesondere Intensität der Reflexe von Einkristallen verschiedener Herstellungsweise Unterschiede, die nur so gedeutet werden können, daß die Kristalle in solche „Teilchen", die sog. Mosaikblöcke, unterteilt sind, deren Größe in den verschiedenen Fällen verschieden ist. An den Grenzen der Blöcke ist die regelmäßige Atomanordnung gestört, sie können außerdem noch um kleine Beträge gegeneinander verschoben und verdreht sein. Ihre Größe beträgt bei natürlichen Steinsalzkristallen etwa 10^{-5} cm; bei künstlich aus der Schmelze gezüchteten Stücken hat Renninger (1934, 1) Werte bis zu 10^{-1} cm festgestellt. Für Metalle liegen zahlenmäßige Angaben noch nicht vor. Messungen von Dehlinger und Gisen (1934, 1) haben ergeben, daß die Mosaikgröße an rekristallisierten Kristallen kleiner ist als an gegossenen[1]. Viele Untersuchungen über optisch beobachtbare Erscheinungen (Liniensysteme, Ätzfiguren, Kristallindividuen beim Kristallwachstum) lassen darauf schließen, daß auch bei Metallen die untere Grenze bei 10^{-4} bis 10^{-5} cm liegt [vgl. Z. Kristallogr. (1934, 1)]. Eine Berechnung der Mosaikgröße von rekristallisierten Aluminiumkristallen unter Benutzung des Meßwertes für die während der Verformung erfolgte Zunahme der inneren Energie [Kochendörfer (1938, 3)] ergab in Übereinstimmung damit einen Wert von $0,8 \cdot 10^{-4}$ cm.

Ein wirklicher Kristall ist also nicht mit einem einheitlichen Baukörper zu vergleichen wie ein Idealkristall, sondern mit einem Mauerwerk, dessen Backsteine und Mörtelschicht den Mosaikblöcken bzw. deren Grenzschichten entsprechen.

Über die Beschaffenheit des Gitters an den Mosaikgrenzen ist noch wenig bekannt, insbesondere sind die thermodynamischen Stabilitätsverhältnisse noch nicht geklärt. [Vgl. W. L. Bragg (1940, 1).] Für uns sind hierüber genauere Vorstellungen nicht erforderlich. Sie dürften jedoch für eine Behandlung der Rekristallisation wichtig werden. Da sich die Mosaikstruktur bei verschiedener Behandlung desselben Materials verschieden ausbildet, so kann sie nicht im thermodynamischen Gleichgewicht sein. Nach den bisherigen Erfahrungen ist sie unterhalb der Rekristallisationstemperatur praktisch stabil[2].

c) Bildung, Wanderung und Auflösung von Versetzungen. Wir wenden uns nunmehr der Frage zu, wie die Mosaikstruktur plastisch wirksam werden kann.

Es ist kaum anzunehmen, daß sich die Mosaikblöcke so regelmäßig aneinanderfügen, daß ihre Grenzen glatt durchgehende Flächen bilden, sie werden vielmehr abgestuft verlaufen. Schon aus diesem Grunde erscheint die Annahme, daß die Mosaikgrenzen selbst Träger der Gleitung sind, nicht wahrscheinlich[3] [vgl. Taylor (1934, 1)]. Sie widerspricht aber unmittelbar der Tatsache, daß Kristalle mit kleinen Mosaikblöcken bis zu ihrem Knickwert praktisch keine Gleitung zeigen, Kristalle

---

[1] Das gilt auch für vielkristallines Material.

[2] Es sprechen keine Gründe dagegen, den idealen Gitterzustand als den wirklichen thermodynamischen Gleichgewichtszustand, d. h. den Zustand mit der kleinsten freien Energie, anzusehen, wenn auch die Bedingungen, unter denen er zustande kommt, noch nicht verwirklicht werden konnten [vgl. Lennard-Jones (1940, 1)].

[3] Geringe begrenzte Verschiebungen der Blöcke als Ganzes erscheinen wohl möglich (vgl. Fußnote 2 auf S. 80).

mit großen Mosaikblöcken dagegen schon bei sehr kleinen Schubspannungen, denn bei ihrer Gültigkeit wären gerade umgekehrte Verhältnisse zu erwarten. Es gibt eine Reihe anderer experimenteller Ergebnisse, die gegen diese Annahme sprechen, wenn sie auch jetzt noch nicht als streng beweiskräftig angesehen werden dürfen, da die Versuche nicht unter diesem Gesichtspunkt angestellt wurden und Vergleichsmessungen der Mosaikgröße fehlen. Die Gleitlamellendicke müßte dann mindestens gleich der Mosaikgröße sein, also von der Größenordnung 10^{-4} cm bei rekristallisierten, und 10^{-2} cm bei gegossenen Kristallen (und zwar bei Ein- und Vielkristallen). Nun haben aber die in **2a** erwähnten Messungen der Linienverbreiterung von Dehlinger und Kochendörfer ergeben, daß die „Teilchengröße" bei Kaltverformung (Walzen und Dehnen) kleiner wird ($5 \cdot 10^{-6}$ cm bei rekristallisierten Kupferblechen), so daß die ursprünglichen Mosaikblöcke durch das Gleiten mehr oder weniger stark unterteilt werden müssen. Das zeigen auch die Beobachtungen, nach denen in den optisch auflösbaren Gleitschichten von etwa 10^{-4} cm Dicke auch noch Gleitung stattgefunden hat.

Es bleibt somit nur die Möglichkeit übrig, daß die Gleitschritte an den Mosaikgrenzen selbst hervorgerufen werden und die plastische Verformung von ihnen aus durch die Mosaikblöcke hindurch fortschreitet[1]. Die letzte Aussage ergibt sich zwangsläufig, da sich ein Gleitschritt wegen der geringen erforderlichen Schubspannungen nicht über einen ganzen (idealen) Mosaikblock erstrecken kann.

Legen wir an einem Kristall mit Mosaikstruktur eine Schubspannung an, so kann diese keinen homogenen Spannungszustand im Innern bewirken, wie es bei einem Idealkristall der Fall wäre, in der Umgebung der Mosaikgrenzen wird dieser vielmehr inhomogen. An den Stellen, an denen dabei die Schubspannung gegenüber der äußeren Schubspannung erhöht ist, wird die Bildung eines Gleitschrittes begünstigt. Auf Grund der beobachteten Tieftemperaturplastizität müssen wir annehmen, daß am absoluten Nullpunkt, wo die thermischen Schwingungen keinen Beitrag liefern, die Bildung allein durch die Spannungserhöhung bewirkt werden kann. Dazu muß aber mindestens an einer Stelle die theoretische Schubspannung, also der 100- bis 1000fache Betrag der äußeren Schubspannung, erreicht werden.

In der Technik sind starke Spannungsüberhöhungen, wenn auch nicht in diesem Ausmaß, an Konstruktionsstücken mit Kerben, das sind Stellen großer Oberflächenkrümmung, bekannt. Die technisch wichtigen Fälle können mit den Formeln der klassischen Elastizitäts-

---

[1] Wir werden in **11** sehen, daß diese Ausbreitung unter gewissen Bedingungen als Kettenreaktion vor sich gehen kann, d. h. (neben der Aufwendung der Bildungsenergie) keine weitere Energiezufuhr mehr erfordert.

theorie in Übereinstimmung mit der Erfahrung berechnet werden [siehe z. B. Neuber (1937, 1)]. Das gelingt deshalb, weil dort die notwendige Voraussetzung, daß die Körper, die in Wirklichkeit eine atomistische Struktur besitzen, als kontinuierlich angesehen werden dürfen, hinreichend gut erfüllt ist: Die Kerbkrümmungen und damit die Spannungen sind innerhalb atomistischer Dimensionen nahezu homogen. In unserem Fall, wo sich die Gitterstörungen nur über wenige Atomabstände erstrecken, ist diese Voraussetzung nicht erfüllt, und die Formeln der klassischen Theorie können nicht mehr benutzt werden. Eine Theorie, welche die atomistische Struktur berücksichtigt, gibt es noch nicht, so daß man zunächst noch keine zahlenmäßigen Angaben über die Größe der Kerbwirkung bestimmter atomistischer Kerbformen machen kann. Die Anwendung der Ergebnisse von Inglis für elliptische Kerben hat zu unmöglichen Folgerungen geführt [vgl. Schmid-Boas (1935, 1)] und gezeigt, daß man atomistische Kerben auf diese Weise durch Grenzübergang zu sehr kleinen Krümmungshalbmessern nicht beschreiben kann. Man wird wohl grundsätzlich neue Ansätze benötigen.

Für unsere Zwecke sind Vorstellungen über die Beschaffenheit der Kerben nicht erforderlich. Als Maß ihrer Kerbwirkung nehmen wir den Kerbwirkungsfaktor q, der angibt, um welchen Betrag die Höchstspannung der Kerbe gegenüber der äußeren Spannung erhöht wird.

Ein Ergebnis der klassischen Theorie hat allgemeine Gültigkeit. Es besagt, daß in der Umgebung der Kerben eine Verminderung der Spannung gegenüber der äußeren Spannung eintritt, und zwar um so stärker, je höher die Spannungsspitze ist (Abklinggesetz). Daraus ergibt sich, daß zwei benachbarte Kerben ihre Wirkung gegenseitig herabsetzen (Entlastungskerben). Soll also bei einer bestimmten Kerbform die größtmöglichste Wirkung erzielt werden, so dürfen die Kerben nicht zu nahe beieinander liegen.

Auf unseren Fall angewandt besagt das Abklinggesetz, daß die plastisch wirksamen Kerben, für die wir von nun an ausschließlich die Bezeichnung Fehlstellen benutzen, einen bestimmten Mindestabstand besitzen müssen. Aus diesem Grund kann nicht in jeder Gleitebene ein Gleitschritt stattfinden, so daß sich Gleitlamellen ausbilden. In Wirklichkeit werden die durch Wachstumsunregelmäßigkeiten verursachten Fehlstellen statistisch unregelmäßig längs der Mosaikgrenzen verteilt sein und ihr mittlerer Abstand größer sein als der Mindestabstand, bei dem sie sich gegenseitig noch nicht merklich beeinflussen. Da die Gleitlamellen wahrscheinlich mit den „Teilchen" identisch sind, welche die Linienverbreiterung verursachen, so beträgt ihr mittlerer Abstand nach den oben angeführten Meßergebnissen rund 100 Atomabstände.

Die beobachteten Unterschiede in der Stärke der Gleitlinien weisen darauf hin, daß die Größe der Kerbwirkung örtlichen Schwankungen

im Kristall unterworfen ist. Wir legen zunächst einen konstanten Kerbwirkungsfaktor zugrunde und kommen auf die durch seine Veränderlichkeit bedingten Besonderheiten in **14b** zu sprechen. Wir werden im
folgenden zeigen, daß sich mit diesen Annahmen das plastische Verhalten
der Einkristalle quantitativ beschreiben läßt. Für viele Zwecke wäre
es dabei nicht erforderlich, die Fehlstellen gerade in die Mosaikgrenzen
zu verlegen, vielmehr würden beliebige Fehlstellen mit genügend großer
Kerbwirkung dasselbe leisten[1]. Um aber die Ergebnisse von Dehlinger
und Gisen erklären zu können, muß man auf die Mosaikgrenzen zurück-
greifen (**12**).

Wir betrachten nunmehr einen Gleitschritt genauer. Da sich an
die nur wenige Atomschichten umfassenden Mosaikgrenzen ideale Gebiete anschließen und die Kerbwirkung so außerordentlich groß ist, so
müssen nach dem Abklinggesetz die Schubspannung bzw. die Atomverschiebungen in der Umgebung der Fehlstelle sehr rasch abnehmen.
Der Bereich, in dem mit zunehmender Schubspannung schließlich die
theoretische Schubfestigkeit überwunden wird, kann also nur wenige
Atompaare umfassen. Seine Größe können wir abschätzen. Sie ist
größer, aber von derselben Größenordnung, als die Größe V des Bereichs, in dem bei homogener Verformung bis zur theoretischen Schubspannung σ_R die Bildungsarbeit A_1 geleistet werden müßte. Diese Arbeit
ist aber $= V\sigma_R^2/2\,G$ (G Schubmodul). Also gilt:

$$V = \frac{2\,G\,A_1}{\sigma_R^2}. \tag{34}$$

Mit den Zahlwerten: $\sigma_R = 500$ kg/mm^2; $G = 2500$ kg/mm^2; A_1
$= 50\,000/6 \cdot 10^{23}$ cal [nach (28)] $= 3{,}5 \cdot 10^{-17}$ mm $\cdot$ kg wird

$$V = 7 \cdot 10^{-22}\ \text{cm}^3$$

und damit die Linearausdehnung:

$$\sqrt[3]{V} \sim 9 \cdot 10^{-8}\ \text{cm} .$$

Sie ist also tatsächlich von der Größenordnung einiger Atomabstände.
Für die weiteren Betrachtungen spielt die genaue Zahl der Atome,
welche die theoretische Schubfestigkeit überwinden (Bildungsatome),
keine Rolle.

In Abb. 30b ist in einem zweidimensionalen Gitter[2] die Atomanordnung unmittelbar nach erfolgtem Gleitschritt dargestellt. Die
beiden Bildungsatome sind um je einen halben Atomabstand gegenüber

---

[1] Vgl. Fußnote 1 auf S. 59.

[2] Wir beschränken uns zunächst auf zweidimensionale Gitter, da genaue
Rechnungen für dreidimensionale Gitter noch nicht durchgeführt werden können.
In **14** werden wir dann zeigen, daß die Verhältnisse in beiden Fällen grundsätzlich
dieselben sind.

ihrer Ausgangslage verschoben, relativ zueinander also um einen Atomabstand λ. In Abb. 29 ist somit

$$v_1 = \lambda/2 \, . \tag{35}$$

Die übrigen Atome werden dabei durch elastische Kopplung mitgenommen, ihre Verschiebung ist kleiner als $\lambda/2$ und nimmt mit der Entfernung von der Fehlstelle ab. In Abb. 30 sind diese elastischen Verzerrungen der Einfachheit halber nicht gezeichnet, sondern nur die Atomverschiebungen innerhalb des gestrichelt umrandeten Bereichs, die dort gleichmäßig auf die Atome verteilt wurden. Diese Anordnung ist also nicht ganz stabil.

Die Atomanordnung ist dadurch gekennzeichnet, daß den 7 Atomen in der oberen Gitterreihe (Gleitrichtung) 6 Atome in der unteren gegenüberstehen (positive Anordnung). Diese sind auf $6^1/_2$ Atomabstände zusammengepreßt bzw. auseinandergezogen. Bei einem Gleitschritt, der an der rechten Mosaikgrenze erfolgt (vgl. Abb. 36), befindet sich unten ein Atom mehr als oben (negative Anordnung). Solche Anordnungen, bei welchen allgemein n Atomen in einer Gitterreihe $(n \pm 1)$ Atome in einer benachbarten gegenüberstehen, werden als Versetzungen[1] be-

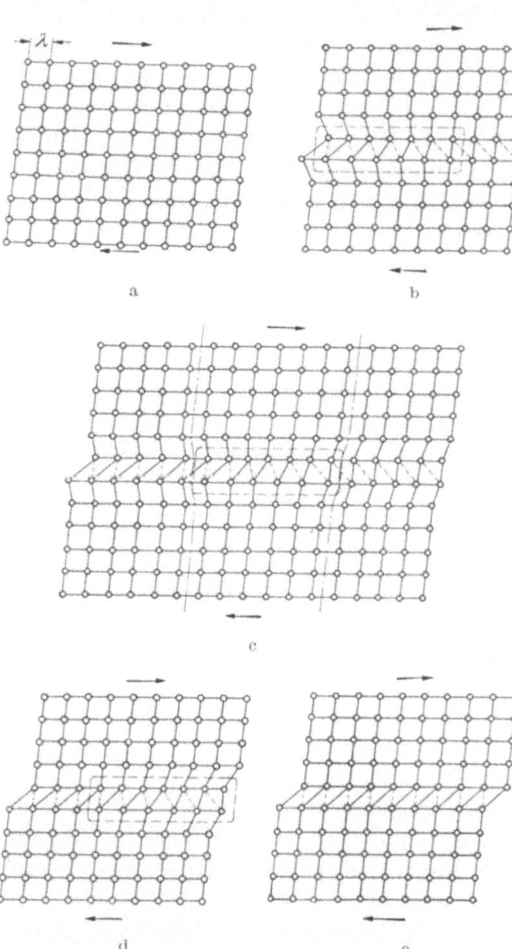

Abb. 30. Bildung, Wanderung und Auflösung einer Versetzung in einem zweidimensionalen Gitter. In den Teilbildern b—d ist die Versetzung durch eine gestrichelte Linie umrandet. a) Homogene Verformung eines idealen Gitterbereichs. b) Versetzung von 6 + 7 Atomen unmittelbar nach der Bildung. c) die Versetzung ist bis zur Mitte des Kristalls gewandert, die gegenseitige Verschiebung der beiden Gitterhälften beträgt $^1/_2$ Gitterabstand. d) Die Versetzung ist am rechten Rand angelangt, die Gitterhälften sind um einen Atomabstand gegeneinander verschoben. e) Die Versetzung ist aufgelöst worden. Aus Kochendörfer (1938, 3).

[1] Versetzungen wurden zuerst in der Theorie der

zeichnet, wie wir die Gleitschritte von nun an auch nennen. Die Unterscheidung in positive und negative Versetzungen erfolgt wie oben.

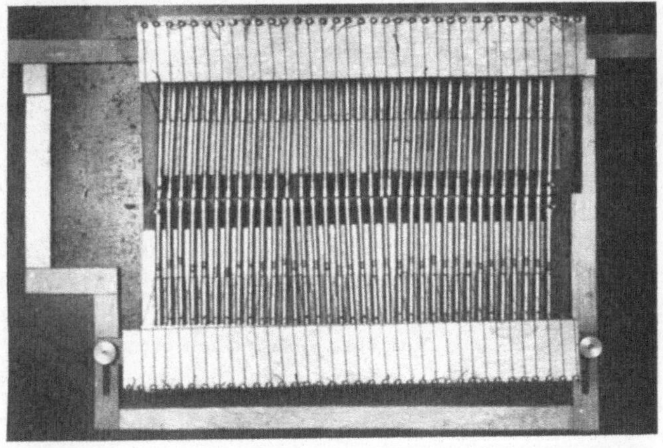

Abb. 31. Modell zur Veranschaulichung der Bildung von Versetzungen. a) Versetzungsfreier Ausgangszustand. b) Durch gegenseitige Verschiebung der beiden Modellhälften wurde rechts eine positive, links eine negative Versetzung erzeugt. Nach Renninger.

Die Bildung von Versetzungen an einem Modell[1] zeigt Abb. 31. Die Atome sind durch Magnete dargestellt, die an einem Ende (in Messinghülsen befestigt) drehbar gelagert sind. Durch Fäden werden

elastischen Hysteresis von Prandtl (1928, 1) und der Rekristallisation von Dehlinger (1929, 1) (als Verhakungen bezeichnet) untersucht. Auf ihre Bedeutung für die Plastizität haben zuerst Polanyi (1934, 1) und Taylor (1934, 1; 2) hingewiesen.

[1] Das Modell wurde von Herrn Dr. habil. M. Renninger entworfen.

sie in horizontaler Lage gehalten. Die Art der Aufhängung bewirkt, daß bei einer Bewegung der Magnete aus ihrer Mittellage eine rücktreibende Kraft auf sie ausgeübt wird, die gegen die Anziehungskraft der Pole einer Reihe wirkt, so daß jede Reihe für sich mit parallel gestellten Magneten im Gleichgewicht ist. Beide Reihen stehen einander mit entgegengesetzten Polen gegenüber und wirken so mit periodischen Potentialen aufeinander. Den Ausgangszustand zeigt Teilbild a. Die Fehlstellen im Modell kommen dadurch zustande, daß die Magnete nicht alle gleich stark magnetisiert sind. Bewegt man nun eine Reihe gegen die andere, legt also eine Schubspannung an den „Kristall" an, so bewirken die Fehlstellen schon bald sichtbare inhomogene „Atomverschiebungen", die schließlich zur Bildung von Versetzungen führen (Teilbild b). Alle im folgenden beschriebenen Erscheinungen können an dem Modell sehr schön beobachtet werden, insbesondere der Einfluß der Temperaturschwankungen, die durch leichtes unregelmäßiges Erschüttern des Apparats hervorgerufen werden können.

Eine endliche Ausdehnung einer Versetzung, bestimmt durch die Zahl n, haben wir dadurch erhalten, daß wir die Atomverschiebungen von ihrem Mittelpunkt aus gleichmäßig verkleinerten[1]. In Wirklichkeit bewirkt sie im ganzen Kristall elastische Verzerrungen bzw. Spannungen. Diese Spannungen können ohne äußere Kräfte bestehen und gehören zu der Klasse der Eigenspannungen[2]. Diesen ist gemeinsam, daß sie nicht durch eindeutige Funktionen beschrieben werden können, sondern nur durch solche mit singulären Stellen, an denen sie unbestimmt werden. Für eine Versetzung in einem zweidimensionalen Gitter z. B. ist ihr Mittelpunkt ein Verzweigungspunkt, in dem die Spannungsfunktion unendlich vieldeutig wird. Diese singulären Stellen stabilisieren die inneren Spannungen; demgegenüber kann ein eindeutig beschreibbarer Spannungszustand nur bei Anwesenheit von äußeren Kräften von Null verschieden sein. Berechnungen von Versetzungsspannungen unter Benutzung der Formeln der klassischen Elastizitätstheorie wurden

---

[1] Neuere Berechnungen von Frenkel und Kontorova (1939, 1) (vgl. **11**) und Peierls (1940, 1) haben ergeben, daß die Atomverschiebung v mit der Entfernung x vom Mittelpunkt der Versetzung anfänglich rasch abnimmt. Nähert man zur Festlegung von n den Anfangsteil der (v, x)-Kurve durch eine Gerade an, so erhält man nach Peierls eine Ausdehnung der Versetzung von einigen Atomabständen, wie in Abb. 30 angenommen ist. In früheren Veröffentlichungen [Polanyi (1934, 1); Kochendörfer (1938, 2; 3)] wurde n auf Grund der Tatsache, daß eine Versetzung bei den üblichen, gegenüber der theoretischen Schubspannung kleinen Schubspannungen wandert, gefolgert, daß v bis zu etwa 100 bis 1000 Atomabständen gleichmäßig abnimmt. Diese Schlußweise ist auf Grund obiger Ergebnisse nicht zulässig. Wie Peierls gezeigt hat, bleibt die Wanderungsschubspannung trotzdem größenordnungsmäßig kleiner als die theoretische Schubspannung.

[2] Über die Klassifizierung und Messung von Eigenspannungen siehe **23 a**.

zuerst von G. J. Taylor (1934, 1; 2) durchgeführt (**12, 13**), später für allgemeinere Fälle und unter Berücksichtigung der Kristallanisotropie von J. M. Burgers (1939, 1; 2; 3). Sie sind für das Bestehen einer Kriechgrenze (**12**) und für die Verfestigung (**13**) maßgebend.

Wir haben bis jetzt zwei plastisch wirksame Faktoren festgestellt: Die thermischen Schwankungen und die Kerbwirkung der Fehlstellen. Grundsätzlich könnten noch Änderungen der chemischen Natur der Atome, also Veränderungen ihrer Elektronenhülle, von Einfluß sein; hierauf kommen wir in **13** zu sprechen. Zunächst wollen wir untersuchen, ob die beiden ersten Faktoren zu einer Beschreibung des plastischen Verhaltens ausreichen. Bei einer von Null verschiedenen Temperatur wirken beide zusammen. Von der äußeren Schubspannung wird ein Teil der Schwellenenergie A_1 bereits geleistet, so daß nur noch der Rest A_T von den thermischen Schwankungen aufzubringen ist. Die Wahrscheinlichkeit W_B, daß in der Volum- und Zeiteinheit eine Versetzung gebildet wird, ist gegeben durch (33) mit $\Delta E = A_T$ und $t = 1$:

$$W_B = \mathrm{const}\, e^{-\frac{A_T}{kT}}. \tag{36}$$

A_T ist eine Funktion der Schwellenenergie A_1, der äußeren Schubspannung σ und des Kerbwirkungsfaktors q. Um diese zu erhalten, haben wir die maximale Verschiebung v durch die maximale Schubspannung $q\sigma$ auszudrücken. Da die Spannungsverhältnisse in der Umgebung der Mosaikgrenzen nicht genau bekannt sind, so machen wir die sicher näherungsweise zutreffende Annahme, daß die Verformung dort homogen ist und dem Hookeschen Gesetz folgt. Dann sind v und $q\sigma$ zueinander proportional: $v = v(\sigma) = cq\sigma$; $v_1 = 2c\sigma_R$ (c eine Konstante, σ_R die theoretische Schubspannung). Also wird:

$$\frac{v(\sigma)}{v_1} = \frac{q\sigma}{2\sigma_R}. \tag{37}$$

Den Anfangsteil der kosinusförmigen Kurve in Abb. 29 haben wir dementsprechend durch zwei Parabelbögen zu ersetzen[1]:

$$A = \frac{A_1}{2}\left(\frac{2v}{v_1}\right)^2 \qquad \text{für} \qquad 0 \leqq v \leqq v_1/2, \tag{38a}$$

$$= A_1\left\{1 - 2\left(1 - \frac{v}{v_1}\right)^2\right\} \quad \text{für} \quad v_1/2 \leqq v \leqq v_1. \tag{38b}$$

Ist v_T die Amplitude der nun um $v = v(\sigma)$ erfolgenden thermischen Schwingungen, so ist ihre Energie A_T gegeben durch (38a) mit $v = v_T$. Damit eine Versetzung gebildet wird, muß v_T mindestens so groß sein,

---

[1] Wir erhalten diese Gleichungen, wenn wir in (30) $\cos\alpha$ durch $1 - \alpha^2/2$ und $\pi^2/2$ durch 4 ersetzen. Der Unterschied zwischen den Beziehungen (30) und (38a, b) ist nur gering. Es ist eine Frage der Zweckmäßigkeit, die eine oder die andere von ihnen zu benutzen. Bei der Berechnung der Kriechgrenze in **12** benutzen wir (30).

daß die in der Umgebung der Bildungsstelle liegenden Atome um so viel über die „steilste" Lage bei $v = v_1/2$ hinausschwingen, wie sie in ihrer Nullage bei $v(\sigma)$ davorliegen, denn dann genügt wieder die durch die Kerbwirkung verstärkte äußere Schubspannung, um sie vollends bis zur labilen Lage bei $v = v_1$ weiter zu bewegen. Also ist A_T gleich der doppelten Arbeit, die von $v = 0$ bis $v = v_T/2 = v_1/2 - v(\sigma)$ zu leisten ist. Sie wird unter Berücksichtigung von (37) nach (38a):

$$A_T = A_1\left(1 - \frac{q\,\sigma}{\sigma_R}\right)^2. \tag{39}$$

Bei der Anwendung von (39) ist folgendes zu beachten: Die Verschiebung v und die Schubspannung σ sind gerichtete Größen. Wir bezeichnen mit Taylor die Richtung $\rightleftarrows$ als positiv, die Gegenrichtung $\leftrightarrows$ als negativ. Positiven σ und v entspricht nach Abb. 29 die rechte Potentialschwelle, bei ihr ist auch σ_R positiv. A_T ist dann die Arbeit, die bei positivem σ geleistet werden muß, um die Atome vollends über die rechte Potentialschwelle zu bringen. Dieselbe Arbeit ist aber auch erforderlich, damit bei negativem σ die linke Potentialschwelle, bei der auch σ_R negativ ist, überwunden wird. In der Tat bleibt (39) ungeändert, wenn wir σ und σ_R durch $-\sigma$ bzw. $-\sigma_R$ ersetzen.

Mit dem Begriff theoretische Schubspannung verbindet man im allgemeinen nur die Vorstellung ihres Betrags $|\sigma_R|$, nicht aber ihrer Richtung. Diese Vorstellung ist zulässig, wenn man folgerichtig auch σ stets als positiv ansieht, wie wir es bisher getan haben. Um Mißverständnisse, die bei einer späteren Erweiterung von (39) leicht eintreten können, auszuschließen, verwenden wir an Stelle von (39) die ohne Einschränkung gültige Beziehung:

$$A_T^{\sigma} = A_1\left(1 - \frac{q\,|\sigma|}{|\sigma_R|}\right)^2. \tag{40}$$

Der obere Index σ soll andeuten, daß A_T^{σ} die in Richtung von σ zu leistende Arbeit ist.

Neben den σ begünstigenden thermischen Schwankungen können auch so starke Schwankungen in der Gegenrichtung von σ (Gegenschwankungen) auftreten, daß die jenseits der Potentialmulde gelegene Schwelle überschritten wird. Die hierfür erforderliche Arbeit $A_T^{-\sigma}$ ist:

$$A_T^{-\sigma} = A_1\left(1 + \frac{q\,|\sigma|}{|\sigma_R|}\right)^2. \tag{41}$$

Ihr Wert ist größer als der Schwellenwert A_1 und nimmt mit σ zu, der Wert von A_T^{σ} dagegen ab, so daß die Wahrscheinlichkeit $W_B^{-\sigma}$ nach (36) klein ist gegenüber der Wahrscheinlichkeit W_B^{σ}, wenn σ nicht gar zu klein ist.

Wie wir bereits bemerkten, muß sich die Gleitung durch die Mosaikblöcke hindurch ausbreiten. Diesem Vorgang wenden wir uns jetzt zu.

Polanyi (1934, 1) und Taylor (1934, 1; 2) haben zuerst darauf hingewiesen, daß die Atome einer Versetzung nur relativ schwach an ihre Gleichgewichtslage gebunden sind. Aus Abb. 32, in der eine Versetzung in zwei benachbarten Lagen gezeichnet ist, erkennt man, daß jedes Atom in einer Lage gegenüber seiner andern Lage im Mittel um $\lambda/2n$ verschoben ist. Peierls (1940, 1) hat gezeigt, daß bei einer Schub-

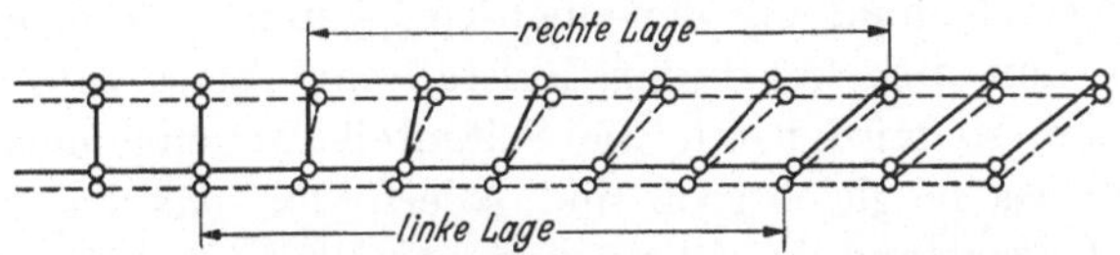

Abb. 32. Benachbarte Lagen einer Versetzung von 6 + 7 Atomen (schematisch). Die ausgezogenen Gittergeraden gehören zu der rechten, die gestrichelten zu der linken Lage. Zur besseren Übersicht ist die linke Lage etwas tiefer gezeichnet. Die Abbildung stellt zwei Momentaufnahmen einer von rechts nach links wandernden Versetzung dar, wobei zwischen den beiden Aufnahmen der Film etwas nach oben verschoben wurde. Aus Kochendörfer (1938, 2).

spannung σ_w, die größenordnungsmäßig kleiner ist als die theoretische Schubspannung, alle Atome der Versetzung die zwischen beiden stabilen Lagen befindliche labile Lage überschreiten, und die Versetzung „wandert". Dabei werden die in ihrer Wanderungsrichtung gelegenen Atome nacheinander in ihren Verband aufgenommen und ebenso viele Atome hinter ihr nehmen eine neue, gegenüber der ursprünglichen um einen Atomabstand λ verschobene, ungestörte Lage ein.

Man sieht leicht, daß unter dem Einfluß einer positiven Schubspannung positive Versetzungen nach rechts, negative Versetzungen nach links wandern und umgekehrt bei einer negativen Schubspannung.

Ist die äußere Schubspannung $\sigma < \sigma_w$, so erfolgt das Wandern einer Versetzung, ähnlich wie ihre Bildung, unter dem Einfluß der thermischen Schwankungen. Wir erhalten für die Wahrscheinlichkeit W_w, daß sie von einer Lage in die Nachbarlage gelangt, entsprechend (36) und (40) bzw. (41):

$$W_w^{\pm\sigma} = \mathrm{const}\, e^{-B_T^{\pm\sigma}/kT}, \tag{42}$$

$$B_T^{\pm\sigma} = B_w\left(1 \mp \frac{|\sigma|}{|\sigma_w|}\right)^2. \tag{43}$$

Wenn $\sigma > \sigma_w$ ist, so haben die thermischen Schwankungen keinen wesentlichen Einfluß mehr, und die Wanderungsgeschwindigkeit wird beträchtlich größer als bei thermischer Mitwirkung ($\sigma < \sigma_w$).

In einem unendlich großen idealen Kristall ist jede Lage einer Versetzung in ihrer Gitterreihe gleichberechtigt; das Wandern bewirkt lediglich, daß sich der mit der Versetzung verbundene Spannungszustand verschiebt. In einem endlichen Kristall sind die Verhältnisse jedoch anders: Mit dem Wandern ist eine stetige Verschiebung der durch ihre Gleitebene bestimmten Kristallhälften verbunden, wie es Abb. 30 veranschaulicht. Wir erkennen das, wenn wir uns in Teilbild c den durch die strichpunktierte Linie bezeichneten Mittelteil mit der Versetzung herausgeschnitten denken. Er verändert sich dabei nicht, während die Seitenteile die gezeichnete Form, in der sie verspannt sind, nicht beibehalten können; sie gehen in ihre ursprüngliche (vor Bildung der Versetzung) unverzerrte Form zurück. Dabei verschiebt sich im rechten Teil die obere Hälfte nach links gegenüber der unteren, im linken Teil erfolgt die Verschiebung mit derselben Größe in umgekehrter Richtung. Wollen wir nun umgekehrt den Kristall mit Versetzung wieder zusammenbauen, so müssen wir die Seitenteile entsprechend rückwärts verschieben. Da sie gleich groß sind, so erfordert das dieselben Kräfte, die sich im Endzustand das Gleichgewicht halten. Dabei wird die obere Kristallhälfte genau um einen halben Atomabstand gegenüber der unteren verschoben (Mittellage). Sind aber die Seitenteile nicht gleich groß, wie es bei einer Versetzung, die sich nicht in der Mitte befindet, der Fall ist, so erfordert ihre gleiche Verschiebung ungleiche Kräfte, so daß sie nicht mit dem unverzerrten Mittelteil zusammengebaut werden können. Wir müssen vielmehr alle drei Teile so stark verschieben (geringer als vorhin die beiden Seitenteile), daß der kleinere und der mittlere Teil dem größeren das Gleichgewicht halten. Die Verschiebung von der Mittellage erfolgt dabei in Richtung des kleineren Seitenteils und ist näherungsweise proportional zu dem relativen Unterschied der Größe beider Teile[1]. Mit andern Worten besagt dies, daß die beiden Kristallhälften proportional zu der Wanderungsstrecke x der Versetzung gegeneinander verschoben werden. Da die Verschiebung s einen Atomabstand λ beträgt, wenn die Versetzung durch den ganzen Kristall mit der Länge b wandert, so ist:

$$s = \frac{x\,\lambda}{b}. \tag{44}$$

Beträgt die Höhe des Kristalls h, so wird die entsprechende Abgleitung:

$$a = \frac{s}{h} = \frac{x\,\lambda}{b\,h}. \tag{45}$$

Damit ist die Frage, auf welche Weise in einem wirklichen Kristall die Gleitung zustande kommt, geklärt. In zwei wesentlichen Punkten unterscheidet sich der Mechanismus von dem des Idealkristalls (homogene Verformung): Bei der Bildung einer Versetzung müssen nur wenige Atome gleichzeitig die theoretische Schubfestigkeit überwinden, und bei der Wanderung erfolgt die gegenseitige Verschiebung zweier Atome um einen Atomabstand nicht auf einmal, sondern in n Schritten. Eine Versetzung bewirkt also eine räumliche und zeitliche Auflösung des großen Energiebetrags, der bei der homogenen Verformung auf einmal

---

[1] In einem unendlich großen Kristall sind beide Teile stets gleich groß, und daher die Verschiebung aus der Mittellage Null.

aufgebracht werden müßte, und ermöglicht es dadurch, daß bereits bei Schubspannungen, die wesentlich kleiner sind als die theoretische Schubspannung, die plastische Verformung einsetzen kann.

Wir haben bisher das Wandern einer Versetzung in einem idealen Kristall oder was dasselbe ist, in einem herausgegriffenen Mosaikblock betrachtet. In einem Kristall mit Mosaikstruktur wird das Wandern gestört, sobald die Versetzung wieder an eine Fehlstelle gelangt, denn die oben beschriebenen Verhältnisse treffen offenbar nur in einem idealen Gebiet zu. Wie Kochendörfer (1938, 1) zuerst bemerkt hat, sind die energetischen Verhältnisse in einem Gitter, in dem eine Versetzung eben gebildet wurde, und in dem sie bis zur folgenden Fehlstelle gewandert ist, vollkommen gleichwertig. Während beim Wandern die Energieschwelle, welche das einzelne Atom überschreiten muß, gering ist, müssen an den Fehlstellen in kleinen Bereichen große Energiebeträge aufgebracht werden. Die Wanderung hört dort auf, und es tritt ein der Bildung entgegengesetzter Vorgang, die Auflösung, ein[1], nach der, bis auf die stattgefundene Verschiebung der beiden Gleitebenen um einen Gitterschritt, die ursprüngliche Gitteranordnung wiederhergestellt ist (Abb. 30e).

Da dieser Vorgang unter Mitwirkung der thermischen Schwankungen (und der Kerbwirkung) erfolgt, so verstreicht eine bestimmte Zeit, bis er wirklich eintritt: Die Versetzung bleibt solange gebunden. Für die Wahrscheinlichkeit der Auflösung erhalten wir (36) und (39) entsprechende Beziehungen[2]:

$$W_A = \mathrm{const}\, e^{-A_T^*/kT}, \tag{46}$$

$$A_T^* = A_2 \left(1 - \frac{q_2\,\sigma}{\sigma_R^*}\right)^2. \tag{47}$$

Die Bedeutung der Auflösung liegt darin, daß der mit einer Versetzung verbundene Spannungszustand, der für die Verfestigung maßgebend ist, verschwindet.

Nach Kochendörfer (1938, 3) ist:

$$A_1 - A_2 = E. \tag{48}$$

Durch Vergleich mit Meßwerten (10b) erhält man im Mittel:

$$A_2/A_1 = 0{,}95. \tag{49}$$

Daraus und aus (27) ergeben sich für E und A_1' die Werte (29).

---

[1] Die Auflösung unterscheidet sich von der Rückbildung dadurch, daß sie nach der Wanderung durch den Mosaikblock an der andern Mosaikgrenze erfolgt.

[2] Eine Auflösung in der Gegenrichtung von σ gibt es nicht, Gegenschwankungen können höchstens ein Rückwandern der Versetzungen von der Auflösungsstelle weg bewirken. Wir lassen daher den Index σ bei A_T^* weg.

8. Temperatur- und Geschwindigkeitsabhängigkeit der kritischen Schubspannung.

Wir haben bisher die Bildung, Wanderung und Auflösung einer einzelnen Versetzung betrachtet. Um zu praktisch anwendbaren Formeln zu gelangen, müssen wir die Gesamtheit dieser Vorgänge, die sich neben- und nacheinander im Kristall abspielen, untersuchen. Wegen des mit einer Versetzung verbundenen Spannungsfeldes können sie nicht unabhängig voneinander erfolgen. Es ist zu vermuten, daß diese Wechselwirkungen den Einfluß des Kristallgefüges (4c) bedingen. Da dieser bei „großen" Gleitgeschwindigkeiten unmerklich wird, so ist anzunehmen, daß wir sie zur Beschreibung der plastischen Eigenschaften in diesem Gebiet vernachlässigen können. Dann ist die Zahl $d_1 N^\sigma$ der in der Volumeinheit in einem Zeitelement dt gebildeten Versetzungen proportional zu der Zahl der Fehlstellen in der Volumeinheit, die selbst umgekehrt proportional zur Mosaikgröße L ist (zweidimensionales Gitter!), und zur Bildungswahrscheinlichkeit W_B^σ nach (36) und (40):

$$d_1 N^\sigma = \frac{\alpha_1}{L}\, e^{-\frac{A_1}{kT}\left(1 - \frac{|\sigma|}{|\sigma_{01}|}\right)^2} \cdot dt; \qquad \sigma_{01} = \frac{\sigma_R}{q}. \tag{50}$$

α_1 ist eine Konstante. Die Wahrscheinlichkeit, daß eine Versetzung in der Gegenrichtung von σ gebildet wird, ist in diesem Gebiet (außer bei hohen Temperaturen) so klein, daß wir $d_1 N^{-\sigma}$ neben $d_1 N^\sigma$ vernachlässigen können[1]. Bei „kleinen" Gleitgeschwindigkeiten wird dieser Einfluß jedoch merklich (12).

Diese $d_1 N$-Versetzungen ergeben, nachdem sie die Mosaikgröße L durchwandert haben, nach (45) die Abgleitungszunahme (bh ist das Volumen des zweidimensionalen Gitters)

$$da = \lambda L\, d_1 N. \tag{51}$$

Ihr Wert ist unabhängig davon, ob die Versetzungen „rasch" oder „langsam" wandern. (Die genaue Festlegung dieser Begriffe erfolgt in 11.) Hier machen wir die für die Rechnung zunächst einfachste Annahme, daß die Versetzungen in verschwindend kleiner Zeit durch die Mosaikblöcke wandern. In 11 werden wir dann zeigen, daß ihre Wanderungsgeschwindigkeit in Wirklichkeit so groß ist, daß die damit erhaltenen Formeln bestehen bleiben. Bei obiger Annahme darf (51) nach der Zeit differenziert werden (da sich $d_1 N$ und da auf dasselbe

---

[1] Wir lassen daher der Einfachheit halber im folgenden [mit Ausnahme von (52)], solange keine Mißverständnisse zu befürchten sind, den Index σ und die Absolutzeichen weg. σ und σ_{01} sind dann stets positiv zu rechnen.

Zeitelement dt beziehen), und wir erhalten für die Gleitgeschwindigkeit $u = da/dt$ die Beziehung

$$u^\sigma = \frac{da^\sigma}{dt} = \lambda\,L\,\frac{d_1\,N^\sigma}{dt} = \alpha_1\,\lambda\,e^{-\frac{A_1}{kT}\left(1-\frac{|\sigma|}{|\sigma_{01}|}\right)^2}.\tag{52}$$

Sie wurde zuerst von Becker und Orowan[1] mit A_1 nach (34) abgeleitet.

Da sie die Verfestigung nicht enthält, so bezieht sie sich auf den Gleitbeginn, muß also den Temperatur- und Geschwindigkeitsverlauf der kritischen Schubspannung wiedergeben. Zunächst liefert sie überhaupt für ein vorgegebenes u eine bestimmte Anfangsschubspannung σ_0, eben die kritische Schubspannung. Durch Auflösen von (52) erhalten wir σ_0 als Funktion von u und T:

$$\sigma_0 = \varphi\,(u,\,T) = \sigma_{01}\left(1 - \sqrt{\left(\ln\frac{\alpha_1\,\lambda}{u}\right)\Big/\frac{A_1}{k}}\,\sqrt{T}\right).\tag{53}$$

Damit haben wir die Zustandsgleichung für den Beginn der Gleitung (bei „großen" Gleitgeschwindigkeiten) in Übereinstimmung mit der experimentell geforderten allgemeinen Form (21)[2] gewonnen. Die das Gefüge kennzeichnende Mosaikgröße L kommt, wie es sein muß, in (53) nicht mehr vor.

Vor der experimentellen Prüfung von (53) im einzelnen sei folgende Bemerkung vorausgeschickt: Die Versuche, deren Ergebnisse zur Bestimmung der Konstanten in (53) dienen, erfolgten teilweise unter nicht genau bestimmten Versuchsbedingungen. Die mit ihnen allein feststellbare praktische kritische Schubspannung σ_0^* ist mit einer gewissen Ungenauigkeit behaftet (vgl. 4e) und dementsprechend können auch die Konstanten nur mit einer gewissen Unbestimmtheit berechnet werden, da sie in Verbindung mit der Gleitgeschwindigkeit auftreten. Es zeigt sich aber, daß ihre Werte nahezu unabhängig davon sind, welchen Wert der Gleitgeschwindigkeit, solange er nur innerhalb der üblichen Grenzen liegt, wir den Meßwerten der praktischen kritischen Schubspannung zuschreiben. Damit trägt offenbar (53) der grundlegenden Erfahrungstatsache Rechnung, daß innerhalb der üblichen Versuchsbedingungen der Einfluß der Gleitgeschwindigkeit nicht größer ist, als die Streuungen der Meßwerte betragen. Wir können daher, ohne einen merklichen Fehler zu begehen, für die praktische kritische Schubspannung σ_0^* die Gleitgeschwindigkeit $u = 1$ zugrunde legen.

Damit erhalten wir aus (53) für ihren Temperaturverlauf:

$$\sigma_0^* = \sigma_{01}\left(1 - \beta\sqrt{T}\right);\quad \beta = \sqrt{(\ln\alpha_1\,\lambda)/A_1/k}.\tag{54}$$

Die durch (54) gegebene Parabel ist durch zwei Meßpunkte bestimmt, sie liefern die Zahlwerte von σ_{01} und β. In Abb. 13 sind die Parabeln, die sich den Meßpunkten am besten anpassen, eingezeichnet. Wie man

---

[1] Vgl. Fußnote 1 auf S. 59.   [2] Vgl. Fußnote 1 auf S. 40.

sieht, ist die Übereinstimmung gut[1], nur bei höheren Temperaturen treten systematische Abweichungen auf, auf die wir gleich zu sprechen kommen. Die erhaltenen Werte von σ_{01}, der kritischen Schubspannung am absoluten Nullpunkt, sind auf der Ordinatenachse durch kleine Querstriche gekennzeichnet. Aus ihnen und den berechneten Werten der theoretischen Schubspannung erhält man für den Kerbwirkungsfaktor q die früher angegebenen Werte zwischen 100 und 1000.

Tabelle 2. Berechnete Werte der Konstanten in (54).

	$\beta=\sqrt{\dfrac{\ln\alpha_1\lambda}{A_1/k}}$	$\dfrac{\sigma_{01}}{\sigma_0^*(291)}$	$\dfrac{\ln\alpha_1\lambda}{=\dfrac{A_{291}(\sigma_0^*)}{291\,k}}$	$A_{291}(\sigma_0^*)/k$	A_1/k	$\dfrac{\sigma_{01}}{\sigma_0^*(291)}$
Zink	0,030	2,06	29,0[2]	8450	31 900	2,06
Kadmium . . .	0,033	2,29	26,2[3]	7620	24 100	2,28
Wismut	0,039	2,97	34,4[3]	9950	22 800	2,94
Zinn	—	—	29,5[3]	8590	—	—
Wolfram	0,035	2,50	29,9[3]	8700	24 200	2,50
Mittelwert . . .	0,034	2,46	29,8	8660	25 750	—
Berechnet aus dem (den)	Temperaturverlauf von σ_0^* in Abb. 13	Meßwerten $\dfrac{du}{dT}$ (291) nach (57)	Werten von Spalte 3	Werten von Spalte 1 und 3	Werten von Spalte 4 und 5 nach (57)

Die Werte von β sowie die dadurch bestimmten Werte des Verhältnisses der kritischen Schubspannung σ_{01} am absoluten Nullpunkt zu der $\sigma_0^*(291)$ bei Zimmertemperatur sind in Tabelle 2 angegeben. Sie stimmen für die angeführten Metalle nahezu überein, ihre Mittelwerte[4] sind:

$$\beta = \sqrt{(\ln\alpha_1\lambda)/A_1/k} = 0{,}034; \qquad \sigma_{01}/\sigma_0^*(291) = 2{,}4. \tag{55}$$

Das Konstantwerden bzw. den Anstieg der kritischen Schubspannung in der Nähe des Schmelzpunktes bei einigen Metallen gibt die Beziehung (54) nicht wieder. Außerdem wird sie bei einer bestimmten Temperatur, oberhalb deren σ_0^* sehr klein und schließlich negativ wird, also die Wirkung einer Reibung annimmt, grundsätzlich ungültig. Das kommt daher, daß wir die Temperaturschwankungen in der Gegenrichtung von σ_0^* vernachlässigt haben. In **9** werden wir zeigen, in welcher Weise (54) für hohe Temperaturen zu erweitern ist.

---

[1] Für Kadmium und Zink hat das zuerst Orowan (1934, 1) nachgewiesen.
[2] Aus Boas und Schmid (1936, 1). 　　[3] Aus Becker (1925, 1).
[4] Die unter (28), (55) und (58) angegebenen (abgerundeten) Werte sind etwas von den berechneten Mittelwerten in Tabelle 2 verschieden. Sie wurden der schon früher durchgeführten etwas langwierigen Rechnung [Kochendörfer (1938, 1)] zugrunde gelegt und daher beibehalten.

Mit Hilfe des Temperaturkoeffizienten der Gleitgeschwindigkeit bei konstanter Schubspannung können wir die Faktoren von β einzeln berechnen. Durch Differentation von (52) nach T ergibt sich:

$$\ln\frac{\alpha_1\lambda}{u} = \frac{A_1}{kT}\left(1 - \frac{\sigma}{\sigma_{01}}\right)^2 = \frac{A_T}{kT} = \frac{T}{u}\frac{du}{dT}. \tag{56}$$

Messen wir die Anfangsgleitgeschwindigkeiten u und $u + du$ bei zwei benachbarten Temperaturen T und $T + dT$, so können wir mit Hilfe von (56) A_T und $\ln\alpha_1\lambda/u$ berechnen. Solche Messungen wurden von Becker (1925, 1) und Boas und Schmid (1936, 1) ausgeführt. Die Meßgenauigkeit war die übliche, d. h. die angelegte Schubspannung lag innerhalb der Streuungsbereiche der praktischen kritischen Schubspannung, bei der die Gleitgeschwindigkeit schon bequem meßbare Werte besitzt[1]. Auf Grund der oben gemachten Bemerkungen können wir daher ohne einen experimentell feststellbaren Fehler zu begehen, in ($\ln\alpha_1\lambda/u$) $u = 1$ und in A_T $\sigma = \sigma_0^*$ setzen. Damit wird:

$$\ln\alpha_1\lambda = \frac{A_1}{kT}\left(1 - \frac{\sigma_0^*}{\sigma_{01}}\right)^2 = \frac{A_T(\sigma_0^*)}{kT} = \frac{T}{u}\frac{du}{dT}. \tag{57}$$

Die bei Zimmertemperatur durchgeführten Messungen ergaben gut reproduzierbare Werte für die Anfangsgleitgeschwindigkeit, mit denen nach (57) die in Tabelle 2 angegebenen Werte von $\ln\alpha_1\lambda$ und $A_{291}(\sigma_0^*)/k$ erhalten werden. Auch sie stimmen in allen Fällen nahezu überein. Sie ergeben die Mittelwerte:

$$\alpha_1\lambda = 4{,}8\cdot 10^{12}; \quad A_{291}(\sigma_0^*)/k = 8500. \tag{58}$$

Mit den Werten (55) und (58) von β und $\alpha_1\lambda$ ergibt sich der Wert[2] (28) für A_1/k.

Die bei der Temperatur der flüssigen Luft von Boas und Schmid durchgeführten Versuche ergaben sehr unterschiedliche Werte für die Anfangsgeschwindigkeit, da hier die Kristallunregelmäßigkeiten und die Verfestigung stärker in Erscheinung treten als bei Zimmertemperatur. Zu einer zusätzlichen Prüfung von (53) können unter diesen Umständen die Ergebnisse nicht benutzt werden; Orowan (1936, 2) hat gezeigt, daß (53) zumindest nicht in Widerspruch mit ihnen steht.

Zur Berechnung der Konstanten von (53) waren zwei Meßwerte der praktischen kritischen Schubspannung bei zwei Temperaturen und der Wert des Temperaturkoeffizienten der Gleitgeschwindigkeit bei

---

[1] Die absoluten Werte der Schubspannung und Gleitgeschwindigkeit sind in den genannten Arbeiten nicht angegeben, sondern nur die zu ihnen proportionalen unmittelbaren Meßwerte der Last und die Bewegungsgeschwindigkeit des Lichtzeigers für die Dehnung. Wir können gerade an diesem Beispiel sehen, daß bereits die ungefähre Kenntnis der Gleitgeschwindigkeit zur Berechnung der Konstanten ausreicht, denn sie sind durch diese Messungen zusammen mit den Messungen des Temperaturverlaufs der kritischen Schubspannung überbestimmt und die möglichen Berechnungsarten miteinander in Einklang (s. weiter unten).

[2] Die Einzelwerte sind in Spalte 5 von Tabelle 2 angegeben.

Zimmertemperatur erforderlich. Noch nicht benutzt haben wir, daß sich mit letzterem nach (57) auch der Wert von $A_{291}(\sigma_0^*)$ berechnen läßt. Dieser liefert seinerseits den Wert von $\sigma_{01}/\sigma_0^*\,(291)$, den wir bereits aus dem Temperaturverlauf von σ_0^* gewonnen haben. Beide Werte müssen, wenn die Beziehung (53) die Verhältnisse richtig wiedergibt, übereinstimmen. Wie vorzüglich das der Fall ist, zeigt der Vergleich der Spalten 2 und 6 von Tabelle 2.

Eine weitere Möglichkeit zur Prüfung von (53) gibt die Geschwindigkeitsabhängigkeit der kritischen Schubspannung. Einen Überblick über die Größe des dynamischen Einflusses $\Delta\sigma(100,1)$ (5a) für alle Temperaturen, berechnet nach (53) mit den erhaltenen Zahlwerten für die Konstanten, gibt Abb. 33. Man erkennt aus dieser Abbildung, wie die Änderungen von σ mit T bei konstantem u, von u mit T bei konstantem σ und von σ mit u bei konstantem T miteinander zusammenhängen. Durch je zwei von ihnen, die zur Berechnung der Konstanten in (53) dienen können, ist die dritte bestimmt. Genaue Messungen dieser Änderungen über genügend große Geschwindigkeits-

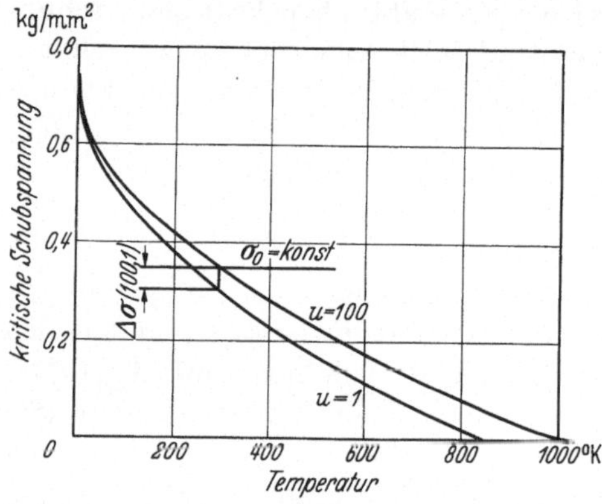

Abb. 33. Temperaturverlauf der kritischen Schubspannung für die Gleitgeschwindigkeiten 1 und 100 berechnet nach (53): $\sigma_0(1) = 0{,}74(1 - 0{,}034\sqrt{T})$; $\sigma_0(100) = 0{,}74(1 - 0{,}031\sqrt{T})$ kg/mm².

und Temperaturgebiete fehlen, so daß die in Abb. 33 gezeichneten Kurven zur Zeit experimentell noch nicht in vollem Umfange geprüft werden können. Qualitativ entsprechen sie den Beobachtungen.

Wir gehen nun zur Prüfung von (53) an Hand der vorliegenden Messungen der Geschwindigkeitsabhängigkeit der kritischen Schubspannung bei Zimmertemperatur über. Am besten erkennen wir die Verhältnisse, wenn wir die Schubspannung gegen den Logarithmus der Gleitgeschwindigkeit auftragen. In Abb. 34 ist die nach (53) für Zimmertemperatur $(T = 291\,^\circ\mathrm{K})$ berechnete Kurve gezeichnet. Damit die Meßpunkte für alle Kristalle mit sehr unterschiedlichen Schubspannungswerten eingetragen werden können, wurden die σ_0-Werte so umgerechnet, daß der Wert für $u = 1$ mit dem berechneten Wert übereinstimmt. Für Zinn, wo bei dieser Geschwindigkeit keine Messungen von Chalmers vorliegen, wurde der von Bausch (1935, 1) an Kristallen etwa gleicher Reinheit gemessene Wert von 105 g/mm² zugrunde gelegt[1].

____

[1] Mittelwert der Meßwerte von 100 g/mm² und 110 g/mm² für die Gleitsysteme [001], (110) und [001], (100).

Die Meßwerte von Naphthalin fügen sich dem Verlauf der Kurve gut ein, worauf Kochendörfer (1938, 1) bereits hingewiesen hat.

Für die Meßwerte von Roscoe an Kadmiumkristallen trifft das auch nicht annähernd zu. Um den Kernpunkt der Unstimmigkeit zu erkennen, schreiben wir (53) in der Form, die der Verwendung logarithmischer Koordinaten für u entspricht:

$$\mathfrak{Log}\, u = \mathfrak{Log}\, \alpha_1 \lambda - \frac{0{,}434\, A_1}{k\,T}\left(1 - \frac{\sigma_0}{\sigma_{01}}\right)^2. \tag{59a}$$

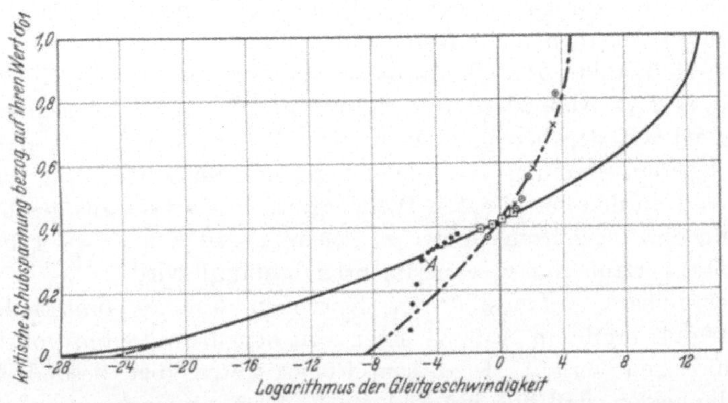

Abb. 34. Verlauf der kritischen Schubspannung (bezogen auf ihren Wert σ_{01}) mit dem Logarithmus der Gleitgeschwindigkeit, berechnet nach (59b) (ausgezogene Kurve) und (59c) (strichpunktierte Kurve). Meßpunkte: ⊡ von Naphthalinkristallen aus Abb. 16; ×⊙ von Kadmiumkristallen aus Abb. 16; • von Zinnkristallen des Reinheitsgrades 99,987% aus Abb. 20.

Mit den erhaltenen Zahlwerten für die Konstanten und $T = 291^\circ$ K wird (59a):

$$\mathfrak{Log}\, u = 12{,}68 - 37{,}28\left(1 - \frac{\sigma_0}{\sigma_{01}}\right)^2. \tag{59b}$$

Der größte Schubspannungswert $\sigma_0 = \sigma_{01} = 2{,}4\,\sigma_0(u = 1)$ wird bei der Gleitgeschwindigkeit $u = \alpha_1 \lambda = 4{,}8 \cdot 10^{12}$ angenommen[1]. Von da an nimmt σ_0 mit annehmendem u ab und wird schließlich Null und negativ[2] (gestricheltes Ende der Kurve in Abb. 34). Der Abfall erfolgt um so größer, je größer A_1 ist. Auch die Meßwerte von Roscoe liegen auf einer Kurve, die (59a) genügt, wie bereits Andrade und Roscoe (1937, 2) bemerkt haben. Zahlenmäßig erhält man für die in Abb. 34 strichpunktiert gezeichnete Kurve:

$$\mathfrak{Log}\, u = 4{,}4 - 12{,}65\left(1 - \frac{\sigma_0}{\sigma_{01}}\right)^2. \tag{59c}$$

---

[1] Dabei werden die Versetzungen bereits ohne Mitwirkung der thermischen Schwankungen gebildet. Für $\sigma_0 > \sigma_{01}$ hat also die (52) zugrunde gelegte Wahrscheinlichkeitsbetrachtung keinen Sinn mehr.

[2] Dieses Verhalten hat, wie in Abb. 13 und 33, seinen Grund darin, daß wir die Temperaturschwankungen in Gegenrichtung von σ_0 vernachlässigt haben. Bei ihrer Berücksichtigung (9) erhält man das ausgezogene Ende der Kurve, das für $\sigma_0 = 0$ bei $u = 0$ einmündet.

Für sie ist $\ln \alpha_1 \lambda = 9,0$, also $\alpha_1 \lambda = 2,5 \cdot 10^4$ und $A_1/k = 8480$. Das Verhältnis $\sigma_{01}/\sigma_0 (u = 1)$ ergibt sich auch hier in Übereinstimmung mit dem Wert aus dem Temperaturverlauf der kritischen Schubspannung zu 2,4. Damit wird $A_{291}(\sigma_0^*) = 2880$. Die so erhaltenen Werte von $\ln \alpha_1 \lambda$ und $A_{291}(\sigma_0^*)$ betragen also nur rund $1/3$ der Werte, die sich aus den Messungen des Temperaturkoeffizienten der Gleitgeschwindigkeit ergeben. Diese Unstimmigkeit liegt in den Meßergebnissen selbst und wäre auch durch eine andere Funktion als (53) nicht zu beheben. Ihre Ursache kann auf Grund der bei Boas und Schmid sowie Roscoe gemachten Angaben nicht festgestellt werden.

Die Meßpunkte von Chalmers liegen vom Beginn des Knicks der Kurve $II\,2$ in Abb. 20 (durch A in Abb. 20 und 34 bezeichnet) befriedigend auf der berechneten Kurve. Bemerkenswert ist, daß sich diese Übereinstimmung bei Angleichung des Meßwertes von Bausch für $u = 1$ an den berechneten Wert ergibt. Es darf daraus geschlossen werden, daß im ganzen Gebiet zwischen $u \sim 10^{-5}$ und $u \sim 1$ der berechnete Verlauf von σ_0 experimentell bestätigt wird.

Der lineare Anfangsteil der Kurve in Abb. 20 (unterhalb des Punktes A) ergibt in Abb. 34 einen von dem berechneten vollständig verschiedenen Verlauf. In diesem Gebiet treten aber Besonderheiten auf, die zeigen, daß hier ein anderer Verformungsmechanismus in Erscheinung tritt, als wir ihn bisher zugrunde gelegt haben: Bei Schubspannungen oberhalb des Knickpunktes A nimmt die Gleitgeschwindigkeit anfänglich ab, erreicht aber bald einen konstanten Endwert[1]. Bei Schubspannungen unterhalb A dagegen kommt das Gleiten nach einer Abgleitung von $\sim 10^{-5}$ praktisch zum Stillstand, die noch mögliche Gleitgeschwindigkeit ist sicher $< 10^{-8}$. Ist dieser Endzustand bei einer bestimmten Schubspannung einmal erreicht, so nimmt die Gleitgeschwindigkeit auch nicht mehr zu, wenn die Schubspannung erhöht wird, wenn sie nur unterhalb A bleibt. Die begrenzte Abgleitung bleibt auch bestehen, wenn der Kristall zwischendurch kurzzeitig oberhalb A belastet wird. Eine zwanglose Erklärung dieser Befunde gibt die Annahme, daß die Verformung in diesem Gebiet die Folge einer gegenseitigen Verschiebung der Mosaikblöcke als Ganzes ist[2]. Um eine Ab-

---

[1] Als Folge der dauernd wirksamen Erholung, welche die während des Gleitens auftretende Verfestigungszunahme beseitigt. Man erkennt leicht, daß dieses Wechselspiel eine konstante Fließgeschwindigkeit bedingt.

[2] J. M. Burgers (1938, 1) hat die Möglichkeit in Betracht gezogen, daß dabei eine Art amorphes Fließen stattfindet, bei dem die Atomverschiebungen im ganzen Kristall unregelmäßig erfolgen. Hierbei müßte jedoch die Fließgeschwindigkeit nahezu konstant bleiben. Außerdem sind unregelmäßige Atomverschiebungen in Eiskristallen sehr unwahrscheinlich, sie dürften nur in vielkristallinen Werkstoffen an den Korngrenzen auftreten (vgl. Fußnote 1 auf S. 245). Neuerdings hat Burgers (1940, 1) auch unsere Ansicht ausgesprochen.

gleitung von 10^{-5} zu erzielen, ist erforderlich, daß Mosaikblöcke der Größe von etwa $5 \cdot 10^{-3}$ cm um je einen Atomabstand gegeneinander verschoben werden, was durchaus möglich erscheint.

Zusammenfassend stellen wir fest, daß die Becker-Orowansche Funktion (52) bzw. (53) innerhalb ihrer Gültigkeitsgrenzen, die dadurch gegeben sind, daß in ihr die Wechselwirkung der Versetzungen und die Temperaturschwankungen in der Gegenrichtung der äußeren Schubspannung nicht berücksichtigt sind, die Verhältnisse für den Beginn der Gleitung vollständig und in Übereinstimmung mit der Erfahrung wiedergibt[1]. Dabei ist der Verlauf der kritischen Schubspannung mit der Gleitgeschwindigkeit bei konstanter Temperatur und der Verlauf der Gleitgeschwindigkeit mit der Temperatur bei konstanter Schubspannung im wesentlichen eine Folge der e-Funktion in (52), während der Verlauf der kritischen Schubspannung mit der Temperatur bei konstanter Gleitgeschwindigkeit durch die Form von A_T bestimmt ist. Der parabelförmige Verlauf der Kurven in Abb. 13 und 34 ergibt sich aus dem Ansatz (39), zu dessen Ableitung wir angenommen haben, daß wir die Umgebung der Fehlstellen durch homogen verformte Gebiete ersetzen können, eine Annahme, die nur in erster Näherung zutreffen kann. Die trotzdem überraschend gute Wiedergabe der experimentellen Ergebnisse in ihrem ganzen Umfang zeigt, daß die Vorstellungen den Kern der Sache treffen, und mehr kann bei ihrer Allgemeinheit nicht erwartet werden.

9. Die kritische Schubspannung bei kleinen Gleitgeschwindigkeiten und bei hohen Temperaturen. (Einfluß der Gegenschwankungen.)

In 8 haben wir gesehen, daß bei „großen" Gleitgeschwindigkeiten die Wechselwirkung der Versetzungen vernachlässigt werden kann. In 12 werden wir zeigen, daß diese bei „kleinen" Gleitgeschwindigkeiten eine maßgebende Rolle spielt, so daß dort (52) überhaupt nur in besonderen Fällen gültig sein kann. Wenn wir aber von der Frage absehen, ob und mit welcher Geschwindigkeit ein Kristall in diesem Gebiet gleiten kann und nur Wert darauf legen, daß u mindestens „klein" ist, so können wir die Beziehung (52) als hinreichende Näherung beibehalten, denn sie liefert ja gerade dieses Ergebnis.

Mit der Annäherung an $\sigma = 0$ wird sie aber grundsätzlich ungültig, denn sie ergibt hierfür eine von Null verschiedene Gleitgeschwindigkeit. Den Grund für dieses Verhalten erwähnten wir bereits: Wir haben angenommen, daß jede gebildete Versetzung auch wandert, und damit einen Beitrag zur Abgleitung gibt. Diese Annahme steht aber für $\sigma = 0$

---

[1] Diese Feststellung wird durch die erwähnte Unstimmigkeit zwischen den Meßergebnissen von Boas und Schmid einerseits und von Roscoe andererseits nicht berührt.

im Widerspruch zum zweiten Hauptsatz, nach dem dann die thermischen Schwankungen nicht mehr einseitig bevorzugt sind.

Allgemein bestehen bei jeder Schubspannung von Null verschiedene Wahrscheinlichkeiten, daß Versetzungen gegen die äußere Schubspannung gebildet werden [nach (36) und (41)] und wandern [nach (42) und (43)]. Für nicht zu kleine σ können sie gegenüber den σ-Wahrscheinlichkeiten vernachlässigt werden, was wir auch bisher getan haben. In der Nähe von $\sigma = 0$ werden jedoch beide von derselben Größenordnung, und wir müssen eine „negative" Gleitgeschwindigkeit

$$u^{-\sigma} = \alpha_1 \lambda\, e^{\frac{A_1}{kT}\left(1 + \frac{|\sigma|}{|\sigma_{01}|}\right)^2} \tag{60}$$

berücksichtigen[1], die sich in derselben Weise ergibt wie u^σ, nur mit $A_T^{-\sigma}$ an Stelle von A_T^σ. Die resultierende Gleitgeschwindigkeit ist dann:

$$u = u^\sigma - u^{-\sigma}. \tag{61}$$

Mit (61) hätten wir dieselben Rechnungen durchzuführen wie mit (52). Die (53) entsprechende Auflösung nach σ_0 ist jedoch in geschlossener Form nicht mehr möglich. Auf graphischem Wege lassen sich aber die durch $u^{-\sigma}$ bedingten Besonderheiten übersehen.

Unmittelbar erkennt man, daß die Kurve in Abb. 34 für $u = 0$ nach $\sigma = 0$ geht, anstatt wie bei Berücksichtigung von u^σ allein, nach $\sigma = -\infty$.

Zur Veranschaulichung des Temperaturverlaufs der kritischen Schubspannung bei konstanter („großer") Gleitgeschwindigkeit $u = u_0$ zeichnen wir [Kochendörfer (1938, 1)] die Gaußschen Glockenkurven von u_t^σ und $-u^{-\sigma}$ auf[2] (Abb. 35).

Die Halbwertsbreite der Kurven nimmt proportional mit $\sqrt{T}$ zu. Für $T = 0$ bzw. $T = \infty$ entarten die u^σ-Kurven in die Geraden $|\sigma_0| = |\sigma_{01}|$ bzw. $u = \alpha_1 \lambda$, die $-u^{-\sigma}$-Kurven in die Geraden $|\sigma_0| = -|\sigma_{01}|$ bzw. $u = -\alpha_1 \lambda$. Die u-Kurven ergeben sich durch Addition ersterer für gleiche Werte von T.

Wie man sieht, ist bis zu dem angenommenen Wert $T = 10\,T_1$ der Einfluß von $u^{-\sigma}$ verschwindend klein, dann macht er sich zunächst bei sehr kleinen Schubspannungswerten bemerkbar ($T = 50\,T_1$), und reicht schließlich bis zu $|\sigma_0| = |\sigma_{01}|$ hinauf ($T = 100\,T_1$), wobei der bisherige Scheitelwert $\alpha_1 \lambda$ von u herabgesetzt wird. Diese Verkleinerung nimmt

---

[1] Auf diese Notwendigkeit hat bereits Orowan (1936, 1) hingewiesen. Durch ein Versehen bei der Auswertung der Gleichungen kommt er zu dem Ergebnis, daß σ_0 gleichmäßig mit T abnimmt.

[2] Zur vollständigen Übersicht sind die Kurven auch für $|\sigma| < 0$, wo sie keine physikalische Bedeutung mehr besitzen, und für $|\sigma| > |\sigma_{01}|$, wo die Grenze, bei der Versetzungen bereits ohne thermische Mitwirkung gebildet werden, überschritten ist und eine Wahrscheinlichkeitsbetrachtung keinen Sinn mehr hat, gezeichnet worden.

mit wachsendem T immer mehr zu und für $T = \infty$ entartet die u-Kurve in die Gerade $u = 0$.

Um die Werte der kritischen Schubspannung zu erhalten, haben wir die u-Kurven mit der Geraden $u = u_0$ zum Schnitt zu bringen. Bei $T = 0$ beginnend, nimmt ihre Größe, wegen der zunehmenden Halbwertsbreite der Kurven, mit wachsender Temperatur zunächst ab, wie bei u^σ allein auch. Anstatt nun aber, wie in letzterem Fall, bei einer bestimmten Temperatur Null zu werden, bleibt σ_0 nunmehr stets positiv

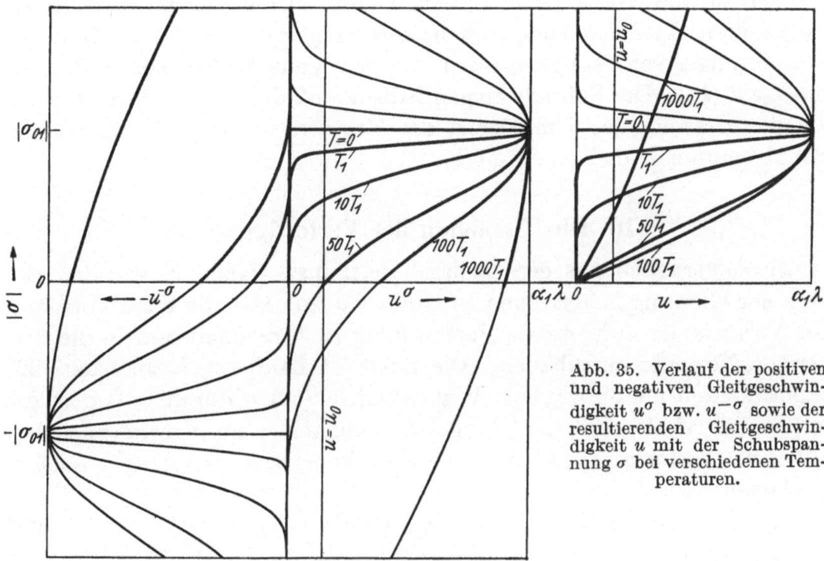

Abb. 35. Verlauf der positiven und negativen Gleitgeschwindigkeit u^σ bzw. $u^{-\sigma}$ sowie der resultierenden Gleitgeschwindigkeit u mit der Schubspannung σ bei verschiedenen Temperaturen.

und nimmt bei höheren Temperaturen sogar wieder zu. Oberhalb der Umkehrtemperatur erfolgt die Zunahme sehr rasch, bis zu dem Wert σ_{01}, den sie auch am absoluten Nullpunkt besitzt.

Dieses zunächst überraschende Ergebnis erklärt sich folgendermaßen: Mit zunehmender Temperatur würde eine immer geringere Schubspannung (schließlich eine negative mit der Wirkung einer Reibung) genügen, um die notwendige Zahl der erfolgreichen (d. h. zur Bildung von Versetzungen führenden) günstigen Schwankungen (in Richtung von σ) zu gewährleisten (Berücksichtigung von u^σ allein). Mit abnehmendem σ wird der Energieunterschied $\Delta E = A_T^\sigma - A_T^{-\sigma}$ zwischen günstigen und ungünstigen Schwankungen (in Gegenrichtung von σ) immer geringer. Die Zahl der letzteren nimmt mit der Temperatur schon bei konstantem, erst recht bei abnehmendem ΔE bzw. σ zu. Damit also der durch die vorgegebene Gleitgeschwindigkeit bedingte Überschuß der günstigen Schwankungen zustande kommt, muß die kritische Schubspannung oberhalb einer bestimmten Temperatur, bei welcher sie schon sehr klein geworden ist, wieder zunehmen. Schließlich wird die Zahl der Gegenschwankungen erst dann merklich kleiner als die der günstigen Schwankungen, wenn ihr Energieunterschied (und damit σ) sehr groß ist.

Nach Abb. 13 nimmt bei hohen Temperaturen die kritische Schubspannung tatsächlich wieder zu oder bleibt doch konstant. Allerdings geht die theoretische Kurve mit den Zahlwerten (28) und (58) bis zu sehr viel kleineren Schubspannungswerten herunter, als sie beobachtet werden. Mehr als qualitative Übereinstimmung ist aber nicht zu erwarten, da die Vorgänge in diesem Gebiet viel verwickelter sind, als sie unseren Ansätzen entsprechen; insbesondere wird der Einfluß der Wanderungsgeschwindigkeit, den wir gar nicht berücksichtigt haben, merklich (11). Die Befunde zeigen jedoch, daß die Gegenschwankungen als die Ursache des Umbiegens der Temperaturkurve der kritischen Schubspannung anzusehen sind.

10. Die Ursachen der Verfestigung.

a) Folgerungen aus der Zustandsgleichung. Nachdem wir den Beginn der Gleitung beherrschen, entsteht die Aufgabe, die beim Fortgang der Verformung auftretende Verfestigung zu berechnen und in die bisherigen Formeln einzubauen. Die zweite Teilaufgabe kann nach (22) experimentell gelöst werden: Wir haben in (52) σ durch $\sigma - \tau$ zu ersetzen und erhalten für die Gleitgeschwindigkeit, wenn wir uns zunächst auf eine Verformungsrichtung beschränken, also die Absolutzeichen weglassen:

$$u = \lambda L \frac{d_1 N}{dt} = \alpha_1 \lambda e^{-\frac{A_1}{kT}\left(1 - \frac{\sigma - \tau}{\sigma_{01}}\right)^2}. \tag{62}$$

Diese Beziehung[1] legt es nahe, die Verfestigung als eine einsinnige, der äußeren Schubspannung entgegengerichtete Schubspannung, welche die Bildungswahrscheinlichkeit der Versetzungen herabsetzt, aufzufassen. In diesem Falle müßte ein homogen verformter Kristall[2] nach Wegnahme der Last im Laufe der Zeit von selbst zurückgleiten, bis er seinen Ausgangszustand, für den $\tau = 0$ ist, wieder angenommen hat. Für $|\tau| > |\bar{\sigma}_0|$ würde dieser Vorgang mit „großer" Gleitgeschwindigkeit erfolgen. Außerdem müßte bei einer Umkehr der Beanspruchungsrichtung der Knickwert $\bar{\sigma}$ des verfestigten Kristalls um den Betrag τ, den er vor der Umkehr über dem Anfangswert $\bar{\sigma}_0$ liegt, darunterliegen. Diese Folgerungen stehen in scharfem Widerspruch zu den Beob-

---

[1] Sie wurde schon früher, als sie vom Verfasser (1937, 1) in der allgemeinen Form (22) experimentell abgeleitet wurde, von W. G. und J. M. Burgers (1935, 1) auf Grund einer Verbindung der Vorstellungen von Becker-Orowan und Taylor (vgl. **13**) theoretisch als wahrscheinlich angesehen.

[2] Bei inhomogen verformten Kristallen braucht das nicht der Fall zu sein, da sich Eigenspannungen ausbilden können (vgl. **23**).

achtungen, obige Annahme kann also nicht zutreffen. Die Verfestigung muß also (bei homogener Verformung) in beiden Verformungsrichtungen in gleicher Weise wirksam sein[1], d. h. τ mit der äußeren Schubspannung sein Vorzeichen wechseln, aber seinen Betrag beibehalten. Um das zu berücksichtigen und uns vom Vorzeichen der gerichteten Größen freizumachen, schreiben wir $|\sigma| - |\tau|$ an Stelle von $\sigma - \tau$ und erhalten aus (62) die ohne Einschränkung gültige Beziehung:

$$u^\sigma = \alpha_1 \lambda\, e^{-\frac{A_1}{kT}\left(1 - \frac{|\sigma| - |\tau|}{|\sigma_{01}|}\right)^2}. \tag{63a}$$

Entsprechend ergibt sich für die „negative" Gleitgeschwindigkeit:

$$u^{-\sigma} = \alpha_1 \lambda\, e^{-\frac{A_1}{kT}\left(1 + \frac{|\sigma| + |\tau|}{|\sigma_{01}|}\right)^2}. \tag{63b}$$

Sie ist gegenüber u^σ nur bei „kleinen" Gleitgeschwindigkeiten und bei hohen Temperaturen, die nach **9** behandelt werden können, von Bedeutung. Bei „großen" Gleitgeschwindigkeiten, auf die wir uns hier ausschließlich beschränken, können wir $u^{-\sigma}$ vernachlässigen, also $u = u^\sigma$ setzen.

Aus der Beziehung (63a) ergibt sich ein wichtiger Hinweis auf die Ursachen der Verfestigung. Wir formen sie zu diesem Zweck in folgender Weise um:

$$u^\sigma = \alpha_1 \lambda\, e^{-\frac{\varkappa^2 A_1}{kT}\left(1 - \frac{|\sigma|}{\varkappa\,|\sigma_{01}|}\right)^2}, \tag{64a}$$

$$\varkappa = 1 + \frac{|\tau|}{|\sigma_{01}|} > 1, \tag{64b}$$

(64a) stimmt formal mit der Anfangsbeziehung (52) überein, nur stehen an Stelle der Anfangswerte A_1 und σ_{01} die Werte $\varkappa^2 A_1 > A_1$ und $\varkappa \sigma_{01} > \sigma_{01}$. Die Verfestigung kommt also dadurch zustande, daß Höhe A_1 und „Steilheit" σ_{01} der Potentialschwelle in Abb. 29 während der Verformung zunehmen. Soll trotzdem dieselbe mittlere Bildungsgeschwindigkeit der Versetzungen aufrechterhalten bleiben (bei konstanter Gleitgeschwindigkeit), so muß die äußere Schubspannung um den Betrag τ erhöht werden, und zwar in beiden Verformungsrichtungen.

Die unmittelbaren Ursachen der Verfestigung können aus (64a) nicht eindeutig abgelesen werden. Es besteht danach sowohl die Möglichkeit, daß die Kerbwirkung ($q = \sigma_R/\sigma_{01}$) verschlechtert, als auch

---

[1] Diese Behauptung scheint mit der Beobachtung, daß auch bei homogenen Verformungen die kritische Schubspannung eines verfestigten Kristalls in der umgekehrten Beanspruchungsrichtung kleiner ist als in der ursprünglichen, in Widerspruch zu stehen. Diese Erniedrigung hat jedoch andere Ursachen als eine einseitig gerichtete Schubspannung, die nur in der ursprünglichen Richtung verfestigend. wirkt (**17**). Bei inhomogenen Verformungen liegen die Verhältnisse anders, dort kann ein echter sog. „Bauschinger-Effekt" auftreten (**23b**).

daß die theoretische Schubspannung σ_R erhöht wird. Nehmen wir aber die Beziehung (34), nach der

$$\varkappa^2 A_1 = \frac{V}{2G}\,(\varkappa\,\sigma_R)^2 \tag{65}$$

wird, hinzu, so sehen wir, daß die Erhöhung der theoretischen Schubspannung eine einheitliche Grundlage zur Erklärung der Erhöhung von A_1 und $\sigma_{0\,1}$ bietet. Im andern Fall müßten alle drei Größen σ_R, q und V, oder mindestens zwei von ihnen, sehr unübersichtlichen und schwer verständlichen Änderungen unterworfen sein. Eine beiderseitige Erhöhung von σ_R ist dagegen dadurch möglich, daß im Kristall Eigenspannungen entstehen, die zu den Bildungsstellen symmetrisch verlaufen. Nun haben wir in **7c** gesehen, daß mit einer Versetzung ein Eigenspannungsfeld verbunden ist, so daß eine geeignete Anordnung der gebundenen Versetzungen die erforderliche Erhöhung der theoretischen Schubspannung bewirken könnte. Dann wäre die Verfestigung (neben den elastischen Gittergrößen, die das Spannungsfeld bestimmen) lediglich durch die Zahl und Anordnung der gebundenen Versetzungen gegeben.

b) Die Temperatur- und Geschwindigkeitsabhängigkeit der Verfestigung. Eine weitere Erhärtung der Annahme, daß die Verfestigung nur durch die Zahl N der gebundenen Versetzungen bestimmt ist, gewinnen wir dadurch, daß wir N in Abhängigkeit von der Temperatur und Gleitgeschwindigkeit berechnen und dann zeigen, daß die experimentell erhaltenen Verfestigungskoeffizienten denselben Verlauf mit u und T besitzen. Wir gewinnen durch dieses Ergebnis gleichzeitig den Zusammenhang zwischen τ und N, der theoretisch heute noch nicht streng abgeleitet werden kann.

Mit zunehmender Verformung nimmt die Zahl der gebildeten Versetzungen dauernd zu. Je nach den äußeren Bedingungen (u, T) wird davon ein mehr oder weniger großer Teil wieder aufgelöst. Nach (50) und der entsprechenden Beziehung für die Auflösung, die sich aus (46) ergibt, beträgt in der Zeiteinheit der Überschuß der gebildeten über die aufgelösten Versetzungen[1]:

$$\frac{dN}{dt} = \frac{d_1 N}{dt} - \frac{d_2 N}{dt} = \frac{1}{\lambda L}\left\{\alpha_1\,\lambda\,e^{-\frac{A_1}{kT}\left(1-\frac{\sigma-\tau}{\sigma_{01}}\right)^2} - \alpha_2\,\lambda\,e^{-\frac{A_2}{kT}\left(1-\frac{\sigma-\tau}{\sigma_{02}}\right)^2}\right\}. \tag{66}$$

Nach (62) ist die rechte Seite von (66) eine Funktion von u und T, die sich ergibt, wenn man (62) entsprechend (53) nach $\sigma - \tau$ auflöst und in (66) einsetzt. Man erhält:

$$\frac{dN}{dt} = \frac{1}{\lambda L}\left(u - \alpha_2\lambda e^{-\psi(u,T)}\right). \tag{67}$$

---

[1] Vgl. Fußnote 1 auf S. 74. Neben σ und σ_{01} ist jetzt auch τ stets positiv zu rechnen.

Die Form von $\psi(u, T)$ ist bei Kochendörfer (1938, 1) angegeben, wir benötigen sie hier nicht. Für kleine Gleitgeschwindigkeiten und hohe Temperaturen gilt (67) nicht mehr, man muß dann nach 9 die $-\sigma$-Glieder berücksichtigen.

Die Differentialgleichung (67) können wir für die Versuchsbedingung konstanter Gleitgeschwindigkeit leicht integrieren. Beginnen wir zur Zeit $t = 0$ mit der Verformung, und ist dabei die Zahl der gebundenen Versetzungen N_0, so ist zur Beobachtungszeit t:

$$N - N_0 = \frac{1}{\lambda L}\left(u \cdot t - \alpha_2 \lambda e^{-\psi(u, T)} \cdot t\right).$$

Nun ist $u \cdot t$ gleich der Abgleitungszunahme $a - a_0$, also $t = (a - a_0)/u$. Für einen anfänglich unverformten Kristall ist $a_0 = 0$ und $N_0 = 0$[1], also wird in diesem Fall:

$$\frac{N}{a} = \frac{1}{\lambda L}\left(1 - \frac{\alpha_2 \lambda}{u} e^{-\psi(u, T)}\right). \tag{68}$$

Die Zahl der gebundenen Versetzungen nimmt also linear mit der Abgleitung zu[2]. In (68) treten neben den aus Anfangswerten berechenbaren Größen (28) und (58) folgende Ausdrücke auf:

$$\lambda L; \quad A_2/A_1; \quad \alpha_2 \lambda; \quad \frac{\sigma_{01}}{\sigma_{02}}. \tag{69}$$

auf deren Berechnung wir gleich zu sprechen kommen.

Wir können nun Versuche mit ein und derselben Gleitgeschwindigkeit u_0 bei verschiedenen Temperaturen T ausführen, oder bei einer bestimmten Temperatur T_0 die Gleitgeschwindigkeit u (die während eines Versuchs konstant ist) von Versuch zu Versuch ändern. Im ersten Fall erhalten wir aus (68), wenn wir die Glieder mit T zusammenfassen, für die Temperaturabhängigkeit von N/a:

$$\frac{N}{a}(T) = \frac{1}{\lambda L}\left(1 - B e^{-\left(\frac{C}{T} + \frac{D}{\sqrt{T}}\right)}\right). \tag{70}$$

Entsprechend im zweiten Fall für die Geschwindigkeitsabhängigkeit:

$$\frac{N}{a}(u) = \frac{1}{\lambda L}\left(1 - \frac{B'}{u^{c'}} e^{-D'\sqrt{\ln\frac{\alpha_1 \lambda}{u}}}\right). \tag{71}$$

$\lambda L, B, C, D$ und $\lambda L, B', C', D'$ sind je vier unabhängige Funktionen der Größen (69), sie sind bei Kochendörfer (1938, 1) angegeben. Eine dieser Gruppen ist also durch die andere vollkommen bestimmt, und jede für sich durch je vier Punkte der Kurven (70) bzw. (71), so daß eine Abhängigkeit bereits zur Prüfung der Ergebnisse, welche die andere liefert, benutzt werden kann.

---

[1] N_0 ist nicht genau Null, aber sehr klein. Vgl. **12**.

[2] Vgl. hierzu die Schlußbemerkungen dieses Paragraphen.

Man überzeugt sich leicht, daß N/a nach (70) bzw. (71) allgemein denselben Verlauf mit T bzw. u besitzt wie die gemessenen Verfestigungsparameter τ^2/a und τ/a in Abb. 14 und 25. Die Temperaturkurven haben bei $T = 0$, wo sie ihren Höchstwert $1/\lambda L$ annehmen, eine horizontale Tangente. Oberhalb einer bestimmten Temperatur nehmen sie, ähnlich wie die Temperaturkurve der kritischen Schubspannung (Abb. 13), negative Werte an (keine Berücksichtigung der Gegenschwankungen!) und streben mit wachsendem T asymptotisch dem Wert $-(B-1)/\lambda L$ zu. Die Geschwindigkeitskurven nehmen für $u = 0$ den Wert $-\infty$ an (ebenfalls wegen Vernachlässigung der Gegenschwankungen) und nähern sich für große u dem Wert $1/\lambda L$.

Die Übereinstimmung mit den experimentellen Ergebnissen ist jedoch nicht nur qualitativ, sondern bei geeigneter Wahl der Zahlwerte für die Konstanten quantitativ. Der Temperaturverlauf von τ^2/a bei Aluminium läßt sich durch (70) mit $C = 0$ und $D \infty 6$ und passenden A und B gut wiedergeben. Die Funktionen für verschiedene D unterscheiden sich praktisch nur in ihrem Verlauf unterhalb $T = 50°\,\mathrm{K}$. Mit $D = 5$ bzw. $D = 7$ ergeben sich bei Festlegung der Werte von τ^2/a für $T = 100$ und $400°\,\mathrm{K}$ zu 33 bzw. 8 $(\mathrm{kg/mm^2})^2$ die Funktionen:

$$\frac{\tau^2}{a} = \beta_1 \frac{N}{a} = 120{,}4\left(1 - 1{,}198\,e^{-\frac{5}{\sqrt{T}}}\right)(\mathrm{kg/mm^2})^2, \qquad (72\,\mathrm{a})$$

$$\frac{\tau^2}{a} = \beta_1 \frac{N}{a} = \;\;92{,}7\left(1 - 1{,}296\,e^{-\frac{7}{\sqrt{T}}}\right)(\mathrm{kg/mm^2})^2. \qquad (72\,\mathrm{b})$$

Ihr Verlauf ist in Abb. 14a dargestellt. Sie geben in dem Temperaturbereich oberhalb 40°K, in dem Messungen vorliegen, die Meßergebnisse gut wieder, unterhalb 40°K ist ihr Spielraum mit D so groß, daß dort auch eine richtige Wiedergabe späterer Messungen mit einem passenden Wert von D angenommen werden darf. Vorläufig bleibt der genaue Wert von D unbestimmt. Für Kadmium erhält man die in Abb. 14b dargestellte Funktion

$$\frac{\tau}{a} = \beta_2 \frac{N}{a} = 0{,}469\left(1 - 1{,}368\,e^{-\frac{7}{\sqrt{T}}}\right)\mathrm{kg/mm^2}. \qquad (72\,\mathrm{c})$$

β_1 und β_2 sind zwei Konstanten, deren Wert nur durch unmittelbare Berechnung von τ selbst bestimmt werden kann (13b). Der Wert von C kann in allen Fällen nicht festgelegt werden. Er muß, um Übereinstimmung mit den experimentellen Ergebnissen zu erhalten, kleiner als 1 angenommen werden, solche Werte sind jedoch auf den Verlauf der Kurven praktisch ohne Einfluß. Aus diesem Grunde lassen sich aus dem Temperaturverlauf der Verfestigung allein nur drei der Größen (69) bestimmen. Geben wir der vierten, am besten A_2/A_1 verschiedene Werte, so können wir für jeden Wert die Konstanten in (71) berechnen.

Eine Übersicht über ihre Werte[1] gibt Tabelle 3. C ist in allen Fällen <1, in Übereinstimmung damit, daß es in (70) in dieser Größe angenommen werden mußte.

Tabelle 3. Werte der Konstanten auf Grund der Temperaturabhängigkeit der Verfestigung für verschiedene Verhältnisse A_2/A_1 der Schwellenenergien der Auflösung und Bildung einer Versetzung. Aus Kochendörfer (1938, 1).

A_2/A_1	D	C	σ_{01}/σ_{02}	$\alpha_2\lambda$	B'	C'
1	5	0,215	0,9971	$4,85 \cdot 10^{12}$	1,197	0,006
	7	0,426	0,9959	$4,89 \cdot 10^{12}$	1,294	0,008
0,9	5	0,238	0,9967	$2,62 \cdot 10^{11}$	1,197	0,106
	7	0,471	0,9954	$2,64 \cdot 10^{11}$	1,294	0,108
0,75	5	0,290	0,9961	$3,27 \cdot 10^{9}$	1,197	0,256
	7	0,567	0,9945	$3,31 \cdot 10^{9}$	1,293	0,258
0,5	5	0,432	0,9941	$2,21 \cdot 10^{6}$	1,196	0,506
	7	0,857	0,9917	$2,23 \cdot 10^{6}$	1,292	0,508

Die damit erhaltenen Geschwindigkeitskurven für $D = 7$ zeigt Abb. 25. Der wirkliche Wert von A_2/A_1 ist durch diejenige Kurve bestimmt, welche die experimentellen Ergebnisse richtig wiedergibt. Man erkennt, daß dies für Naphthalin und Kadmium für den in (49) angegebenen Wert $A_2/A_1 = 0{,}95$ der Fall ist. Von den übrigen Metallen liegen noch keine hinreichend genauen Messungen vor. Qualitativ sind die Verhältnisse dieselben wie bei Kadmium, so daß wir die mit $A_2/A_1 = 0{,}95$ erhaltenen Zahlwerte der Größen (69) bis auf λL^2 als allgemein gültig ansehen können. Neben (28), (49) und (58) haben wir somit:

$$\alpha_2\lambda = 10^{12}; \quad \frac{\sigma_{01}}{\sigma_{02}} = 0{,}996 \, . \tag{73}$$

Bemerkenswert ist, daß sich die Meßwerte des Verfestigungsparameters τ/a von Roscoe an Kadmium so gut den Kurven in Abb. 25 einfügen, die unter Benutzung der Zahlwerte (28) und (58) für A_1/k und $\alpha_1\lambda$ berechnet wurden, obwohl diese Werte zur Darstellung der von Roscoe gemessenen Geschwindigkeitsabhängigkeit der kritischen

---

[1] Beim Abschluß der Arbeit (1938, 1), der Tabelle 3 entnommen ist, waren die Ergebnisse der Messungen von Roscoe an Kadmiumkristallen dem Verfasser noch nicht bekannt, so daß eine Berechnung der Kurve für $A_2/A_1 = 0{,}95$ nicht erforderlich war, denn der Geschwindigkeitsbereich bei Naphthalin reicht zu einer genauen Festlegung von A_2/A_1 nicht aus. Die in Abb. 25 gezeichnete Kurve $A_2/A_1 = 0{,}95$ wurde durch Interpolation gewonnen, da wegen anderweitiger Inanspruchnahme die Rechnung nicht mehr durchgeführt werden konnte.

[2] Der Wert der Größe λL kann aus den Kurven sowieso nicht entnommen werden, da sie nur in Verbindung mit den unbekannten Proportionalitätsfaktoren $\beta\nu$ auftritt. Aber auch die Werte von $\beta\nu/\lambda L = \tau^2/a\,(T = 0)$ sind für die verschiedenen Kristalle verschieden, ähnlich wie die von σ_{01} gegenüber denen von A_1 und $\alpha_1\lambda$.

Schubspannung nicht annähernd geeignet sind (vgl. 8). Es ist aber nicht ausgeschlossen, daß die berechneten Werte der Konstanten B', C' und D' bei vorgegebenen Werten von λL, B, C und D sowie A_1/k und $\alpha_1 \lambda$ gar nicht wesentlich von den beiden letzteren abhängen, wie es ja auch für die Konstante β in (54), welche den Temperaturverlauf der kritischen Schubspannung bestimmt, der Fall ist. Eine genaue Untersuchung dieser Verhältnisse fehlt noch. Wären dagegen die von uns benutzten Zahlwerte gültig, also die von Roscoe angegebene Geschwindigkeitsabhängigkeit der kritischen Schubspannung aus irgendeinem Grunde zu groß, so würden dadurch die Werte von τ/a kaum beeinflußt, also die Übereinstimmung mit den von uns berechneten Kurven bestehen bleiben, da die zugrunde gelegten Meßwerte von τ bei $a = 3$ wesentlich größer sind, als die möglichen Änderungen der Werte von σ_0 betragen.

Auf Grund der obigen Ergebnisse erscheint die Folgerung, daß die Verfestigung τ nur durch die Zahl der gebundenen Versetzungen bestimmt ist, berechtigt, denn die Form der Kurven ist so charakteristisch und die gegenseitige Verflechtung der auftretenden Größen so mannigfach, daß eine zufällige Übereinstimmung der experimentellen und theoretischen Ergebnisse ausgeschlossen erscheint. Die Abhängigkeit der Verfestigung von der Temperatur und Gleitgeschwindigkeit kommt demnach zustande durch das Zusammenwirken eines athermischen verfestigenden Vorgangs [Bindung aller gebildeten Versetzungen, erster Summand in den Gleichungen (70) und (71)] und eines entfestigenden Vorgangs (Auflösung der gebundenen Versetzungen, zweiter Summand in den Gleichungen), der neben der Temperatur auch von der Gleitgeschwindigkeit abhängt und sich dadurch von der im Ruhezustand gemessenen Erholung, die nach **5b** allein zur Erklärung der experimentellen Befunde nicht ausreicht, unterscheidet[1]. Damit ist eine Synthese zwischen den ursprünglich im Gegensatz zueinander stehenden rein statischen und rein dynamischen Auffassungen gewonnen. In dem Proportionalitätsfaktor zwischen N/a und τ^2/a bzw. τ/a kommt die Wirkung einer gebundenen Versetzung auf die Bildung neuer Versetzungen zum Ausdruck. Er kann unter bestimmten Annahmen berechnet werden (**13b**).

Auf einen Punkt ist noch hinzuweisen. Wir haben in (66) angenommen, daß die Auflösungsgeschwindigkeit $d_2 N/dt$ unabhängig von der

---

[1] Wir bezeichnen daher die Wirkung der Auflösung als Entfestigung. Praktisch stimmen Entfestigung und Erholung (im unbelasteten Zustand) bei den kleinen Gleitgeschwindigkeiten, die in einem unter konstanter oder abnehmender (z. B. unter der Federwirkung eines stillstehenden Polanyi-Apparats) Spannung fließenden Kristall (wenn die Gleitgeschwindigkeit anfänglich groß ist, nach einiger Zeit) auftreten, überein [Kochendörfer (1937, 1)], so daß wir in diesen Fällen auch die Bezeichnung Erholung bzw. Erholungsfließen anwenden.

Zahl der schon gebundenen Versetzungen ist, während sie in Wirklichkeit offenbar mit dieser Zahl zunimmt. Bei Berücksichtigung dieses Umstandes würde die Zahl der gebundenen Versetzungen nicht mehr linear mit der Abgleitung zunehmen, sondern einem endlichen Grenzwert zustreben. Die Rechnung ist auch in diesem Falle durchführbar, aber bedeutend unübersichtlicher als mit unseren einfachen Annahmen; insbesondere könnten die Verfestigungskurven nicht mehr durch einen Parameterwert gekennzeichnet werden. Man erkennt aber leicht, daß die gegenseitigen Beziehungen zwischen den Verfestigungskurven bei verschiedenen Temperaturen und Gleitgeschwindigkeiten in der bisherigen Weise bestehen bleiben, denn sie sind im wesentlichen durch die e-Funktionen in (66) bestimmt. Diese Beziehungen bilden aber den Kernpunkt dieses Abschnitts und nicht der genaue Zusammenhang zwischen N und τ für eine Verfestigungskurve. Ihre allgemeine Grundlage bildet die Annahme, daß die Entstehung und Beseitigung der Verfestigung durch gleichartige Vorgänge, die in einem Atomsprung über eine Energieschwelle bestehen, bewirkt wird. Wenden wir, um den Inhalt dieser Annahme in geläufiger Weise charakterisieren zu können, die in der chemischen Kinetik übliche Bezeichnung Reaktionsordnung sinngemäß an, so haben wir die Bildung und Auflösung einer Versetzung als Vorgänge erster Ordnung zu bezeichnen, denn es müssen nicht mehrere unabhängige thermische Schwankungen zufällig günstig zusammenwirken, damit einer dieser Vorgänge eintritt. Die Ordnung einer Reaktion ist aber im wesentlichen für ihren Temperaturverlauf maßgebend, lediglich die feineren Einzelheiten werden im Einzelfalle durch die Besonderheiten der wirksamen Kräfte bedingt. Wäre nun die Verfestigung durch andere Ursachen bedingt als die Eigenspannungen der Versetzungen und könnte sie nur durch Vorgänge höherer als erster Ordnung beseitigt werden, so müßte sie einen ganz anderen Temperatur- und Geschwindigkeitsverlauf zeigen, als er beobachtet wird. Wir gewinnen so nochmals eine allgemeine Bestätigung unserer Annahmen.

11. Die Wanderungsgeschwindigkeit der Versetzungen.

Wir haben bisher angenommen, daß die Versetzungen unendlich rasch durch die Mosaikblöcke wandern. Die Gleitgeschwindigkeit hängt dann streng nur von ihrer Bildungsgeschwindigkeit ab. In Wirklichkeit ist die Wanderungsgeschwindigkeit w endlich. Ihre Größe beträgt nach (42) und (43)[1]

$$w = \beta e^{-\frac{B_w}{kT}\left(1 - \frac{\sigma - \tau}{\sigma_w}\right)^2}. \tag{74}$$

Ein Einfluß von w auf u ist also stets vorhanden; er wird um so geringer, je größer w ist.

---

[1] Da (22) unabhängig von der Form von $\varphi(u)$ gilt, so ist auch in w allgemein σ durch $\sigma - \tau$ zu ersetzen. Wir werden das in **17** unmittelbar bestätigen.

Ein endliches w bedeutet allgemein, daß noch Versetzungen im Wandern begriffen sind, während bereits neue wieder gebildet werden. Ihre jeweilige Anzahl in der Volumeinheit sei z_w. Wir erhalten dann durch Differentation von (45) (mit $bh = 1$) nach der Zeit, die für alle w gültige Beziehung ($w = dx/dt$):

$$u = \lambda z_w w. \tag{75}$$

Bei vorgegebenem u wird die äußere Schubspannung σ nach (74) durch den Wert von w bestimmt, den es bei der jeweiligen Größe von z_w auf Grund von (75) besitzen muß. Dabei werden nach (50) (mit $\sigma - \tau$ an Stelle von σ) dauernd Versetzungen neu gebildet. Zwischen zwei Beobachtungszeiten t_0 und t_1 beträgt ihre Anzahl

$$z_B = \int\limits_{t_0}^{t_1} \frac{d_1 N}{dt}\, dt . \tag{76}$$

Während dieser Zeit werden auch Versetzungen gebunden (und danach unter Umständen aufgelöst). Bei einem anfänglich (zur Zeit $t = 0$) unverformten Kristall ohne Versetzungen ist das jedoch erst der Fall, wenn die ersten Versetzungen zur Zeit $t = t_L$ die Mosaikgrenzen, an denen sie gebunden werden, erreicht haben. Für $t \leqq t_L$ nimmt z_w um z_B zu, also ist nach (75):

$$u = \lambda w \int\limits_{0}^{t} \frac{d_1 N}{dt}\, dt \quad \text{für} \quad t \leqq t_L . \tag{77}$$

Nach der Zeit t_L werden Versetzungen laufend gebunden. Ihre Anzahl beträgt, wie man leicht nachrechnet:

$$z_G = \int\limits_{t_0}^{t_1} \frac{z_w w}{L}\, dt = \int\limits_{t_0}^{t_1} \frac{u}{\lambda L}\, dt . \qquad t_0, t_1 \geqq t_L \tag{78}$$

z_w nimmt dabei um den Unterschied $z_B - z_G$ zu:

$$z_{w_1} - z_{w_0} = \int\limits_{t_0}^{t_1} \frac{d_1 N}{dt}\, dt - \int\limits_{t_0}^{t_1} \frac{u}{\lambda L}\, dt . \tag{79}$$

Wir beschränken uns wie bisher auf Kurven konstanter Gleitgeschwindigkeit. Dann wird nach (79):

$$u = \frac{\displaystyle\int\limits_{t_0}^{t_1} \lambda L \frac{d_1 N}{dt}\, dt}{t_1 - t_0} - \lambda L \frac{z_{w_1} - z_{w_0}}{t_1 - t_0} \tag{80a}$$

oder mit (75):

$$u = \frac{\displaystyle\int\limits_{t_0}^{t_1} \lambda L \frac{d_1 N}{dt}\, dt}{t_1 - t_0} - \frac{uL}{(t_1 - t_0)} \left(\frac{1}{w_1} - \frac{1}{w_0} \right). \tag{80b}$$

Gehen wir zu kleinen Zeitunterschieden $t_1 - t_0$ über, so erhalten wir daraus:

$$u = \lambda L \frac{d_1 N}{dt} - \lambda L \frac{dz_w}{dt} = \frac{\lambda L \dfrac{d_1 N}{dt}}{\left(1 + L \dfrac{d}{dt}\left(\dfrac{1}{w}\right)\right)}. \qquad t \geqq t_L \qquad (81)$$

(77) und (81) sind Erweiterungen von (62), die für beliebige Werte von w gültig sind. Zur Vervollständigung wäre noch $u^{-\sigma}$ zu berücksichtigen, was aber für unsere Zwecke nicht erforderlich ist.

Trotzdem die Zahlwerte der Konstanten in (74) nicht bekannt sind, kann man aus den erhaltenen Beziehungen weitgehende Schlüsse ziehen. Zunächst sieht man aus (80a, b), daß für große Beobachtungszeiten im Zeitmittel gilt (Mittelwerte geschweift überstrichen):

$$u = \lambda L \left(\widetilde{\frac{d_1 N}{dt}}\right).$$

Das ist leicht verständlich, da die Zahl der Versetzungen, die je gewandert sind und gebunden wurden, schließlich mit der Zahl der je gebildeten Versetzungen übereinstimmen muß. Je größer w ist, um so kleiner kann der Zeitunterschied $t_1 - t_0$ genommen werden. Im Grenzfall $w \to \infty$ ergibt sich, wie es auch sein muß, die frühere Beziehung (62):

$$u = \lambda L \, \frac{d_1 N}{dt}. \qquad (82)$$

Das sieht man auch unmittelbar aus (81). Nun ist t_L gleich dem Mittelwert von L/w. An dessen Stelle treten für große w die Augenblickswerte. Es ist also:

$$t_L = \frac{L}{w} \to 0 \quad \text{für} \quad w \to \infty. \qquad (83)$$

Damit fällt (77) weg und (82) gilt unmittelbar von Beginn der Verformung an. Wir werden also Wanderungsgeschwindigkeiten als „groß" bezeichnen, wenn (82) und (83) schon bei Beginn der Verformung mit hinreichender Genauigkeit erfüllt sind. Das wollen wir jetzt genau festlegen.

Die Bedingungen sind sicher erfüllt, wenn eine Versetzung bereits durch ihren Mosaikblock gewandert ist, ehe im Kristall eine neue Versetzung gebildet wird. Eine solche Festsetzung „großer" Wanderungsgeschwindigkeiten ist aber nicht sinnvoll: Die Zeitdauer Δt zwischen zwei Versetzungsbildungen nimmt (unter gleichen äußeren Bedingungen) mit der Größe V des Kristalls ab. Wir müßten daher $t_L \leqq \Delta t$ mit zunehmendem V auch dauernd herabsetzen bzw. $w = L/t_L$ unbegrenzt zunehmen lassen, und schließlich die größte in Wirklichkeit mögliche Wanderungsgeschwindigkeit (s. weiter unten) als „klein" ansehen. Denken wir uns aber einen solch großen Kristall aus mehreren kleineren zusammengesetzt, so bleiben offenbar alle Beziehungen zwischen σ, u

und w erhalten, trotzdem in den Teilstücken w „groß", im gesamten Kristall dagegen „klein" wäre.

Dieses Zerschneiden können wir uns immer weiter fortgesetzt denken. Einmal stoßen wir aber auf eine grundsätzliche Grenze, unterhalb deren die statistischen Schwankungen der Vorgänge merklich werden. Dann sind unsere Formeln, die sich auf statistische Mittelwerte beziehen, nicht mehr anwendbar.

n_L sei die Anzahl der Fehlstellen, für welche die Schwankungen bereits unmerklich werden. In einem Kristall mit n_L Fehlstellen, in dem der Fehlstellenabstand längs der Mosaikgrenzen gerade einen Gitterabstand λ betragen würde, würden n_L Versetzungen die Abgleitung 1 ergeben, nachdem sie gewandert sind, unabhängig von der Zeit, in der das geschieht. Nach **7c** haben die Fehlstellen längs der Mosaikgrenzen aber einen größeren Mindestabstand, er sei $n_q\lambda$. Dann ergeben erst $n_L n_q$ Versetzungen die Abgleitung 1. Bei der Gleitgeschwindigkeit u und $w = \infty$ werden diese in $360/u$ Sekunden gebildet[1], also ist die Zeitdauer zwischen zwei Bildungsvorgängen:

$$\Delta t = \frac{360}{u \cdot n_L \, n_q} \text{ sec.} \tag{84}$$

Dann bedeutet nach obigem eine „große" Wanderungsgeschwindigkeit, daß $t_L \lesssim \Delta t$, also

$$w \gtrsim w_0 = \frac{L}{\Delta t} = \frac{u \cdot n_L \cdot n_q \cdot L_{[\text{cm}]}}{360} \text{ cm/sec.} \tag{85}$$

ist. Mit $L = 10^{-3}$ cm, $n_q = 100$ (vgl. **7c**), $n_L = 1000$, wird

$$\Delta t = \frac{3{,}6 \cdot 10^{-3}}{u} \text{ sec}; \quad w_0 = 3 \cdot 10^{-1} \cdot u \text{ cm/sec.} \tag{86}$$

Für den Fall, daß $\sigma - \tau$ groß ist gegenüber σ_w in (74), ist die Mitwirkung der thermischen Schwankungen zu vernachlässigen. Die Wanderungsgeschwindigkeit ist dann im wesentlichen durch die Trägheit der Kristallmasse und die Größe der äußeren Kräfte bestimmt. Für diesen Höchstwert $w_{\max}$ erhält man unter folgenden Annahmen: Kristallvolumen 1 ccm; spezifisches Gewicht 6; $L = 10^{-3}$ cm; $\sigma = 100$ g/mm²:

$$w_{\max} \sim 10^4 \text{ cm/sec}. \tag{87}$$

Sie ist also eine Größenordnung geringer als die Schallgeschwindigkeit, die auch nur bei kleinen Störungen der Gleichgewichtslagen auftritt, und in unserem Falle nie erreicht werden kann[2]. Da $w_{\max}$ etwa das 10000fache der schon „großen" Wanderungsgeschwindigkeit w_0 beträgt, so ist anzunehmen, daß bei w_0 selbst die thermischen Schwankungen noch eine merkliche Rolle spielen.

---

[1] u ist wie bisher mit der in **4b** festgelegten Einheit von Abgleitung 10/Stunde zu messen und in den Formeln als dimensionslos anzusehen.

[2] Vgl. die Bemerkungen am Schluß dieses Abschnitts.

Es erhebt sich nun die Frage, wie groß w in Wirklichkeit ist. Sie kann heute noch nicht genau beantwortet werden, wir werden aber im folgenden einige Verfahren angeben, nach denen w experimentell abgeschätzt werden kann.

Zunächst ist zu bemerken, daß (81) nicht nur für „große" w in (82) übergeht, sondern auch für $w = \text{const}$ (bzw. $z = \text{const}$), denn dann ist $d/dt(1/w) = 0$. In diesem Fall hat sich ein stationärer Zustand eingestellt, in dem in jedem Zeitelement genau soviel Versetzungen gebildet wie gebunden werden. Diesem Zustand strebt bei konstanter Gleitgeschwindigkeit jeder Verformungsvorgang zu. Er ist dann erreicht, wenn die ersten Versetzungen an den Fehlstellen, an denen sie gebunden werden, angekommen sind, also zur Zeit t_L, d. h. um so früher, je größer w ist. Die dabei erreichte Abgleitung beträgt:

$$a_L = \frac{u \cdot t_L \,(\text{sec})}{360}. \tag{88}$$

Nach (86) und (88) wird:

$$\left. \begin{aligned} a_L &\gg 10^{-5} \text{ für } w \ll w_0 \ (w \text{ „klein"}), \\ a_L &\leq 10^{-5} \text{ für } w \geq w_0 \ (w \text{ „groß"}). \end{aligned} \right\} \tag{89}$$

Für die untere Grenze w_0 der „großen" Wanderungsgeschwindigkeiten ist also a_L von der Größenordnung der elastischen Deformationskomponenten. Diese Abgleitung ist bei „großen" Gleitgeschwindigkeiten nicht mehr meßbar, so daß, wie es sein muß, bei „großen" Wanderungsgeschwindigkeiten unsere bisherigen, zunächst für unendlich großes w abgeleiteten Beziehungen allgemein gültig sind. Bei „kleinen" Wanderungsgeschwindigkeiten kommt a_L in den Bereich der Meßbarkeit. Auch hier bleiben oberhalb a_L, wenn der stationäre Zustand erreicht ist, die bisherigen Beziehungen bestehen, unterhalb a_L treten jedoch besondere Verhältnisse ein. Der Anfangswert der Schubspannung, bei dem eine vorgegebene Gleitgeschwindigkeit erst möglich ist, liegt um so höher über dem kritischen Wert σ_0, bei der die Bildungsgeschwindigkeit $d_1 N/dt$ bei „großem" w allein ausreicht, je kleiner w ist. Würde sich w mit σ nicht ändern, so wäre die Erhöhung $\delta\sigma$ über σ_0 gleich der dynamischen Schubspannungsänderung $\Delta\sigma(u, u w_0/w)$, wie sie sich nach (52) ergibt. Da aber in Wirklichkeit w, ebenso wie $d_1 N/dt$, sehr rasch mit u zunimmt, so ist $\delta\sigma < \Delta\sigma$. Für $w = w_0/10000$ und $u = 1$ ist nach Abb. 34 bei Zimmertemperatur[1] $\Delta\sigma = 0,24\,\sigma_0$, also dürfte $\delta\sigma \sim 0,15\,\sigma_0$ sein. Dieser Wert ist so klein, daß er durch Vergleich des gemessenen und berechneten Temperaturverlaufs der kritischen Schubspannung bei dem heutigen Stand der Theorie nicht nachgewiesen werden kann. Dagegen

---

[1] $\delta\sigma$ hängt wie $\Delta\sigma$ von der Temperatur ab. Nach Abb. 33 ist es am absoluten Nullpunkt Null (kein thermischer Einfluß und damit auch keine Geschwindigkeitsabhängigkeit) und nimmt mit wachsender Temperatur zu.

erscheint es möglich, den Einfluß von w auf die Geschwindigkeitsabhängigkeit der kritischen Schubspannung festzustellen. Der Zusammenhang zwischen u und σ ist nämlich unterhalb a_L, wo u durch das Produkt der beiden von σ abhängigen Größen w und $d_1 N/dt$ bestimmt ist, anders, als oberhalb a_L im stationären Zustand, wo $d_1 N/dt$ allein maßgebend ist. Nun entspricht dem oben angenommenen Wert $w = w_0/10000$ nach (89) $a_L = 0{,}1$. Bei den bisher vorliegenden Messungen unter nichtidealen Bedingungen (5a) konnte die dynamische Schubspannungsänderung einwandfrei gerade für Abgleitungen $\geqq 0{,}1$ als unabhängig von der Abgleitung festgestellt werden. Aus diesen Messungen kann also nur geschlossen werden, daß w mindestens diesen Wert besitzt, aber nicht wie groß es genau ist. Unter idealen Versuchsbedingungen (Polanyi-Apparat mit Piezokristall als Kraftmesser) wäre es möglich, bis zu viel kleineren Abgleitungen herab zu messen und den genauen Wert von w, wenn er in Wirklichkeit „klein" ist, festzustellen.

Eine andere Möglichkeit a_L und damit w zu bestimmen, besteht darin, daß man untersucht, von welcher Abgleitung an die Verfestigung von der Gleitgeschwindigkeit und Temperatur abhängt. Solange unterhalb a_L keine Versetzunaen gebunden wurden, können auch keine aufgelöst werden, also muß bis dahin die Verfestigung unabhängig von den äußeren Bedingungen dieselbe sein. Die bisher vorliegenden Meßergebnisse zeigen, daß bis zu Abgleitungen von $1/100$ herab bereits ein merklicher Geschwindigkeits- und Temperatureinfluß vorliegt. Wir können also unsere obige Abschätzung dahin verfeinern, daß $w \geqq w_0/1000$ ist. Eine genauere Bestimmung von w erfordert auch hier Messungen unter idealen Versuchsbedingungen bis zu sehr viel kleineren Abgleitungen herab.

Wir haben also das Ergebnis: **Die Wanderungsgeschwindigkeit der Versetzungen ist in Wirklichkeit so groß, daß bei der üblichen Meßgenauigkeit unsere bisherigen für $w = \infty$ abgeleiteten Beziehungen allgemein gültig sind.** Trotzdem kann nach unseren Festsetzungen w „klein" sein. Es ist aber mindestens $= w_0/1000$. Aus diesen Feststellungen ergibt sich die wichtige Tatsache, daß alle ermittelten Zahlwerte auch wirklich die ihnen zugrunde gelegte Bedeutung besitzen, denn sie ergeben sich ausschließlich aus Messungen, bei denen (82) unabhängig von dem wirklichen Wert von w innerhalb der Meßgenauigkeit gültig ist.

In der Nähe des Umkehrpunktes der kritischen Schubspannung mit der Temperatur, wo der Einfluß der Gegenschwankungen sehr stark wird (9), ist es wohl möglich, daß die Wanderungsgeschwindigkeit $w < w_0/1000$ wird, da sehr viele thermische Schwankungen zusammenwirken müssen, damit eine Versetzung wandert. Dann wird die Erhöhung $\delta\sigma$ der Schubspannung über die kritische Bildungsschubspannung σ_0 wesentlich größer, als wir oben angegeben haben. Vermutlich ist es auf diesen Umstand zurückzuführen, daß die kritische Schubspannung am Umkehrpunkt wesentlich höher liegt, als es nach 9 bei „großem" w infolge des Einflusses der Gegenschwankungen auf die Bildung der Versetzungen allein der Fall wäre.

Eine nähere Untersuchung der Wanderung von Versetzungen bei tiefen Temperaturen (kein Einfluß der thermischen Schwankungen) haben Frenkel und Kontorova (1939, 1) für zwei lineare Atomreihen mit dem Atomabstand λ durchgeführt. Sie nehmen eine (die untere) Reihe als fest an. Diese Reihe übt auf die Atome der oberen Reihe ein periodisches Potential aus. Außerdem wirken benachbarte obere Atome noch mit elastischen Kräften aufeinander, die proportional zu ihrer gegenseitigen Verrückung sind. Die potentielle Energie des Systems ist:

$$U = \sum_{-\infty}^{+\infty}{}_{k}\, U_0\left(1 - \cos\frac{2\pi\,\delta x_k}{\lambda}\right) + \frac{c}{2}\,(\delta x_{k+1} - \delta x_k), \tag{90}$$

wo δx_k die Verschiebung des k-ten Atoms aus seiner Gleichgewichtslage $k\lambda$ ist. Die naheliegende Annahme, daß alle Atome nacheinander dieselben Verrückungen erfahren, besagt:

$$\delta x_k(t) = \delta x_{k+1}(t + \vartheta). \tag{91}$$

Dabei ist

$$w = \frac{\lambda}{\vartheta} \tag{92}$$

die Geschwindigkeit, mit der sich eine bestimmte Verrückung durch die Atomreihe fortpflanzt, also die Wanderungsgeschwindigkeit der Versetzung[1]. Nehmen wir ferner an, daß die Änderung von δx_k während der Zeit ϑ klein ist gegenüber δx_k selbst:

$$\vartheta\,\frac{d(\delta x_k)}{dt} \ll \delta x_k, \tag{93}$$

so geht die Bewegungsgleichung des k-ten Atoms

$$m\,\frac{d^2(\delta x_k)}{dt^2} = -\frac{\partial U}{\partial(\delta x_k)} \tag{94}$$

durch Reihenentwicklung bei Vernachlässigung von höheren Gliedern als zweiter Ordnung in ϑ über in:

$$(m - c\vartheta^2)\,\frac{d^2(\delta x_k)}{dt^2} = -2\pi\,\frac{U_0}{\lambda}\sin\frac{2\pi\,\delta x_k}{\lambda}. \tag{95}$$

Diese Gleichung stimmt formal mit der Bewegungsgleichung für ein Atom unter der Einwirkung des Potentials der unteren Atomreihe allein

---

[1] Wir werden gleich sehen, daß die Lösung der Bewegungsgleichungen des Systems eine wandernde Versetzung darstellt.

(keine elastischen Kräfte der Atome der oberen Reihe aufeinander) überein; an Stelle der wirklichen Masse m tritt die scheinbare Masse

$$m' = m - c\vartheta^2.\tag{96}$$

Die Lösung von (95) lautet unter Berücksichtigung von (91) und der aus (93) folgenden Bedingung $\partial(\delta x_k)/\partial t = 0$ für $\delta x_k = 0$:

$$\delta x_k = \frac{2\lambda}{\pi}\operatorname{arctg}\left[B_0\, e^{\frac{2\pi}{\lambda}\sqrt{-\frac{U_0}{m'}}(t-k\vartheta)}\right].\tag{97}$$

Für $m' > 0$ gibt die Beziehung (97) offenbar einen periodischen Vorgang an, für $m' < 0$ dagegen stellt sie zur Zeit $t = 0$ folgenden Zustand dar: Das Atom $k = -\infty$ hat eine Verrückung der Größe $\delta x_{-\infty} = \lambda$, das Atom $k = +\infty$ die Verrückung $\delta x_\infty = 0$, die Verrückungen der übrigen Atome liegen zwischen diesen Grenzwerten und nehmen mit wachsendem k ab. Dabei haben nur die Atome in der Umgebung von $k = 0$ Werte von δx_k, die merklich von λ oder 0 verschieden sind, und zwar nimmt dieses Gebiet mit zunehmendem ϑ ab. Dieser Zustand stellt eine Versetzung mit $k = 0$ als Mittelpunkt dar[1]. Ihre Atomzahl n ist um so kleiner, je größer ϑ ist.

Für $t < 0$ befindet sich die Versetzung bei $k < 0$, für $t > 0$ bei $k > 0$, sie wandert also im Laufe der Zeit von kleineren zu größeren Werten von k mit der Geschwindigkeit w nach (92). Da w mit wachsendem ϑ abnimmt, so ist es um so kleiner, je kleiner n ist, wie man auch aus Abb. 32 erkennt, die zeigt, daß mit abnehmendem n die Potentialschwellen zwischen den Atomen der Versetzung in zwei benachbarten Lagen größer werden.

Wegen $m' < 0$ ist w kleiner als die Schallgeschwindigkeit in der Atomreihe, die sich aus dem Potentialansatz zu

$$w_s = \lambda\sqrt{c/m}\tag{98}$$

ergibt. Eine genauere Aussage über die Größe von w ist nicht möglich, da ϑ (und B_0) eine unbestimmte Konstante ist, die selbst erst bei bekanntem w berechnet werden kann. Für w_0 nach (86) und $\lambda = 3\cdot 10^{-8}\,\mathrm{cm}$ ergibt sich $\vartheta = 10^{-7}\,\mathrm{sec}$ für $u = 1$. Die Gesamtenergie H des Zustandes ergibt sich aus

$$w = w_s\sqrt{1 - \left(\frac{H_s}{H}\right)^2},\tag{99a}$$

wo

$$H_s = \frac{4w_s}{\pi}\sqrt{mU_0} < \frac{2mw_s^2}{\pi^2}\tag{99b}$$

die Mindestenergie ist, bei der ein solcher Zustand eben noch möglich ist. H_s berechnet sich für Metalle zu 30000 bis 40000 cal/Mol. Die

---

[1] Frenkel und Kontorova sehen eine wandernde Versetzung als einen ganz besonderen der durch (97) gegebenen Zustände an, während sie offenbar den allgemeinsten Fall darstellt.

Bildung einer Versetzung ist in obigen Beziehungen nicht enthalten, vielmehr muß der Anfangszustand für $t = -\infty$ bei $k = -\infty$ bereits eine Versetzung sein. Da von einer Energiezerstreuung (Dissipation) abgesehen ist, so muß die gesamte Bildungsenergie als Gesamtenergie der wandernden Versetzung wieder in Erscheinung treten. Damit steht in Einklang, daß die von uns berechnete Bildungsenergie A_1 nach (28) von derselben Größenordnung, aber größer ist, als die von Frenkel und Kontorova berechnete Mindestenergie H_s. Unter diesen Umständen wird also die bei der Bildung einer Versetzung aufgewandte Energie während ihrer Wanderung der Reihe nach auf alle Atome der Kette übertragen, eine weitere Energiezufuhr ist nicht mehr erforderlich. Es erscheint zweckmäßig, die in der chemischen Kinetik für Vorgänge, welche nur eine einmalige örtliche Aktivierung zu ihrer Auslösung benötigen, übliche Bezeichnung Kettenreaktion auch hier anzuwenden, wie Dehlinger (1939, 4) vorgeschlagen hat [vgl. auch Dehlinger und Kochendörfer (1940, 3); Dehlinger (1941, 2)]. In einem wirklichen Kristall kann die Energieübertragung in dieser Weise nicht mehr stattfinden, wenn die Versetzung wieder an eine Mosaikgrenze, d. h. an eine gestörte Gitterstelle gelangt. Die Kettenreaktion wird dann unterbrochen und die Versetzung gebunden, bis sie durch thermische Energiezufuhr aufgelöst wird. Schon zum Wandern wird wegen der Dämpfung ein gewisser thermischer Energieaufwand erforderlich sein. Bei allotropen Umwandlungen dagegen können sich die Kettenreaktionen in einem störungsfreien Kristall, in dem keine Restverzerrungen vorangegangener Umwandlungen vorhanden sind, durch den ganzen Kristall fortpflanzen, so daß sie unmittelbar nachgewiesen werden können [vgl. Dehlinger (1937, 1; 1939, 4)].

12. Der Einfluß der Mosaikstruktur bei kleinen Gleitgeschwindigkeiten (Bestehen einer wahren Kriechgrenze).

Bisher haben wir die Fragen behandelt, die sich durch Versuche bei „großen" Gleitgeschwindigkeiten experimentell nachprüfen lassen, und haben gesehen, daß die theoretischen Ansätze vollauf bestätigt werden. Wir haben dabei vorausgesetzt, daß die Versetzungen unabhängig voneinander gebildet werden, erwähnten aber bereits, daß dies wegen ihres Eigenspannungsfeldes streng nicht zutreffen kann, sondern eine nur bei „großen" Gleitgeschwindigkeiten zulässige Näherung darstellt. Bei „kleinen" Gleitgeschwindigkeiten ist das nicht mehr der Fall. Die dadurch bedingten Besonderheiten bilden den Gegenstand der folgenden Untersuchungen.

Nach Taylor (1934, 1; 2) können die Eigenspannungen der Versetzungen in einer gegenüber dem Atomabstand λ großen Entfernung von ihrem Mittelpunkt (der ein singulärer Punkt ist) mit den Formeln

der klassischen Elastizitätstheorie berechnet werden. Für die allein
maßgebende Schubspannung[1] σ_i in der Gleitebene und Gleitrichtung
ergibt sich für eine positive (+) bzw. negative (−) Versetzung:

$$\sigma_i^{(\pm)} = \pm \frac{G\lambda}{\pi} \frac{x}{x^2 + y^2}. \tag{100}$$

x und y sind rechtwinklige Koordinaten in Richtung der Versetzung
und senkrecht zu ihr (zweidimensionales Gitter), G ist der Schubmodul. Für $x = 10^{-4}$ cm und $y = 0$ (Gleitebene) wird

$$|\sigma_i| \sim 10^{-4} G, \tag{100a}$$

also von der Größenordnung der äußeren Schubspannungen.

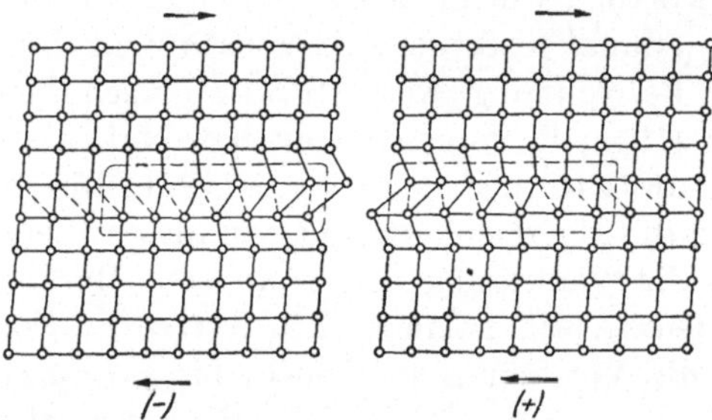

Abb. 36. Zwei Kristalle mit einer positiven (+) bzw.
negativen (−) Versetzung können zu einem Kristall
mit einem Versetzungspaar zusammengesetzt werden.

An idealen Stellen im In-
neren eines Kristalls können
nur Paare von Versetzungen
ungleichen Vorzeichens gebildet werden (vgl. Abb. 31).
Wie man aus Abb. 36 er-
kennt, kann man zwei Kri-
stalle mit je einer Versetzung
ungleichen Vorzeichens an
der Oberfläche ohne Gitterverzerrungen zu einem Kristall mit einem Versetzungs-
paar in der Mitte zusammensetzen. Das Spannungsfeld ist dabei dem
Betrag nach dasselbe wie das einer einzigen Versetzung, das Vorzeichen
dagegen ist in beiden Kristallhälften gleich[2]:

$$\sigma_i^{\substack{(-+) \\ (+-)}} = \pm \frac{G\lambda}{\pi} \frac{|x|}{x^2 + y^2}. \tag{101}$$

Wie die Verhältnisse an den im Inneren eines Kristalls befindlichen
Fehlstellen sind, läßt sich ohne Kenntnis ihrer Beschaffenheit nicht
sagen. Es ist sowohl möglich, daß die Versetzungen in den einzelnen
Mosaikblöcken unabhängig voneinander gebildet werden können als
auch, wie an idealen Stellen, nur paarweise. Im ersten Fall müssen die
Atome längs der Mosaikgrenzen genügend beweglich sein, daß sie bei
der atomaren Gleitstufenbildung (Abb. 30b) ausweichen können, und
eine starke Wirkung auf den anstoßenden Mosaikblock nicht stattfindet.

---

[1] Der Index i soll andeuten, daß es sich um die Schubspannungskomponente
des „inneren" Spannungsfeldes handelt. Demgegenüber bezeichnet σ ohne Index
stets die von außen angelegte Schubspannung.

[2] Die Beziehung (101) wird wohl nicht genau gelten, da (100) sich auf eine
in der Mitte eines großen Kristalls befindliche Versetzung bezieht, in Abb. 36 aber
zwei Randversetzungen betrachtet werden. Uns kommt es aber nur auf die allgemeine Form von (101) an, die in beiden Fällen dieselbe ist.

Im Mittel werden sich dann genau soviel Fehlstellen auf der einen wie auf der andern Seite einer Mosaikgrenze befinden. Vermutlich liegt die Wirklichkeit in der Mitte zwischen beiden Möglichkeiten: Eine einzelne Versetzung wird zwar gebildet werden können, aber ihre Wirkung auf den Nachbarmosaikblock noch so stark sein, daß dort auch bald eine Versetzung gebildet wird. Näherungsweise können wir in den Entfernungen von einer Versetzung, mit denen wir es zu tun haben ($\geqq 1000\lambda - 10000\,\lambda$), sicher mit dem Eigenspannungsfeld rechnen, das sich nach (101) bei wirklicher Paarbildung ergibt.

Die äußere Schubspannung nehmen wir weiterhin als positiv an und beschränken uns zunächst auf die von ihr begünstigten $(-+)$-Paare. Auf den Einfluß der in Gegenrichtung von σ gebildeten $(+-)$-Paare kommen wir weiter unten zu sprechen. Die Indizes $+-$ lassen wir weg. Die Schubkomponente $\delta(x) = \sigma_i/G$ in der Gleitebene $y = 0$ ist dann

$$\delta(x) = \frac{\lambda}{\pi\,|x|}\,. \tag{102}$$

An (102) interessiert uns zunächst nur, daß die gegenseitige Verschiebung $s(x)$ der Atome benachbarter Gleitebenen mit $1/x$ abnimmt.

Der ganze Spannungszustand und damit auch diese Verschiebungen entstehen allmählich während der Bildung der Versetzung. Wir nehmen an, daß s proportional zu der Verschiebung v der Atome an der Fehlstelle ist, und setzen[1]:

$$s(v,\,x) = \frac{L_0}{x}\,\frac{v}{v_1}\,s_0\,. \tag{103}$$

Dabei ist L_0 eine Einheitsentfernung, die wir nachher festlegen, v_1 die Verschiebung bis zur labilen Lage (Abb. 29), s_0 die von x und v unabhängige, allein durch die Gitterkräfte bestimmte Verschiebung in der Entfernung $x = L_0$ für $v = v_1$.

Während die Verschiebung s in den idealen Gebieten in atomistischen Dimensionen nahezu homogen ist, wird sie in der Umgebung der übrigen Fehlstellen der Gleitebene infolge der Kerbwirkung inhomogen und verstärkt, so daß die dort auftretenden Energien mit der Bildungsenergie vergleichbar werden. Dabei wird an diesen Stellen die Neubildung von Versetzungen begünstigt. Die schon gebildete Versetzung selbst erfährt eine Rückwirkung in der Weise, daß sie nicht mehr ihre tiefste Energielage einnimmt, sondern auf einer höheren Energielage bleibt, die dadurch bestimmt ist, daß die Energie des ganzen Kristalls ein Minimum haben muß.

Die Verhältnisse sind ähnlich wie bei einer Anzahl Rollen, die auf einem in regelmäßigem Abstand mit Wellen (Fehlstellen) versehenen

---

[1] Wir rechnen von nun an x nach beiden Seiten einer Versetzung positiv und lassen die Absolutzeichen weg.

Blech in den Wellenmulden liegen und durch Federn miteinander verbunden sind. Bewegen wir die erste Rolle über ihre Welle hinweg (Bildung einer Versetzung), so werden die andern Rollen je nach der Federstärke (Schubmodul) mehr oder weniger weit mit verschoben, außerdem um so weniger, je weiter die Wellen voneinander entfernt sind (Fehlstellenabstand).

Durch diese Wechselwirkung wird an der Fehlstelle mit Versetzung die thermische Rückbildung, an den übrigen die thermische Bildung begünstigt. Da aber die Zahl der Fehlstellen sehr groß ist, so wird im allgemeinen zuerst eine neue Versetzung gebildet, ehe die erste zurückgebildet wird. Im Laufe der Zeit nimmt dann mit der Zahl der gebildeten Versetzungen die Rückbildungsgeschwindigkeit zu (sie können erst wegwandern, wenn sie ihre tiefste Energielage eingenommen haben), die Bildungsgeschwindigkeit ab (Neubildung kann nur an den Fehlstellen stattfinden, an denen sich noch keine Versetzung befindet). Dabei können schließlich beide Geschwindigkeiten gleich groß werden. Dann ändert sich der makroskopische Zustand mit der Zeit nicht mehr, d. h. bei der gegebenen Schubspannung nimmt die plastische Verformung auch nach beliebig langer Zeit nicht unbegrenzt zu, es besteht eine Kriechgrenze.

Es ist aber auch möglich, daß die Bildung neuer Versetzungen dauernd überwiegt, so daß sie schließlich zum Wandern kommen. Dann fließt der Kristall ununterbrochen weiter (die entstehende Verfestigung wird durch die Erholung laufend beseitigt), und es besteht überhaupt keine Kriechgrenze oder sie ist bereits überschritten.

Unsere Aufgabe gliedert sich in die beiden Fragen nach dem mechanischen und dem thermodynamischen Gleichgewicht. Ersteres ist unabhängig von letzterem und stellt sich auch in thermodynamischen Nichtgleichgewichtszuständen sehr rasch ein. Die Gleichgewichtsbedingungen ergeben sich bekanntlich durch Differentation der freien Energie F, die ein Minimum annehmen muß, nach den unabhängigen Variabeln. Bei der Berechnung von F beschränken wir uns zunächst auf die Wechselwirkung innerhalb einer Gleitebene, wobei die wesentlichen Gesichtspunkte bereits in Erscheinung treten. Auf die Wirkung verschiedener Gleitebenen aufeinander kommen wir am Schluß zu sprechen.

Die Kristallänge sei b, der Fehlstellenabstand L, also die Zahl der Fehlstellen in der Gleitebene

$$n_0 = \frac{b}{L}. \tag{104}$$

Wir untersuchen zunächst das mechanische Gleichgewicht und denken uns zu diesem Zweck den Kristall auf den absoluten Nullpunkt abgekühlt. In einem Kristall ohne Versetzung bewirkt eine äußere

Schubspannung starke Atomverschiebungen in der Umgebung der Fehlstellen, die mit der Entfernung von diesen abnehmen (Abb. 37). Die überall gleich große maximale Verschiebung bezeichnen wir mit v^*.

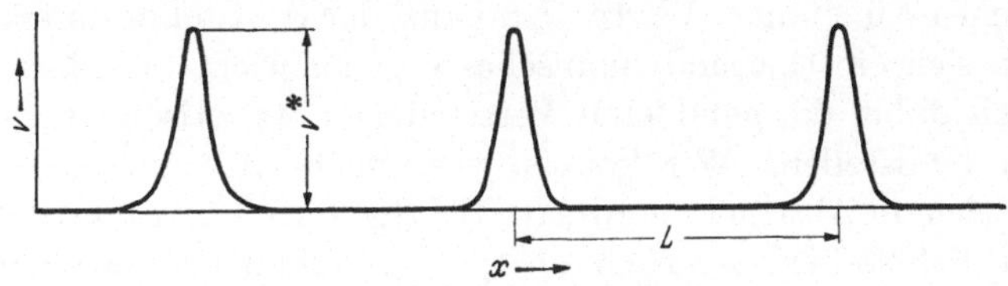

Abb. 37. Durch eine äußere Schubspannung bewirkte Atomverschiebungen v in einem Kristall mit Fehlstellen. x Ortskoordinate.

Wir bilden nun an einer Fehlstelle eine Versetzung, indem wir die Atome ihrer Umgebung über die labile Lage hinweg um den (maximalen) Betrag v^{**} verschieben (Abb. 38). Die Gesamtverschiebung $v^* + v^{**}$ ist $> v_1$; wir setzen:

$$v^{***} = v^* + v^{**} - v_1. \tag{105}$$

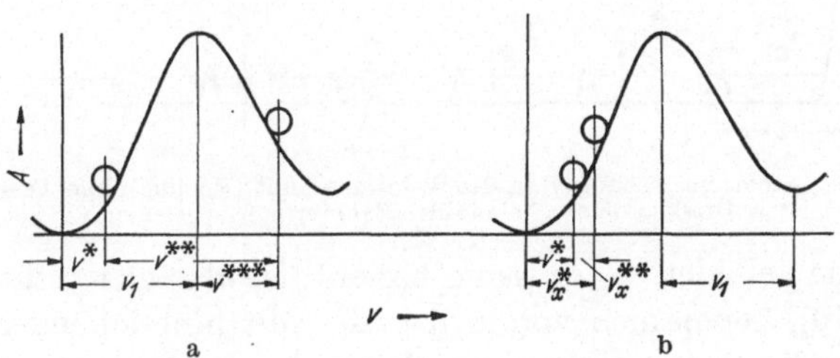

Abb. 38. Atomverschiebung v und potentielle Energie A vor und nach der Bildung einer Versetzung. a) An der Bildungsstelle der Versetzung. b) An einer Fehlstelle ohne Versetzung.

An den übrigen Fehlstellen werden dabei die Atome um den Betrag $v_x^{**} = q s(v^{**}, x)$ verschoben (Abb. 38); q ist der Kerbwirkungsfaktor, $s(v^{**}, x)$ ergibt sich aus (103). Mit

$$v_0 = q s_0 \tag{106}$$

wird:

$$v_x^{**} = \frac{L_0}{x} \frac{v_0}{v_1} v^{**}. \tag{107}$$

Also beträgt die Gesamtverschiebung $v^* + v_x^{**}$ an diesen Fehlstellen:

$$v_x^* = v^* + \frac{L_0}{x} \frac{v_0}{v_1} v^{**}. \tag{108}$$

Die Beiträge E_1 der gebildeten Versetzung und E_2 der übrigen Fehlstellen zur freien Energie sind dann nach (30) und (31 b):

$$E_1 = A_1 - A'(v^{***}) = \frac{A_1}{2}\left[2 - \frac{\dot{A}_1'}{A_1}(1 + \cos(\gamma_1 + \gamma_2^*))\right], \tag{109}$$

$$E_2 = \sum A(v^*) = \sum \frac{A_1}{2}\left[1 - \cos\left(\gamma_1 + \frac{L_0}{x}\gamma_2\right)\right] \tag{110}$$

mit
$$\gamma_1 = \pi \frac{v^*}{v_1}; \qquad \gamma_2 = \pi \frac{v^{**}}{v_1}\frac{v_0}{v_1}; \qquad \gamma_2^* = \pi \frac{v^{**}}{v_1} = \frac{v_1}{v_0}\gamma_2. \qquad (111)$$
$$(0 \leq \gamma_1 \leq \pi) \qquad (\gamma_2 \leq \pi - \gamma_1) \qquad (\gamma_2^* \geq \pi - \gamma_1)$$

Die Summe ist über die x-Werte vL (v ganz) der Fehlstellen zu erstrecken.

Wenn sich ein thermodynamisches Gleichgewicht ausbildet, so verteilen sich dabei die gebildeten Versetzungen statistisch unregelmäßig über die Fehlstellen. Wir können vereinfachend annehmen, daß sie sich in gleichem Abstand anordnen. Beträgt ihre Anzahl n, so kommen auf n_0/n Fehlstellen [n_0 nach (104)] eine gebildete Versetzung, und

$$2z = \frac{n_0}{n} - 1 = \frac{1 - \alpha}{\alpha} \qquad (112)$$

Fehlstellen ohne Versetzung. $\alpha = n/n_0$ ist die „Konzentration" der Versetzungen. Nach Abb. 39, die eine solche Verteilung veranschaulicht, sind die Zustände in jedem Bereich $x = \pm zL$ dieselben. E_2, das

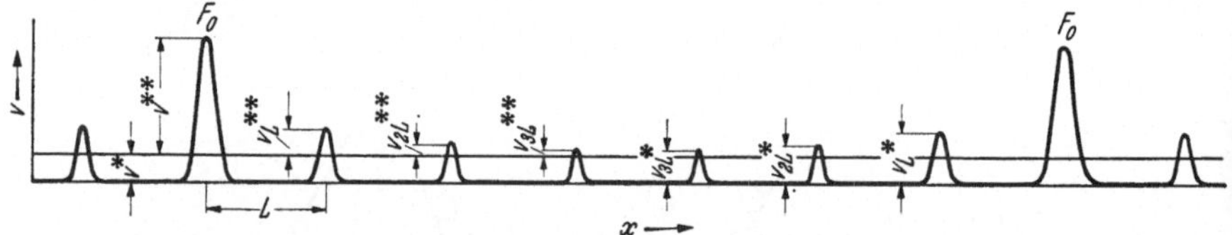

Abb. 39. Atomverschiebung v an den Fehlstellen mit (F_0) und ohne Versetzung. x Ortskoordinate. Gewählte Zahlwerte: $\alpha = \frac{1}{7}$, $z = 3$.

sich auf eine gebildete Versetzung bezieht, ist also gleich der doppelten Summe (110), genommen von L bis zL. Mit hinreichender Näherung können wir die Summe durch ein Integral mit den Grenzen $L/2$ und $(z + \frac{1}{2})L$ ersetzen, und erhalten:

$$E_2 = A_1 \left[z - \frac{\cos\gamma_1}{L} \int\limits_{L/2}^{(z+\frac{1}{2})L} \cos\frac{\beta}{x}\,dx + \frac{\sin\gamma_1}{L} \int\limits_{L/2}^{(z+\frac{1}{2})L} \sin\frac{\beta}{x}\,dx \right] \qquad (113)$$

mit
$$\beta = L_0\gamma_2. \qquad (114)$$

Die Teilintegrale kann man mit Hilfe der Substitution $u = \beta/x$ und durch partielle Integration leicht auswerten. Es wird:

$$\left. \begin{aligned} &\frac{1}{L} \int\limits_{L/2}^{(z+\frac{1}{2})L} \cos\frac{\beta}{x}\,dx \\[2mm] = \left(z + \frac{1}{2}\right)&\cos\frac{\beta}{(z+\frac{1}{2})L} - \frac{1}{2}\cos\frac{2\beta}{L} + \frac{\beta}{L}\left(S_i\left(\frac{\beta}{(z+\frac{1}{2})L}\right) - S_i\left(\frac{2\beta}{L}\right)\right), \end{aligned} \right\} \quad (115\,\text{a})$$

$$\left. \begin{aligned} &\frac{1}{L} \int\limits_{L/2}^{(z+\frac{1}{2})L} \sin\frac{\beta}{x}\,dx \\[2mm] = \left(z + \frac{1}{2}\right)&\sin\frac{\beta}{(z+\frac{1}{2})L} - \frac{1}{2}\sin\frac{2\beta}{L} - \frac{\beta}{L}\left(C_i\left(\frac{\beta}{(z+\frac{1}{2})L}\right) - C_i\left(\frac{2\beta}{L}\right)\right). \end{aligned} \right\} \quad (115\,\text{b})$$

Die Funktionen Integral-Sinus $S_i(y)$ und Integral-Kosinus $C_i(y)$ sind definiert durch:

$$S_i(y) = \int_0^y \frac{\sin t}{t}\, dt; \qquad C_i(y) = -\int_y^\infty \frac{\cos t}{t}\, dt. \tag{116a}$$

Ihre Ableitungen sind:

$$\frac{dS_i(y)}{dy} = \frac{\sin y}{y}; \qquad \frac{dC_i(y)}{dy} = \frac{\cos y}{y}. \tag{116b}$$

Ihre Werte sind z. B. bei Jahnke-Emde (1933, 1) S. 78 angegeben. Näherungsweise ist für $y \leqq \pi$: $S_i(y) \sim 2 \sin y/2$. $C_i(y)$ wird für kleine y wie $\ln 1{,}78\, y$ negativ unendlich, hat bei $y = 0{,}615$ eine Nullstelle, durchschreitet bei $y = 0{,}5\,\pi$ ein Maximum der Größe $0{,}472$ und wird für $y = 3{,}4$ wieder Null.

Setzen wir (115a) und (115b) in (113) ein, so wird unter Berücksichtigung von (112) und (114):

$$F_2 = \alpha E_2 = \frac{A_1}{2}\left\{ 1 - \alpha - \cos\left(\gamma_1 + 2\alpha\gamma_2 \frac{L_0}{L}\right) + \alpha \cos\left(\gamma_1 + 2\gamma_2 \frac{L_0}{L}\right) - \right.$$
$$\left. - 2\alpha\gamma_2 \frac{L_0}{L}\left[(S_i)\cos\gamma_1 + (C_i)\sin\gamma_1\right] \right\} \tag{117}$$

mit den Abkürzungen:

$$(S_i) = S_i\left(2\alpha\gamma_2 \frac{L_0}{L}\right) - S_i\left(2\gamma_2 \frac{L_0}{L}\right); \quad (C_i) = C_i\left(2\alpha\gamma_2 \frac{L_0}{L}\right) - C_i\left(2\gamma_2 \frac{L_0}{L}\right). \tag{118}$$

F_2 ist der E_2 entsprechende Anteil zur „Dichte" der freien Energie, d. i. der freien Energie $n E_2$ bezogen auf eine Fehlstelle. Entsprechend wird $F_1 = \alpha E_1$.

Die Verschiebungen v an den Fehlstellen haben Verschiebungen der oberen gegen die untere Kristallhälfte zur Folge. Sie sind die kleinsten, v^* und v^{**} entsprechenden s-Werte nach (103), die nach Abb. 39 bei $x = L/2$ und $x = (z + \frac{1}{2})L$ liegen. Nach (103), (106) und (111) wird:

$$s^* = s(v^*, L/2) = 2\frac{L_0}{L}\frac{v_0}{\pi q}\gamma_1 \tag{119}$$

und unter Berücksichtigung von (112):

$$s^{**} = s\left(v^{**}, \left(z + \frac{1}{2}\right)L\right) = 2\alpha \frac{L_0}{L}\frac{v_0}{\pi q}\gamma_2^*. \tag{120}$$

Dabei leistet die äußere Kraft $K = \sigma b = \sigma n_0 L$ (zweidimensionales Gitter!) die Arbeit $\Phi = K(s^* + s^{**})$, und die Dichte der freien Energie nimmt um den Betrag

$$F_3 = -\frac{\Phi}{n_0} = -2\sigma L_0 \frac{v_0}{\pi q}(\gamma_1 + \alpha\gamma_2^*) \tag{121}$$

zu. F_1, F_2 und F_3 sind die mechanischen, von der Temperatur unabhängigen Beiträge zu F, zu denen noch ein statistisches Glied

$$F_4 = \alpha k T \ln \alpha + (1 - \alpha) k T \ln (1 - \alpha) \tag{122}$$

hinzukommt [vgl. Dehlinger (1939, 4)], das nur von α und T abhängt. Die Größen γ_1, γ_2 und α können offenbar unabhängig voneinander variiert werden, so daß die Gleichgewichtsbedingungen lauten:

$$\frac{\partial F}{\partial \gamma_1} = 0; \qquad \frac{\partial F}{\partial \gamma_2} = 0; \qquad \frac{\partial F}{\partial \alpha} = 0. \tag{123}$$

Dabei ergeben die beiden ersten Gleichungen zu jedem vorgegebenen α die zugehörigen Gleichgewichtswerte von γ_1 und γ_2, bestimmen also das mechanische Gleichgewicht. Mit diesen Werten von γ_1 und γ_2 erhält man aus $\partial F/\partial \alpha = 0$ den Gleichgewichtswert von α (thermodynamisches Gleichgewicht). Wenn die Gleichungen (123) für vorgegebene Werte von $\sigma \neq 0$ und T eine Lösung α besitzen, für welche F ein Minimum (kein Maximum) annimmt, so besteht eine Kriechgrenze, im andern Falle nicht.

Den bisher betrachteten Verschiebungen überlagert sich unabhängig eine homogene elastische Verschiebung s_{hom} der beiden Gleitebenen, deren Beitrag F_{hom} nur von s_{hom} abhängt. $\partial F/\partial s_{\mathrm{hom}} = 0$ ergibt als Beziehung zwischen σ und s_{hom} das Hookesche Gesetz. Für unsere Betrachtungen spielt die elastische Dehnung, da sie sich unabhängig den übrigen Verschiebungen überlagert, keine Rolle. Bei inhomogenen Verformungen ist das jedoch nicht mehr der Fall, und s_{inhom} muß als vierte, aber von den übrigen drei abhängige, Variable mit berücksichtigt werden.

Wir berechnen nun die Gleichgewichtsbedingungen. Es wird:

$$\left. \begin{aligned} \frac{\pi q}{2 \sigma_{01} L_0 v_0} \frac{\partial F}{\partial \gamma_1} &= \frac{\pi q A_1}{4 \sigma_{01} L v_0} \left\{ \alpha \frac{A_1'}{A_1} \sin (\gamma_1 + \gamma_2^*) + \sin \left(\gamma_1 + 2 \alpha \gamma_2 \frac{L_0}{L}\right) - \right. \\ &\quad - \alpha \sin \left(\gamma_1 + 2 \gamma_2 \frac{L_0}{L}\right) + \\ &\quad + 2 \alpha \gamma_2 \frac{L_0}{L} \left[(S_i) \sin \gamma_1 - (C_i) \cos \gamma_1\right] \bigg\} - \frac{\sigma}{\sigma_{01}} = 0. \end{aligned} \right\} \tag{124}$$

Für $\alpha = 0$ (keine Versetzungen) erhalten wir daraus:

$$\frac{\pi q A_1}{4 \sigma_{01} L_0 v_0} \sin \gamma_1 = \frac{\sigma}{\sigma_{01}}.$$

Da die maximale Schubspannung bei $\gamma_1 = \pi/2$ gleich σ_{01} ist, so wird:

$$\frac{\pi q A_1}{4 \sigma_{01} L_0 v_0} = 1 \tag{125}$$

und

$$\sin \gamma_1 = \frac{\sigma}{\sigma_{01}} \quad \text{für} \quad \alpha = 0. \tag{126}$$

Die leicht verständliche Beziehung (126) bringt zum Ausdruck, daß im Gleichgewicht die Ableitung der potentiellen Energie (30) an den Fehlstellen nach der Verschiebung v proportional zu der äußeren Schubspannung ist; sie ist ein verallgemeinertes Hookesches Gesetz. Durch (125) fallen alle absoluten Größen aus den Gleichungen heraus, als Parameter bleiben nur noch die Verhältnisse L_0/L und v_0/v_1 übrig. Man könnte zunächst vermuten, daß sich aus (125) v_0 berechnen ließe, wenn man die aus Messungen an dreidimensionalen Kristallen erhaltenen Zahlwerte der übrigen Konstanten einsetzt. Das ist jedoch nicht der Fall. Für dreidimensionale Gitter wird zwar eine ähnliche Beziehung bestehen, die aber gegenüber (125) noch mit einer Länge im Nenner multipliziert sein muß, damit auf beiden Seiten Dimensionsgleichheit besteht. Diese Beziehung ist noch nicht abgeleitet und solange der Zahlwert der hinzukommenden Länge nicht bekannt ist, kann v_0 nicht in der erwähnten Weise berechnet werden. In allen übrigen bisherigen und folgenden Beziehungen treten die in zwei- und dreidimensionalen Gittern verschieden dimensionierten Größen nur in dimensionslosen Verbindungen mit bestimmten festen Werten von ihnen auf (z. B. σ/σ_{01}), sie gelten daher für beide Gitterdimensionen in gleicher Weise.

In der bisherigen Schreibweise treten L_0/L und v_0/v_1 einzeln auf. In Wirklichkeit hängen F und seine Ableitungen nur von dem Produkt

$$\Pi_0 = \frac{v_1 L}{v_0 L_0} \tag{127}$$

ab, denn γ_2 kommt nur in den Verbindungen $\frac{v_1}{v_0}\gamma_2 = \gamma_2^*$ und $\frac{L_0}{L}\gamma_2 = \frac{\gamma_2^*}{\Pi_0}$ vor, und an Stelle der explizite nicht mehr auftretenden Variabeln γ_2 können wir γ_2^* nehmen. Dies hat seinen Grund darin, daß v_x^{**} nach (107) mit x wie $1/x$ abnimmt. Dann sind, unter sonst gleichen Bedingungen, die Energiezustände in zwei Kristallen mit den Fehlstellenabständen L_1 und L_2 dieselben, wenn gleichzeitig ihre Wechselwirkungsgrößen v_{01} und v_{02} sich zueinander wie L_1 zu L_2 verhalten. Unter diesen Umständen bleibt aber Π_0 unverändert.

Da v_1/v_0 für eine bestimmte Kristallart für alle L einen festen Wert besitzt, so entspricht jedem L ein bestimmtes Π_0. Durch Vergleich unserer Ergebnisse für verschiedene Π_0 mit den experimentellen Ergebnissen für verschiedene Mosaikgrößen können wir feststellen, welche Werte von Π_0 und L_0/L einander entsprechen, und damit nach (127) den Wert von v_0/v_1 berechnen. Wir nehmen das Ergebnis

$$\frac{v_0}{v_1} = \frac{q \cdot s_0}{v_1} = 0{,}06 \quad \text{für} \quad L_0 = 10^{-4}\,\text{cm} \tag{128}$$

vorweg. Die erste Gleichung folgt aus (106). Mit $v_1 = \lambda/2$ nach (35) und $s_0 = 10^{-4}\lambda$ nach (100a) ergibt sich aus (128) $q = 300$. Dieser Wert stimmt mit dem aus $q = \sigma_R/\sigma_{01}$ berechneten Werten innerhalb der Genauigkeit, mit der sie angegeben werden können, überein. $L_0 = 10^{-4}$ cm ist dabei von der Größenordnung der kleinsten bisher beobachteten Mosaikgröße. Bei Kristallen kann L nicht beliebig klein werden, da sonst ihr Kennzeichen, die regelmäßige Atomanordnung in hinreichend großen Bereichen, schließlich verlorengehen würde.

Für $\alpha = 1$ erhalten wir aus (124) die (126) entsprechende Beziehung

$$\frac{A_1'}{A_1} \sin(\gamma_1 + \gamma_2^*) = \frac{\sigma}{\sigma_{01}} \quad \text{für} \quad \alpha = 1 \,. \tag{129}$$

Für $\sigma = 0$ ergibt (104), wie es sein muß, die Gleichgewichtslage $\gamma_1 + \gamma_2^* = 2\pi$. Es entspricht unseren Kosinusansätzen (30) und (31), daß die potentielle Energie an einer Fehlstelle symmetrisch zu $\gamma_1 + \gamma_2^* = 2\pi$ bis zu dem Maximalwert A_1' verläuft. Nun beginnt aber bei $\gamma_1 + \gamma_2^* = \pi$ das Wandern einer Versetzung. Hierbei muß aber die Schwellenenergie B_w überwunden werden [vgl. (74)], so daß für $\gamma_1 + \gamma_2^* \geqq 2\pi$ die Beziehungen (30) und (31), welche die Energieverhältnisse während der Bildung bestimmen, nicht mehr gelten. Wenn aber schon soviel Versetzungen gebildet wurden, so wandern sie unter dem Einfluß der Schubspannung und der thermischen Schwankungen im Laufe der Zeit auch wirklich von den Bildungsstellen weg und entziehen sich so der Rückbildung. Da für die später gebildeten Versetzungen erst recht $\gamma_1 + \gamma_2^* > 2\pi$ ist, so schreitet die Bildung und Wanderung fort, und der Kristall fließt dauernd weiter. Eine Kriechgrenze kann also, wenn überhaupt, nur bei so kleinen α-Werten bestehen, für die $\gamma_1 + \gamma_2^* < 2\pi$ ist, also unsere Ansätze gültig sind.

Unter Berücksichtigung von (116b) und (125) erhalten wir die weiteren Gleichgewichtsbedingungen:

$$\begin{aligned}
\frac{\pi q}{2\,\sigma_{01} L_0 v_0}\, \frac{\partial F}{\partial \gamma_2^*} = (\alpha)\, \frac{A_1'}{A_1} \sin(\gamma_1 + \gamma_2^*) - \\
- \frac{2\,(\alpha)}{\Pi_0}\, [(S_i)\cos\gamma_1 + (C_i)\sin\gamma_1] - (\alpha)\, \frac{\sigma}{\sigma_{01}} = 0\,,
\end{aligned} \tag{130}$$

$$\frac{\pi q}{2\,\sigma_{01} L_0 v_0}\, \frac{\partial F}{\partial \alpha} = \frac{2kT}{A_1} \ln\frac{\alpha}{1-\alpha} + f_a\,, \tag{131a}$$

$$\begin{aligned}
f_a = 1 - \frac{A_1'}{A_1}\,(1 + \cos(\gamma_1 + \gamma_2^*) + \cos(\gamma_1 + 2\gamma_2^*/\Pi_0)) - \\
- \frac{2\gamma_2^*}{\Pi_0}\,[(S_i)\cos\gamma_1 + (C_i)\sin\gamma_1] - \gamma_2^*\,\frac{\sigma}{\sigma_{01}}\,.
\end{aligned} \tag{131b}$$

(130) ist für $\alpha = 0$ identisch erfüllt, wie es sein muß, das γ_2^* für $\alpha = 0$ noch nicht definiert ist. Wir können für $\alpha \neq 0$ die in (130) schon eingeklammerten α weglassen. Für $\alpha = 1$ erhält man aus (130), wie aus (124), die Beziehung (129).

Die Auflösung der Gleichgewichtsbedingungen (124), (130) und (131a) kann nicht in geschlossener Form, sondern nur graphisch erfolgen. Der Lösungsweg wird in **30** beschrieben. Im folgenden geben wir die Ergebnisse an.

Zur Bestimmung des mechanischen Gleichgewichts ist es am zweckmäßigsten, anstatt für σ/σ_{01}, für die an allen Fehlstellen gleich große Verschiebung γ_1 einen bestimmten Wert vorzugeben, und für jedes α die zugehörigen Werte der Gesamtverschiebung $\gamma_1 + \gamma_2^*$ an den Fehlstellen mit Versetzung und von σ/σ_{01} zu berechnen. Für kleine α ($\leqq {}^1/_{100}$) ist die Rechnung verhältnismäßig einfach, für größere α dagegen wird sie sehr umständlich, aber für unsere Fragestellung unwesentlich, da $\gamma_1 + \gamma_2^* \geqq 2\pi$ wird. Lediglich um eine Gesamtübersicht

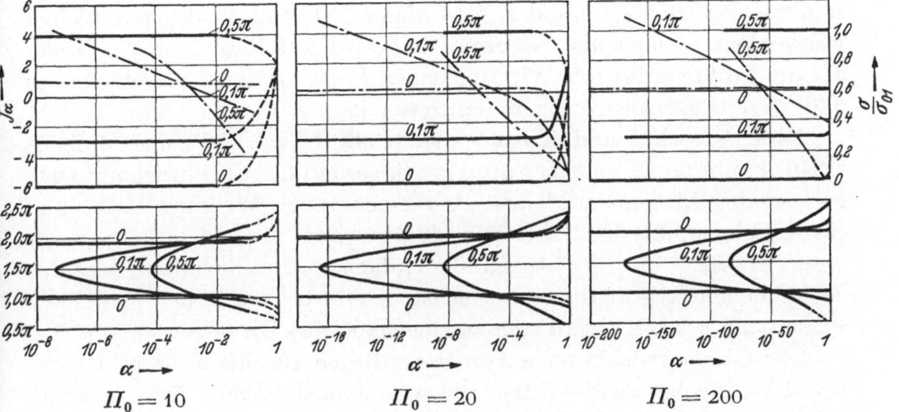

Abb. 40. Verlauf der Gleichgewichtswerte von $\gamma_1 + \gamma_2^*$ (untere Kurven), σ/σ_{01} (obere ausgezogene Kurven) und f_α (obere strichpunktierte Kurven) mit der Konzentration α der gebildeten Versetzungen für konstante Werte von γ_1 (den Kurven angeschrieben). Die gestrichelten Teile der Kurven sind, bis auf die Endpunkte bei $\alpha = 1$, nicht berechnet.

zu erhalten, wurde der Fall $\Pi_0 = 20$, $\gamma_1 = 0{,}1\pi$ ganz durchgerechnet. In den beiden andern untersuchten Fällen $\Pi_0 = 10$ und $\Pi_0 = 200$ beschränken wir uns auf kleine α-Werte[1]. Die Ergebnisse sind in Abb. 40 dargestellt. Die für die einzelnen Kurven konstanten γ_1-Werte sind angeschrieben.

Alle Kurven zeigen dieselben kennzeichnenden Merkmale: Zu jedem α gibt es zwei Werte von $\gamma_1 + \gamma_2$, die nahezu symmetrisch zu $1{,}5\pi$ liegen. Den unteren Kurvenästen entsprechen Maxima, den oberen dagegen Minima der freien Energie, also die gesuchten stabilen Lagen. Sehr nahe bei $\gamma_1 + \gamma_2^* = 1{,}5\pi$ für alle γ_1 ist das Gleichgewicht indifferent (zweite Ableitungen Null). Unterhalb des entsprechenden $\alpha^* = \alpha^*(\gamma_1, \Pi_0)$ von α gibt es keine reellen Lösungen der Gleichungen (124) und (130), und damit auch kein mechanisches Gleichgewicht

---

[1] Die Werte für $\alpha = 1$ lassen sich leicht berechnen, daher können die Kurven qualitativ bis $\alpha = 1$ fortgesetzt werden (in Abb. 40 gestrichelt).

mehr. Wenn wir also in einem großen Kristall mit mehr als $1/\alpha^*$ Fehlstellen in einer Gleitebene versuchen, eine einzige Versetzung zu bilden, so gelingt uns das nicht; die Atome kehren nach Wegnahme der Kräfte in ihre Ausgangslage zurück.

Dieses Verhalten erklärt sich folgendermaßen: Im mechanischen Gleichgewicht ist die Wirkung an den Fehlstellen mit Versetzung, die durch die Neigung der Energiekurve in Abb. 29 bestimmt ist, gleich der Gegenwirkung an den Fehlstellen ohne Versetzung. Da die Verschiebung v_x^{**} nach (107) wie $1/x$ abnimmt, so ist diese Gegenwirkung der Größenordnung nach gegeben durch $\sum 1/x$ über alle Fehlstellen ohne Versetzung, die auf eine Fehlstelle mit Versetzung kommen. Diese Summe wächst aber mit der Zahl dieser Fehlstellen, also mit kleiner werdendem α, über alle Grenzen, und wird unterhalb von α^* größer als die größte mögliche Wirkung einer Fehlstelle mit Versetzung, so daß kein Gleichgewicht mehr eintreten kann.

Nach Frenkel und Kontorova [1939, 1; vgl. (97)] und Peierls (1940, 1) nimmt v_x^{**} stärker als $1/x$ ab, so daß die Gegenwirkung auch bei beliebig kleinem α kleiner als die maximale Wirkung bleibt und ein Gleichgewichtszustand sich ausbilden kann. Trotzdem können wir unsere Ansätze, die verhältnismäßig einfach sind, beibehalten, denn bei den üblichen Kristallabmessungen ist bereits bei der ersten gebildeten Versetzung $\alpha > \alpha^*$, so daß stets ein mechanisches Gleichgewicht eintritt.

Die Gleichgewichtswerte von σ/σ_{01} liegen für kleine α sehr nahe bei den Gleichgewichtswerten für $\alpha = 0$ nach (126). Erst oberhalb $\alpha = \frac{1}{100}$ weichen sie merklich davon ab. Aus diesem Grunde weichen die $(\gamma_1 + \gamma_2^*)$-Kurven für konstante σ/σ_{01} nicht merklich von den für konstante γ_1 gezeichneten Kurven ab, so daß wir jetzt σ/σ_{01} als gegeben ansehen können. Zu beachten ist jedoch, daß die Kurve für $\gamma_1 = 0{,}5\pi$ zwar für Werte von σ/σ_{01} gilt, die sehr nahe bei 1 liegen, nicht aber für $\sigma/\sigma_{01} = 1$, denn hierfür gibt es nur die labile Gleichgewichtslage $\gamma_1 = 0{,}5\pi$, $\alpha = 0$.

Die so erhaltenen Gleichgewichtswerte von γ_1 und γ_2^* müssen wir nun in die Gleichgewichtsbedingung (131a) einsetzen und untersuchen, für welche Werte von α sie erfüllt ist. Dazu lösen wir am besten den ersten Summanden in (131a) nach α auf. Es ergibt sich:

$$\alpha = \frac{e^{-\xi(\alpha)}}{1 + e^{-\xi(\alpha)}}; \qquad \xi(\alpha) = \frac{A_1}{2kT} f_\alpha. \tag{132}$$

Zur graphischen Lösung dieser Gleichung zeichnen wir den Verlauf ihrer rechten und linken Seite mit α, also die Funktionen

$$y_1 = \alpha; \qquad y_2 = \frac{e^{-\xi}}{1 + e^{-\xi}} \tag{133}$$

einzeln, und bestimmen ihre Schnittpunkte, bei denen (132) erfüllt ist. y_1 ist eine Gerade. y_2 hat für $\xi = 0$ den Wert $\frac{1}{2}$ und geht für positive ξ rasch gegen Null, für negative ξ rasch gegen Eins, hat also folgende Form: ⌐. Die Kurve verläuft nahezu symmetrisch zu $\xi = 0$. Zu gleichen (nicht zu kleinen) Absolutwerten $|\xi|$ gehören also gleiche Werte von $y_2(\xi > 0)$ bzw. $1 - y_2(\xi < 0)$.

Für f_α erhalten wir den in den Abb. 40 dargestellten Verlauf. Es nimmt nahezu linear von positiven nach negativen Werten ab. Den α-Wert der Nullstelle bezeichnen wir mit α_0:

$$f_\alpha(\alpha_0) = 0. \tag{134a}$$

An dieser Stelle ist nach (132) auch $\xi = 0$, also

$$y_2(\alpha_0) = \tfrac{1}{2} \text{ für alle } T. \tag{134b}$$

Tabelle 4 enthält einige weitere Zahlwerte von $|\xi|$ und y_2 (wenn f_α und $\xi > 0$) bzw. $1 - y_2$ (wenn f_α und $\xi < 0$), für die in Frage kommenden Werte von $|f_\alpha|$ und T.

Tabelle 4.

$|f_\alpha| =$ \ $T =$	100	300	500	1000° K	
5	625 10^{-271}	208,5 10^{-90}	125 10^{-54}	62,5 10^{-27}	$|\xi|$ y_2
3	375 10^{-63}	125 10^{-54}	75 10^{-32}	37,5 $10^{-6,3}$	$|\xi|$ y_2
1	125 10^{-54}	41,7 10^{-18}	25 10^{-11}	12,5 $10^{-5,4}$	$|\xi|$ y_2
0,2	25 10^{-11}	8,3 $10^{-3,6}$	5 $10^{-2,2}$	2,5 $10^{-1,1}$	$|\xi|$ y_2

Man sieht daraus, daß sich y_2 in allen Fällen von dem Wert $\frac{1}{2}$ bei α_0 sehr rasch den Werten Null ($\alpha > \alpha_0$) bzw. Eins ($\alpha < \alpha_0$) nähert, ohne sie für $T \neq 0$ ganz zu erreichen. Die Annäherung erfolgt um so rascher, je tiefer T ist. Quantitativ können, wegen der Kleinheit der α- und y_2- bzw. $(1 - y_2)$-Werte, die Kurven nur bei Verwendung logarithmischer Maßstäbe gezeichnet werden, wobei aber ein verzerrtes Gesamtbild entsteht. Um die wesentlichen Eigenschaften zu erkennen, genügt ein qualitatives Bild, wenn es nur die gegenseitigen Verhältnisse zwischen den Kurven y_1 und y_2 richtig wiedergibt. Abb. 41a veranschaulicht die Verhältnisse für $\Pi_0 = 10$ und 20 ($L \sim L_0/2$ und $\sim L_0$), Abb. 41b für $\Pi_0 = 200$ ($L \sim 10 L_0$). Im ersten Fall bleibt y_2 bei dem kleinsten reellen Wert α^* von α bis $T = 1000°$ K noch unterhalb y_1 und geht erst bei höheren, praktisch im allgemeinen nicht mehr in Frage kommenden Temperaturen (Schmelzpunkte) darüber. Im zweiten Fall nimmt y_2 bereits bei etwa $200°$ K größere Werte als y_1 an, so daß bei kleinen α zwei Schnittpunkte der Kurven entstehen. Das kommt daher, daß α^*

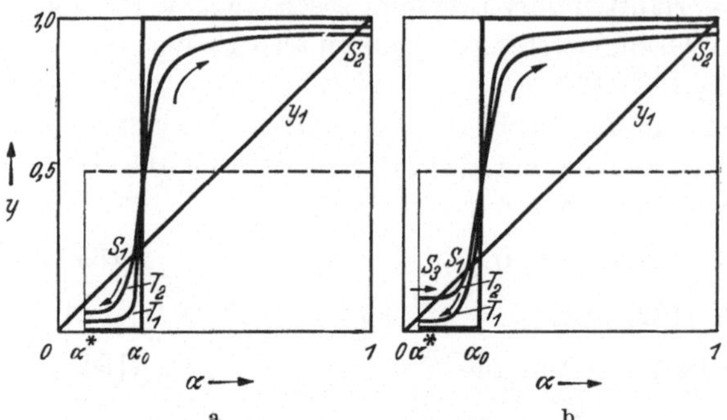

bei $\Pi_0 = 200$ viel kleiner ist als bei $\Pi_0 = 10$ und 20, während f_α ungefähr dieselben Werte besitzt. Für $T = 0$ ergeben sich die ausgezogenen rechteckigen Kurven, für $T = \infty$ die gestrichelten Geraden.

Ist $y_2 < y_1$, so ist $\partial F/\partial\alpha > 0$ und die freie Energie nimmt mit α zu. Da nach dem zweiten Hauptsatz jedes sich selbst überlassene

Abb. 41. Qualitativer Verlauf der Funktionen y_1 und y_2 in (133) mit α für zwei Temperaturen T_1 und T_2 ($T_1 < T_2$). a) Kein Schnittpunkt der Kurven zwischen α^* (kleinster reeller Wert von α) und α_0 ($f_\alpha(\alpha_0) = 0$). b) Bei genügend hohen Temperaturen Schnittpunkte S_3 zwischen α^* und α_0.

System (in unserem Falle Kristall + äußere Kräfte) dem tiefsten möglichen Wert der freien Energie zustrebt, so nimmt in diesem Falle α mit der Zeit ab. Ist dagegen $y_2 > y_1$, so ist $\partial F/\partial\alpha < 0$, F nimmt mit α ab, und α selbst mit der Zeit zu. Die Pfeile in den Abb. 41a und 41b deuten das an. Mit andern Worten besagt dies, daß die freie Energie in einem Schnittpunkt ein Minimum hat, d. h. das Gleichgewicht stabil ist, wenn y_2 mit zunehmendem α y_1 von oben her schneidet (bei S_2 und S_3), dagegen ein Maximum (unbeständiges Gleichgewicht), wenn y_2 von unten her schneidet (bei S_1).

Wird nun in einer Gleitebene mit $n_0 = b/L$ Fehlstellen eine Versetzung gebildet, so nimmt α bereits den Wert

$$\alpha_\varepsilon = \frac{1}{n_0} = \frac{L}{b} \tag{135}$$

an. Ist α_ε kleiner als der Gleichgewichtswert α_k bei S_1 (bei gegebenem σ, T und Π_0), so erfolgt also mit größerer Wahrscheinlichkeit eine Rückbildung dieser Versetzung als die Bildung einer neuen. Im Laufe der Zeit tritt einer dieser Vorgänge immer wieder einmal ein, eine Zunahme von α erfolgt aber nicht. Wir haben also eine Kriechgrenze. Ist α_ε auch kleiner als der Gleichgewichtswert bei S_3 in Abb. 41b, so werden zwar weitere Versetzungen gebildet und α nimmt zu, aber höchstens bis zu seinem Wert bei S_3, wo sich ein stabiles Gleichgewicht ausbildet. In beiden Fällen hat neben der rein elastischen Verformung eine kleine nichtelastische Verformung stattgefunden, da ja bereits Versetzungen gebildet wurden. Man kann diesen Anteil aber nicht als plastisch bezeichnen, da er nach Wegnahme der Schubspannung allmählich wieder zurückgeht (elastische Nachwirkung)[1].

Ist dagegen $\alpha_\varepsilon > \alpha_k = \alpha(S_1)$, so nimmt α im Laufe der Zeit dauernd zu, und der Kristall fließt ununterbrochen weiter. Dieser Fall trifft bei allen Temperaturen sicher zu, wenn $\alpha_\varepsilon > \alpha_0$ ist [vgl. (134a, b)]; die betreffende Schubspannung ist dann größer als die Kriechgrenze am absoluten Nullpunkt. Für $\alpha_k < \alpha_\varepsilon < \alpha_0$ fließt der Kristall bei der betrachteten Temperatur auch. Da aber α_k nach Abb. 41 mit abnehmender Temperatur zunimmt, so wird bei einer bestimmten Temperatur T_k (für die gegebenen Werte von σ und Π_0) $\alpha_k = \alpha_\varepsilon$. Bei tieferen Temperaturen fließt dann der Kristall nicht mehr. Wir haben somit folgende Verhältnisse:

$$\left.\begin{array}{l} T \geqq T_k\text{: Fließen.} \\[4pt] T < T_k\text{: Kriechgrenze.} \end{array}\right\} \text{ Bei gegebenen } \sigma \text{ und } \Pi_0. \qquad (136)$$

Bei genügend hohen Temperaturen tritt also schließlich bei beliebiger von Null verschiedener äußerer Schubspannung Fließen ein, unter Umständen mit sehr kleiner Geschwindigkeit. Ist T_k als Funktion von σ und Π_0 bekannt, so können wir in jedem Fall angeben, wie der Kristall sich verhält, und unsere Aufgabe ist gelöst.

T_k berechnen wir aus (131a, b). Mit $\alpha = \alpha_\varepsilon$ $(= \alpha_k)$ und dem Wert (28) für A_1/k wird unter Vernachlässigung von α_ε gegen 1:

$$T_k = \frac{A_1 f_\alpha(\alpha_\varepsilon)}{2k \ln 1/\alpha_\varepsilon} = 5425 \frac{f_\alpha(\alpha_\varepsilon)}{\mathrm{Log}\, 1/\alpha_\varepsilon}. \qquad (137)$$

Wir untersuchen nunmehr, wie sich die Verhältnisse mit Π_0 ändern, wenn L einen festen Wert besitzt. Wir wählen $L = L_0$ und legen L_0 zu 10^{-4} cm fest. Dann wird nach (135) für eine Gleitebenenlänge $b = 1$ cm $\alpha_\varepsilon = 10^{-4}$, und (137) ergibt:

$$T_k = 1356\, f_\alpha(10^{-4}). \qquad (138)$$

Nun gehört für ein bestimmtes α $(= \alpha_\varepsilon)$ zu jedem f_α ein bestimmter Gleichgewichtswert von σ/σ_{01}, der aus den Abb. 40a bis c zu entnehmen ist. Wir erhalten damit aus (138) den Verlauf von σ_k/σ_{01} $(\sigma_k = \sigma(\alpha_\varepsilon)$ $= \sigma(\alpha_k))$ mit T_k, der in den Abb. 42a und 42b dargestellt ist. Ziehen wir darin eine Gerade $\sigma/\sigma_{01} = $ const, so besteht für Temperaturwerte links vom Schnittpunkt eine Kriechgrenze, für Werte rechts davon fließt der Kristall. Halten wir die Temperatur fest, so fließt in Abb. 42a $(\Pi_0 = 20$ und $200)$ der Kristall nur für σ/σ_{01}-Werte oberhalb des Schnittpunkts. Diese Kurven geben also den Temperaturverlauf der „wahren" Kriechgrenze[2] an. Sie liegt um so tiefer, je kleiner Π_0 ist, und nimmt für festes Π_0 mit zunehmender Temperatur ab.

---

[1] Vgl. hierzu **25f.**   [2] Vgl. Fußnote 2 auf S. 40.

Für $\Pi_0 = 10$ ergeben sich Besonderheiten. Dort hat bei konstanter Temperatur (oberhalb $1300°$ K) ein Kristall bei großen Schubspannungen eine Kriechgrenze, während er bei kleinen Schubspannungen fließt. Dieses eigentümliche Verhalten erklärt sich folgendermaßen: Bei großen Schubspannungen befinden wir uns im Gebiet steiler Neigung der

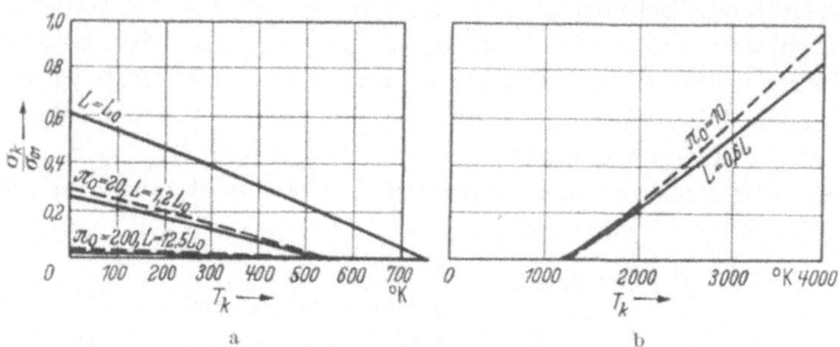

Abb. 42. Verlauf der wahren Kriechgrenze σ_k mit der Temperatur T_k. a) Für $\Pi_0 = 20$ und 200 (gestrichelt) und $L = L_0$, $1,2\,L_0$ und $12,5\,L_0$ (ausgezogen). Eine Kriechgrenze besteht links bzw. unterhalb der Kurven. b) Für $\Pi_0 = 10$ (gestrichelt) und $L = 0,6\,L_0$ (ausgezogen). Eine Kriechgrenze besteht links bzw. oberhalb der Kurven.

Energiekurve in Abb. 29. Damit wird bei der starken Wechselwirkung für $\Pi_0 = 10$ die Gegenwirkung auf eine gebildete Versetzung so groß, daß sie auf einer hohen Energielage, nahe der labilen Lage, bleibt und zurückgebildet wird, ehe eine Neubildung an anderer Stelle erfolgt. Bei kleinen Schubspannungen, im Gebiet geringer Neigung der Energiekurve, ist die Gegenwirkung verhältnismäßig schwach, eine Versetzung erreicht eine beständige tiefe Energielage. Diese Verhältnisse bestehen natürlich auch bei kleineren Π_0-Werten. Wegen der geringeren Wechselwirkung ist aber die Lage einer gebildeten Versetzung viel stabiler, und die durch eine große Schubspannung bewirkte starke Begünstigung der Bildung überwiegt die durch die Wechselwirkung bewirkte Begünstigung der Rückbildung. Da die Besonderheiten bei $\Pi_0 = 10$ erst bei so hohen Temperaturen, die im allgemeinen

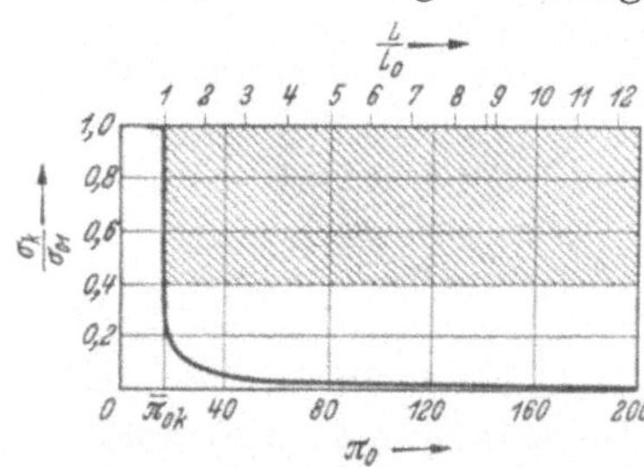

Abb. 43. Verlauf der wahren Kriechgrenze σ_k bei Zimmertemperatur mit Π_0 bzw. L/L_0. Im schraffierten Gebiet nimmt die Gleitgeschwindigkeit „große“ Werte an.

nicht mehr in Frage kommen, eintreten, so spielen sie für unsere Betrachtungen keine Rolle. Im normalen Temperaturgebiet ist die wahre Kriechgrenze $\sigma_k = \sigma_{01}$ (vgl. hierzu die Bemerkungen weiter unten).

Bis jetzt ist der zu dem angenommenen Wert $L = L_0 = 10^{-4}$ cm gehörige Wert von Π_0 noch unbekannt. Wir können ihn unter Benutzung der Ergebnisse von Dehlinger und Gisen (4c) folgendermaßen bestimmen: Wir entnehmen aus den Kurven in Abb. 42a und 42b die Werte von σ_k/σ_{01} für Zimmertemperatur ($T = 291^\circ$ K) und tragen sie gegen die zugehörigen Π_0-Werte auf (Abb. 43). Dann fließt der Kristall erst, wenn σ/σ_{01} oberhalb der Kurve liegt. Ein Maß für die Gleitgeschwindigkeit ist die Geschwindigkeit $d\alpha/dt$, mit der α zunimmt. Letztere ist in erster Näherung proportional zu der Wahrscheinlichkeit (36) der Bildung einer Versetzung und zu $\partial F/\partial\alpha$ [vgl. Dehlinger (1939, 4)]:

$$u \sim \frac{d\alpha}{dt} = \mathrm{const}\, e^{-A_{T/kT}} \frac{\partial F}{\partial\alpha}. \tag{139}$$

Für sehr kleine Schubspannungen und hohe Temperaturen, bei denen Gegenschwankungen merklich werden, ist (139) durch die $-\sigma$-Glieder zu ergänzen. Für unsere Zwecke ist das nicht erforderlich.

Der e-Faktor in (139) ist nach 8 unterhalb des Knickwerts σ_0 der kritischen Schubspannung „klein" und nimmt erst oberhalb desselben „große" Werte an. $\partial F/\partial\alpha$ ist längs und unterhalb der Kurve in Abb. 43 Null, oberhalb positiv und nimmt mit σ/σ_{01} zu. Große Werte kann also u nur dann annehmen, wenn gleichzeitig $\sigma > \bar\sigma_0$ und $\sigma > \sigma_k$ ist. Das ist der Fall in dem in Abb. 43 schraffierten Gebiet, mit Ausnahme einer kleinen Umgebung der Kurve, in der $\partial F/\partial\alpha$ klein ist. Dabei wurde nach (55) $\sigma_0/\sigma_{01} = 0{,}4$ gesetzt (Zimmertemperatur).

Den Π_0-Wert des Schnittpunkts der Geraden $\sigma = \sigma_0$ mit der Kurve bezeichnen wir mit $\overline{\Pi}_{0k}$. Für $\Pi_0 > \overline{\Pi}_{0k}$ beginnt das Gleiten bereits nach Überschreiten der σ_k-Kurve, zunächst mit kleiner Gleitgeschwindigkeit, bis $\sigma = \bar\sigma_0$ erreicht ist. Für $\Pi_0 < \overline{\Pi}_{0k}$ dagegen ist auch bei $\sigma > \sigma_0$ die Gleitgeschwindigkeit zunächst Null, obwohl der e-Faktor oberhalb σ_0 rasch sehr große Werte annimmt. Wenn aber $\sigma = \sigma_k$ erreicht ist, so setzt, eben wegen des großen Wertes des e-Faktors, das Gleiten mit großer Geschwindigkeit praktisch unstetig ein. Das ist aber nach Dehlinger und Gisen gerade das Verhalten rekristallisierter Kristalle. Da deren Mosaikgröße L_r auch gleich dem von uns benutzten Wert von $L = L_0 = 10^{-4}$ cm ist[1], so kommen wir in Übereinstimmung mit den experimentellen Befunden, wenn wir $L = L_0$ den Wert $\Pi_0 = \overline{\Pi}_{0k} = 16$ (Abb. 43) zuordnen, denn dann ist der Knickwert der äußeren Schubspannung gerade $= \sigma_0$, und vorher findet kein Gleiten statt. Selbst wenn mit feinen Meßapparaten experimentell eine geringe Gleitung unterhalb der kritischen Schubspannung noch festgestellt werden könnte, so würde sich der $L = L_0$ zugeordnete Wert von Π_0 nicht merklich ändern, da die σ_k-Kurve in Abb. 43 in der Umgebung von $\Pi_0 = 16$ sehr rasch abfällt. Mit $\Pi_0 = 16$ erhalten wir für v_0/v_1

---

[1] Genau bekannt ist der Wert von L_r noch nicht, nach 7b liegt er zwischen 10^{-5} und 10^{-4} cm. Wir werden aber weiter unten sehen, daß wir für $L_r = 0{,}1 L_0 = 10^{-5}$ cm nahezu dieselben Ergebnisse erhalten wie für obigen Wert $L_r = L_0 = 10^{-4}$ cm.

den in (128) angegebenen Wert 0,06. Damit wird nach (127)

$$L/L_0 = 0,06\,\Pi_0. \tag{140}$$

Also entsprechen unseren Werten $\Pi_0 = 10$; 20 und 200 die Werte $L = 0,6\,L_0$; $1,2\,L_0$ und $12,5\,L_0$.

Nunmehr können wir nach (135) und (137) für diese Werte von L den Temperaturverlauf der wahren Kriechgrenze σ_k berechnen. Die Kurven weichen nur wenig von den für $\alpha_\varepsilon = 10^{-4}$ berechneten Kurven ab. Sie sind in den Abb. 42 ausgezogen eingezeichnet, in Abb. 42a auch noch die Kurve für $L = L_0$, die durch Interpolation gewonnen wurde. Damit können wir unter Benutzung von (139) für jedes L angeben, wie sich ein Kristall bei gegebener Schubspannung und Temperatur verhält, und unsere Aufgabe ist gelöst.

Nach Abb. 43 bestehen folgende Verhältnisse: Bei Zimmertemperatur fällt die wahre Kriechgrenze oberhalb L_0 mit L rasch ab, für $L > 10\,L_0$ ist sie Null, ein Kristall beginnt bereits bei den kleinsten Schubspannungen zu fließen. Die Gleitgeschwindigkeit, welche zunächst klein ist, nimmt oberhalb σ_0 große Werte an. Dieses Verhalten zeigen nach Dehlinger und Gisen (4c) gegossene Kristalle mit geringer Mosaikstruktur. Zahlwerte über ihre Mosaikgröße liegen noch nicht vor, sie dürfte jedoch 10- bis 100 mal so groß sein wie bei rekristallisierten Kristallen (7 b). Wir befinden uns damit in Übereinstimmung mit den bisherigen Beobachtungen über die Abhängigkeit des Gleitbeginns von der Mosaikstruktur und sind daher zu der Folgerung berechtigt, daß der Fehlstellenabstand gleich der Mosaikgröße ist, oder mit andern Worten, daß die plastisch wirksamen Fehlstellen an den Mosaikgrenzen sitzen.

Nach Abb. 42a fällt die wahre Kriechgrenze σ_k für $L = L_0$ oberhalb der Zimmertemperatur ungefähr in derselben Weise ab wie der Knickwert $\bar\sigma_0$ der kritischen Schubspannung. Es ist daher für rekristallisierte Kristalle dasselbe Verhalten zu erwarten wie bei Zimmertemperatur. In der Tat zeigen die Messungen von Kornfeld an rekristallisierten Aluminiumkristallen (Abb. 19a), daß bis zu $T \sim 700°\,\mathrm{K}$ das Gleiten erst oberhalb einer definierten Schubspannung[1] einsetzt, während bei höheren Temperaturen die Gleitgeschwindigkeit schon bei sehr kleinen Schubspannungen meßbare Werte annimmt.

Mit abnehmender Temperatur steigt $\bar\sigma_0$ rascher an (auf σ_{01}) als σ_k, so daß auch unterhalb $\bar\sigma_0$ Gleiten eintreten kann, wegen des e-Faktors in (139) jedoch nur mit so kleiner Gleitgeschwindigkeit, daß sie auch bei großer Meßgenauigkeit wohl nicht mehr festgestellt werden kann. Unter den üblichen Bedingungen erhält man hier jedenfalls eine definierte praktische kritische Schubspannung.

---

[1] Ihre Größe kann, wie wir bemerkten, aus den Angaben von Kornfeld nicht genau entnommen werden.

Für große L liegt σ_k bei allen Temperaturen unterhalb $\bar{\sigma}_0$, so daß schon bei sehr kleinen Schubspannungen Gleiten zu erwarten ist. Bei tiefen Temperaturen ist dieses aus den obengenannten Gründen auch hier im allgemeinen nicht mehr meßbar.

Unterhalb $L = L_0$ nimmt σ_k rasch auf den Maximalwert σ_{01} zu. Demnach würde die plastische Verformung solcher Kristalle bei allen Temperaturen erst bei dieser Schubspannung einsetzen. Experimentell wurde ein solcher Fall noch nicht beobachtet. Da aber bis heute die Mosaikgröße nur größenordnungsmäßig angebbar ist, so kann nicht gesagt werden, ob sie bei Kristallen, die gleiches plastisches Verhalten zeigen, merklich schwankt. Solange das nicht festgestellt ist, kann auch nicht entschieden werden, ob unsere Ergebnisse für $L < L_0$ richtig sind oder nicht, und die von uns gemachten Annahmen in Einzelheiten abgeändert werden müssen. Zu beachten ist dabei, daß die Größe der Mosaikblöcke in einem Kristall wahrscheinlich um einen Mittelwert $\tilde{L}$ mehr oder weniger schwankt. Diese Schwankungen fallen um so mehr ins Gewicht, je kleiner $\tilde{L}$ ist[1], so daß ein Kristall mit $\tilde{L} < L_0$, bei dem noch Werte von $L > L_0$ vorkommen, ein anderes Verhalten zeigen wird als ein Kristall mit konstantem $L < L_0$. Unabhängig von den möglichen Änderungen für $L < L_0$ bleiben unsere Ergebnisse für $L \geqq L_0$, wo sie auch von der Erfahrung bestätigt werden, bestehen.

Auf folgenden wichtigen Punkt ist noch hinzuweisen: Man könnte zunächst vermuten, daß für Kristalle, deren Mosaikgröße in Wirklichkeit kleiner ist als der von uns angenommene Wert $L_0 = 10^{-4}$ cm, die von uns erhaltenen Verhältnisse für $L < L_0$ bestehen sollten. Das ist jedoch nicht der Fall, denn unsere Ergebnisse für die verschiedenen Werte von L beziehen sich ja auf die Feststellungen für $L = L_0$, wobei wir letztere, um zu Zahlwerten zu gelangen, den an rekristallisierten Kristallen mit $L = L_r$ erhaltenen Versuchsergebnissen angeglichen haben. Dabei können wir den Wert von L_r nur mit der Genauigkeit einsetzen, mit der er bekannt ist, also bis auf eine Größenordnung. Man überzeugt sich leicht, daß sich für $L_r = 10^{-5}$ cm, also $L_r/L_0 = 0{,}1$ nahezu derselbe Verlauf von σ_k mit L/L_r ergibt, wie oben für $L_r = L_0$. Solange wir also L_r in der richtigen Größenordnung der an rekristallisierten Kristallen gemessenen Mosaikgröße wählen, bleiben unsere Ergebnisse in Übereinstimmung mit den experimentellen Beobachtungen.

Nach (135) nimmt α_ε mit kleiner werdender Länge b der Gleitebene zu. Dabei wird die wahre Kriechgrenze bei fester Temperatur herabgesetzt. Bei gegebener Temperatur kann also ein großer Kristall eine Kriechgrenze besitzen, während ein kleiner bereits gleitet. Das ist leicht

---

[1] Sind alle vorkommenden Werte von $L \gg L_0$, so spielen die Schwankungen offenbar keine Rolle mehr.

verständlich, da die Gegenwirkung auf eine Versetzung mit der Zahl der Fehlstellen ohne Versetzung abnimmt[1].

Oberhalb der wahren Kriechgrenze $(\sigma > \sigma_k)$ wird $\gamma_1 + \gamma_2^* > 2\pi$ und die gebildeten Versetzungen beginnen zu wandern. Dabei verschiebt sich ihr Eigenspannungsfeld mit ihnen, so daß sie eine um so größere Wirkung auf die Fehlstellen ohne Versetzung ausüben, je weiter sie sich von ihrer Bildungsstelle entfernen. In gleichem Maße wächst aber auch die Rückwirkung dieser Stellen auf die Versetzungen selbst, so daß die Wahrscheinlichkeit des Rückwanderns zunimmt und schließlich das Wandern zum Stillstand kommt. Durch das Wegwandern entziehen sich Versetzungen der Rückbildung, so daß die Zahl der gebildeten Versetzungen noch rascher zunimmt als nach unseren Rechnungen, in denen ja das Wegwandern nicht berücksichtigt ist. Wenn schließlich alle Versetzungen in einer Gleitebene gebildet sind $(\alpha = 1)$, so erfolgt das Wandern ungehemmt.

Infolge des Wegwanderns der Versetzungen[2] von ihrer Bildungsstelle bleibt α stets bedeutend kleiner als 1, so daß sich $\partial F/\partial \alpha$, wenn es oberhalb der wahren Kriechgrenze $(\sigma > \sigma_k)$ bereits merklich von Null verschieden ist, nicht mehr größenordnungsmäßig ändert [da das sowohl für das logarithmische Glied als auch für f_α in (131a, b) gilt]. Damit spielt es in (139) oberhalb des Knickwerts $\bar{\sigma}_0$ der kritischen Schubspannung gegenüber dem e-Faktor keine wesentliche Rolle mehr und kann als konstant angenommen werden. D. h. im Gebiet „großer" Gleitgeschwindigkeiten verschwindet, wie es die experimentellen Ergebnisse fordern, der Einfluß der Mosaikgröße auf den Beginn der Gleitung und es gelten unsere früheren Beziehungen.

Ist dagegen $\sigma < \sigma_k$, so ist $\gamma_1 + \gamma_2^* < 2\pi$, also bereits an der Bildungsstelle das Wandern gegenüber dem Rückwandern benachteiligt. Wandert wirklich einmal eine Versetzung unter dem Einfluß einer thermischen Schwankung um einen Atomabstand weiter, so wird sie in Bälde wieder zurückgeworfen.

Die in Gegenrichtung von σ gebildeten Versetzungen wirken an allen Fehlstellen entgegen den bisherigen positiven Verschiebungen; durch die Rückwirkung der Fehlstellen wird ihre Rückbildung, über den Einfluß von σ hinaus, weiter begünstigt. Da sie nach 9 schon bei verschwindender Wechselwirkung keine wesentliche Rolle spielen gegenüber den Versetzungen in Richtung von σ bzw. erst bei so kleinen Schubspannungen, bei denen ihre Anzahl an sich sehr gering ist, so ist das erst recht bei starker Wechselwirkung der Fall, und sie bewirken nur

---

[1] Über die weitere Bedeutung der Kristallgröße für das plastische Verhalten vgl. **14**.

[2] Aus demselben Grunde tritt der stabile Gleichgewichtszustand in der Nähe von $\alpha = 1$ (bei S_2 in Abb. 41) nicht ein.

eine unwesentliche Erhöhung der oben berechneten wahren Kriechgrenze.

Wir haben bisher nur die Wechselwirkung innerhalb der Gleitebenen selbst berücksichtigt und müssen noch auf die Wechselwirkung verschiedener Gleitebenen aufeinander eingehen. Der Gang der Rechnung bleibt grundsätzlich derselbe. Sie wird jedoch erheblich umständlicher: Im thermodynamischen Gleichgewicht werden sich die Versetzungen, wie bisher, ungefähr gleichmäßig innerhalb der einzelnen Gleitebenen verteilen, aber ihre x-Koordinaten werden von Gleitebene zu Gleitebene verschieden sein. Wir können ihre Lage durch die kleinsten Verschiebungen $x_0(y)$, durch die sie mit den Versetzungen einer bestimmten Gleitebene $y = 0$ zur Deckung gebracht werden können, kennzeichnen. Die x_0 treten neben den bisherigen Variabeln in der Formel für die freie Energie auf. Selbst wenn die Gleichgewichtsbedingungen $\partial F/\partial x_0 = 0$ einfache Beziehungen zwischen ihnen ergeben würden, so dürften die an Stelle der Integrale (115a, b) tretenden Doppelintegrale über x und y nur unter erheblichem Aufwand auswertbar sein. Es erscheint zunächst nicht lohnenswert, diese Rechnung durchzuführen, da keine wesentlich anderen Ergebnisse zu erwarten sind wie bisher bei Berücksichtigung der Wechselwirkung innerhalb der Gleitebenen allein, wie man qualitativ unmittelbar einsieht [vgl. Kochendörfer (1938, 3)]. Denn die gegenseitigen Beziehungen zwischen den Energiewerten an den Fehlstellen, auf die es allein ankommt, bleiben bestehen, nur die Werte selbst werden Änderungen erfahren. Die gute Übereinstimmung zwischen Experiment und Theorie bei unserer Annahme zeigt auch, daß die wesentlichen Punkte der Wechselwirkung dabei bereits erfaßt sind. Über alle möglichen experimentellen Feststellungen hinaus hat die Rechnung ergeben, daß Einkristalle eine wahre Kriechgrenze besitzen können, wenn ihre Mosaikgröße hinreichend klein ist. Bemerkenswert ist, daß sie in ähnlicher Weise von der Temperatur abhängt wie die kritische Schubspannung. Demgegenüber gibt, wie wir in **25f** sehen werden, die in **2b** erwähnte Spannungsverfestigung bei inhomogen verformten Einkristallen und vielkristallinen technischen Werkstoffen einen Beitrag zur wahren Kriechgrenze, der wesentlich temperaturunabhängig ist.

13. Atomistische Theorie der Verfestigung.

a) Stabile Anordnungen von gebundenen Versetzungen. Wir haben in **10b** auf Grund der Temperatur- und Geschwindigkeitsabhängigkeit der Verfestigung τ gezeigt, daß τ durch die Zahl N der gebundenen Versetzungen in der Volumeinheit bestimmt ist. Der Zusammenhang zwischen τ und N ist nicht einfach, in erster Näherung kann jedoch für die kubischen Metalle und Salze sowie Naphthalin $\tau^2 = \beta_1 N$, für die hexagonalen Metalle $\tau = \beta_2 N$ gesetzt werden [vgl. (72a bis c)].

Nach **10a** kommt die Verfestigung aller Wahrscheinlichkeit nach dadurch zustande, daß die Energieschwellen, die bei der Bildung der Versetzungen überwunden werden müssen, infolge der Eigenspannungen der Versetzungen erhöht werden. Diese Erhöhung wirkt wie eine der jeweiligen Richtung der äußeren Schubspannung entgegengesetzte Schubspannung der Größe τ. Da der stationäre Wert der Wanderungsgeschwindigkeit im wesentlichen konstant bleibt (dynamische Schubspannungsänderung unabhängig von der Abgleitung!), so wirkt die Verfestigung in derselben Weise auf die Wanderung, wie auf die Bildung der Versetzungen [τ hat in (62) und (74) denselben Wert; vgl. **11**].

Es ist die Aufgabe einer Theorie der Verfestigung, diese experimentell nahegelegten Vorstellungen zu begründen und gleichzeitig die Proportionalitätsfaktoren β_1 und β_2, über welche auf Grund der experimentellen Ergebnisse nichts ausgesagt werden kann, zu berechnen. Die Versuche zur Lösung dieser Aufgabe befinden sich noch in den Anfängen. Wir beschränken uns darauf, die wesentlichen Gesichtspunkte darzulegen, um das bisher gewonnene Bild abzurunden.

Taylor (1934, 1; 2) hat erstmals die verfestigende Wirkung der Eigenspannungen von Versetzungen auf die Wanderung von Versetzungen untersucht[1]. Er betrachtet eine regelmäßige Anordnung[2] von positiven und negativen Versetzungen mit den Abständen d und e. Eine solche Anordnung kann zustande kommen, wenn die Versetzungen ungleichen Vorzeichens an den Mosaikgrenzen unabhängig voneinander gebildet werden. Einen dementsprechenden Anfangszustand[3] bei positiver Schubspannung zeigt Teilbild a_1 von Abb. 44. Sind die Versetzungen gewandert und an den Mosaikgrenzen gebunden worden, so ergibt sich der in Teilbild a_2 gezeichnete Zustand, der grundsätzlich mit dem von Taylor angenommenen Zustand für $e = L$ übereinstimmt, da der Abstand zweier an einer Mosaikgrenze gebundenen Versetzungen klein ist gegenüber L. Die verfestigende Wirkung auf die Wanderung neu gebildeter Versetzungen in Gleitebenen zwischen den bereits wirksam gewesenen kommt dadurch zustande, daß gleichnamige Versetzungen einander abstoßen, ungleichnamige einander anziehen, wie sich unmittelbar aus (100) ergibt. Demnach wirkt bei der Anordnung der gebundenen Versetzungen nach Abb. 44a_2 auf die neugebildeten Versetzungen eine resultierende Schubspannung, die zunächst der äußeren Schubspannung

---

[1] Auf den Einfluß auf die Bildung der Versetzungen kommen wir weiter unten zu sprechen.

[2] Sie geht aus der Anordnung in Abb. 44a_2 hervor, wenn man die benachbarten senkrechten Reihen von positiven und negativen Versetzungen je etwas seitlich verschiebt, so daß sie eine gemischte Reihe bilden. Der Abstand e ist in Abb. 44 mit L bezeichnet.

[3] Der Einfachheit halber ist dabei die in Wirklichkeit statistische Verteilung der Versetzungen längs der Mosaikgrenzen als regelmäßig angenommen.

entgegengerichtet ist und mit der Entfernung x von der Bildungsstelle zuerst zunimmt, dann bis $x = L/2$, wo ein labiler Zustand erreicht ist, auf Null abnimmt, und schließlich von da an bis $x = L$ in derselben Weise im Sinne der äußeren Schubspannung gerichtet ist wie vorher dagegen. Den kurzperiodischen Energieschwellen zwischen zwei benachbarten Lagen einer Versetzung mit der Periode λ überlagert sich also in jedem Mosaikblock eine verfestigende langperiodische Energieschwelle mit der Periode L. Eine solche Anordnung bleibt offenbar nach Wegnahme der äußeren Schubspannung stabil und erfüllt auch die Bedingung von **10a**, in beiden Beanspruchungsrichtungen gleich stark verfestigend auf die Wanderung der Versetzungen zu wirken[1].

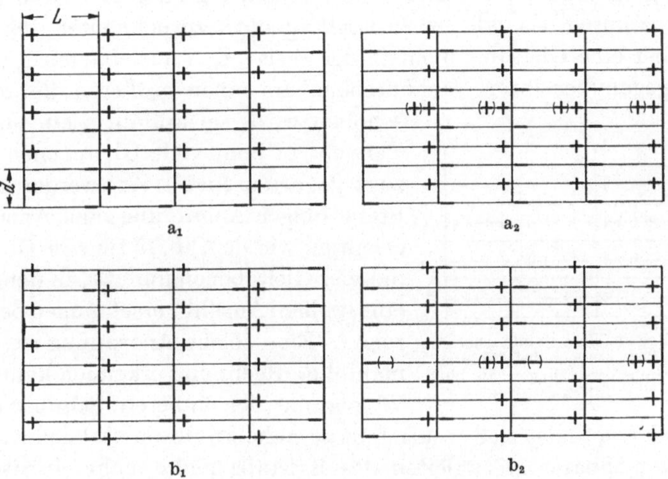

Abb. 44. Regelmäßige stabile Anordnungen von Versetzungen bei Bildung einer Versetzung bzw. eines Versetzungspaares an jeder Bildungsstelle an den Mosaikgrenzen mit dem Abstand L. a_1 und a_2 unabhängige Bildung von ungleichnamigen Versetzungen. b_1 und b_2 paarweise Bildung von ungleichnamigen Versetzungen. a_1 und b_1 Zustand unmittelbar nach der Bildung. a_2 und b_2 Anordnung der gebundenen Versetzungen. Die Lage der eingeklammerten Versetzungen ist nach Wegnahme der äußeren Schubspannung nicht stabil.

Nach **12** ist es auch möglich, daß die Versetzungen ungleichen Vorzeichens an den Mosaikgrenzen paarweise gebildet werden. Doch entstehen auch hierbei, wie aus den Teilbildern b_1 und b_2 von Abb. 44 zu ersehen ist, Anordnungen, die zwar von den bisher betrachteten etwas verschieden sind, aber hinsichtlich ihrer verfestigenden Wirkung auf die Wanderung neugebildeter Versetzungen dasselbe Verhalten zeigen.

---

[1] Das gilt auch für die weiteren betrachteten Anordnungen und für die Neubildung von Versetzungen (vgl. **17**). Das Eigenspannungsfeld der gebundenen Versetzungen wirkt also bei einer Umkehr der Beanspruchungsrichtung nicht, wie Masing (1939, 1) behauptet hat, um denselben Betrag erniedrigend auf die kritische Schubspannung σ_0 des unverformten Kristalls, wie vorher erhöhend. Über die weiteren Folgerungen aus dieser Behauptung vgl. **10a**.

Nicht berücksichtigt haben wir bisher, daß in einer Gleitebene, in der bereits Versetzungen gebunden sind, neue Versetzungen gebildet werden. Wegen der Gleitlinienbildung ist das in Wirklichkeit sicher der Fall, ja die Zahl der gebildeten Versetzungen in den bevorzugt gleitenden Ebenen (mit günstigster Kerbwirkung), bei denen sichtbare Gleitlinien auftreten, muß beträchtlich größer sein als Eins[1]. In Abb. 44a$_2$ und 44b$_2$ ist durch die eingeklammerten Versetzungen der Fall veranschaulicht, daß in einer Gleitebene an jeder Mosaikgrenze zwei Versetzungen gebunden wurden, in den übrigen Gleitebenen dagegen nur eine. Diese Anordnung ist nach Wegnahme der äußeren (positiven) Schubspannung nicht stabil; auf die zuletzt gebildeten positiven Versetzungen in der bevorzugten Gleitebene wirkt dann offenbar eine negative resultierende Schubspannung, so daß der Kristall spontan zurückgleitet. Nun entsteht aber eine Gleitlinie nicht in der Weise, daß nur eine einzige Gleitebene gegenüber ihrer Nachbarebene um einen größeren Betrag verschoben wird, sie umfaßt vielmehr einen Bereich, in dem viele Gleitebenen bevorzugt geglitten sind[2]. Wir werden also an Stelle obiger Anordnung eine Anordnung erhalten, wie sie Abb. 45 für eine Gleitlinie, die vier Gleitebenen umfaßt, in denen sich eine größere Anzahl Versetzungen befindet, zeigt[3]. Eine solche Anordnung ist, soweit man ohne Rechnung erkennen kann, nach Wegnahme der äußeren Schubspannung

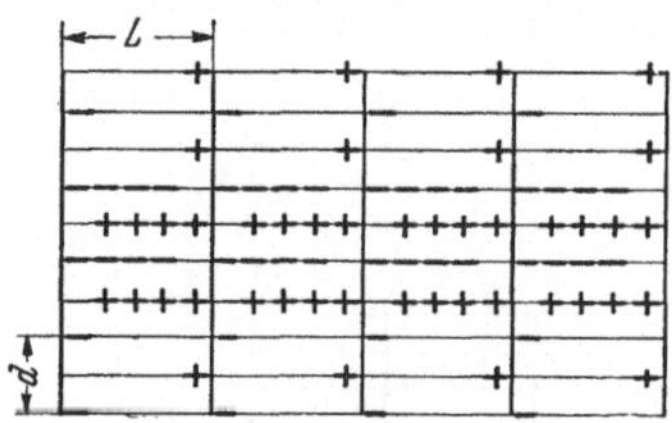

Abb. 45. Regelmäßige stabile Anordnung von Versetzungen bei Bildung von mehreren Versetzungen an bevorzugten Bildungsstellen.

stabil oder befindet sich wenigstens so nahe an ihrem stabilen Zustand, daß ein meßbares Rückgleiten des Kristalls nicht mehr eintritt[4]. In jedem Mosaikblock besteht dabei ein Zustand, wie ihn Taylor betrachtet hat. Damit ein solcher Zustand möglich ist, müssen offenbar genügend viele Versetzungen in jeder Gleitebene gebildet worden sein, denn wenn es nur wenige sind, so wandern sie, wie man aus Abb. 45 leicht erkennt, nach Wegnahme der äußeren Schubspannung spontan wieder zurück. Um also nicht mit der Erfahrung in Widerspruch zu kommen, müssen wir annehmen, daß in den bevorzugten Gleitebenen hinreichend viele Versetzungen sehr rasch gebildet werden, d. h. inner-

---

[1] Würden alle Gleitebenen ganz gleichmäßig betätigt werden, so wäre nach der Abgleitung 1 an jeder Fehlstelle eine Versetzung gebildet worden.

[2] Vgl. die Beobachtungen von Greenland (2a).

[3] Abb. 45 bezieht sich auf die unabhängige Bildung ungleichnamiger Versetzungen. Bei paarweiser Bildung sind die Verhältnisse ähnlich.

[4] Die Annahme, daß die gebundenen Versetzungen überhaupt nur Anordnungen bilden können, die im unbelasteten Kristall instabil, also zur Erklärung der Verfestigung ungeeignet sind [J. M. Burgers (1940, 1)], trifft also nicht zu.

halb der Zeiten, in denen die Abgleitung um einen schon meßbaren
Betrag zunimmt[1].

b) Berechnung der Verfestigung. Taylor hat für die von ihm
betrachtete Anordnung die Verfestigung berechnet. Mit dem Ansatz
(100) ergibt sich[2]:

$$|\tau| = \frac{G\lambda}{d}\,\psi(e/d) = G\lambda e N \psi(e/d)\,. \tag{141}$$

N ist die Zahl der Versetzungen in der (zweidimensionalen) Volumeinheit:

$$N = \frac{1}{de}\,. \tag{142}$$

Der Faktor ψ hängt von dem Verhältnis e/d ab. Für $e/d = 1$ bzw. 0,8
berechnet Taylor $\psi = 0,174$ bzw. 0,1.

Der Verlauf von τ mit N ist dadurch bestimmt, wie sich die Versetzungen im Laufe der Verformung anordnen, also welche Werte e/d
durchläuft. Taylor nimmt an, daß die Anordnung während der Verformung quadratisch ist ($e = d$). Dann ergibt sich aus (141) und (142):

$$\tau^2 = 0,03\,G^2\lambda^2 N\,. \tag{143}$$

(143) gibt nach (72a, b) den Zusammenhang zwischen τ und N für
kubische Kristalle und Naphthalin richtig wieder. Durch Vergleich
beider Beziehungen erhalten wir:

$$\beta_1 = 0,03\,G^2\lambda^2\,. \tag{144}$$

Somit scheint eine befriedigende Erklärung für die Form dieser Verfestigungskurven gewonnen zu sein. Dabei besteht jedoch folgende
Schwierigkeit: Nach (70), (72a, b) und (144) ist

$$\frac{\tau^2}{a}(T = 0) = \frac{\tau^2}{a}(0) = \frac{\beta_1}{\lambda L} = \frac{0,03\,G^2\lambda}{L}\,. \tag{145}$$

Daraus sollte bei bekanntem $\tau^2/a\,(T = 0)$ L berechnet werden können.
Nun ergeben aber die Versuche für verschiedene Werte von L übereinstimmende Verfestigungskurven (vgl. Abb. 21), während sie nach
(145) merklich voneinander verschieden sein sollten. Diese Unstimmigkeit ist verständlich, da die Anordnung der gebundenen Versetzungen
nicht unabhängig sein kann von dem Wanderungsweg, nach dem die
ersten Versetzungen gebunden werden, ein Umstand, der in (142) mit
$e = d$ nicht berücksichtigt ist. Um ihm Rechnung zu tragen und auch

---

[1] Für kleinere Zeiten wäre auch das mögliche Rückgleiten nicht mehr meßbar.
[2] (141) gibt den Maximalwert der Schubspannung der verfestigenden Energie-
schwelle an. Streng genommen ist für $|\tau|$ ein geeigneter Mittelwert über die halbe
Periode der Schwelle zu nehmen, der aber größenordnungsmäßig mit dem Maximalwert übereinstimmt.

andere Formen der Verfestigungskurven mit einbeziehen zu können, setzen wir an Stelle von (142) allgemein an:

$$\frac{1}{d} = f(L \cdot N) , \qquad (146)$$

Parabelförmige Kurven ergeben sich dann mit[1]:

$$\frac{1}{d} = f_1(L \cdot N) = \sqrt{c_1' L N / L_0} \qquad (147\,\text{a})$$

und lineare Kurven mit:

$$\frac{1}{d} = f_2(L \cdot N) = c_2' L N . \qquad (147\,\text{b})$$

c_1' und c_2' sind dimensionslose Konstanten. Setzen wir (147a) bzw. (147b) in (141) ein und nehmen für ψ einen Mittelwert $\tilde{\psi}$, so erhalten wir:

$$\frac{\tau^2}{a} = c_1 \frac{G^2 \lambda^2 L}{L_0} \frac{N}{a} ; \quad c_1 = c_1' \tilde{\psi} , \qquad (148\,\text{a})$$

$$\frac{\tau}{a} = c_2 G \lambda L \frac{N}{a} ; \quad c_2 = c_2' \tilde{\psi} . \qquad (148\,\text{b})$$

Durch Vergleich mit (72a, b) bzw. (72c) ergibt sich daraus:

$$\beta_1 = c_1 \frac{G^2 \lambda^2 L}{L_0} ; \quad \beta_2 = c_2 G \lambda L . \qquad (149)$$

Die Konstanten β_1 und β_2 ergeben sich also, im Unterschied zu (144), proportional zu L. Damit wird aber nach (70) und (71) $\tau^2/a(0)$ bzw. $\tau/a(0)$ unabhängig von L, wie es die Erfahrung fordert.

Mit β_1 aus (149) erhalten wir für parabelförmige Verfestigungskurven:

$$\frac{\tau^2}{a}(0) = \frac{\beta_1}{\lambda L} = c_1 \frac{G^2 \lambda}{L_0} . \qquad (150)$$

Daraus können wir für die kubisch-flächenzentrierten Metalle, deren Verfestigungskurven näherungsweise Parabeln sind, die Konstante c_1 berechnen, wenn wir für $\tau^2/a(0)$ den aus experimentellen Messungen erhaltenen Wert einsetzen. Für Aluminium ergibt sich mit $G = 2500$ kg/mm², $\lambda = 4 \cdot 10^{-8}$ cm, $L_0 = 10^{-4}$ cm (Festsetzung in 12) und $\tau^2/a(0) = 106$ (kg/mm²)² [Mittelwert aus (72a) und (72b)] $c_1 = 0{,}04$. Bei den übrigen kubisch-flächenzentrierten Metallen ist der Temperaturverlauf der Verfestigungskurven noch nicht gemessen, so daß $\tau^2/a(0)$ noch nicht genau angegeben werden kann. Da aber die Konstanten in der Temperaturfunktion (70) für alle Metalle nahezu dieselben Werte besitzen, so kann man die Werte von $\tau^2/a(0)$ mit den Meßwerten $\tau^2/a(291)$ bei Zimmertemperatur (Abb. 11) und dem berechneten Verhältniswert $\tau^2/a(0)/\tau^2/a(291) \sim 10$ (vgl. Abb. 14) berechnen. Für Kupfer, Silber,

---

[1] L_0 haben wir eingeführt, damit c_1' eine dimensionslose Konstante wird (N hat im zweidimensionalen Gitter die Dimension [cm^{-2}]).

Gold und Nickel erhält man auf diese Weise $c_1 = 0{,}089$ (Cu); $0{,}092$ (Ag); $0{,}056$ (Au) und $0{,}067$ (Ni). Diese Werte stimmen nahezu überein. Das ist eine Bestätigung für die grundsätzliche Richtigkeit unserer Ansätze, denn c_1 hängt nur von der gegenseitigen Anordnung der Versetzungen ab und diese muß bei Kristallen gleicher Struktur nahezu dieselbe sein. Hervorzuheben ist insbesondere, daß die Schwankungen von c_1 wesentlich kleiner sind als die Unterschiede im Quadrat des Schubmoduls und außerdem nicht parallel mit letzteren gehen [für Silber bzw. Nickel z. B. ist $G^2 = 7{,}3 \cdot 10^6$ bzw. $61 \cdot 10^6$ (kg/mm^2)^2].

Bemerkenswert ist ferner, daß die erhaltenen Werte von c_1 etwa so groß sind, wie der von Taylor berechnete Wert 0,03 in (145). Das hat, worauf bereits Kochendörfer (1938, 3) hingewiesen hat, folgenden Grund: Die Rechnung von Taylor ist sicher für die Mosaikgröße L richtig, für welche sich die angenommene quadratische Anordnung der Versetzungen in Wirklichkeit ausbildet. Durch Vergleich von (145) und (150) erhalten wir: $L/L_0 = 0{,}03/c_1$, also mit obigen Zahlwerten für c_1: $L \sim 0{,}75\,L_0 = 0{,}75 \cdot 10^{-4}$ cm bis $\sim 0{,}33\,L_0 = 0{,}33 \cdot 10^{-4}$ cm. Diese Werte sind von der Größenordnung der Mosaikgröße in rekristallisierten Kristallen. Für sie ist tatsächlich eine quadratische Anordnung der gebundenen Versetzungen zu erwarten, denn dann müssen sich in jeder wirksamen Gleitebene innerhalb eines Mosaikblocks rund zehn Versetzungen im gegenseitigen Abstand $100\,\lambda$ ansammeln, wenn wir für den Abstand der wirksamen Gleitebenen den aus der Verbreiterung der Röntgenlinien ermittelten Wert von etwa $5 \cdot 10^{-6}$ cm benutzen. Diese Anzahl erscheint aber sehr wahrscheinlich.

Die oben zugrunde gelegten Anordnungen sind gegenüber den in Wirklichkeit bestehenden Anordnungen sicher zu einfach, insbesondere berücksichtigen sie nicht die Ausbildung von Gleitlamellen. Sie sind aber als leicht zu übersehende Beispiele geeignet, die Punkte aufzuzeigen, welche für das Zustandekommen verschiedener Formen der Verfestigungskurven und deren Unabhängigkeit von L wesentlich sind.

Die bisherigen Untersuchungen bezogen sich auf den Einfluß der Eigenspannungen auf die Wanderung der Versetzungen. Man erkennt aber, daß bei den betrachteten Anordnungen das resultierende Eigenspannungsfeld der gebundenen Versetzungen auch die Neubildung von Versetzungen erschwert, d. h. die Bildungsschwellen erhöht[1]. Berechnungen von τ in dieser Weise liegen noch nicht vor, sie dürfen in ähnlicher Weise durchführbar sein wie für die Wanderung der Versetzungen.

---

[1] Man beachte, daß bei positiver äußerer Schubspannung auf der linken Seite einer Mosaikgrenze negative, auf der rechten Seite positive Versetzungen gebildet werden.

Abschließend sei noch darauf hingewiesen, daß das Eigenspannungsfeld der gebundenen Versetzungen auch in andern (latenten) Gleitsystemen verfestigend wirken kann, da seine betreffenden Schubspannungskomponenten im allgemeinen nicht Null sind. Diese Frage bedarf aber noch der näheren Untersuchung. Experimentell ist auch nicht festgestellt, ob die Verfestigung in allen Gleitsystemen eines Kristalls (annähernd) dieselbe Größe besitzt wie im wirksamen[1]. Solche Versuche können etwa in der Weise ausgeführt werden, daß man aus einem gedehnten Kristall Scheiben parallel zu den Gleitebenen schneidet und diese durch Schiebegleitung untersucht.

Zusammenfassend ist zu sagen, daß es bis heute noch nicht gelungen ist, eine rein deduktive Theorie der Verfestigung aufzustellen, daß aber die bisherigen Ansätze mit den experimentellen Erfordernissen in Einklang stehen und als Grundlage für die weitere Entwicklung geeignet sind[2]. Es besteht keine Notwendigkeit, andere Ursachen als die Eigenspannungen der Versetzungen für die Verfestigung anzunehmen. Insbesondere die Veränderungen der Elektronenhülle, d. h. der chemischen Natur der Atome, die sich in mannigfacher Weise äußern [vgl. Smekal (1931, 1; 1933, 1); Tammann (1932, 1)], dürften lediglich Folgeerscheinungen der Gitterverzerrungen sein [vgl. van Arkel und W. G. Burgers (1928, 1)]. Das zeigt auch die Tatsache, daß das plastische Verhalten bei allen Bindungsarten dasselbe ist. Es ist natürlich nicht ausgeschlossen, daß diese Veränderungen rückwirkend die Verfestigung etwas mit beeinflussen. Die auf andere Weise nicht gelungene und kaum mögliche Deutung der Temperatur- und Geschwindigkeitsabhängigkeit der Verfestigung durch Zusammenwirken der beiden statistisch einfachen, d. h. durch einen Atomsprung bewirkten Vorgänge der Bildung und Auflösung der Versetzungen (vgl. **10b**), weist aber eindeutig auf die eigentliche Ursache der Verfestigung, die Eigenspannungen der Versetzungen, hin. Wir werden diese Auffassung in **17** durch weitere experimentelle Befunde belegen.

14. Erweiterung der bisherigen Beziehungen für dreidimensionale Gitter.

In zweidimensionalen Gittern sind die Vorgänge der Bildung, Wanderung und Auflösung der Versetzungen leicht zu übersehen und können durch eine Koordinate, die (maximale) Atomverschiebung, in der Gleitrichtung vollkommen gekennzeichnet werden. In dreidimensionalen Gittern kommt die Ausdehnung der Versetzungen in der Gleitebene senkrecht zur Gleitrichtung als weitere Bestimmungsgröße hinzu.

---

[1] Vgl. **25d**.

[2] Über die älteren, teilweise experimentell unmittelbar widerlegten Annahmen vgl. Schmid und Boas (1935, 1).

Erstrecken sie sich über $\nu\lambda$ Atomabstände, so bezeichnen wir sie als Versetzungslinien ν-ter Ordnung. Die Ebenen parallel zur Gleitrichtung und senkrecht zur Gleitebene nennen wir Versetzungsebenen, sie entsprechen unseren bisherigen zweidimensionalen Gittern. Die Kristalllänge in der Gleitrichtung sei b, die Höhe senkrecht zur Gleitebene h (wie bisher), und die Breite senkrecht zu den Versetzungsebenen m, das Volumen $bhm = 1$.

In 7 c haben wir gesehen, daß die zur Bildung der Versetzungen erforderliche Energie in Bereichen der Linearausdehnung eines Atomabstandes aufgebracht wird. Das besagt, daß die Bildung einer Versetzung erster Ordnung den statistischen Elementarvorgang darstellt.

Während des Bildungsvorgangs werden die in der Umgebung befindlichen Atome der benachbarten Versetzungsebenen je nach der Größe der Gitterkräfte mehr oder weniger weit mitgenommen. Wird dabei ihre potentielle Energie so stark erhöht, daß bereits die häufig vorkommenden kleineren thermischen Schwankungen zur Bildung einer weiteren Versetzung ausreichen, so pflanzt sich der Vorgang als eine Art Kettenreaktion[1] so lange fort, bis er entweder an Stellen großer Gitterstörung (z. B. parallel zu den Versetzungsebenen verlaufende Mosaikgrenzflächen) unterbrochen wird oder an den Kristalloberflächen sein Ende findet[2]. Das Ergebnis sei im Mittel eine Versetzungslinie μ-ter Ordnung.

Wir nehmen zunächst an, eine Versetzungsbildung würde zu einer durch den ganzen Kristall durchgehenden Versetzungslinie führen

---

[1] Wie schon aus obigen Bemerkungen hervorgeht, ist dieser Vorgang nicht genau derselbe wie die (unter den in **11** angegebenen Bedingungen mögliche) Kettenreaktion beim Wandern einer Versetzung in einem zweidimensionalen Gitter bzw. in einer linearen Atomreihe, denn die zunächst aufgewandte Bildungsenergie kann unvermindert nur in einer, nicht aber in zwei Dimensionen übertragen werden. Dagegen genügt, wenn die bei der Bildung der Versetzung (erster Ordnung) in der Nachbarschaft auftretenden Spannungen die seitliche Ausbreitung hinreichend vorbereiten, eine verhältnismäßig geringe thermische Energiezufuhr zu ihrer Fortführung. Solche „Netzreaktionen" sind bei den rasch verlaufenden Umwandlungsvorgängen (Umklappvorgänge) gut bekannt [vgl. Dehlinger (1939, 4); Dehlinger und Kochendörfer (1940, 3)], so daß sie auch hier durchaus möglich, ja wahrscheinlich sind.

[2] Nach J. M. Burgers (1939, 1; 2; 3) sind im Innern eines Kristalls begrenzte Versetzungslinien nicht möglich, sondern nur solche, die beiderseits in die Kristalloberfläche münden oder die in sich geschlossen sind. Die Verhältnisse liegen ähnlich wie bei Wirbelfäden in einer inkompressiblen Flüssigkeit. Bei dieser Rechnung wird aber, wie bei allen bisher durchgeführten diesbezüglichen Rechnungen, der Kristall durch einen kontinuierlichen, unter Umständen anisotropen Körper ersetzt. Wir sind demgegenüber der Ansicht, daß wegen der atomistischen Struktur der Kristalle eine beiderseits im Innern begrenzte Versetzungslinie in der oben beschriebenen Weise entstehen kann und mechanisch stabil ist. Die dynamische Seite der Fragestellung ist bei Burgers kaum behandelt.

$(\mu\lambda = m)$. Die Wahrscheinlichkeit, daß in der Volumeinheit eine solche Versetzungslinie gebildet wird, ist dann gleich der Bildungswahrscheinlichkeit einer Versetzung erster Ordnung, also proportional zu W_B nach (36) und zu der Zahl der Fehlstellen, die ebenso wie im zweidimensionalen Gitter umgekehrt proportional zu L ist. Also bleibt (50) bestehen, nur bedeutet $d_1 N$ jetzt die Zahl der Versetzungslinien, die im Zeitelement dt in der Volumeinheit gebildet werden. Diese ergeben, wie man leicht sieht, auch die Abgleitung da nach (51), so daß schließlich die grundlegende Beziehung (52) erhalten bleibt. Ebenso erkennt man unmittelbar, daß alle übrigen Verhältnisse (Verfestigung, Wechselwirkung im Gebiet „kleiner" Gleitgeschwindigkeiten, Einfluß der Wanderungsgeschwindigkeit) in der bisherigen Weise behandelt werden können und auch denselben Gesetzmäßigkeiten unterliegen, so daß das plastische Verhalten dreidimensionaler Kristalle, in denen durchgehende Versetzungslinien gebildet werden, dasselbe ist wie das zweidimensionaler Kristalle.

Ist $\mu < m/\lambda$, so werden zwar in einem Zeitelement dt in der Volumeinheit ebenso viele Versetzungen und damit Versetzungslinien μ-ter Ordnung gebildet wie bisher, aber diesen entspricht nur eine $\mu\lambda/m$-mal kleinere Abgleitung $da_\mu = \dfrac{\mu\,\lambda^2 L}{m}\,d_1 N$. Damit erhalten wir an Stelle von (52):

$$u = \frac{da_\mu}{dt} = \frac{\mu\,\alpha_1\lambda^2}{m}\,e^{-\frac{A_T}{kT}}\,. \tag{151}$$

(151) besagt, daß die kritische Schubspannung σ_0 bei gegebener Gleitgeschwindigkeit von der Kristallausdehnung senkrecht zu den Versetzungsebenen abhängt, und zwar nehmen beide gleichzeitig zu[1]. Die Änderungen von σ_0 sind jedoch, selbst bei starken Änderungen von m, nur gering, da die Bildungsgeschwindigkeit sich sehr stark mit σ_0 ändert. Bei einer Erhöhung von m um das 100fache nimmt σ_0 nach Abb. 34 um etwa 10% zu, liegt also innerhalb der Meßfehler für die Einzelwerte von σ_0, so daß durch dynamische Versuche bei den üblichen Unterschieden der Kristallgröße nicht festgestellt werden kann, ob die Versetzungen durchgehend gebildet werden oder nicht. Durch statische Versuche könnte besseres Fließen mit abnehmender Kristalldicke wohl noch festgestellt werden, wenn nicht noch weitere Einflüsse hinzukommen würden. In 12 haben wir gesehen, daß durch die Abnahme der Wechselwirkung die Gleitung mit abnehmender Kristallänge b begünstigt wird. Beide Einflüsse wirken also bei gleichzeitiger Verkleinerung beider Dimensionen (wie es ja im allgemeinen geschieht) zusammen. Sie dürften jedoch durch einen entgegengesetzten Einfluß

---

[1] Bei Kochendörfer (1938, 3) wurde versehentlich u proportional zu m, anstatt zu $1/m$ gesetzt. Dieser Fehler ist jedoch auf die weiteren Erörterungen in obiger Arbeit ohne Einfluß.

überdeckt werden: Wie Roscoe (1936, 1) festgestellt hat, ist die kritische Schubspannung sehr empfindlich gegenüber Veränderungen der Kristalloberfläche, sie wird z. B. schon durch extrem dünne Oxydhäute merklich heraufgesetzt. Es handelt sich dabei vermutlich um Veränderung der Kerbwirkung der Oberflächenfehlstellen. Diese tritt offenbar um so stärker in Erscheinung, je kleiner der Kristallquerschnitt ist[1]. Da unter den üblichen Bedingungen die Kristalloberfläche mehr oder weniger stark äußeren Einflüssen ausgesetzt ist (Luftsauerstoff, Feuchtigkeit), so werden sehr kleine Kristalle eine merklich erhöhte kritische Schubspannung bzw. geringere Fließfähigkeit bei statischer Versuchsführung zeigen, während bei sehr reinen Kristalloberflächen durch die abnehmende Wechselwirkung und den Einfluß von m und μ gerade umgekehrte Verhältnisse zu erwarten wären. Versuche hierüber liegen unseres Wissens noch nicht vor.

Der Einfluß der Beschaffenheit der Kristalloberfläche ist ausgeschaltet beim Vergleich verschiedener Gleitsysteme an ein und demselben Kristall. Sind diese kristallographisch gleichwertig und befinden sie sich im unverformten Kristall in geometrisch gleichberechtigter Lage zur Zugrichtung, so müßten sie, wenn die Kristallabmessungen ohne Einfluß wären, alle gleichzeitig und mit gleicher Gleitgeschwindigkeit in Tätigkeit treten. Untersuchungen an Steinsalzkristallen, deren Achse parallel zu einer [100]-Richtung war [Mahnke (1934, 1); Smekal (1935, 1)], haben ergeben, daß nur bei quadratischem Querschnitt, wo alle vier Dodekaeder-Gleitebenen dieselben Abmessungen besitzen, ihre Gleitspuren gleichzeitig bei einer bestimmten Schubspannung sichtbar werden, dagegen bei rechteckigem Querschnitt die Gleitspuren der beiden Ebenen, welche die kürzere Gleitrichtung (kleinere Länge b) besitzen, früher (bei kleineren Schubspannungen) erscheinen als die der beiden anderen[2]. Diese Ergebnisse entsprechen unseren Erwartungen. Zu bemerken ist jedoch, daß zu den kürzeren Gleitrichtungen größere Ausdehnungen m senkrecht zu den Versetzungsebenen gehören. Diese spielen jedoch keine Rolle, wenn durchgehende Versetzungslinien gebildet werden. Man kann daher in den obigen Befunden einen Hinweis darauf erblicken, daß in Wirklichkeit dieser Fall eintritt.

Die Berechnung der Wechselwirkung im statischen Gebiet wird bei $\mu\lambda < m$ umständlicher als in 12, weil die Lagekoordinaten der Versetzungen senkrecht zu den Versetzungsebenen als weitere Variable hinzukommen. Man sieht aber auch hier, ähnlich wie bei der Wechselwirkung verschiedener Gleitebenen in zweidimensionalen Gittern, daß nur die Energiewerte an den Fehlstellen selbst, nicht aber ihre gegen-

---

[1] Ebenso spielt die Größe von L eine Rolle.

[2] Eine Bevorzugung des Gleitsystems mit der kürzeren Gleitrichtung tritt auch bei kristallographisch ungleichwertigen Systemen auf [Wolff (1935, 1)].

seitigen Verhältnisse geändert werden, so daß unsere bisherigen Ergebnisse bestehen bleiben.

Daß eine verfestigende Wirkung von Anordnungen von gebundenen Versetzungen μ-ter Ordnung ebenso zustande kommt wie bei durchgehenden Versetzungslinien bzw. wie in zweidimensionalen Gittern, ist unmittelbar ersichtlich. J. M. Burgers (1939, 1; 2; 3) hat die Eigenspannungsfelder verschiedener Anordnungen berechnet. Wie oben, so ist es auch hier noch eine ungelöste Frage, welche Anordnungen sich im Lauf der Verformung wirklich ausbilden.

Wir haben damit gesehen, daß zur Beschreibung des plastischen Verhaltens dreidimensionaler Kristalle die Beziehungen für zweidimensionale Kristalle ohne wesentliche Änderungen bzw. ungeändert (bei Bildung durchgehender Versetzungslinien) übernommen werden können, und damit nachträglich die Prüfung dieser Beziehungen an experimentellen Ergebnissen, die an dreidimensionalen Kristallen gewonnen wurden, gerechtfertigt.

15. Kristallstruktur und Kristallgefüge und plastische Eigenschaften.

a) Koordinationszahl und plastische Verformbarkeit. Zu Beginn unserer Untersuchungen des Gleitvorgangs haben wir die Tatsache, daß die Gleitelemente im allgemeinen kristallographisch genau bestimmt sind, zunächst aus der Erfahrung übernommen. Nachdem wir nun bestimmte Vorstellungen über die Natur der atomistischen Vorgänge gewonnen haben, wird sie wenigstens anschaulich verständlich[1].

Wir haben es als notwendige Forderung erkannt, daß die an den Mosaikgrenzen stattfindenden örtlichen Gleitschritte sich durch die idealen Mosaikblöcke ausbreiten müssen (7 c). Soweit sich übersehen läßt, kann dieser Vorgang nur im Wandern von Versetzungen bestehen, das offenbar an bestimmte Gittergeraden gebunden ist. Wenn also ein Kristall überhaupt plastisch verformbar ist, so kann die Verformung nur längs kristallographisch bestimmter Gleitrichtungen erfolgen. Nun haben wir in **11** gesehen, daß ein Zusammenhang zwischen der Größe einer Versetzung (bestimmt durch die Zahl n) und ihrer maximalen Wanderungsschubspannung σ_w besteht, und zwar nimmt σ_w mit wachsendem n ab. n wird aber um so größer, je mehr die Atomverschiebungen an den Bildungsstellen in die anstoßenden Gittergeraden hineinwirken, d. h. je dichter die Atome gepackt sind. Bei einer bestimmten Struktur wird also die Gleitrichtung die dichtest besetzte Gitterrichtung sein, wie es auch die Erfahrung zeigt[2].

---

[1] Eine mathematische Behandlung der im folgenden untersuchten Fragen ist heute noch nicht möglich.

[2] Daß hochindizierte, dünn besetzte Gittergeraden nicht in Frage kommen, ist ohne weiteres klar, da ihre Atome gar nicht mehr unmittelbar miteinander in Wechselwirkung stehen.

Ein Maß für die Packungsdichte einer Struktur ist die Koordinationszahl (KZ.)[1], d. i. die Zahl der nächsten Nachbarn eines Atoms. Demnach ist zu erwarten, daß Kristalle mit hoher KZ. plastisch gut verformbar sind, solche mit hinreichend niedriger KZ. dagegen nicht, da bei ihnen Versetzungen wohl entstehen, aber bei Beanspruchungen unterhalb der Reißfestigkeit nicht wandern können. Die vorliegenden experimentellen Ergebnisse stützen diese Auffassung. Insbesondere ist die Verformbarkeit der kubischen Kristalle mit der KZ. 12 und 8 bei allen Temperaturen sehr gut, während sie bei Kristallen mit der KZ. 4 (Diamant, Silikate) ganz oder nahezu verschwindet[2]. Bemerkenswert ist auch die gute Verformbarkeit des weißen Zinns mit der KZ. 6 gegenüber der des grauen Zinns mit der KZ. 4.

Besonders unterstrichen wird die Bedeutung der rein geometrischen Verhältnisse der Kristallstrukturen durch die Tatsache, daß die allgemeinen Gesetzmäßigkeiten der Plastizität für alle Bindungsarten dieselben sind und die in den Beziehungen auftretenden Konstanten (soweit sie die allgemeinen statistischen Vorgänge betreffen) auffallend übereinstimmende Zahlwerte besitzen. So konnten wir z. B. die Geschwindigkeitsabhängigkeit der kritischen Schubspannung von Naphthalin, in dem abgegrenzte Moleküle mit homöopolarer Bindung durch van der Waalsche Kräfte gebunden sind, mit denselben Zahlwerten, die sich aus den Messungen an Metallen ergeben, quantitativ darstellen (Abb. 34). Daß neben der KZ. die Besonderheiten der Bindungskräfte auf Einzelheiten von Einfluß sind, ist verständlich. Z. B. zeigen die Verfestigungskurven der kubisch-flächenzentrierten und der hexagonalen Metalle je für sich Übereinstimmungen in ihrem Verlauf, sind aber andererseits deutlich gegeneinander abgegrenzt[3] (vgl. Abb. 11). Noch wenig behandelt sind die hierhergehörigen Fragen, weshalb durch Mischkristallbildung die Verformbarkeit vermindert wird und weshalb die intermetallischen Verbindungen viel weniger plastisch sind als die reinen Metalle, obwohl sie teilweise dieselben Strukturen mit hoher KZ. besitzen. Vermutlich wird hierbei das Wandern der Versetzungen an den durch die Fremdatome hervorgerufenen Unregelmäßigkeiten des Gitters gehemmt, denn ein Einfluß auf die Bildung der Versetzungen ist, insbesondere bei kleinen Konzentrationen, nur schwer verständlich. Ähnlich werden die Verhältnisse auch liegen, wenn in einem Kristall,

---

[1] Sie ist für die beiden dichtesten Kugelpackungen (kubisch-flächenzentrierte Gitter und hexagonale dichteste Kugelpackungen) 12, für die kubisch-raumzentrierten Gitter 8, für die Steinsalzstruktur 6 und für die Diamantstruktur 4. Vgl. Dehlinger (1939, 4); Evans (1939, 1).

[2] Eine amorphe Plastizität, die bei höheren Temperaturen häufig beobachtet wird, ist dadurch nicht ausgeschlossen.

[3] Ein Versuch zur Deutung dieser Unterschiede auf Grund der Struktureigenschaften stammt von Schmid (1934, 2).

z. B. durch Ausscheidungsvorgänge, rasch wechselnde Eigenspannungen auftreten[1].

Für eine gute plastische Verformbarkeit ist demnach in erster Linie die Wanderungsfähigkeit der Versetzungen entscheidend. Inwieweit die Verhältnisse bei ihrer Bildung von der Struktur abhängen, läßt sich heute noch kaum sagen, da außer der Bildungsenergie, die größenordnungsmäßig in allen Fällen übereinstimmt, noch die Kerbwirkung an den Fehlstellen, deren genaue Ursachen noch unbekannt sind, hinzukommt.

Bisher haben wir die Gleitebenen noch nicht in Betracht gezogen. Würden die Einzelversetzungen ganz unabhängig voneinander gebildet werden, so wäre kein Grund vorhanden, daß eine definierte makroskopische Gleitebene auftritt. Nun haben wir aber in **14** gesehen, daß sich die Atomverschiebungen an einer Bildungsstelle durch elastische Kopplung mit den Nachbaratomen ohne wesentlichen weiteren thermischen Energieaufwand durch eine Art Kettenreaktion fortpflanzen können, wobei eine Versetzungslinie μ-ter Ordnung entsteht. Bei den Strukturen hoher Koordinationszahl, die wegen der erforderlichen Wanderungsfähigkeit der Versetzungen allein in Frage kommen, ist eine solche Wechselwirkung anzunehmen, und zwar wird diese in der Ebene am größten sein, in der die Atome am dichtesten gepackt sind. Diese Ebene tritt dann als Gleitebene auf. Es ist aber verständlich, daß unter diesen Umständen die Gleitebene makroskopisch nicht so streng kristallographisch bestimmt sein kann wie die Gleitrichtung. Sie wird eher eine mit mehr oder weniger großen Schwankungen behaftete Vorzugsebene sein [Smekal (1935, 1)]. Das ist um so mehr zu erwarten, je mehr annähernd gleiche Kopplungsverhältnisse in verschiedenen Ebenen bestehen. Vermutlich sind hierauf die noch nicht ganz geklärten Verhältnisse bei kubisch-raumzentrierten Metallen zurückzuführen (vgl. **2a**). Auch ist es verständlich, daß äußere Einflüsse, wie z. B. Vorverformungen, von Einfluß sein können[2].

b) Die Ausbildung von Gleitlinien und ihr Einfluß auf die physikalische Bedeutung der Meßgrößen. Wir haben bei der Ableitung der bisherigen Beziehungen einen konstanten Kerbwirkungsfaktor zugrunde gelegt. Die Ausbildung von Gleitlinien unterschiedlicher Stärke zeigt an, daß er in Wirklichkeit Schwankungen unterworfen ist. Ehe wir untersuchen, was für Verhältnisse in dieser Hinsicht auf Grund der bisher gewonnenen Vorstellungen zu erwarten sind, wollen wir einige grundsätzliche Bemerkungen vorausschicken.

---

[1] Mott und Nabarro (1940, 1) haben die bei der Ausscheidung kugelförmiger Teilchen entstehenden Eigenspannungen und die durch sie bedingte Erhöhung der kritischen Schubspannung berechnet. Die Erhöhung ergibt sich proportional zu der ausgeschiedenen Menge, unabhängig von der Teilchengröße.

[2] Vgl. die in **2a** angeführten Beobachtungen von Greenland.

Die Abgleitung a haben wir definiert als die gegenseitige Verschiebung zweier Gleitebenen (Bezugsebenen) bezogen auf ihren Abstand Eins. Diese Festsetzung ergibt nur dann einen vom Abstand der Bezugsebenen unabhängigen Wert, wenn die Verformung streng homogen ist (wie z. B. homogene elastische Verformung eines isotropen Körpers). Wegen der Gleitlamellenbildung trifft das für die plastische Verformung in Wirklichkeit nicht zu, a ändert seinen Wert sowohl mit dem Abstand als auch mit der Lage der Bezugsebenen. Beträgt z. B. die gegenseitige Verschiebung zweier benachbarter Gleitebenen einen Atomabstand λ und ist die Gleitlamellendicke $100\,\lambda$, so wird $a = 1$, wenn wir die beiden Gleitebenen als Bezugsebenen wählen, dagegen $1/_{100}$, wenn wir die Randebenen der Gleitlamelle nahmen, und schließlich Null für zwei Bezugsebenen innerhalb der Gleitlamelle. Dieser Umstand ist bei vollkommen gleichmäßiger Gleitlamellenbildung (unter allen Versuchsbedingungen) praktisch nicht von entscheidender Bedeutung, da eine Messung der „makroskopischen" Abgleitung a_m stets über sehr viele Gleitlamellen erfolgt und einen zu der wahren Abgleitung a_w in den wirksamen Gleitebenen proportionalen Wert von a_m ergibt. Damit ist auch die makroskopische Gleitgeschwindigkeit u_m proportional zu der wahren Gleitgeschwindigkeit u_w. Die Messungen vermitteln also ein wirklichkeitsgetreues Bild der gegenseitigen Beziehungen zwischen den wahren Zustandsgrößen, d. h. die ermittelte Zustandsgleichung stimmt bis auf einen konstanten Faktor vor u_m mit der wahren Zustandsgleichung überein.

Anders sind die Verhältnisse jedoch bei veränderlicher Gleitlinienstärke. Hier ändern sich a_w und u_w unregelmäßig von einer wirksamen Gleitebene zur andern und wir können eine plastische Verformung nicht mehr eindeutig durch eine einzige makroskopische Maßzahl kennzeichnen. Im Grunde verformen wir hierbei nicht einen, sondern sehr viele Kristalle, von denen jeder seine eigene Verfestigungskurve besitzt. Wir könnten diese Kurven aufstellen, wenn es möglich wäre, während eines Versuchs die Verformung der submikroskopisch kleinen Kristalle zu verfolgen. Die in Wirklichkeit allein möglichen makroskopischen Messungen liefern nur Mittelwerte über die wahren Zustandsgrößen. Es erhebt sich die Frage, inwieweit die zwischen ihnen bestehenden Gesetzmäßigkeiten ein Bild der wahren Gesetzmäßigkeiten vermitteln, und inwieweit sie zu einer Prüfung der theoretisch gewonnenen Gesetzmäßigkeiten geeignet sind. Dabei handelt es sich nur um den verhältnismäßig geringen Einfluß der Gleitgeschwindigkeit auf den Verlauf der Verfestigungskurven, denn der Temperatureinfluß ist wesentlich größer, so daß zu seiner Prüfung, wie wir in 4e und 5c im einzelnen ausführten, auch die unter nicht näher bestimmten Versuchsbedingungen, zu denen auch die Ausbildung der Gleitlinien gehört, erhaltenen praktischen Meßergebnisse geeignet sind. Wir setzen daher bei den folgenden Untersuchungen stets definierte und, bis auf die Gleitlamellenbildung, in allen Vergleichsfällen gleiche makroskopische Versuchsbedingungen voraus.

Wir werden uns zuerst den Ursachen der Gleitlinienbildung zu. Die Erfahrung zeigt, daß die Gleitlinien eines Kristalls um so feiner und gleichmäßiger ausgebildet sind, je sorgfältiger er hergestellt und seine Oberfläche vor äußeren Einflüssen (Beschädigungen, chemische Einwirkungen) geschützt wurde. Viele Beispiele zeigen, daß die Linien auch nach großen Verformungen noch unter der optischen Auflösungsgrenze liegen können. Die durch äußere Unvollkommenheiten hervorgerufenen Unterschiede im Gefüge und der Konzentration von Beimengungen sind also für die Ausbildung sichtbarer und insbesonderer grober Gleitlinien verantwortlich. Wir sehen zunächst von ihnen ab und untersuchen, welche Verhältnisse in einem „vollkommenen" Kristall (nicht Idealkristall), in dem der Kerbwirkungsfaktor lediglich den normalen statistischen Schwankungen unterworfen ist, zu erwarten sind.

Die Zahl der gleichnamigen Versetzungen, die sich innerhalb eines Mosaikblocks in einer Gleitebene ansammeln können, ist begrenzt, denn bei einer bestimmten äußeren Schubspannung vermögen sie sich wegen ihrer zunehmenden abstoßenden Wirkung nur bis auf einen Mindestabstand zu nähern. Ist dieser erreicht, so ist die Neubildung weiterer Versetzungen in dieser Gleitebene erst möglich, nachdem einige der gebundenen Versetzungen aufgelöst wurden. Da dies in der Umgebung des absoluten Nullpunkts nicht mehr merklich der Fall ist, so kann dort die Abgleitung in jeder Gleitebene einen bestimmten Wert nicht überschreiten. Es werden daher im Laufe einer Verformung fortwährend neue Gleitebenen in Tätigkeit treten, und zwar in der Reihenfolge abnehmender Kerbwirkung. Nehmen wir für den Mindestabstand der Versetzungen $100\,\lambda$ an (λ Atomabstand), so beträgt ihre Höchstzahl in einem Mosaikblock $L/100\,\lambda$, die bei einem mittleren Abstand $n_q\lambda$ der wirksamen Gleitebenen die Abgleitung $\lambda(L/100\,\lambda)/n_q\lambda = L/100\,n_q\lambda$ ergibt. Da in dem betrachteten Temperaturgebiet die bis zum Bruch erzielbaren Abgleitungen von der Größenordnung Eins sind, so wird $n_q \sim 30$ für $L = 10^{-4}$ cm und $\lambda = 3\cdot 10^{-8}$ cm. Dieser Wert ist rund um den Faktor 3 kleiner als der Wert, der sich bei Zimmertemperatur aus den Messungen der Breite der Röntgenlinien ergibt (**2a**). Nun ist bekannt, daß die Linienbreite mit abnehmender Temperatur zunimmt. So zeigt z. B. bei tieferen Temperaturen bearbeitetes Aluminium eine deutliche Linienverbreiterung [Thomassen und Wilson (1933, 1)], während sie bei Zimmertemperatur nahezu fehlt. Da die Linienbreite durch Teilchenkleinheit und Gitterverzerrungen gemeinsam bestimmt wird und die getrennte Bestimmung der Anteile bei tieferen Temperaturen noch nicht durchgeführt ist, so kann noch nicht gesagt werden, ob die Zunahme der Verbreiterung ganz oder zum Teil auf einer Abnahme der Teilchengröße beruht. Das ist jedoch wahrscheinlich, so daß der oben erhaltene Abstand von $\sim 30\,\lambda$ für die wirksamen Gleitebenen in der Umgebung des absoluten Nullpunkts gut möglich ist. Die Gleitlinien sind unter diesen Umständen optisch nicht nachweisbar, da die in allen wirksamen Gleitebenen nahezu gleiche Verschiebung der Ufer nur $\sim 30\,\lambda$ beträgt.

Bei höheren Temperaturen, bei denen die Auflösung merklich wird, können dagegen in den zuerst betätigten Gleitebenen mit günstigster Kerbwirkung stets neue Versetzungen gebildet werden, und die Gleitung bleibt vorzugsweise auf sie beschränkt. Die Ebenen mit ungünstigerer Kerbwirkung treten daneben um so mehr in Wirksamkeit, je tiefer die Temperatur ist. Es erscheint möglich, daß in einem „vollkommenen" Kristall bei sehr hohen Temperaturen nach genügend großen Verformungen optisch eben noch auflösbare Gleitlinien entstehen; das ist der Fall, wenn der Abstand der Gleitebenen günstigster Kerbwirkung $\sim 1000\,\lambda$ beträgt.

Da eine Abnahme der Gleitgeschwindigkeit bei konstanter Temperatur dieselbe Wirkung auf die Auflösung besitzt wie eine bestimmte Erhöhung der Temperatur bei konstanter Gleitgeschwindigkeit, so besteht ein ähnlicher Einfluß der Gleitgeschwindigkeit auf die Ausbildung der Gleitlinien wie der beschriebene Temperatureinfluß.

Bei Kristallen, bei denen der Kerbwirkungsfaktor neben den normalen statistischen Schwankungen auch Schwankungen, die durch äußere Einflüsse hervorgerufen wurden, unterliegt, bleiben obige Ergebnisse hinsichtlich der relativen Stärke der Gleitlinien bestehen: Sehr feine und gleichmäßige, nacheinander entstehende Gleitlinien durch aufeinanderfolgende Betätigung der Gleitebenen mit geringer werdender Kerbwirkung infolge fehlender Auflösung bei sehr tiefen Temperaturen; stärkere, aber auch gleichmäßige Gleitlinien durch Beschränkung der Gleitung auf die zuerst wirksamen Gleitebenen infolge starker Auflösung bei sehr hohen Temperaturen; stärkere und feinere Gleitlinien mit gleichbleibender relativer Stärke nebeneinander durch vorzugsweise Betätigung der zuerst wirksamen Gleitebenen neben geringerer Betätigung weiterer Gleitebenen bei mittleren Temperaturen. Gegenüber den „vollkommenen" Kristallen besteht jedoch der Unterschied, daß die Gleitlinien jetzt im ganzen stärker sind und ihr Abstand größer ist als bei letzteren, da die Schwankungen des Kerbwirkungsfaktors größer sind.

Diese Ergebnisse werden durch die Erfahrung bestätigt. Es ist schon lange bekannt, daß die Gleitlinienbildung mit zunehmender Temperatur (und abnehmender Gleitgeschwindigkeit) gröber wird [vgl.

Schmid und Boas (1935, 1)]. Wenn auch bei den tiefsten bisher angewandten Temperaturen nach größeren Verformungen stets einzelne sichtbare Gleitlinien beobachtet wurden[1], so ist das leicht verständlich, da der Kerbwirkungsfaktor an einzelnen Stellen bedeutend größer sein kann als sein Mittelwert. Andererseits zeigt die Verfeinerung der Gleitlinienbildung bei Zimmertemperatur bis unter die mikroskopische Auflösungsgrenze an Metallen, bei denen normalerweise sichtbare Gleitlinien auftreten, daß seine Schwankungen in Wirklichkeit sehr klein sein können.

Im einzelnen haben Andrade und Roscoe (1937, 2) an Bleikristallen festgestellt, daß die Gleitlinien in der weiteren Umgebung der Zimmertemperatur weitgehend unabhängig von den Versuchsbedingungen ihre relative Stärke und ihren Abstand von $(4{,}17 \pm 0{,}05) \cdot 10^{-4}$ cm beibehalten. Die Kristalle von 0,45 und 0,9 mm Durchmesser wurden dabei verschieden (bis zu 24 %) gedehnt, die Gleitgeschwindigkeit im Verhältnis 1:3000 geändert und die Versuche bei 20 und 100° C durchgeführt. Dieselben Verhältnisse bestehen auch bei Kadmiumkristallen. Demgegenüber hat Yamaguchi (1928, 1) an Aluminiumkristallen, deren Verfestigung wesentlich größer ist als die der obengenannten Kristalle, bei Zimmertemperatur festgestellt, daß im Laufe einer Verformung fortwährend neue Gleitlinien zwischen den schon vorhandenen erscheinen und ihr mittlerer Abstand ungefähr umgekehrt proportional zu der jeweiligen Schubspannung ist. Aus diesen und anderen Beobachtungen hat Andrade (1940, 1) geschlossen, daß allgemein bei geringen Verfestigungsgraden bzw. entsprechend hohen Temperaturen alle Gleitlinien früh erscheinen und ihre relative Stärke im Laufe einer Verformung beibehalten, dagegen bei starken Verfestigungsgraden bzw. entsprechend tiefen Temperaturen fortwährend neue Gleitlinien auftreten. Die von uns oben ausgesprochenen Ergebnisse befinden sich ganz in Übereinstimmung mit dieser experimentell unmittelbar begründeten Folgerung.

Wir wenden uns nunmehr der Frage zu, wie es unter diesen Verhältnissen mit der physikalischen Bedeutung der makroskopischen Meßgrößen bestellt ist. Wir erwähnten schon, daß eine ganz gleichmäßige Ausbildung der Gleitlinien unter allen Versuchsbedingungen nur zur Folge hat, daß sich die makroskopische Abgleitung a_m und Gleitgeschwindigkeit u_m um einen konstanten Faktor von der wahren Abgleitung a_w und Gleitgeschwindigkeit u_w unterscheiden, ein Umstand, der physikalisch ohne wesentliche Bedeutung ist; die ermittelte Zustandsgleichung stimmt bis auf den Zahlwert der statistischen Konstanten α_1 in (52) mit der wahren Zustandsgleichung überein. Diese Verhältnisse bestehen, wie wir sahen, bei hinreichend hohen Temperaturen.

---

[1] Nach einer freundlichen Mitteilung von Herrn Prof. Dr. E. Schmid, Frankfurt a. M.

Obiger Sachverhalt trifft auch zu, wenn sich a_w und u_w längs des Kristalls periodisch ändern, aber ihre Verhältniswerte im Laufe einer Verformung ungeändert bleiben. Denn dann sind a_m und u_m an jeder Stelle proportional zu a_w und u_w, nur daß sich jetzt der Proportionalitätsfaktor mit dem Ort ändert. Die Meßwerte sind dann Mittelwerte über eine „Identitätsperiode" der Gleitlinien. Diese Annahmen sind gleichbedeutend damit, daß die Gleitlinien ihre relative Stärke und ihren Abstand während einer Verformung nicht ändern, wie es bei mittleren Verfestigungsgraden bzw. entsprechenden mittleren Temperaturen der Fall ist.

Schließlich bleiben obige Verhältnisse auch noch bestehen, wenn die wirksamen Gleitebenen zwar wechseln, aber die Zahl der gleichzeitig betätigten Ebenen während einer Verformung konstant bleibt. Es bilden sich dann nacheinander Gleitlinien gleicher Stärke aus. Das trifft bei großen Verfestigungsgraden bzw. entsprechend tiefen Temperaturen zu.

Wir sehen also, daß die Messungen auch an nicht „vollkommenen" Kristallen ein wirklichkeitsgetreues Bild der wahren Zustände in dem Sinne vermitteln, daß lediglich ein konstanter Faktor zwischen gemessener makroskopischer und wahrer Abgleitung bzw. Gleitgeschwindigkeit unbestimmt bleibt. Das gilt zunächst jedoch nur für jede einzelne Messung bei einer bestimmten Temperatur für sich, da sich wegen der verschiedenen Ausbildung der Gleitlamellen bei verschiedenen Temperaturen der Proportionalitätsfaktor mit der Temperatur ändert. D. h. die bei verschiedenen Temperaturen unter gleichen makroskopischen Bedingungen durchgeführten Messungen erfolgen unter verschiedenen wahren Bedingungen und passen in dem Temperaturverlauf des Einflusses der Gleitgeschwindigkeit nicht zueinander. Dieser Umstand hat aber, solange wirklich nur die an Kristallen mit gleichem Gefüge erhaltenen Ergebnisse miteinander verglichen werden, praktisch keine schwerwiegenden Folgen, denn nach tieferen Temperaturen hin nimmt in dem Maße, als die Änderungen des Proportionalitätsfaktors in Erscheinung treten, der Einfluß der Gleitgeschwindigkeit ab, d. h. die Meßwerte werden dann immer weniger abhängig von dem Verhältnis der wahren zur makroskopischen Gleitgeschwindigkeit. Aus diesem Grunde sind auch die unter gleichen makroskopischen Bedingungen erhaltenen Meßergebnisse zur Prüfung der theoretischen Ergebnisse geeignet, obwohl sie bei tiefen und hohen Temperaturen unter ganz verschiedenen wahren Bedingungen erfolgen können.

Wesentliche Unstimmigkeiten zwischen verschiedenen Messungen können jedoch entstehen, wenn sie bei einer hinreichend hohen Temperatur, bei welcher der dynamische Einfluß bereits merklich ist, an Kristallen mit verschiedenem Gefüge, d. h. verschiedener „Vollkommenheit", erfolgen. Treten z. B. bei den Kristallen der einen Meßreihe mit bloßem Auge sichtbare Gleitlinien auf, während sie bei den Kristallen der anderen Meßreihe bei gleicher makroskopischer Gleitgeschwindigkeit unter der mikroskopischen Auflösungsgrenze liegen, so kann die wahre Gleitgeschwindigkeit bei den ersteren um viele Zehnerpotenzen größer sein als bei letzteren. So haben Polanyi und Schmid (1925, 2) an „gleitlinienlosen" Zinnkristallen nahezu die doppelte Dehnung erreicht wie an Kristallen mit derben Gleitlinien und gleichzeitig bei ersteren eine wesentlich geringere Rekristallisationsfähigkeit festgestellt als an letzteren. Der erste Befund ist auf die geringere wahre Gleitgeschwindigkeit, der zweite auf die reinere, d. h. von Verzerrungen der Gleitlamellen freiere Verformung der von sichtbaren Gleitlinien freien Kristalle zurückzuführen. Solche Unterschiede im Kristallgefüge müssen bei Messungen unter verschiedenen Versuchsbedingungen, die wirklich vergleichbare Ergebnisse liefern sollen, vermieden werden. Einen Anhaltspunkt darüber, inwieweit das bei Kristallen gleicher Herstellungsart gelungen ist, gibt die Güte der Reproduzierbarkeit der Messungen unter gleichen äußeren Bedingungen bei hinreichend hohen Temperaturen und dann die Beobachtung der Gleitlinienbildung selbst, die in dem Temperaturgebiet, in dem der Einfluß der Gleitgeschwindigkeit merklich ist, möglichst gleichmäßig sein soll.

Zusammenfassend ist zu sagen, daß infolge der Gleitlinienbildung, solange sie noch nicht quantitativ in Rechnung gesetzt werden kann, ein Proportionalitätsfaktor zwischen der gemessenen makroskopischen und der wahren Abgleitung bzw. Gleitgeschwindigkeit grundsätzlich unbestimmt bleibt. Der Faktor ändert sich wie die Ausbildung der Gleitlinien mit der Temperatur; diese Änderung ist aber, solange Messungen an Kristallen gleichen Gefüges miteinander verglichen werden, praktisch ohne Bedeutung, so daß die in dieser Weise erhaltenen Ergebnisse zur Prüfung der theoretischen Ergebnisse, auch hinsichtlich des Einflusses der Gleitgeschwindigkeit auf den Verlauf der Verfestigungskurven, geeignet sind. Da bei höheren Temperaturen zwischen Messungen an Kristallen verschiedenen Gefüges wesentliche Unterschiede bestehen können, so ist beim Vergleich verschiedener Versuchsergebnisse neben den sonstigen Versuchsbedingungen auch auf die Ausbildung der Gleitlinien zu achten.

Die von uns zur Prüfung des theoretisch erhaltenen Einflusses der Gleitgeschwindigkeit (vgl. Abb. 25 und 34) benutzten Versuchsergebnisse sind, wie die Verfasser [Chalmers (1936, 1); Roscoe[1],

---

[1] Die Veröffentlichung (1936, 1) von Roscoe selbst enthält keine diesbezüglichen Angaben. Es ist jedoch anzunehmen, daß die obenerwähnten Beobachtungen von Andrade und Roscoe (1937, 2) über die Ausbildung von Gleitlinien an Kadmiumkristallen sich auf diese oder mindestens unter ähnlichen Bedingungen ausgeführte Versuche beziehen.

Kochendörfer (1937, 1)] angeben, unter den jeweils angewandten Versuchsbedingungen bei gleicher Ausbildung der Gleitlinien gewonnen worden. Inwieweit diese bei den verschiedenen Verfassern übereinstimmte, kann aus den vorliegenden Angaben nicht entnommen werden.

II. Homogene Wechselverformung von Einkristallen.

16. Experimentelle Ergebnisse.

Die Wechselverformung von Einkristallen besitzt nicht nur Bedeutung für ein Verständnis der Vorgänge bei der Wechselbeanspruchung von technischen Werkstoffen, sondern auch für die Erforschung des reinen Gleitens selbst. Die Ergebnisse liefern besonders in die Doppelnatur des Gleitvorgangs, Bildung und Wanderung der Versetzungen, einen tieferen Einblick, als das die Ergebnisse bei einsinniger Verformung vermögen, und erlauben schließlich noch einige wesentliche Ergänzungen zur Frage nach den Ursachen der Verfestigung. Hier befassen wir uns insbesondere mit den letzteren Gesichtspunkten, während die Anwendungen auf die technischen Werkstoffe in Kapitel V behandelt werden.

Am einfachsten sind die Verhältnisse bei der Bausch-Anordnung, da hierbei Verbiegungen der Gleitlamellen vermieden werden und die atomistische Verfestigung[1] rein in Erscheinung tritt. Solche Versuche hat Held (1940, 1) an Zinn-Einkristallen durchgeführt.   Die Versuchsappa-

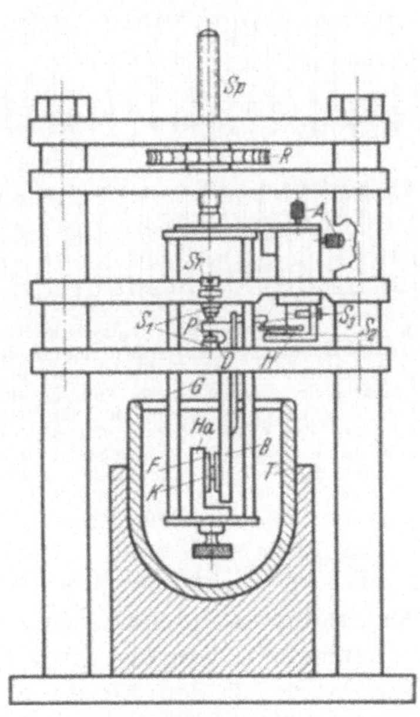

Abb. 46. Polanyi-Apparat für Wechselverformung bei der Bausch-Anordnung. Beschreibung im Text. Aus Held (1940, 1).

ratur, einen Polanyi-Apparat mit zwei Federn, zeigt schematisch Abb. 46. Der eine Kristallhalter ist wie in Abb. 4 zu einem Bügel B ausgebildet, der mit einer Doppelspitze D versehen ist. Die Schneiden der oberen Feder, die durch zwei Gummiringe leicht an jene angedrückt wird, können durch zwei Stellschrauben S_r so eingestellt werden, daß die Doppelspitze im Anfangszustand die beiden Federn P eben berührt. Je nach der Bewegungsrichtung der Spindel wird dabei der Kristall

---

[1] Vgl. Fußnote 1 auf S. 9.

in der einen oder andern Richtung verformt. Die Umschaltung der Bewegungsrichtung erfolgt selbsttätig durch eine Anordnung von zwei Kontakten, die abwechselnd durch den Hebel H geschlossen bzw. geöffnet werden, und einen damit verbundenen Umschalter für den Antriebsmotor. Die Anordnung ist so getroffen, daß der Gleitbetrag in beiden Richtungen, der vorher eingestellt werden kann, während eines Versuchs unverändert bleibt. Zu diesem Zweck sind die Kontakte über das Gestänge G mit der linken Kristallfassung verbunden, und der Hebel H wird durch einen Ansatz S_3 am Bügel B betätigt. Dadurch wird also das Ende des Hebels H nur um den zur Abgleitung proportionalen Betrag, vervielfacht um die Hebelübersetzung, verschoben, den die beiden Kristallfassungen gegeneinander verschoben werden, während

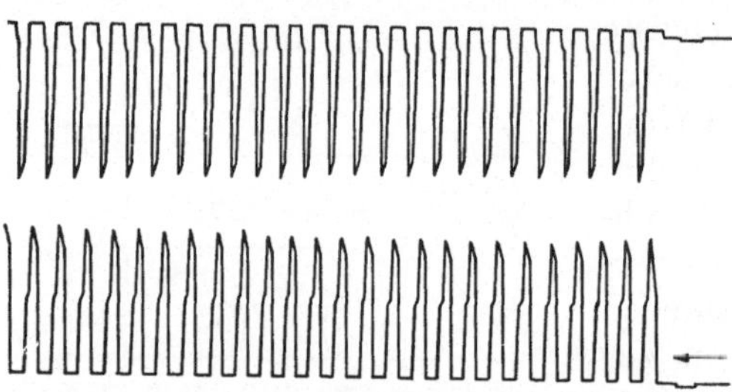

die Federdurchbiegung ohne Einfluß ist. Durch die Schrauben A kann die Höhe der Kontakte, durch die kleine in der Abbildung gezeichnete Schraube an dem oberen Kontakt ihr Abstand in der gewünschten Weise eingestellt werden. Wie in der Abbildung angedeutet ist, gestattet es die Ausführung des Gestänges, die Versuche in Kälte- oder Wärmebädern auszuführen. Die Aufzeichnung der Verformungskurven erfolgt

Abb. 47. Anfangsteil der Registrierkurven eines Zinnkristalls bei wechselnder Verformung mit dem Gleitbetrag 0,4 für einen vollen Wechsel bei Zimmertemperatur. Die Ordinaten der unteren Kurve, von der unteren Nullinie nach oben gemessen, geben die Lastwerte in einer, die Ordinaten der oberen Kurve, von der oberen Nullinie nach unten gemessen, die Lastwerte in der entgegengesetzten Richtung an. Die Abszissenachse ist die Zeitachse, der Pfeil gibt ihre positive Richtung an. Aus Held (1940, 1).

durch zwei Lichtzeiger über zwei an den Federn angebrachte Spiegel gleichzeitig auf einem Film (vgl. Abb. 47), der mit konstanter Geschwindigkeit bewegt wird. Durch Verwendung wärmeisolierender Materialien für den Ansatz S_3 und geeignete seitliche Verlegung der Spiegel kann ein Vereisen bzw. Beschlagen derselben vermieden werden. Der Apparat gestattet es auch, Versuche auszuführen, bei denen die Verformung schrittweise in einer Richtung erfolgt, und wobei vor jedem Schritt vollständig entlastet wird[1]. Gerade diese Versuchsführung ist zum Vergleich der einsinnigen mit der wechselnden Verformung besonders wertvoll, da dabei die Größe des Gleitbetrags, die Gleitgeschwindigkeit und die Zeitdauer der Be- und Entlastung (gegeben durch die Federstärke) in beiden Fällen genau dieselben sind. Dadurch kommen nicht genau erfaßbare Einflüsse (z. B. Erholung während einer Belastungsumkehrung) in gleicher Weise zur Wirkung.

---

[1] Wir bezeichnen sie als einsinnige unterbrochene Verformungen.

Abb. 47 zeigt eine Aufnahme bei Wechselbeanspruchung mit gleichen Gleitbeträgen von $\Delta a = 0{,}2$ in jeder Richtung für Zimmertemperatur[1]. Man sieht, daß die kritischen Lasten[2] K_0 und die Spitzenlasten K_s (jeweils größte Last bei jedem Belastungsschritt) deutlich ausgeprägt sind. Erstere ist bei der ersten Belastung manchmal etwas unschärfer, aber immer deutlich erkennbar.

Die wichtigsten Versuchsergebnisse enthalten die Abb. 48 und 49. In ihnen ist als Abszisse die Gesamtabgleitung $|a|$, das ist die Summe der Einzelabgleitungen $|\Delta a|$, unabhängig von der Beanspruchungsrichtung positiv gezählt, aufgetragen. Dabei wurde die Abgleitung der Größe 0,4 für einen vollen Wechsel als Einheit genommen[3] (für eine Beanspruchungsrichtung ist also $|\Delta a| = \tfrac{1}{5}$). Der Zahlwert von $|a|$ gibt damit gleichzeitig die Wechselzahl an. Die Last ist, ebenfalls unabhängig von der Beanspruchungsrichtung positiv gerechnet, als Ordinate aufgetragen.

In Abb. 48 ist der Verlauf von K_0 (Meßpunkte O, gestrichelte Kurven[4] und K_s (Meßpunkte ×, ausgezogene Kurven[5] mit den ersten Lastspielen für einsinnige unterbrochene (obere Kurven) und wechselnde Verformungen (untere Kurven) gezeichnet. Wir ersehen daraus: Bei der einsinnigen Verformung ist die jeweilige kritische Last bis auf eine geringe Abnahme gleich der vorhergehenden Spitzenlast. Da diese Abnahme bezogen auf die jeweilige Gesamtverfestigung mit der Temperatur zunimmt, so ist sie zwanglos als Erholungserscheinung zu erklären. Demgegenüber ist bei wechselnder Verformung die jeweilige kritische Last wesentlich kleiner

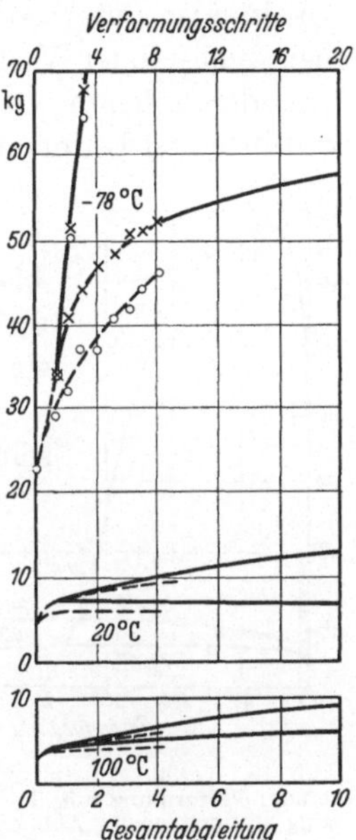

Abb. 48. Verlauf der kritischen Last (Meßpunkte o, gestrichelte Kurven) und der Spitzenlast (Meßpunkte ×, ausgezogene Kurven) mit der Gesamtabgleitung (mit ihrem Betrag von 0,4 für einen vollen Wechsel als Einheit) bei wechselnder (untere Kurvenpaare) und einsinniger unterbrochener Verformung (obere Kurvenpaare) für verschiedene Temperaturen. Bei 20 und 100° C sind die Meßpunkte, die nahezu auf den Kurven liegen, weggelassen worden. Aus Held (1940, 1). (Mit geändertem Abszissenmaßstab.)

---

[1] Die Gleitgeschwindigkeit ist in allen Fällen ~ 30.

[2] Ihre Werte sind bei der Bausch-Anordnung nach (16, I) proportional zu den Werten der kritischen Schubspannung. Die von Held verwandten Kristalle hatten einen Durchmesser von etwa 6 mm.

[3] Bei den von Held außerdem noch untersuchten Verformungen mit den Gleitbeträgen 0,8 und 1,6 für einen vollen Wechsel sind die Verhältnisse qualitativ dieselben. Vgl. jedoch Fußnote 2 auf S. 142.

[4] Zur besseren Übersicht sind für 20 und 100° C die Meßpunkte, die nahezu auf den Kurven liegen, nicht eingezeichnet.

[5] Die K_s-Kurven beginnen erst nach dem ersten Verformungsschritt, also bei $|a| = \tfrac{1}{2}$.

als die vorhergehende Spitzenlast. Da die Versuchsbedingungen in beiden Fällen bis auf die Umkehr der Verformungsrichtung dieselben sind, so muß die Erniedrigung der kritischen Last im letzteren Falle durch die Umkehr der Verformungsrichtung als solche verursacht sein. Aus Abb. 48 ist weiter zu entnehmen, daß die Spitzenlastkurve bei einsinniger unterbrochener Verformung bedeutend steiler ansteigt als bei wechselnder Verformung. Dieser Unterschied rührt nur zum Teil von der höheren kritischen Last im ersten Falle her, zum Teil ist er durch einen Unterschied des Verfestigungsanstiegs selbst bedingt. Be-

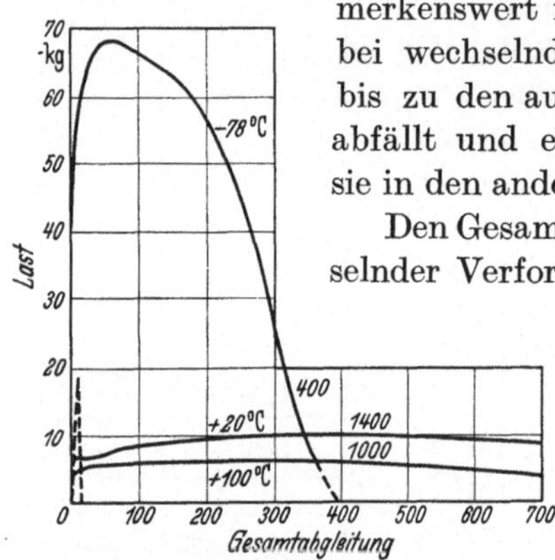

Abb. 49. Verlauf der Spitzenlast bei wechselnder Verformung mit der Gesamtabgleitung (Einheit wie in Abb. 48) bei verschiedenen Temperaturen (ausgezogene Kurven) und bei einsinniger unterbrochener Verformung bei Zimmertemperatur (gestrichelte Kurve). Die den Kurven angeschriebenen Zahlen geben die Bruchwechselzahl an. Aus Held (1940, 1). (Mit geändertem Abszissenmaßstab.)

merkenswert ist schließlich noch, daß die Spitzenlast bei wechselnder Verformung für Zimmertemperatur bis zu den aufgetragenen Gesamtabgleitungen. etwas abfällt und erst später ansteigt (Abb. 49), während sie in den andern Fällen gleich von Anfang an ansteigt.

Den Gesamtverlauf der Spitzenlastkurven bei wechselnder Verformung zeigt Abb. 49. Mit eingezeichnet ist die Kurve für unterbrochene einsinnige Verformung bei Zimmertemperatur[1] (gestrichelt). Der Vergleich der beiden Kurven für Zimmertemperatur zeigt, daß bei wechselnder Verformung wesentlich größere Abgleitungen bis zum Bruch ertragen werden als bei einsinniger Verformung. Nach Überschreiten der maximalen Spitzenlast fallen die Kurven zunächst verhältnismäßig langsam, dann rasch ab[2]. Der Bruch erfolgt bei den in der Abbildung angegebenen Wechselzahlen. Man könnte zunächst vermuten, daß beim Maximum der Spitzenlast bereits Schäden (Risse) im Kristall aufgetreten sind, die sich allmählich vergrößern und so die Spannungsabnahme verursachen. Unmittelbar konnte Held diese Frage nicht nachprüfen. Er beobachtet bereits vor dem Maximum eine Art Faltenbildung in der gleitenden Schicht, bei der aber der Kristallquerschnitt überall erhalten bleibt. Diese Faltenbildung verstärkt sich im Laufe der Verformung und führt schließlich zu Furchen und Verwerfungen, bis dann der Bruch eintritt.

---

[1] Bei den übrigen Versuchstemperaturen liegen die Verhältnisse ähnlich.

[2] Die Wechselzahl beim Maximum der Spitzenlast hängt stark von der Größe der Gleitbeträge Δa ab. So hat sie bei Zimmertemperatur die Werte 340; 120; 60 für $\Delta a = 0{,}4$; $0{,}8$; $1{,}6$. Bei allen Temperaturen beträgt sie rund $^1/_4$ der Bruchwechselzahl.

Frühere Versuche von Schmid (1928, 1) sowie Fahrenhorst und Schmid (1931, 1) weisen darauf hin, daß die Abnahme der Spitzenlast nicht durch eine Rißbildung verursacht wird. Diese Verfasser dehnen Zinkkristalle, die vorher durch Wechseltorsion mit verschiedenen Wechselzahlen beansprucht waren. Sie stellen, entsprechend den Befunden von Held, mit zunehmender Wechselzahl zunächst eine Zunahme der kritischen Schubspannung des Basisgleitsystems und der Normalfestigkeit der Basisfläche fest, dann aber nach Durchlaufen eines Maximums eine Abnahme. Sie bemerken, daß diese Maximalwerte lange vor dem Auftreten sichtbarer Risse überschritten werden. Es ist daher sehr wahrscheinlich, daß es sich hierbei um eine wirkliche Abnahme der atomistischen Verfestigung handelt und nicht um einen Einfluß von Rissen. Für diese Auffassung spricht auch, daß Zinkkristalle, die bei Zimmertemperatur nach langer vorhergehender Wechseltorsion, bei der das Maximum der kritischen Schubspannung bei nachfolgender Dehnung schon überschritten ist, spröde geworden sind, durch Erholung annähernd wieder die Verformbarkeit des Ausgangszustandes erhalten können [Schmid (1928, 1)]. Von der Entfestigung bei einsinniger Verformung ist diese für die Wechselverformung als solche kennzeichnende Verfestigungsabnahme zu unterscheiden.

Auf einige weitere experimentelle Versuche kommen wir in **17** zu sprechen.

17. Theorie der homogenen Wechselverformungen.

Auffallend bei den Versuchen von Held ist die Tatsache, daß die jeweilige kritische Last bei Wechselverformung wesentlich kleiner ist als die vorhergehende Spitzenlast, während bei einsinniger unterbrochener Verformung beide annähernd übereinstimmen. Dieses Ergebnis scheint unserer Behauptung in **10a**, daß das Spannungsfeld der gebundenen Versetzungen in beiden Verformungsrichtungen gleich stark auf die Bildung und Wanderung der Versetzungen verfestigend wirkt, zu widersprechen. Wir werden nun zeigen, daß es sich notwendig aus unseren bisherigen Vorstellungen ergibt und mit dieser Behauptung verträglich ist.

Beim ersten Verformungsschritt mit der Abgleitung $\Delta a = a_0$ wird bei allen Temperaturen eine zu a_0 proportionale Anzahl N_0 Versetzungen gebildet:

$$N_0 = a_0/c. \tag{1}$$

Da am absoluten Nullpunkt keine Versetzungen aufgelöst werden[1], so ist die Zahl N_1 der gebundenen Versetzungen gleich N_0. Kehren wir

---

[1] Von der Möglichkeit, daß wegen der Schwankungen des Kerbwirkungsfaktors an einzelnen Stellen doch Versetzungen aufgelöst werden, können wir absehen.

nun die Verformungsrichtung um (2. Schritt), so wandern bei einer Schubspannung, die höchstens gleich der vorher erreichten Spitzenschubspannung σ_1 ist, alle diese Versetzungen zurück und ergeben dieselbe Abgleitung a_0. Danach besteht atomistisch ein spiegelbildlicher Zustand zu dem Zustand am Ende des ersten Schrittes; in bezug auf die jeweilige Richtung der äußeren Schubspannung sind beide Zustände gleich. Bei jedem Wechsel der Verformungsrichtung wiederholt sich das Spiel von neuem, d. h. bei wechselnder Verformung mit gleichem Gleitbetrag in beiden Verformungsrichtungen ist am Ende jedes Schrittes (Anzahl ν) die Zahl N_ν^w der gebundenen Versetzungen gleich N_0:

$$N_\nu^w = N_0 = a_0/c \quad \text{für} \quad T = 0. \tag{2a}$$

Verformen wir dagegen in einer Richtung über a_0 hinaus, so müssen neue Versetzungen gebildet werden. Bei einsinniger Verformung ist die Zahl der gebundenen Versetzungen am Ende des ν-ten Schrittes demnach [1]:

$$N_\nu^e = \nu N_0 = \nu a_0/c \quad \text{für} \quad T = 0. \tag{2b}$$

Da nach unserer Annahme die Verfestigung nur durch die Zahl der gebundenen Versetzungen bestimmt ist, so behält sie, und damit die Spitzenschubspannung, am absoluten Nullpunkt bei wechselnder Verformung den am Ende des ersten Schrittes erreichten Wert bei, während sie bei einsinniger Verformung stetig zunimmt.

Bei von Null verschiedenen Temperaturen wird ein Teil ηN_0 $(\eta = \eta(T))$ [2] der gebildeten Versetzungen aufgelöst, der Rest $(1-\eta)N_0$ bleibt gebunden. Bei Umkehr der Verformungsrichtung kann nur der letztere Teil zurückwandern und so die Abgleitung $(1-\eta)a_0$ ergeben. Der atomistische Zustand ist dann wieder derselbe wie vor der Umkehr. Um die verlangte Abgleitung a_0 zu erhalten, müssen ηN_0 Versetzungen neu gebildet werden. Von diesen wird der Bruchteil $(1-\eta)$ aufgelöst, so daß am Ende des zweiten Verformungsschrittes (Wechselzahl 1) die Zahl der gebundenen Versetzungen beträgt:

$$N_2^w = (N_0 + \eta N_0)(1 - \eta) = (1 - \eta^2)N_0.$$

Beim dritten Verformungsschritt ergeben diese Versetzungen die Abgleitung $(1 - \eta^2)a_0$, so daß bis zur verlangten Abgleitung a_0 noch $\eta^2 N_0$ Versetzungen neu gebildet werden müssen, von denen wiederum der Bruchteil $(1 - \eta)$ aufgelöst wird. Am Ende des dritten Schrittes ist also:

$$N_3^w = (N_0 + \eta N_0 + \eta^2 N_0)(1 - \eta) = (1 - \eta^3)N_0.$$

---

[1] Ob diese unterbrochen wird oder nicht, spielt bei $T = 0$ wegen der fehlenden Erholung keine Rolle.

[2] In geringem Maße hängt nach (71, I) η auch von der Gleitgeschwindigkeit ab. Wir können davon absehen.

Man sieht nun leicht, daß allgemein die Zahl der gebundenen Versetzungen am Ende des ν-ten Schrittes den Wert

$$N_\nu^w = (1 - \eta^\nu) N_0 = (1 - \eta^\nu) a_0/c \qquad (3\,\mathrm{a})$$

besitzt. Demgegenüber ist bei einsinniger unterbrochener Verformung, wenn wir wie oben von einer Erholung während der Entlastung und Neubelastung absehen, die Zahl der am Ende des ν-ten Schrittes bei der Gesamtabgleitung νa_0:

$$N_\nu^e = (1 - \eta) \nu N_0 = (1 - \eta) \nu a_0 . \qquad (3\,\mathrm{b})$$

Wiederum unter der Annahme, daß die Zahl der Verfestigung nur durch die Zahl der gebundenen Versetzungen bestimmt ist, haben wir nach (3a) und (3b) das Ergebnis, daß die Verfestigung bzw. die Spitzenschubspannung bei wechselnder Verformung dem endlichen Wert zustrebt, den sie am absoluten Nullpunkt (bei fehlender Auflösung der Versetzungen) am Ende des ersten Schrittes annimmt, während sie bei einsinniger Verformung stetig zunimmt. Der Grund für dieses unterschiedliche Verhalten liegt darin, daß im ersten Fall die am Ende eines Schrittes gebundenen Versetzungen zur Abgleitung beim nächsten Schritt beitragen, während im zweiten Falle stets neue Versetzungen gebildet werden müssen.

Ehe wir auf bestimmte Vereinfachungen, die wir machten, zu sprechen kommen, vergleichen wir dieses Ergebnis mit den Befunden von Held. Wir legen dabei eine lineare Verfestigungskurve bei einsinniger Beanspruchung zugrunde, setzen also nach (72c, I) N/a proportional zu dem Verfestigungsparameter $p = \tau/a$. Der Auflösungskoeffizient ist dann gegeben durch

$$1 - \eta = p(T)/p(0) . \qquad (4)$$

Seine Werte können bei bekanntem Temperaturverlauf der Verfestigungskurven berechnet werden. Für Zinn liegen ausreichende Messungen noch nicht vor. Wir entnehmen daher aus Abb. 14b für die Versuchstemperatur $-78°$ C ($\sim 200°$ K) den Wert $\eta = 0{,}8$. Damit erhalten wir ungefähr die richtige Neigung der Verfestigungskurve von Held bei Zimmertemperatur ($\sim 300°$ K), wenn wir dafür $\eta = 0{,}98$ setzen. Die mit diesen Werten für die angegebenen Temperaturen (und außerdem noch für $0°$ K) nach (3a) und (3b) berechneten Kurven für wechselnde (gestrichelt) und einsinnige Verformung (ausgezogen) zeigt Abb. 50. Dabei wurde wie in den Abb. 48 und 49 für die Einheit der Gesamtabgleitung der Betrag $2a_0$ für einen vollen Wechsel (zwei Verformungsschritte) als Einheit genommen und die am absoluten Nullpunkt am Ende des ersten Schrittes erreichte Verfestigung $= 1$ gesetzt. Ein Vergleich der Abb. 50 und 48 zeigt, daß die berechneten und gemessenen

Kurven in ihren Grundzügen übereinstimmen[1]. Eine nähere Prüfung
ergibt, daß die gemessenen Kurven für Wechselverformung tiefer verlaufen im Vergleich zu den Kurven bei einsinniger Verformung, als es
für die berechneten Kurven der Fall ist. Dieser Unterschied ist zu
erwarten: Wir haben oben angenommen, daß die Auflösung der zu
Beginn eines Schrittes zurückwandernden Versetzungen erst dann beginnt, nachdem sie alle zurückgewandert sind, während sie schon bei
den ersten ankommenden Versetzungen wirksam wird und somit die
Verfestigung kleiner sein muß, als wir berechnet haben.

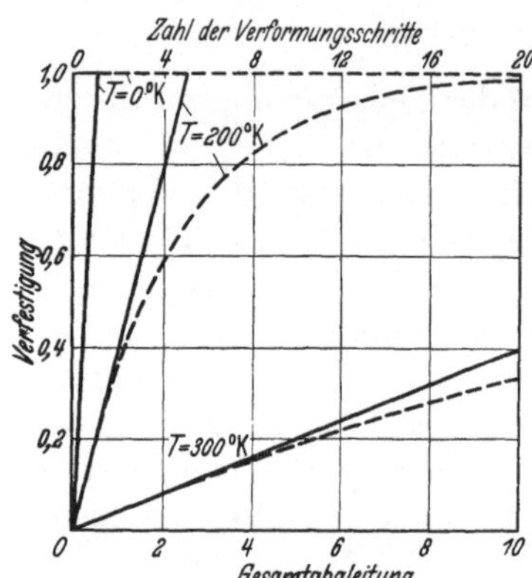

Abb. 50. Nach (3a) bzw. (3b) berechneter Verlauf der Verfestigung bei der
Spitzenlast mit der Gesamtabgleitung
(Einheit wie in Abb. 48) bei wechselnder Verformung (gestrichelte Kurven)
und einsinniger unterbrochener Verformung (ausgezogene Kurven) für $\eta = 0$
($T=0°$K), 0,8 (200°K) und 0,98 (300°K).

Ungeklärt bleibt dabei die anfängliche Abnahme der gemessenen Kurve
für Zimmertemperatur. Sie wäre unter
unsern Annahmen zu verstehen, wenn
die Spitzenlast nachher nicht mehr zunehmen, sondern einem konstanten Wert
zustreben würde. Da aber diese Abnahme
bei Gleitbeträgen von 0,8 bzw. 1,6 für
einen vollen Wechsel nicht mehr auftritt, so müssen in obigem Falle ganz
besondere Faktoren wirksam sein, über
die noch nichts gesagt werden kann.

Noch nicht genau beantwortet werden kann auch die Frage, warum die
Spitzenschubspannung nach Überschreiten eines Maximums wieder abnimmt.
Dehlinger (1940, 1) nimmt an, daß
dieser Effekt als eine Dissipation unter dem Einfluß der oft wiederholten Wechsel aufzufassen ist, die zu einem allmählichen Abbau der
gebundenen Versetzungen und damit der Verfestigung führt.

Bisher haben wir die Frage, bei welcher Schubspannung die gebundenen Versetzungen bei einer Umkehr der Verformungsrichtung zurückwandern, also wie groß die jeweilige Wanderungsschubspannung ist, offen-
gelassen, da uns die Tatsache, daß sie höchstens gleich der vorher erreichten
Spitzenschubspannung sein kann, genügte. Aus Abb. 48 ersehen wir,
daß sie in Wirklichkeit kleiner ist. Damit haben wir eine weitere unmittelbare Bestätigung unserer Befunde in 11, daß bei einsinniger Verformung die äußere Schubspannung gleich der Bildungsschubspannung
der Versetzungen ist, d. h. die Wanderungsgeschwindigkeit w der Versetzungen so groß ist, daß sie praktisch keine Rolle mehr spielt.

---

[1] Da in Abb. 50 die Verfestigung und nicht die Spitzenlast aufgetragen ist,
so sind die Kurven in Abb. 48 vom jeweiligen Wert der kritischen Schubspannung
des unverformten Kristalls aus zu betrachten.

Wir entnehmen aus Abb. 48 weiter, daß der Unterschied zwischen Bildungs- und Wanderungsschubspannung bei jeder Temperatur nahezu unabhängig von Abgleitung bzw. von der erreichten Verfestigung ist. Dieser Umstand spricht eindeutig dagegen, diese Abnahme auf eine nur in einer Richtung verfestigend wirkende Schubspannung zurückzuführen, da sie sonst mit zunehmender Verfestigung bzw. Abgleitung ebenfalls zunehmen müßte. Er besagt, daß die Verfestigung für die Wanderung der Versetzungen denselben Wert besitzt wie für ihre Bildung, ein Ergebnis, das wir, wenn auch nicht so unmittelbar, aus der Unabhängigkeit der dynamischen Schubspannungsänderung von der Abgleitung gewinnen konnten (vgl. 11). Extrapolieren wir auf den unverformten Kristall, so erhalten wir auf diese Weise den Wert der kritischen Wanderungsschubspannung. Er beträgt nach Abb. 48, in roher Näherung unabhängig von der Temperatur, etwa $^3/_4$ des Wertes der kritischen (Bildungs-) Schubspannung.

Zusammenfassend stellen wir fest, daß die experimentellen Beobachtungen bei wechselnder Verformung eine weitere Bestätigung unserer bisherigen Vorstellungen bilden. Sie zeigen insbesondere unmittelbar, daß bei der plastischen Verformung zwei Grundvorgänge, Bildung und Wanderung der Versetzungen, auftreten. Von ihnen bestimmt die Bildung die Größe der äußeren Kräfte, während die Wanderung den eigentlichen Gleitvorgang darstellt und, wie wir in 15 gesehen haben, vorzugsweise die Bedingungen bestimmt, unter denen ein Kristall plastisch verformbar ist. Die auf beide Vorgänge und in beiden Verformungsrichtungen in gleicher Weise verfestigende Wirkung des Eigenspannungsfeldes der gebundenen Versetzungen tritt bei einer Umkehr der Verformungsrichtung nicht unmittelbar in Erscheinung, da hierbei die vorhandenen Versetzungen zunächst das Gleiten ohne Neubildung weiterer Versetzungen bewirken können. Sie zeigt sich aber darin, daß im unbelasteten Kristall die thermisch noch mögliche Bildung und Wanderung der Versetzungen in beiden Richtungen gleich häufig erfolgt, mit um so geringerer Wahrscheinlichkeit, je größer die Verfestigung ist, und somit der Kristall seinen verformten Zustand beibehält.

III. Inhomogene Verformung von Einkristallen.

A. Experimentelle Untersuchungsverfahren und Ergebnisse.

18. Reine Biegung.

a) Allgemeines. Neben der Aufgabe, die Gesetze des reinen Gleitens aufzuzeigen und darüber hinaus einen Beitrag zur Kenntnis der Eigenschaften der Kristallgitter zu geben, hat die Untersuchung der homogenen Verformungen der Einkristalle den Zweck, die Grundlagen zu einem Verständnis des Verhaltens der technischen vielkristallinen Werkstoffe zu liefern. Zwischen beiden Gebieten steht die inhomogene Verformung der Einkristalle, denn jedes einzelne Korn in einem vielkristallinen Material ist ein inhomogen verformter Einkristall, nur sind die Bedingungen, unter denen diese Verformung erfolgt, sehr kompliziert.

Bei einem Einkristall dagegen können wir die Bedingungen so wählen, daß die Spannungsverteilung im ganzen Kristall zu übersehen ist, so daß die Möglichkeit besteht, neue Gesetzmäßigkeiten zu erkennen, die dann bei Vielkristall angewandt werden können.

Die übersichtlichen Verhältnisse bestehen bei der reinen Biegung, die dann verwirklicht wird, wenn nach Abb. 56 die Kräfte so angreifen, daß im ganzen Kristall ein konstantes Drehmoment in einer Ebene durch die Kristallachse wirkt, aber keine resultierenden Zugkräfte und Drehmomente in den Querschnitten auftreten. Die Einfachheit besteht darin, daß längs jeder Mantellinie sowohl der Spannungszustand als die Kristallorientierung sich nicht ändern, während z. B. bei der Torsion kreiszylindrischer Kristalle längs eines zum Umfang konzentrischen Kreises zwar der Spannungszustand derselbe ist, aber die Orientierung sich stetig ändert, was die Deutung der experimentellen Ergebnisse wesentlich umständlicher gestaltet. Umgekehrt ist die experimentelle Verwirklichung der reinen Biegungsbeanspruchung nicht so einfach wie die der Torsion.

Die quantitative Untersuchung der reinen Biegung erfolgte erst in letzter Zeit durch Held (1938, 1) und Lörcher (1939, 1). Im folgenden werden die dabei verwandte experimentelle Anordnung und die gewonnenen Ergebnisse beschrieben.

b) Biegungsapparat. Den Biegungsapparat zeigt Abb. 51. Er besteht aus folgenden Teilen: 1. dem Gestell mit der Grundplatte Gr, den beiden Säulen S und S' und dem Querträger Tr aus U-Eisen; 2. dem Rahmen Rh, in dem die sechs Rollen R_1, R_1', . . ., R_3, R_3' leicht drehbar gelagert sind (Kugellager). Er wird mit zwei Fäden über zwei Rollen im Querträger Tr durch ein Gegengewicht G (in Abb. 51 nicht gezeichnet) nach oben und unten frei beweglich gehalten, kann aber nach Bedarf in beliebiger Lage festgestellt werden; 3. dem oberen Bügel $Bü$ mit der Rolle R_4, der mit der Stahlspitze S in die Feder F, die zur Kraftmessung dient, eingehängt wird. Sp ist ein Spiegel für den Last-Lichtzeiger; 4. der Antriebsspindel Sp, die durch Drehen des Schnecken-Antriebsrads A gehoben und gesenkt werden kann und die Rolle R_5 trägt; 5. dem Antriebsmotor, der über ein regelbares Vorgelege und eine Schnecke das Antriebsrad A mit wählbarer Geschwindigkeit in beiden Richtungen dreht; 6. den beiden konisch ausgebohrten Kristallhaltern H und H', in denen mit entsprechend konischen Einlagen der

Kristall K durch Übermuttern M festgespannt wird. Durch zwei um die Muttern gelegte Gummifäden (in der Abb. nicht gezeichnet) wird der Kristall mit den Einspannvorrichtungen am Rahmen Rh seitlich frei beweglich aufgehängt.

Der Versuch verläuft folgendermaßen: Der Rahmen R wird zunächst festgestellt und zwei Schnüre oder Drähte D_1 und D_2 in der in Abb. 51 angegebenen Weise über die Rollen gelegt. An ihren mit Schleifen ver-

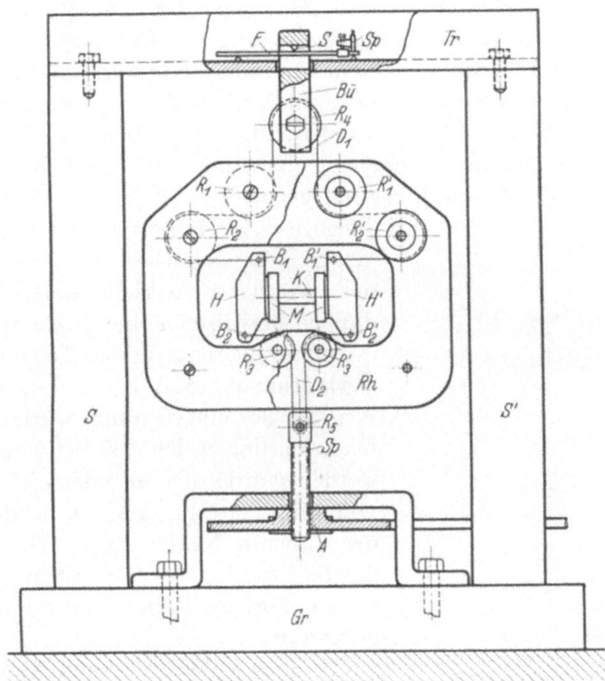

Abb. 51. Apparat zur reinen Biegung von Kristallen. Beschreibung im Text. Aus Held (1938, 1).

sehenen Enden wird dann der Kristall mit Hilfe von vier in die Halter H einsteckbare Bolzen B_1, B_1', B_2, B_2' eingehängt. Die Spindel Sp muß dabei so weit nach oben gedreht sein, daß die Drähte D_1 und D_2 locker sind. Nachdem der Rahmen gelöst ist, werden die Drähte durch Senkung der Spindel Sp angespannt. Dabei ist die Drahtspannung überall gleich groß (abgesehen von den vernachlässigbaren Reibungseinflüssen), so daß an den Angriffspunkten der Kristallhalter H gleich große, je entgegengesetzte Kräfte wirken, unter deren Einfluß sich der Kristall durchbiegt. Der Rahmen Rh bewegt sich gleichzeitig nach unten. Da sein Gewicht durch das Gegengewicht ausgeglichen ist, so übt er keine Kräfte auf den Kristall aus. Der Einfluß der Rollenreibung kann durch ein geringes Übergewicht des Rahmens beseitigt werden. Die bei seiner

Bewegung auftretenden Trägheitskräfte sind in allen Fällen klein gegenüber den äußeren Kräften.

Mit der wichtigste Punkt der Anordnung ist, daß eine evtl. auftretende Kristallverlängerung ohne jede Behinderung erfolgen kann, denn, wie man sich an Hand von Abb. 51 leicht überzeugt, hat eine solche Verlängerung lediglich eine Verschiebung des Rahmens *Rh*, aber keine Änderung der Fadenlänge und damit der Fadenspannung zur Folge. Zusätzliche unerwünschte Zug- oder Druckkräfte werden also vermieden. Es sind somit alle Bedingungen erfüllt, die an die reine Biegungsbeanspruchung zu stellen sind. Man erkennt, daß der Apparat dieselben kennzeichnenden Eigenschaften besitzt wie der gewöhnliche Polanyi-Apparat für die Längsdehnung. Die Biegung kann somit dynamisch untersucht werden, mit einer innerhalb der Schwankungen, die durch die Federdurchbiegung gegeben sind, beliebig vorgebbaren Biegegeschwindigkeit. Diese Schwankungen können nach **3 b** durch geeignete Wahl der Federhärte so klein gemacht werden, daß sie praktisch keine Rolle spielen.

c) Versuchsergebnisse. Die einfachsten Verhältnisse liegen dann vor, wenn der Kristall so eingespannt wird, daß die Gleitrichtung, welche bei Dehnung betätigt werden würde, der also der kleinste Wert von $(\sin\chi \cdot \cos\lambda)$ zukommt, in der Ebene der äußeren Kräfte liegt. Dann erfolgt die Biegung in derselben Ebene, während in den übrigen Fällen Verdrehungen mit auftreten.

In obiger Weise wurden Zinkkristalle (Held), Aluminium- und Naphthalinkristalle (Lörcher) untersucht. Die Biegungskurven zeigen qualitativ alle denselben Verlauf. Als Beispiel sind in Abb. 52 zwei Registrierkurven wiedergegeben. Die Kurven besitzen wie gewöhnliche Dehnungskurven einen definierten Knick[1], dem ein bestimmtes kritisches Biegemoment zukommt. Dieses praktisch unstetige Einsetzen der plastischen Biegung ist auf den ersten Blick überraschend, da die Summe der Schubspannungen in einer Gleitebene Null ist[2].

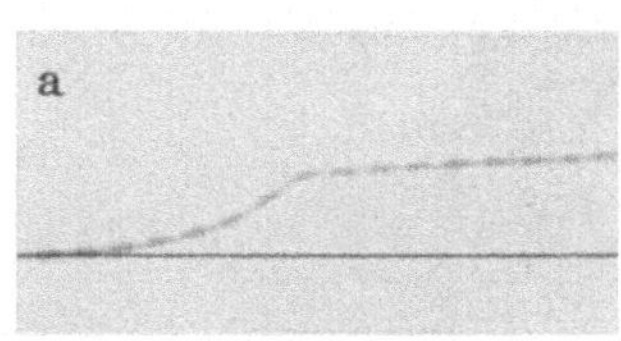

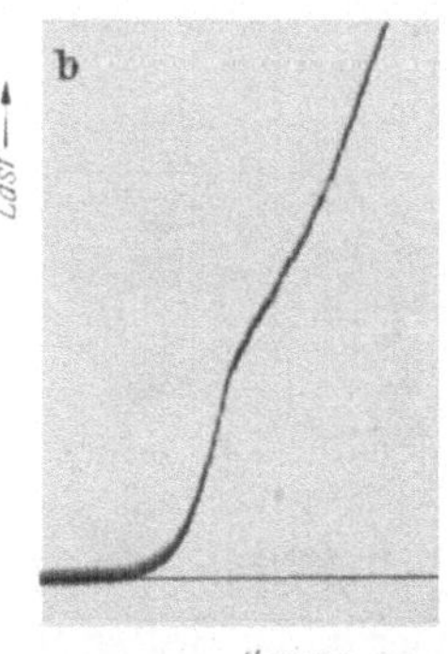

Abb. 52. Anfangsteile von Registrierkurven von gebogenen Kristallen bei dynamischer Versuchsführung.
a) Zinkkristall. Aus Held (1938, 1).
b) Aluminiumkristall. Aus Lörcher (1939, 1).

---

[1] Er ist bei Aluminium unschärfer als bei Zink, aber in geringerem Maße als bei der Dehnung (Abb. 17 c).

[2] Die Erklärung dieses Befundes erfolgt in **20 c**.

Abb. 53 zeigt je zwei gebogene Aluminium- und Zinkkristalle. Die eingezeichneten Mantellinien wurden durch Reiben der Kristalle auf einer ebenen Kohleplatte erzeugt. Ihre Ausmessung ergibt, daß die Biegung mit ganz geringen Abweichungen kreisförmig erfolgt, ihre Gleichmäßigkeit zeigt, wie gut die Biegung in der Kräfteebene verläuft, wenn die bei Dehnung betätigte Gleitrichtung in dieser Ebene liegt.

Nun erkennt man ohne nähere Analyse des Verformungsvorgangs (20a), daß die Kristalle nur dann ohne Verdrehung verbogen werden können, wenn die betätigte Gleitrichtung in der Kräfteebene liegt. D. h. die wirksame Gleitrichtung bei der Biegung ist dieselbe wie bei der Dehnung. Die Ausmessung der Gleitlinien, die auf den gebogenen Kristallen sichtbar werden, ergibt, daß auch die wirksame Gleitebene bei beiden Verformungsarten dieselbe ist.

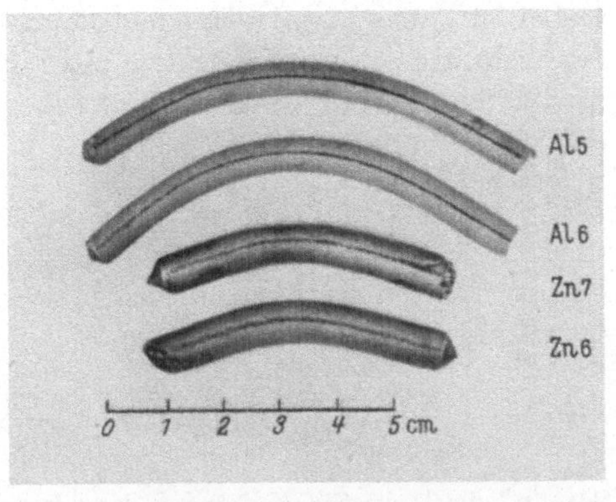

Abb. 53. Vier in dem Apparat von Abb. 51 gebogene Kristalle. Die Mantellinien zur Veranschaulichung der Güte der Biegung sind durch Reiben auf einer ebenen Graphitplatte erzeugt worden. Aus Held (1938, 1) und Lörcher (1939, 1).

Bei der Biegung (und Torsion) werden meist die Werte des Moments $\mathfrak{M}$ mit Hilfe der bei elastischer Verformung gültigen Beziehung in die zu ihnen proportionalen Werte der maximalen (am Rande angenommenen) Spannung $S(r)$ umgerechnet. Solange die Biegung elastisch verläuft, stimmen die so berechneten Spannungen mit den in Wirklichkeit am Rande angenommenen Spannungen überein. Im plastischen Gebiet dagegen ist das nicht mehr der Fall, $S(r)$ ist dann nur eine (in vielen Fällen besonders geeignete) Maßzahl für $\mathfrak{M}$ ohne tiefere physikalische Bedeutung. Für unsere Untersuchungen ist es vorteilhafter, an Stelle der maximalen Spannung $S(r)$ die zugehörige maximale Schubspannung $\sigma(r)$ in der Gleitebene und Gleitrichtung zu benutzen. Ihre Werte sind zwar keine unmittelbaren Vergleichsmaße der Momente bei verschiedenen Orientierungen mehr, sie hat aber, wie wir gleich sehen werden, für die Biegung dieselbe Bedeutung wie die Schubspannung für die homogene Dehnung. Wir wenden uns ihrer Berechnung zu.

Ist K die von der Feder gemessene Last, so wirkt an den Enden der Kristallhalter nach Abb. 51 je die Kraft $\pm K/2$. Beträgt der Abstand der Angriffspunkte $2h$, so ist das angelegte Biegemoment:

$$\mathfrak{M} = 2h \cdot K/2 = hK. \tag{1}$$

Nach **29a** wirkt auf ein in der Querschnittsebene gelegenes Flächen-element in der Entfernung x von der neutralen Faser die Zugspannung[1]

$$S(x) = x\,\mathfrak{M}/J \tag{2a}$$

und die Schubspannung

$$\sigma(x) = \sin\chi\,\cos\lambda \cdot S(x). \tag{2b}$$

Dabei ist J das (axiale) Flächenträgheitsmoment, das für kreisförmige Querschnitte mit dem Radius r bzw. für rechteckige Querschnitte mit den Seiten $2b$ (senkrecht zur Kräfteebene) und $2r$ (in der Kräfteebene)[2] die Werte besitzt:

$$\overset{\odot}{J} = \frac{\pi}{4}\,r^4\,; \qquad \overset{\square}{J} = \frac{4}{3}\,b\,r^3. \tag{2c}$$

Damit erhalten wir für die maximale Schubspannung $\sigma(r)$ bei diesen Querschnittsformen:

$$\overset{\odot}{\sigma}(r) = \frac{4\,h\,K}{\pi\,r^3}\,\sin\chi\,\cos\lambda\,; \qquad \overset{\square}{\sigma}(r) = \frac{3\,h\,K}{4\,b\,r^2}\,\sin\chi\,\cos\lambda\,. \tag{3}$$

Setzen wir darin für K den am Knick der Registrierkurven gemessenen Wert K_0 ein, so erhalten wir den entsprechenden Wert $\sigma_0(r)$ von $\sigma(r)$ und können ihn mit dem bei homogener Verformung gemessenen Wert σ_0 vergleichen. In Tabelle 5 sind die an gegossenen Zink- und Aluminium-kristallen mit kreisförmigem Querschnitt erhaltenen Meßergebnisse zusammengestellt[3]. Sie zeigen zunächst die wichtige Tatsache, daß das praktische kritische Moment innerhalb der auch bei Dehnungsmessungen für die Streckgrenze üblichen Meßfehler proportional zu $\sin\chi_0\cos\lambda_0$ ist, und somit der Beginn der ausgiebigen plastischen Biegung durch eine von der Orientierung unabhängige maximale Schubspannung $\sigma_0^*(r)$ gekennzeichnet ist.

Bei Kristallen mit kreisförmigem Querschnitt[4] kann $\sigma_0(r)/\sigma_0$ auch ohne Kenntnis der Kristallorientierung bestimmt werden. In diesem Falle ist das Flächenträgheitsmoment J unabhängig von der Lage der Kräfteebene bezüglich des Kristalls. Da auch die Messungen für alle

---

[1] Wir rechnen z nach den gedehnten Fasern hin positiv. Die Druckspannungen bei negativen z ergeben sich dann als negative Zugspannungen.

[2] Solange keine Unterscheidung beider Querschnittsformen erforderlich ist, sprechen wir von Querschnitten mit der Höhe $2r$.

[3] Die dabei angewandten Biege- bzw. Dehnungsgeschwindigkeiten waren „groß", wurden aber nicht genau gemessen, und auch die Geschwindigkeits-abhängigkeit der Schubspannungen nicht näher untersucht. Wir verwenden daher für die Meßwerte die mit einem Stern versehenen Zeichen für die praktischen Werte (vgl. Fußnote 1 auf S. 25).

[4] Bei andern Querschnittsformen ist das nicht der Fall.

Tabelle 5. Meßwerte bei der Biegung und Dehnung von gegossenen Zink- und Aluminium-Einkristallen mit kreisförmigem Querschnitt.

Aus Held (1938, 1) und Lörcher (1939, 1).

Bezeichnungen: χ_0 und λ_0 Orientierungswinkel; $2r$ Kristalldurchmesser; K_0^* bzw. $\overset{\odot}{\sigma_0^*}(r)$ Last bzw. größte Schubspannung am Knick der Biegungskurven; σ_0^* praktische kritische Schubspannung bei der Dehnung. $2h$ Abstand der Angriffspunkte der Kräfte = 50 mm.

Kristall Nr.	Zn 3	Zn 0	Zn 7	Zn 6	Zn 5	Zn 4
χ_0/λ_0 in ° . . .	74/76	70/72	64/67	37/45	24/30	14/26
$\sin\chi_0 \cos\lambda_0$ . . .	0,232	0,290	0,351	0,426	0,352	0,218
$2r$ in mm . . .	7,65	7,45	7,50	7,40	7,45	7,65
K_0^* in g	882	750	600	564	545	1127
$\overset{\odot}{\sigma_0^*}(r)$ in g/mm² .	117	134	127	151	116	141

Mittelwerte[1] . .	$\overset{\odot}{\sigma_0^*}(r) = 131 \pm 11$ g/mm²; $\sigma_0^* = 65$ g/mm²; $\overset{\odot}{\sigma_0^*}(r)/\sigma_0^* = 2{,}02$

Kristall Nr.	Al 9	Al 5	Al 13	Al 11	Al 8	Al 10
χ_0/λ_0 in ° . . .	48/52	47/50	47/53	37/39	28/34	28/36
$\sin\chi_0 \cos\lambda_0$ . . .	0,458	0,470	0,440	0,466	0,389	0,379
$2r$ in mm . . .	5,80	5,78	5,73	5,80	5,86	5,84
K_0^* in g	258	300	283	300	325	320
$\overset{\odot}{\sigma_0^*}(r)$ in g/mm² .	155	186	168	183	160	156

Mittelwerte. . .	$\overset{\odot}{\sigma_0^*}(r) = 168 \pm 11$ g/mm²; $\sigma_0^* = 145$ g/mm²; $\overset{\odot}{\sigma_0^*}(r)/\sigma_0^* = 1{,}16$

Lagen dieselbe kritische Last ergeben, so ist nach (17, I), (19, I) und (3) unabhängig von χ und λ:

$$\frac{\overset{\odot}{\sigma_0}(r)}{\sigma_0} = \frac{4h K_0^B}{r K_0^D}. \tag{4}$$

Dabei sind K_0^B bzw. K_0^D die kritischen Lasten bei Biegung bzw. Dehnung. Man kann nun so verfahren, daß man ein und denselben Kristall zuerst eben bis zu seiner Streckgrenze dehnt, was man unmittelbar an der unstetigen Verringerung der Bewegungsgeschwindigkeit des Lastzeigers feststellen kann, und danach biegt und die kritische Biegelast mißt. Da man die Streckgrenze im ersten Fall notwendig um einen geringen Betrag überschreiten muß, so wird der Kristall etwas verfestigt. Diese Verfestigung ist aber so gering und wird außerdem während der Zeit zwischen beiden Versuchen durch Erholung verkleinert, daß sie keine systematischen Fehler ergibt, wie man unmittelbar dadurch nachweisen

---

[1] Vgl. Fußnote 2, S. 154.

kann, daß man erst biegt und dann dehnt[1]. Die Messungen von Lörcher
(1939, 1) haben folgende Werte ergeben[2]:

$$\left.\begin{array}{l}\overset{\odot}{\overline{\sigma_0^*(r)}} = 1{,}7 \ \pm 0{,}07 \ \text{für Zinkkristalle,} \\[4pt] \overline{\sigma_0^*} = 1{,}65 \pm 0{,}05 \ \text{für Zinnkristalle.}\end{array}\right\} \qquad (5)$$

Aus (5) und aus Tabelle 5 entnehmen wir, daß der Maximalwert der
nach (2a, b) berechneten Schubspannung beim praktischen kritischen
Moment nicht mit der praktischen kritischen Schubspannung bei homogener Verformung übereinstimmt, sondern größer ist. Wäre die Biegung
bis zu diesem Moment elastisch, so würde $\sigma_0^*(r)$ mit der wirklich angenommenen maximalen Schubspannung übereinstimmen, und der Einsatz ausgiebiger plastischer Biegung dann nicht, wie man zunächst
vermuten könnte, durch ihren bei homogener Verformung maßgebenden
Wert bestimmt sein. Wir werden in **20c** sehen, daß obige Annahme
nicht zutrifft, sondern beim praktischen kritischen Moment die Verformung, bis auf eine kleine Umgebung der neutralen Faser, bereits im
ganzen Kristall plastisch ist.

19. Reine Torsion.

a) Wirksame Gleitsysteme. Die reine Torsion wird verwirklicht,
wenn an beiden Enden des Kristalls je ein Kräftepaar in einer zu seiner
Achse senkrechten Ebene wirkt. Auf die bekannten Versuchsanord-
nungen brauchen wir nicht näher einzugehen. Wir betrachten zunächst
die Spannungsverteilung im elastischen Gebiet. Im Koordinatensystem I
(**2e**), dessen $\mathfrak{P}$-Achse wir in die Richtung des Halbmessers des jeweils
betrachteten Punktes legen, sind bei kreisförmigen Querschnitten[3], die
wir allein betrachten, alle Spannungskomponenten Null, bis auf die
tangentiale Schubspannungskomponente $S_\varphi = \sigma_{\mathfrak{T}_3}$, die nach **29b** den
Wert

$$S_\varphi(x) = \frac{2\,x\,\mathfrak{M}}{\pi\,r^4} \qquad (6a)$$

besitzt. Dabei ist $\mathfrak{M}$ das Drehmoment, x der Abstand des Punktes
von der Kristallachse. Am Umfang nimmt S_φ seinen größten Wert

$$S_\varphi(r) = \frac{2\,\mathfrak{M}}{\pi\,r^3} \qquad (6b)$$

---

[1] Wegen der geringen Überschreitung des kritischen Moments verbiegt sich
dabei der Kristall nicht merklich, so daß die Dehnungsmessungen einwandfrei
ausgeführt werden können.

[2] Der Unterschied zwischen den Werten für Zinkkristalle von Held in Tabelle 5
und von Lörcher in (5), die mit demselben Kristallmaterial gewonnen wurden,
rührt vermutlich von einer zu kleinen kritischen Schubspannung bei Held her,
die aus äußeren Gründen nur in einem Versuch bestimmt werden konnte, bei
dem wahrscheinlich ein unerkannter Fehler unterlaufen ist. Mit den Werten von
$\sigma_0^*(r)$ aus Tabelle 5 und von $\sigma_0^*(r)/\sigma_0^*$ aus (5) ergibt sich $\sigma_0^* = 77$ g/mm².

[3] Bei andern Querschnittsformen ist das nicht der Fall.

an. Für die Schubspannung im Gleitsystem (χ, λ) wird nach **28b**:

$$\sigma = \sigma(\varphi, x) = (\cos\chi \cos\lambda \sin(\varphi - \varphi_\chi) - \sin\chi \sin\lambda \sin(\varphi - \varphi_\lambda)) S_\varphi(x). \quad (7)$$

Dabei sind φ_χ bzw. φ_λ die Azimute der Gleitebenennormalen bzw. der $\mathfrak{N}$ Gleitrichtung $\mathfrak{g}$, die mit χ und λ durch (1 I) verknüpft sind, und φ das Azimut des betrachteten Punktes bezüglich der Kristallachse $\mathfrak{z}$ (**2e**, Abb. 8). Die nähere Untersuchung von (7) erfolgt in **21a**. Hier benötigen wir nur, daß sich σ für ein Gleitsystem sinusförmig längs des Umfangs ändert, da es die Summe zweier phasenverschobener sinusförmiger Funktionen von φ ist. In einem bestimmten Punkt besitzt σ somit im allgemeinen für verschiedene Gleitsysteme verschiedene Werte, und es ist zu vermuten, daß, ähnlich wie bei der Biegung, das Gleitsystem mit dem größten σ-Wert in Tätigkeit tritt. In der Tat haben dies Gough, Wright und Hanson (1926, 1); Gough (1928, 1); Gough und Cox (1930, 1; 2); (1931, 1) an Alu-minium-, Eisen-, Antimon-, Zink- und Silberkristallen bei Wechseltorsion durch Vermessung der Gleitlinien festgestellt. Sehr schön tritt dabei der scharf aus-geprägte Übergang von einem zum andern wirksamen Gleitsystem in Erscheinung.

Bei Zinkkristallen tritt neben der Glei-tung noch Zwillingsbildung auf, während bei Silber, wo die Zwillingsbildung in viel-kristallinem Material sehr ausgeprägt ist, bei Wechseltorsion keine Zwillingslamellen beobachtet werden konnten. Die Beob-achtung ist in letzterem Falle dadurch erschwert, daß Gleit- und Zwillingsebene übereinstimmen. Auf der andern Seite zeigen Antimonkristalle nur Zwillings-lamellen, aber keine Gleitlinien.

b) Die maximale Schubspannung beim Beginn der plastischen Torsion. Bei ein-sinniger Torsionsbeanspruchung haben Karnop und Sachs (1929, 1) ver-gütete Aluminium-Kupfer-Einkristalle (4 Gew.-% Cu) statisch untersucht. Sie haben unter Benutzung von (6b) die Werte

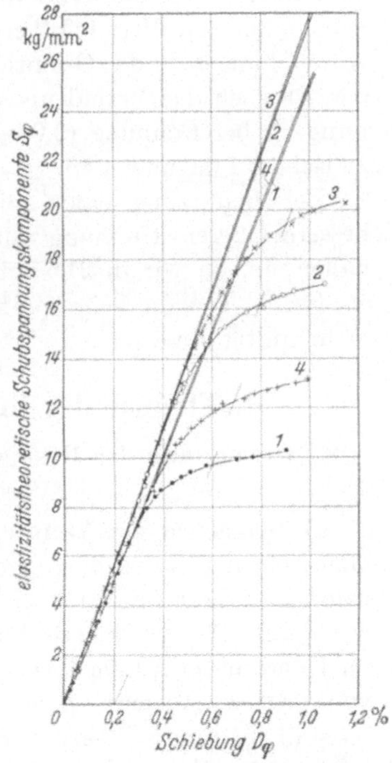

Abb. 54. Torsionskurven von Alu-minium + 5% Kupferkristallen. Aus Karnop und Sachs (1929, 1).

des angelegten Drehmoments in S_φ-Werte umgerechnet und die in Abb. 54 dargestellten Kurven erhalten. Man sieht, daß sie keinen definierten Knick besitzen[1], wie es auch bei den statisch aufgenommenen Dehnungs-

---

[1] Es ist anzunehmen, daß bei dynamischer Versuchsführung, ähnlich wie bei der Biegung, ein Knick auftritt. Solche Versuche liegen noch nicht vor.

kurven von Einkristallen im allgemeinen der Fall ist. Ein praktisches kritisches Moment kann daher mehr oder weniger genau nur durch eine „noch kleine aber schon meßbare" Schiebung D_φ^* ($= 2\varepsilon_{\mathfrak{T}\tilde{\mathfrak{z}}}$, vgl. 2e) festgelegt werden. Karnop und Sachs wählen $D_\varphi^* = 0{,}2\%$ (die entsprechenden Werte von $S_{\varphi\,0}^*$ sind in Abb. 54 durch kurze Striche an den Kurven bezeichnet). Sie untersuchen dann, ob die absolut größte Schubspannung $\sigma_0^*(r)_{\max}$, d. i. der größte Wert von $\sigma_0^*(r)$, bei diesem Moment für alle Orientierungen einen festen Wert besitzt, unter der Voraussetzung, daß bis dahin die Verformung (nahezu) elastisch ist, also die Beziehung (6b) gültig bleibt. Es ergibt sich, daß das nicht der Fall ist: Die experimentell erhaltenen Werte von $S_{\varphi\,0}^*$ liegen zwischen $9{,}8\,\mathrm{kg/mm^2}$ (Kristallachse in einer [111]-Richtung) und $22\,\mathrm{kg/mm^2}$ (Kristallachse in einer [100]-Richtung), zeigen also Unterschiede im Verhältnis $1{:}2{,}2$, während die Rechnung für dieselben Kristallorientierungen nur den Wert $1{:}1{,}7$ ergibt. Außerdem treten noch systematische Abweichungen in der Orientierungsabhängigkeit auf. Aus diesen Gründen ist auch das Verhältnis von $\sigma_0^*(r)_{\max}$ zu der kritischen Schubspannung σ_0^* bei Dehnung ($9{,}0\,\mathrm{kg/mm^2}$) nicht konstant, sondern schwankt zwischen $1{,}09$ und $1{,}45$.

Bei Benutzung einer mittleren Schubspannung ergibt sich eine bessere Übereinstimmung mit der Erfahrung. Wir gehen darauf nicht näher ein, da wir in **21b** sehen werden, daß die Beziehungen für die elastische Torsion beim praktischen kritischen Moment bereits nicht mehr gültig sind.

B. Theorie der inhomogenen Verformungen.

20. Anwendung der Gesetze der homogenen Verformung auf die reine Biegung.

a) Geometrie der Verformung. Wir nehmen an, daß die wirksame Gleitrichtung in der Biegungsebene liegt. Nach **18c** ergibt das Experiment, daß dann der Kristall in der Biegungsebene kreisförmig gebogen wird (Abb. 53). Die plastische Biegung ist also, soweit es die Dehnung D^0 im Koordinatensystem I betrifft, geometrisch einer elastischen Biegung von großem Ausmaß gleichwertig[1]. Wir können uns demnach den Kristall in dünne Fasern parallel zu seiner Achse zerlegt denken und jede solche Faser als einen sehr dünnen homogen gedehnten (bzw. gestauchten) Einkristall ansehen, dessen Dehnung linear mit ihrem Abstand x von der neutralen Faser zunimmt:

$$D^0(x) = D^0(r)\,\frac{x}{r}\,. \tag{8}$$

---

[1] Wenn wir in Zukunft eine plastische und elastische Verformung kurz als „geometrisch gleichwertig" bezeichnen, so bezieht sich das stets nur auf die jeweils betrachtete Deformationskomponente im Koordinatensystem I.

Dasselbe gilt für die Dehnungsgeschwindigkeit [vgl. (12, I)]:

$$v(x) = v(r)\,\frac{x}{r}\,. \tag{9}$$

Die Randdehnung $D^0(r)$ ist durch den Zugweg s und die geometrischen Daten der Biegungsapparatur bestimmt. Wir berechnen zunächst diesen Zusammenhang. Wir bezeichnen (Abb. 55) den jeweiligen Abstand der oberen (unteren) Angriffspunkte der äußeren Kräfte mit l_h bzw. l_{-h}, den Krümmungsradius des gebogenen Kristalls mit ϱ und den Winkel, den die Kristallfassungen miteinander bilden, mit α. Im Ausgangszustand ist: $l_h = l_{-h} = l^0$, $\varrho_0 = \infty$ und $\alpha_0 = 0$. Aus Abb. 55 erkennt man, daß der Zugweg s gegeben ist durch

$$s = \tfrac{1}{2}(l_h - l_0) + \tfrac{1}{2}(l_0 - l_{-h})$$
$$= \tfrac{1}{2}(l_h - l_{-h})\,.$$

Weiter ist

$$l_{\pm h} = 2(\varrho \pm h)\sin\frac{\alpha}{2}\,,$$

also wird

$$s = 2h\sin\frac{\alpha}{2}\,. \tag{10}$$

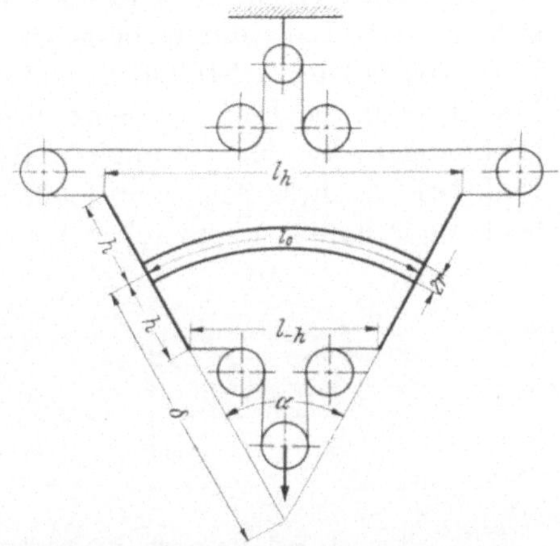

Abb. 55. Kristall in gebogenem Zustand im Biegungsapparat von Abb. 51 (schematisch).

Schließlich ergibt sich aus $l^0 = \varrho \cdot \alpha$ und $l(r) = l^0(1 + D^0(r)) = (\varrho + r)\,\alpha$:

$$\alpha = \frac{l^0 D^0(r)}{r}\,; \qquad \varrho = \frac{r}{D^0(r)}\,. \tag{11}$$

Setzen wir (11) in (10) ein, so erhalten wir die gesuchte Beziehung:

$$s = 2h\sin\left(\frac{l^0 D^0(r)}{2r}\right), \tag{12}$$

aus der $D^0(r)$ bei gegebenem s berechnet werden kann. Praktisch können wir in (12) den Sinus durch sein Argument ersetzen (für $\varrho = l^0$ z. B. ist $\alpha/2 = \tfrac{1}{2}$ und $\sin\alpha/2 = 0{,}48$), und erhalten an Stelle von (12):

$$D^0(r) = \frac{r\,s}{h\,l^0}\,. \tag{13}$$

Aus (11) und (13) ergibt sich:

$$\frac{1}{\varrho} = \frac{s}{h\,l^0}\,. \tag{14}$$

Die nach (14) berechneten Werte von ϱ ergaben sich bei den von Held und Lörcher gebogenen Kristallen in Übereinstimmung mit den gemessenen Werten.

Wir kehren nunmehr zur Verformung selbst zurück. Mit zunehmender Dehnung ändert sich die Orientierung der Kristallfasern, und zwar

werden nach **2f** in der oberen Hälfte (Dehnung der Fasern) die Gleitebenen um die zur Biegungsebene senkrechte Richtung (die Gleitrichtung liegt in der Biegungsebene!) zur Kristallachse hingedreht, in
der unteren Hälfte (Stauchung der Fasern) dagegen von der Kristallachse weg-, zu der Querschnittsebene hingedreht. Berücksichtigen wir
noch, daß sich erfahrungsgemäß Gleitlamellen ausbilden, so erhalten
wir einen Verformungszustand, wie er in Abb. 56 gezeichnet ist.

Gegenüber einem homogenen Verformungszustand unterscheidet er
sich in erster Linie durch die gekrümmten Gleitlamellen. Zu beachten
ist ferner, daß der Kristall nicht mehr seinen ursprünglichen Querschnitt
besitzt, denn die Dicke der einzelnen Fasern hat in der oberen Hälfte
(Dehnungen) ab-, in der unteren Hälfte (Stauchungen) zugenommen.
Praktisch ist diese Änderung jedoch zu vernachlässigen, denn die erreichten Dehnungen sind selbst bei verhältnismäßig großen Biegungen

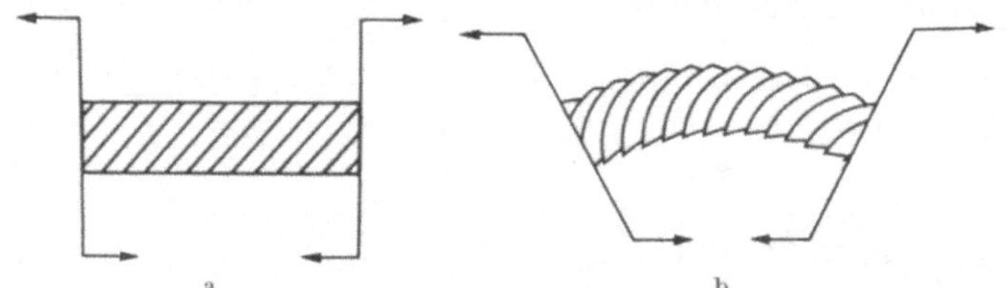

Abb. 56. Verbiegung der Gleitlamellen bei der Biegung eines Kristalls.

a) Ausgangszustand. b) Gebogener Kristall. Die Verbiegung der Lamellen ist etwas übertrieben
gezeichnet, daher sind sie im gestauchten Teil des Kristalls dicker als im gedehnten Teil.

sehr klein. Nehmen wir etwa $r = 2{,}5$ mm und $\varrho = 50$ mm, so wird
nach (11) $D^0(r) = 0{,}05 = 5\%$. Wir können daher die Querschnittsform als ungeändert ansehen und die Gleichungen mit festem r beibehalten.

Wegen der Verbiegung der Gleitlamellen enthält der Kristall verschieden orientierte Gitterbereiche. Werden bei einer Laue-Aufnahme
mehrere dieser Bereiche erfaßt, so entsteht ein Asterismus, der zuerst
von Rinne (1915, 1) an gebogenen Glimmerplättchen beobachtet
wurde. Mehrere spätere Untersuchungen an Steinsalzkristallen [Gross
(1924, 1; 2); Leonhardt (1925, 1); Konobejewski und Mirer
(1932, 1)] waren der Aufgabe gewidmet, aus der Form und Größe des
Asterismus die Art der Verbiegung der Gleitlamellen zu bestimmen.
Sie führten alle im wesentlichen auf das oben beschriebene Bild. Da
jedoch teilweise die genaue Orientierungsänderung in den einzelnen
Kristallfasern in Abhängigkeit von ihrer Dehnung und Ausgangsorientierung, teilweise der Einfluß der geometrischen Aufnahmebedingungen (Divergenz des Primärstrahls, Lage und Größe des durchstrahlten Gebiets) nicht genügend beobachtet wurden, so ergaben sich in
allen Fällen gewisse Unstimmigkeiten zwischen dem beobachteten und

berechneten Asterismus, die nur durch mehr oder weniger erzwungene Zusatzannahmen überbrückt werden konnten. Erst Komar (1936, 1; 2) hat unter Zugrundelegung der Beziehung (7a, I) für die Orientierungsänderung und genauer Berücksichtigung der geometrischen Aufnahmebedingungen einwandfrei nachgewiesen, daß die Formänderung der Lamellen in einer Biegung um eine in der Gleitebene gelegene, zur Gleitrichtung senkrechte Richtung besteht, deren Größe durch die Orientierungsänderung bestimmt ist, die jede Faser ihrer Dehnung bzw. Stauchung entsprechend erfährt. Somit ist das Ergebnis, das wir oben auf Grund der kreisförmigen Biegung der Kristalle bei reiner Biegungsbeanspruchung ableiteten, unmittelbar sichergestellt.

Liegt die Gleitrichtung nicht in der Biegungsebene, so hat die plastische Dehnung jeder Faser eine Verschiebungskomponente aus der Biegungsebene heraus, und der Kristall erfährt neben der Biegung gleichzeitig eine Verdrehung, wie es auch der Versuch zeigt. Durch die feste (nicht drehbare) Verbindung von Kristall und Fassung tritt dabei zwangsläufig neben dem Biegemoment ein Torsionsmoment mit auf. Wir haben es also bereits mit einem zusammengesetzten Spannungszustand zu tun. Solange die Dehnungen der Randfasern nicht zu groß sind (wie wir oben erwähnten, trifft dies bei der geschilderten Versuchsanordnung zu), können wir in erster Näherung auch diesen Fall mit zur reinen Biegung nehmen. Insbesondere ist das für den Beginn der Biegung der Fall.

b) Der Ersatzkristall. Wir wenden uns nun den Verformungskräften zu. Wir haben oben stillschweigend angenommen, daß wir die Fasern, welche wir uns während der Verformung getrennt dachten, ohne zusätzliche Gitterverzerrungen wieder aneinandersetzen können. Das ist jedoch nicht der Fall, denn die Teile der Gleitlamellen in den getrennten Fasern sind nur elastisch gedehnt, im zusammengesetzten Kristall dagegen gleichzeitig verbogen. Diese Verbiegung erfordert einen Zusatz zu der Arbeit, die wir nur zur Verformung der getrennten Fasern aufwenden müßten. Im letzteren Falle könnten wir die Verformungskräfte durch Anwendung der Gesetze für die homogene Verformung berechnen, in Wirklichkeit müssen wir größere Kräfte aufwenden, da bei gleichem Verformungsweg jene Arbeit noch mitgeleistet werden muß. Als weiteres kommt noch hinzu, daß die Gleitung submikroskopisch diskontinuierlich verläuft. Beim Zusammensetzen dieser Fasern sind aus diesem Grunde neben den oben beschriebenen Biegungsverzerrungen noch weitere, örtlich rascher veränderliche Verzerrungen anzubringen (vgl. **22c**), welche die äußeren Kräfte gegenüber den „homogenen Kräften" ebenfalls beeinflussen. Wir sehen also, daß die Gesetze der homogenen Verformung allein zur Beschreibung der inhomogenen Verformungen nicht ausreichen.

Ehe wir uns mit der Frage befassen, wie das allgemeine Verformungsgesetz lautet (**22a**), wollen wir untersuchen, mit welcher Näherung die homogenen Gesetze die wirklichen Verhältnisse beschreiben. Wir gewinnen dadurch bereits einen tiefen Einblick in das Wesen der inhomogenen Verformung und haben, wie wir später sehen werden, einen wesentlichen Teil der Gesamtaufgabe schon erledigt. Dabei ist es zweckmäßig, anstatt die einzelnen Fasern eines Kristalls getrennt zu betrachten, einen Körper, wir bezeichnen ihn als „Ersatzkristall", zu Hilfe zu nehmen, der dasselbe plastische Verhalten zeigt. Er soll mit einem wirklichen Kristall darin übereinstimmen, daß er dieselbe Gleitgeometrie und Gleitdynamik besitzt. Sein Aufbau soll aber nicht atomistisch, sondern kontinuierlich sein, so daß seine Gleitung nicht nur makroskopisch, sondern auch mikroskopisch stetig erfolgt. Bis auf die Gleitlamellenbildung verhält sich ein solcher Körper wie ein Kristallfasernbündel. Wir wollen aber auch in diesem Punkt Übereinstimmung erhalten und müssen daher noch verlangen, daß die Biegung und Verwindung (bei Torsionsbeanspruchung) der Lamellen des Ersatzkristalls keine Arbeit erfordert. Diese Annahme ist grundsätzlich möglich, denn sie steht zu den vorhergehenden Annahmen nicht in Widerspruch.

Im Falle der Biegung können wir uns einen Ersatzkristall veranschaulichen durch einen Stapel von Postkarten, die mit einem zähen Mittel, das eine kritische Fließfestigkeit besitzt und Verfestigung zeigt, zusammengeklebt, und längs der neutralen Fasern durch dünne Drähte zusammengehalten sind. Jede Postkarte ist eine Gleitlamelle. Unser Modell hat die Eigenschaften eines Ersatzkristalls, wenn die Zähigkeit (kritische Schubspannung) des Klebmittels so groß ist, daß die Biegungskräfte der Postkarten gegenüber den eigentlichen Fließkräften zu vernachlässigen sind. Bei der praktischen Verwirklichung eines solchen Modells würde die Schwierigkeit bestehen, einen Klebstoff mit genügend großer Normalfestigkeit zu finden, damit die Karten in der oberen Hälfte (gedehnter Teil) nicht auseinanderreißen.

In den folgenden Abschnitten berechnen wir die Biegungskurven für einen Ersatzkristall.

c) Beginn der Biegung. Zunächst betrachten wir den Beginn der Biegung, sehen also von der atomistischen Verfestigung ab und untersuchen, ähnlich wie bei der homogenen Dehnung, ob die so erhaltenen Biegungskurven ein kritisches Biegemoment $\mathfrak{M}_0$ besitzen und ob $\mathfrak{M}_0$ selbst als Funktion der Biegegeschwindigkeit $d\alpha/dt$ [1] einen Knickwert $\overline{\mathfrak{M}}_0$ besitzt.

---

[1] α ist der Winkel der Endquerschnitte des Kristalls (Abb. 55). $d\alpha/dt$ ist nach (11) proportional zu der Gleitgeschwindigkeit $u(r)$ in (15). Wir bezeichnen der Einfachheit halber letztere selbst als Biegegeschwindigkeit.

Nach (9) und (15, I) ist die Gleitgeschwindigkeit in der Faser im Abstand x von der neutralen Faser[1]:

$$u = u(x) = \frac{u(r)\,x}{r}; \qquad u(r) = \frac{v(r)}{l^0\mu}, \tag{15}$$

$$\mu = \sin\chi_0 \cos\lambda_0. \tag{16}$$

Nach (13) kann die Gleitgeschwindigkeit u aus den unmittelbaren Aufnahmedaten berechnet werden. Unter idealen dynamischen Versuchsbedingungen, die wir im folgenden zugrunde legen[2], besitzt die Dehnungsgeschwindigkeit unmittelbar bei Beginn des Versuchs im ganzen Kristall die durch die vorgegebene Biegegeschwindigkeit bestimmten Werte. Demgegenüber nimmt die Schubspannung in einer Faser nicht sofort den entsprechenden kritischen Wert $\sigma_0(u)$ an, sondern erst nachdem sie mindestens[3] um den Betrag $D^0_{\text{elast}} = S_0/E = \sigma_0/\mu E$ (E Elastizitätsmodul) elastisch gedehnt ist. Diese Dehnung spielt in den Endgleichungen eine wesentliche Rolle, denn die plastische Dehnung D^0 tritt nur in der Verbindung D^0/D^0_{elast} auf. Da wir aber an Stelle der plastischen Dehnung stets die Abgleitung a benutzen, so rechnen wir D^0_{elast} in gleicher Weise in die elastische „Schiebung"[4] a_{elast} um, wie D^0 in a, und erhalten dann an Stelle des Verhältnisses D^0/D^0_{elast} das Verhältnis a/a_{elast} mit

$$a_{\text{elast}} = \frac{D^0_{\text{elast}}}{\mu} = \frac{\sigma_0}{\mu^2 E} = \frac{\sigma_0}{G*}. \tag{17}$$

Wir sehen zunächst von einer vor diesem Zeitpunkt etwa eingetretenen plastischen Verformung ab und werden nachträglich sehen, daß wir dadurch nur einen unwesentlichen Fehler begangen haben. Wir bezeichnen daher die Gebiete, in denen die Schubspannung noch nicht den Wert σ_0 erreicht hat, als elastisch verformt, bleiben uns aber bewußt, daß wir diese Bezeichnung nicht im strengen Sinne des Wortes auffassen dürfen. Dann beträgt die Zeit, nach der die Schubspannung in jeder Faser den kritischen Wert angenommen hat:

$$t_{\text{elast}} = \frac{a_{\text{elast}}}{u} = \frac{\sigma_0}{u\,G*}. \tag{18}$$

---

[1] Wegen der Kleinheit der Dehnungen können wir in dem Orientierungsfaktor μ die jeweiligen Werte von χ und λ durch die Anfangswerte χ_0 und λ_0 ersetzen.

[2] Unter den üblichen nichtidealen Bedingungen bleiben die Verhältnisse, bis auf eine geringe „Verschmierung der Knicke" der Dehnungskurven für die einzelnen Fasern, dieselben.

[3] Da unter Umständen schon eine kleine plastische Dehnung und damit eine Verfestigung mit auftreten kann.

[4] Diese „Schiebung" ist nicht mit der wirklichen elastischen Schiebung in der Gleitebene und Gleitrichtung an der Streckgrenze identisch, sie gibt vielmehr die Abgleitung an, die angenommen würde, wenn D^0_{elast} eine plastische Dehnung wäre. Da aber a_{elast} in gleicher Weise ein Maß für D^0_{elast} ist, wie a für D^0, so gebrauchen wir denn die Bezeichnung „Schiebung", aber stets in Anführungszeichen.

Die zur Aufrechterhaltung einer Gleitgeschwindigkeit u erforderliche Schubspannung ist durch (53 I) gegeben. Bei Verwendung dieser Beziehung würden wir sehr unübersichtliche und kaum geschlossen auswertbare Formeln erhalten. Da uns hier aber nur das Verhalten der Kristalle bei „großen" Biegegeschwindigkeiten $u(r)$ interessiert[1], bei denen es auf den genauen Verlauf von σ_0 bei „kleinen" Gleitgeschwindigkeiten nicht ankommt, so können wir σ_0 zwischen $u = 0$ und $u = u_\varepsilon$ (Gleitgeschwindigkeit beim Knickwert $\bar{\sigma}_0$; vgl. 4 b) als linear veränderlich mit u annehmen:

$$\sigma_0 = \frac{\bar{\sigma}_0 u}{u_\varepsilon} \quad \text{für} \quad u \leqq u_\varepsilon. \tag{19a}$$

Oberhalb $\bar{\sigma}_0$ nimmt σ_0 nur noch verhältnismäßig langsam mit u zu, und zwar um so weniger, je schärfer der „Knick" der (σ_0, u)-Kurve ist. Wir sehen von dieser Zunahme zunächst ab und setzen:

$$\sigma_0 = \bar{\sigma}_0 \quad \text{für} \quad u \geqq u_\varepsilon. \tag{19b}$$

Mit diesen Ansätzen erhalten wir Ergebnisse, aus denen die wesentlichen Punkte klar zu ersehen sind, und an denen nachträglich leicht die Änderungen, die sich bei Berücksichtigung des genauen Verlaufs von σ_0 ergeben, angebracht werden können. Wir betrachten nun die Fälle $u(r) \leqq u_\varepsilon$ und $u(r) \geqq u_\varepsilon$ getrennt.

$u(r) \leqq u_\varepsilon$. Nach (18) und (19a) wird unabhängig von $u(r)$:

$$t_{\text{elast}} = \frac{\bar{\sigma}_0}{u_\varepsilon G^*}. \tag{20}$$

Von $t = 0$ bis $t = t_{\text{elast}}$ nimmt σ linear mit t zu, da u während eines Versuchs konstant ist. Wir haben also nach (19a) und (15):

$$\sigma(t, x) = \sigma_0 \frac{t}{t_{\text{elast}}} = \frac{\bar{\sigma}_0 u(r)}{r u_\varepsilon} \frac{t}{t_{\text{elast}}} x.$$

Damit ergibt sich das nach (2a, b) das Biegemoment zu

$$\mathfrak{M} = \frac{\bar{\sigma}_0 J(r) u(r)}{r u_\varepsilon \mu} \frac{t}{t_{\text{elast}}}. \tag{21}$$

$J(r)$ ist das Flächenträgheitsmoment[2]. $\mathfrak{M}$ nimmt also linear mit der Zeit zu bis zu dem Wert

$$\mathfrak{M}_0 = \frac{\bar{\sigma}_0 J(r) u(r)}{r u_\varepsilon \mu}. \qquad (u(r) \leqq u_\varepsilon) \tag{22}$$

---

[1] Sie sind erforderlich, wenn in angemessener Zeit größere Biegungen erreicht werden sollen. Auf das Gebiet „kleiner" Biegegeschwindigkeit, in dem, wie bei homogener Verformung von Einkristallen, insbesondere die Frage nach dem Bestehen einer Kriechgrenze von Bedeutung ist, kommen wir in **25f** im Zusammenhang mit dem Dauerverhalten der vielkristallinen Werkstoffe zu sprechen.

[2] Wir verwenden die Bezeichnung $J(r)$ für das Flächenträgheitsmoment über den ganzen Querschnitt, da wir später Flächenträgheitsmomente benötigen, die sich nur auf einen Teil des Querschnitts beziehen.

Bei $t = t_\text{elast}$ ist die kritische Schubspannung σ_0 in allen Fasern x gleichzeitig erreicht und $\mathfrak{M}$ ändert seinen Wert nicht mehr, da wir von einer Verfestigung absehen. Die Biegungskurve hat also bei $\mathfrak{M}_0$ einen Knick, d. h. $\mathfrak{M}_0$ ist die (scharfe) Streckgrenze (bei unseren Voraussetzungen auch Elastizitätsgrenze) für $u \leqq u_\varepsilon$. Die Verhältnisse entsprechen ganz denen bei homogener Dehnung.

$\boldsymbol{u(r) \geqq u_\varepsilon}$. In diesem Falle gibt es eine Faser $x = x_\varepsilon$, bei welcher $u = u_\varepsilon$ ist. Nach (15) berechnet sich x_ε aus $u_\varepsilon = u(r)\,x_\varepsilon/r$ zu:

$$x_\varepsilon = \frac{u_\varepsilon}{u(r)}\,r. \tag{23}$$

Zu Beginn der Biegung werden wie bei $u(r) \leqq u_\varepsilon$ zunächst alle Fasern elastisch gedehnt, bis die Schubspannung an der äußeren Faser $x = r$ den Wert $\bar\sigma_0$ angenommen hat. Die bis dahin verstrichene Zeit $t_\text{elast}^{(r)}$ ist nach (18):

$$t_\text{elast}^{(r)} = \frac{\bar\sigma_0}{u(r)\,G^*}. \tag{24}$$

Von diesem Zeitpunkt an ist die Verformung nicht mehr rein elastisch, denn in den äußeren Fasern findet bereits plastische Verformung statt. In dem Maße, als die inneren Fasern weitergedehnt werden, schreitet die Elastizitätsgrenze $\bar\sigma_0$ nach innen fort (Abb. 57), bis sie schließlich die Faser $x = \varepsilon_\varepsilon$ erreicht. Das sei zur Zeit t_ε der Fall. Zu dieser Zeit sind auch die weiter innen liegenden Fasern bis zu ihrer Elastizitätsgrenze σ_0 angespannt, denn für sie ist ja $u \leqq u_\varepsilon$ und damit t_elast nach (20) von x unabhängig. Nach (24) wird also:

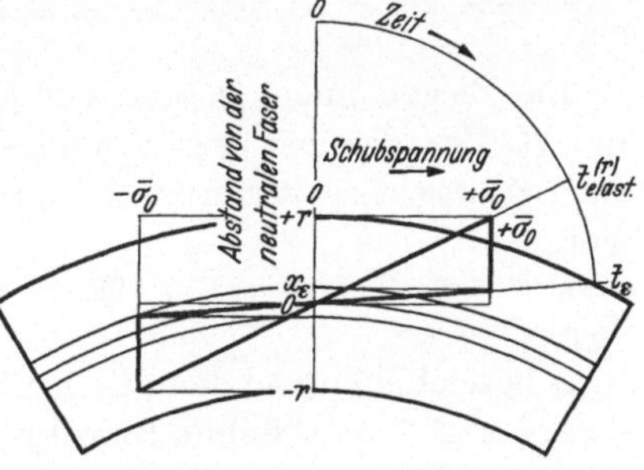

$$t_\varepsilon = \frac{\bar\sigma_0}{u_\varepsilon\,G^*} = \frac{u(r)}{u_\varepsilon}\,t_\text{elast}^{(r)}. \tag{25}$$

Abb. 57. Schubspannungsverlauf in einem gebogenen Kristall im Laufe der Zeit bzw. Verformung.

(25) besagt, daß die Zeit, von der an die gesamte Verformung plastisch ist, im Verhältnis zu der Zeit, bis zu der sie elastisch verläuft, mit der Biegegeschwindigkeit $u(r)$ zunimmt. Für $t \leqq t_\text{elast}^{(r)}$ nimmt die Schubspannung wie bei $u(r) \leqq u_\varepsilon$ linear mit der Zeit zu. Also ist:

$$\sigma(t, x) = \frac{\bar\sigma_0}{r}\,\frac{t}{t_\text{elast}^{(r)}}\,x.$$

Damit wird das Biegemoment:

$$\mathfrak{M} = \frac{\bar\sigma_0\,J(r)}{r\,\mu}\,\frac{t}{t_\text{elast}^{(r)}}. \tag{26}$$

Wie es sein muß, geht (21) für $u(r) = u_\varepsilon$ in (26) über. Für $t = t_\text{elast}^{(r)}$ erhalten wir daraus das Moment, bis zu dem die Verformung elastisch erfolgt, und bei dem die maximale Schubspannung am Rande gerade den Knickwert $\bar\sigma_0$ besitzt:

$$\overline{\mathfrak{M}}_{\text{elast}} = \frac{\bar\sigma_0 J(r)}{r\mu}. \tag{27}$$

Wir haben **18c** gesehen, daß das experimentelle Knickmoment bis zu 70% größer sein kann als $\overline{\mathfrak{M}}_{\text{elast}}$.

Von $t = t_{\text{elast}}^{(r)}$ an wandert die Elastizitätsgrenze nach innen. Zur Zeit t_1 ($\leqq t_\varepsilon$) sei sie bei $x = x_1$ ($\geqq x_\varepsilon$) angelangt. t_1 ist offenbar die Zeit $t_{\text{elast}}^{(r)}$ für einen Kristall mit dem Radius $r = x_1$ und der Randgeschwindigkeit $u(x_1) = u(r)\,x_1/r$. Also ist entsprechend (24):

$$t_1 = \frac{\bar\sigma_0}{u(x_1)\,G^*} = \frac{\bar\sigma_0 r}{u(r)\,x_1\,G^*}$$

und mit (24) wird:

$$x_1 = r\,\frac{t_{\text{elast}}^{(r)}}{t}, \qquad (t_{\text{elast}}^{(r)} \leqq t \leqq t_\varepsilon) \tag{28}$$

wenn wir an Stelle von t_1 wieder t schreiben. Wir multiplizieren nun Zähler und Nenner der rechten Seite von (28) mit $u(r)$. Die Größen $a_{\text{elast}}^{(r)} = u(r) \cdot t_{\text{elast}}^{(r)}$ bzw. $u(r) \cdot t$ sind die elastische „Schiebung" bzw. die nach der Beobachtungszeit t erfolgte Abgleitung in der Randfaser $x = r$. Mit ihrer Benutzung wird:

$$x_1 = r\,\frac{a_{\text{elast}}^{(r)}}{a(r)}. \tag{29}$$

Das Biegemoment $\mathfrak{M}$ setzt sich jetzt zusammen aus den Momenten $\mathfrak{M}_1$ und $\mathfrak{M}_2$ der Bereiche $x \leqq x_1$ und $x \geqq x_1$. $\mathfrak{M}_1$ als Moment des bis zur Elastizitätsgrenze verformten Teils $x \leqq x_1 (u \leqq u_\varepsilon)$ hat nach (27) den Wert:

$$\mathfrak{M}_1 = \frac{\bar\sigma_0 J(x_1)}{x_1\mu}. \qquad \left(\begin{matrix} u(r) \geqq u_\varepsilon \\ x \leqq x_1 \end{matrix}\right) \tag{30a}$$

$J(x_1)$ bezeichnet dabei das Flächenträgheitsmoment des Teilquerschnitts $-x_1 \leqq x \leqq +x_1$. Seine Berechnung erfolgt in **29a**. Es ist wohl zu unterscheiden von dem Flächenträgheitsmoment eines Querschnitts mit der Höhe $2x_1$.

Für $x \geqq x_1$ ist $u \geqq u_\varepsilon$, also nach (19b) $\sigma_0 = \bar\sigma_0$. Damit wird nach **29a**:

$$\mathfrak{M}_2 = \frac{\bar\sigma_0 F(r)}{\mu} - \frac{\bar\sigma_0 F(x_1)}{\mu}. \qquad \left(\begin{matrix} u(r) \geqq u_\varepsilon \\ x \geqq x_1 \end{matrix}\right) \tag{30b}$$

$F(r)$ ist das Flächenmoment des ganzen Querschnitts, $F(x_1)$ das des Teilquerschnitts $-x_1 \leqq x \leqq +x_1$.

Wie es sein muß, geht $\mathfrak{M} = \mathfrak{M}_1 + \mathfrak{M}_2$ für $a(r) = a_{\text{elast}}^{(r)}$, d. h. $x_1 = r$ in $\overline{\mathfrak{M}}_{\text{elast}}$ nach (27) über.

Von $t = t_\varepsilon$ an ist die gesamte Verformung plastisch, der Spannungszustand ändert sich nicht mehr und $\mathfrak{M}$ behält den nach (30a, b) für $x_1 = x_\varepsilon$ erreichten Wert bei.

Zur weiteren Auswertung der Formeln müssen wir bestimmte Querschnittsformen annehmen. Wir führen in **29a** die Rechnung für kreisförmige und rechteckige Querschnitte durch. Ihre Ergebnisse lauten: In dem Flächenträgheitsmoment $J(x_1)$ und dem Flächenmoment $F(x_1)$ tritt x_1 nur in der Verbindung $x_1/r = a_{\text{elast}}^{(r)}/a(r)$ auf. Ist die Biegegeschwindigkeit „groß", also $u(r) \gg u_\varepsilon$, so ist nach (25) die Zeit t_ε, von der an die gesamte Verformung plastisch ist und $\mathfrak{M}$ seinen erreichten Wert beibehält, $\gg t_{\text{elast}}^{(r)}$. Da die Beziehungen (30a, b) bis $t = t_\varepsilon$ gelten, so können wir sie für hinreichend große Zeiten nach $t_{\text{elast}}^{(r)}/t = x_1/r = a_{\text{elast}}^{(r)}/a(r)$ $(\ll 1)$ entwickeln. Für das Gesamtmoment $\mathfrak{M}$ fallen dann die linearen Glieder weg, und es wird für kreisförmige Querschnitte:

$$\overset{\odot}{\mathfrak{M}} = \frac{16}{3\pi} \overset{\odot}{\mathfrak{M}}_{\text{elast}} \left(1 - \frac{9}{16} \left(a_{\text{elast}}^{(r)}/a(r)\right)^2 + \cdots\right) \tag{31}$$

und für rechteckige Querschnitte:

$$\overset{\square}{\mathfrak{M}} = \frac{3}{2} \overset{\square}{\mathfrak{M}}_{\text{elast}} \left(1 - \frac{1}{3} \left(a_{\text{elast}}^{(r)}/a(r)\right)^2 + \cdots\right). \tag{32}$$

Das Moment $\overline{\mathfrak{M}}_{\text{elast}}$ besitzt dabei nach (27) und (2c) die Werte:

$$\overset{\odot}{\mathfrak{M}}_{\text{elast}} = \frac{\pi r^3 \bar\sigma_0}{4\mu}; \qquad \overset{\square}{\mathfrak{M}}_{\text{elast}} = \frac{4b r^2 \bar\sigma_0}{3\mu}. \tag{33}$$

Aus (31) und (32) ist zu ersehen, daß der zweite Summand für beide Querschnittsformen bereits für $a(r) = 6 a_{\text{elast}}^{(r)}$ bzw. $t = 6 t_{\text{elast}}^{(r)}$ nur $^1/_{64}$ bzw. $^1/_{108}$ des ersten Summanden beträgt, also innerhalb der experimentellen Meßfehler liegt, und $\mathfrak{M}$ somit praktisch die Werte

$$\overset{\odot}{\mathfrak{M}}_0 = 1{,}7 \overset{\odot}{\mathfrak{M}}_{\text{elast}}; \qquad \overset{\square}{\mathfrak{M}}_0 = 1{,}5 \overset{\square}{\mathfrak{M}}_{\text{elast}} \tag{34}$$

angenommen hat, die es von da an beibehält. Nach (25) entspricht $t = 6 t_{\text{elast}}^{(r)}$ die Biegegeschwindigkeit $u(r) = 6 u_\varepsilon$, d. h. für $u(r) \gtrsim 6 u_\varepsilon$, sind die Entwicklungen (31) und (32) anwendbar und besagen, daß bei diesen Biegegeschwindigkeiten das Biegemoment praktisch seinen Endwert erreicht hat, wenn $a(r) = 6 a_{\text{elast}}^{(r)}$ ist.

Nun ist die elastische „Schiebung" $a_{\text{elast}}^{(r)} = \bar\sigma_0/G^*$ von der Größenordnung[1] $10^{-5} - 10^{-3}$, also bei dynamischer Versuchsführung nicht mehr meßbar, d. h. das Biegemoment $\overline{\mathfrak{M}}_0$ wird praktisch zu Beginn der Verformung angenommen, ist also das kritische Moment für

---

[1] Nach (17) hängt $a_{\text{elast}}^{(r)}$ von der Orientierung ab. Bei den kubisch-flächenzentrierten Metallen mit ihren zahlreichen Gleitmöglichkeiten ist sein Wert $\sim 10^{-4} - 10^{-5}$. Bei den hexagonalen Metallen mit einer einzigen Gleitebene kann es theoretisch den Wert ∞ annehmen $(\mu = 0)$; die Orientierungen, bei denen aber vor dem Bruch noch merkliche Abgleitungen erzielt werden können, liegen bei $\mu \sim 0{,}1$.

$u(r) \gtrsim 6\,u_\varepsilon$. Für $u(r) < 6\,u_\varepsilon$ ist $t_\varepsilon < 6\,t_{\mathrm{elast}}^{(r)}$. Der Endwert $\mathfrak{M}_0 = \mathfrak{M}(x_\varepsilon)$ wird auch hier schon nach sehr kleinen Verformungen erreicht, ist also das kritische Moment in diesem Geschwindigkeitsgebiet. Für $u(r) = u_\varepsilon$ wird $\mathfrak{M}_0 = \overline{\mathfrak{M}}_{\mathrm{elast}}$.

In dem sehr schmalen Gebiet von $u(r) = u_\varepsilon$ bis $u(r) \sim 6\,u_\varepsilon$ nimmt somit das kritische Moment von $\overline{\mathfrak{M}}_{\mathrm{elast}}$ auf $\overline{\mathfrak{M}}_0$ zu und ändert von da an innerhalb der experimentellen Fehlergrenzen seinen Wert nicht mehr. Da $u(r) = 6\,u_\varepsilon$ eine „noch kleine" Biegegeschwindigkeit ist, so ist $\overline{\mathfrak{M}}_0$ der Knickwert des kritischen Biegemoments. Er ist nach (34) bei kreisförmigen bzw. rechteckigen Querschnitten um 70 bzw. 50% größer als das elastische Moment $\overline{\mathfrak{M}}_{\mathrm{elast}}$.

Ehe wir unsere Voraussetzungen noch erweitern und dann zur experimentellen Prüfung der Ergebnisse übergehen, fassen wir den Inhalt der bisherigen Ergebnisse nochmals zusammen. Auf den ersten Blick erscheint es überraschend, daß eine Biegungskurve bei konstanter Biegegeschwindigkeit ein genau meßbares kritisches Biegemoment besitzt, da die plastische Verformung nicht wie bei homogener Beanspruchung im ganzen Kristall gleichzeitig einsetzt, sondern von außen nach innen fortschreitet. Die Rechnung ergibt aber, daß das Wandern der plastischen Zone bis in die Nähe der neutralen Faser und die damit verbundene Zunahme des Biegemoments sehr rasch, d. h. innerhalb einer unter den üblichen Versuchsbedingungen nicht mehr meßbaren Biegungszunahme erfolgt. Danach wandert sie wegen der kleinen Dehnungsgeschwindigkeiten in der Umgebung der neutralen Faser zwar nur langsam weiter und das Biegemoment nimmt dementsprechend langsam zu, aber nur noch so wenig, daß die Biegungskurve praktisch parallel zur Abszissenachse verläuft, also bei Beginn dieses Astes einen „Knick" besitzt, der den Wert des kritischen Moments $\mathfrak{M}_0$ angibt. Die gemischt plastisch-elastische Verformung nach Überschreiten der Elastizitätsgrenze $\overline{\mathfrak{M}}_{\mathrm{elast}}$ hat somit nur zur Folge, daß der Knick eine gewisse Unschärfe besitzt, welche nach (31) bzw. (32) größenordnungsmäßig durch $(a_{\mathrm{elast}}^{(r)}/a(r))^2$ gegeben ist und wegen der Kleinheit von $a_{\mathrm{elast}}^{(r)}$ praktisch unbedeutend ist.

Für den Wert von $\mathfrak{M}_0$ bei gegebener Biegegeschwindigkeit $u(r)$ ist die Lage der Faser $x = x_\varepsilon$ maßgebend, bei welcher die Gleitgeschwindigkeit den Wert u_ε besitzt, und von der an die Spannung nach der neutralen Faser hin auf Null abfällt. Sie liegt nach (23) um so näher an der neutralen Faser, je größer $u(r)$ ist. Für alle Biegegeschwindigkeiten oberhalb $\sim 6\,u_\varepsilon$ liegt sie bereits so weit innen, daß es praktisch ohne Bedeutung ist, wenn man die Unterschiede in den Beiträgen der Gebiete $x \leqq x_\varepsilon$ vernachlässigt und den Wert von $\mathfrak{M}_0$ in diesem Geschwindigkeitsgebiet konstant setzt. $\mathfrak{M}_0$ nimmt also bis zu $u(r) \sim 6\,u_\varepsilon$ noch meßbar zu, bleibt aber dann innerhalb der Meßgenauigkeit konstant.

Das bedeutet aber, da die Biegegeschwindigkeit $6u_\varepsilon$ „noch klein" ist, das Bestehen eines Knickwerts $\overline{\mathfrak{M}}_0$ des kritischen Biegemoments.

Innerhalb der Meßgenauigkeit kann man sogar für alle $u(r) \gtrsim 6u_\varepsilon$ in dem Gebiet $x \leqq x_\varepsilon$ die wirkliche Schubspannung durch $\overline{\sigma}_0$ ersetzen und erhält dann für $\overline{\mathfrak{M}}_0$ die Werte (34). Die dabei vernachlässigten Unterschiede in den Beiträgen der Gebiete $x \leqq x_\varepsilon$ bedingen eine Unschärfe von $\overline{\mathfrak{M}}_0$, die nach (25) und (31) bzw. (32) größenordnungsmäßig durch $(u_\varepsilon/u(r))^2$ gegeben, und wegen der Kleinheit von u_ε praktisch unbedeutend ist.

Besonders hervorzuheben ist, daß die Erhöhung von $\overline{\mathfrak{M}}_0$ gegenüber dem elastischen Moment $\overline{\mathfrak{M}}_{\text{elast}}$ nicht dadurch zustande kommt, daß die Verformung am Knick einer Biegungskurve noch elastisch und die Schubspannung am Rande gegenüber $\overline{\sigma}_0$ um 70 bzw. 50 % erhöht ist, sondern dadurch, daß die Verformung am Knick nahezu vollständig plastisch ist, d. h. die Schubspannung in „fast allen" Fasern den Wert $\overline{\sigma}_0$ besitzt. Eine Messung der Randschubspannung beim Einsetzen einer plastischen Biegung, etwa auf röntgenographischem Wege, muß also stets den Wert ergeben, der auch beim Einsetzen einer homogenen plastischen Verformung gemessen wird.

Wir haben bisher angenommen, daß σ_0 oberhalb $\overline{\sigma}_0$ nicht mehr mit u zunimmt. Diese Annahme trifft in Wirklichkeit streng nicht zu, aber im allgemeinen mit hinreichender Genauigkeit und um so besser, je schärfer der „Knick" der (σ_0, u)-Kurve ist. Wir können in diesen Fällen von der Geschwindigkeitsabhängigkeit von σ_0 und $\mathfrak{M}_0$ bei „großen" Gleit- bzw. Biegegeschwindigkeiten absehen und $\overline{\sigma}_0$ durch die praktische kritische Schubspannung σ_0^*, $\overline{\mathfrak{M}}_0$ durch das praktische kritische Biegemoment $\mathfrak{M}_0^*$ ersetzen. Ordnen wir dann $\mathfrak{M}_0^*$ formal eine maximale Schubspannung $\sigma_0^*(r)$ zu, die bei elastischer Verformung bis zu diesem Moment angenommen würde, so geht (34) über in:

$$\overset{\odot}{\sigma}_0^*(r)/\sigma_0^* = 1{,}7; \qquad \overset{\square}{\sigma}_0^*(r)/\sigma_0^* = 1{,}5. \tag{35}$$

Bei sehr unscharfem „Knick" der (σ_0, u)-Kurve können wir obige Annahme nicht als hinreichend erfüllt ansehen. Um die unter diesen Umständen gegenüber unseren bisherigen Ergebnissen eintretenden Änderungen klar erkennen zu können, machen wir die in der andern Richtung über die Wirklichkeit hinaus gehende Annahme, daß σ_0 bis zu der „großen" Gleitgeschwindigkeit $u = u_1 = 1$ linear mit u auf $\sigma_0(1)$ zunimmt und erst dann konstant bleibt. Dabei übernimmt offenbar u_1 die bisherige Rolle von u_ε. Das kritische Biegemoment $\mathfrak{M}_0$ nimmt also von $u = 0$ bis $u = u_1$ linear bis zu dem Wert

$$\mathfrak{M}_0^1 = \frac{u_1}{u_\varepsilon} \overline{\mathfrak{M}}_{\text{elast}}$$

zu und strebt für $u \to \infty$ dem Wert $\overline{\mathfrak{M}}_0^1 = 1{,}7\ \mathfrak{M}_0^1$ für kreisförmige Querschnitte bzw. $= 1{,}5\ \mathfrak{M}_0^1$ für rechteckige Querschnitte zu. Die „Unschärfe" des Übergangs von $\mathfrak{M}_0^1$ zu $\overline{\mathfrak{M}}_0^1$ ist jetzt durch $(u/u_1)^2$ gegeben. Da u_1 „groß" ist, so ist das Übergangsgebiet so breit, daß wir von einem „Knick" der $(\mathfrak{M}_0,\ u(r))$-Kurve nicht mehr sprechen können. Bei der Biegegeschwindigkeit $u(r) = u_1$ messen wir daher auch nicht das Biegemoment $\overline{\mathfrak{M}}_0^1$, sondern das Moment $\mathfrak{M}_0^1$. Gehen wir von den Momenten zu den fiktiven maximalen Schubspannungen über, so erhalten wir:
$$\sigma_0(r)/\sigma_0(u) = 1 \quad \text{für} \quad u(r) = u \le 1. \tag{36}$$
Erst für $u(r) > u_1$ steigt $\sigma_0(r)$ gegenüber $\sigma_0(u) = \sigma_0(1)$ langsam an. Gegenüber den früheren Ergebnissen erkennen wir zweierlei Veränderungen: Einerseits hängt jetzt das Verhältnis der beiden Schubspannungen bei „großen" Gleit- bzw. Biegegeschwindigkeiten merklich von den Werten derselben ab, und andererseits ist dieses Verhältnis ~ 1, wenn beide Geschwindigkeiten ungefähr übereinstimmen.

In Wirklichkeit ist die Abhängigkeit der homogenen kritischen Schubspannung von der Gleitgeschwindigkeit oberhalb $u = u_\varepsilon$ in keinem Falle so stark, wie wir angenommen haben. Daher wird die Geschwindigkeitsabhängigkeit von $\sigma_0(r)/\sigma_0$ geringer, aber gleichzeitig sein Wert größer als 1 sein.

Die experimentellen Ergebnisse entsprechen diesen Erwartungen. Bei kreisförmigen Zink- und Zinnkristallen nimmt nach (5) $\overset{\odot}{\sigma}_0^*(r)/\sigma_0^*$ innerhalb der Fehlergrenzen die Werte an, die wir nach (35) unter der ersten Annahme (keine wesentliche Zunahme von σ_0 oberhalb $u = u_\varepsilon$) gewonnen haben. Bei diesen Kristallen trifft diese Annahme aber auch zu. Für letztere ist das aus der gemessenen $(\sigma_0,\ u)$-Kurve (Abb. 34) zu entnehmen, für erstere ist es im einzelnen noch nicht untersucht, ergibt sich aber aus der Tatsache, daß sie, wie alle hexagonalen Metallkristalle, bei statistischer Versuchsführung eine definierte kritische Schubspannung besitzen. Demgegenüber erhält man für gegossene Aluminiumkristalle den Wert 1,16 für $\overset{\odot}{\sigma}_0(r)/\sigma_0$ (Tabelle 5). Bei ihnen ist aber auch, wie wir schon öfters bemerkten (z. B. 4c), die Geschwindigkeitsabhängigkeit von σ_0 in dem Übergangsgebiet von „kleinen" zu „großen" Gleitgeschwindigkeiten besonders ausgeprägt. Für eine eingehendere Untersuchung der Verhältnisse müssen erst noch Dehnungs- und Biegeversuche mit genau bestimmten Gleitgeschwindigkeiten ausgeführt werden.

Aus der festgestellten Übereinstimmung der gemessenen und berechneten Werte von $\sigma_0(r)/\sigma_0$ folgt, daß sich beim Beginn einer Biegung ein wirklicher Kristall wie ein Ersatzkristall verhält, d. h. die bereits eingetretene Verbiegung der Gleitlamellen noch keinen merklichen Beitrag zu dem Biegemoment gibt.

d) Verlauf der Biegungskurven. Wir berechnen nun die Biegungskurven eines Ersatzkristalls bei „großer" Biegegeschwindigkeit unter Berücksichtigung der atomistischen Verfestigung. Da der gemessene und der ohne Verfestigung berechnete Knickwert $\overline{\mathfrak{M}}_0$ übereinstimmen, so hat diese bis dahin keinen merklichen Einfluß, und wir können von dem Zustand, in dem die Schubspannung bereits überall den Wert $\overline{\sigma}_0$ besitzt, ausgehen. Nach (9a I), (8) und (13) beträgt dann die Abgleitung an der Stelle x:

$$a(x) = \frac{D^0(x)}{\mu} = \frac{sx}{h\,l^0\,\mu}. \tag{37}$$

Wir legen eine lineare homogene Verfestigungskurve mit dem Verfestigungskoeffizienten

$$\beta = \tau/a$$

zugrunde. Dann wird mit (37):

$$\tau(x) = \frac{\beta\,s\,x}{h\,l^0\,\mu}.$$

Für den Beitrag $\mathfrak{M}_\tau = \mathfrak{M} - \overline{\mathfrak{M}}_0$ der Verfestigung zum Biegemoment $\mathfrak{M}$ erhalten wir nach (2a, b):

$$\mathfrak{M}_\tau = \frac{\tau(x)\,J(r)}{x\,\mu} = \frac{\beta\,J(r)}{h\,l^0\,\mu^2}\,s. \tag{38a}$$

Mit (1) ergibt sich die der atomistischen Verfestigung entsprechende Zugkraft K_τ zu:

$$K_\tau = \frac{\mathfrak{M}_\tau}{h} = \frac{\beta\,J(r)}{h^2\,l^0\,\mu^2}\,s. \tag{38b}$$

Den in (38a) bzw. (38b) noch nicht berücksichtigten Anteil der Verzerrung der Gleitlamellen bezeichnen wir mit $\mathfrak{M}_{Gl}$ bzw. K_{Gl}. Die Messungen liefern dann die Werte von

$$\mathfrak{M} - \overline{\mathfrak{M}}_0 = \mathfrak{M}_{\mathrm{Verf}} = \mathfrak{M}_\tau + \mathfrak{M}_{Gl} \tag{39a}$$

bzw.

$$K - \overline{K}_0 = K_{\mathrm{Verf}} = K_\tau + K_{Gl}. \tag{39b}$$

Wir benutzen nun die Zahlwerte von Zink. Nach Schmid (1926, 1) ist bei homogener Dehnung $\sigma = (200 + 240\,a)\,\mathrm{g/mm^2}$, also $\beta = 240\,\mathrm{g/mm^2}$. Die damit nach (38b) berechneten Werte von K_τ/s und die aus den Biegungskurven von Held (1938, 1) entnommenen Werte von K_{Verf}/s sind in Tabelle 6 zusammengestellt. K_{Gl} beträgt demnach das 0,7- bis 5fache von K_τ, d. h. der Beitrag der Verzerrung der Gleitlamellen zum Gesamtmoment ist von der Größenordnung des Beitrags der atomistischen Verfestigung[1]. Ihr Verhältnis ist, mit

---

[1] Daraus erkennt man, daß bei der geringen plastischen Biegung, die beim Knickwert $\overline{\mathfrak{M}}_0$ bereits stattgefunden hat, die gesamte Verfestigung noch innerhalb der Meßfehler von $\overline{\mathfrak{M}}_0$ liegt, also praktisch nicht feststellbar ist, wie wir im vorhergehenden Abschnitt unmittelbar nachgewiesen haben.

Ausnahme des Kristalls Zn 5, um so größer, je steiler die Lage der Gleitebene ist.

Würde der ganze Kristall elastisch verformt, so wäre nach (2a) das Biegemoment $\mathfrak{M}_{\mathrm{Kr}} = S(r)\,J(r)/r$.

Tabelle 6. Beitrag K_τ/s der atomistischen Verfestigung zur Zugkraft bei der Biegung von Einkristallen, berechnet nach (38b) mit $\beta = 240\,\mathrm{g/mm^2}$ und den Werten der geometrischen Kristallgrößen aus Tabelle 5. $K_{\mathrm{Verf}}/s = (K_{\mathrm{Gl}} + K_\tau)/s$ ist aus den Biegungskurven von Held (1938, 1) entnommen.

Kristall Nr.	Zn 3	Zn 7	Zn 6	Zn 5	Zn 4
l^0 in mm	24	26	24	21	25
K_τ/s in g/mm²	49,5	18,6	13,1	22,9	54,6
K_{Verf}/s in g/mm²	84,5	37,4	40,9	40,9	330,9
K_{Gl}/K_τ	0,72	1,02	2,13	0,79	5,06

Setzen wir darin $S(r) = E D^0(r)$ (E Elastizitätsmodul), so erhalten wir unter Berücksichtigung von (11) und (13):

$$\mathfrak{M}_{\mathrm{Kr}} = \frac{E\,J(r)}{l^0}\,\alpha = \frac{E\,J(r)}{h\,l^0}\,s. \tag{40}$$

Damit wird nach (38a):

$$\frac{\mathfrak{M}_{\mathrm{Gl}}}{\mathfrak{M}_{\mathrm{Kr}}} \sim \frac{\mathfrak{M}_\tau}{\mathfrak{M}_{\mathrm{Kr}}} = \frac{\beta}{\mu^2 E} \sim \frac{5\beta}{E}. \tag{41a}$$

Für Zink ist im Mittel[1] $E = 10^7\,\mathrm{g/mm^2}$ und $\beta = 240\,\mathrm{g/mm^2}$, also

$$\frac{\mathfrak{M}_{\mathrm{Gl}}}{\mathfrak{M}_{\mathrm{Kr}}} \sim 10^{-4}. \tag{41b}$$

Die Energie[2] der elastischen Verzerrungen der Gleitlamellen ist also klein gegenüber der Energie, die bei rein elastischer Verformung des ganzen Kristalls aufzuwenden wäre.

21. Anwendung der Gesetze der homogenen Verformung auf die Torsion.

a) Geometrie der Verformung. Abb. 58 zeigt einen auf seine Länge von 90 mm um 360° tordierten Zinnkristall. Wir sehen daraus, daß schon bei dieser verhältnismäßig kleinen Verformung Verwindungen der Kristallachse auftreten. Mit zunehmender Verformung werden diese Verwindungen und die damit verbundenen Einschnürungen immer ausgeprägter [Czochralski (1924, 2)]. Die plastische Torsion ist also geometrisch nicht einer elastischen Torsion von großem Betrag gleichwertig. Wir werden nun untersuchen, wie dieser Tatbestand auf Grund der kristallographischen Bestimmtheit des Gleitvorgangs zu erklären ist.

---

[1] Je nach der Orientierung nimmt E Werte zwischen 8000 und 13 000 kg/mm² an.
[2] Die Energiewerte stehen in gleichem Verhältnis zueinander wie die Momente.

Bei der elastischen Torsion eines kreiszylindrischen Kristalls werden die Querschnitte als Ganzes gegeneinander verdreht, aber nicht in sich deformiert. Ein dünner Ausschnitt $d\varphi$ wird dabei in der in Abb. 59a gezeichneten Weise verwunden, und entsprechend jede Kristallfaser $(d\varphi, dx)$. Besonders übersichtlich werden die Verhältnisse, wenn wir einen Zylinderring[1] der Dicke dx in die Ebene abrollen (Abb. 59b). Die Deformation besteht dann in einer homogenen Schiebung des ursprünglich rechteckigen Flächenstücks, die Fasern bleiben gerade und bilden mit ihrer Ausgangslage den Schiebungswinkel δ. Die Schiebung $D_\varphi = \mathrm{tg}\,\delta$ ist unabhängig von φ und nimmt linear mit dem Mittelpunktsabstand x zu:

$$D_\varphi(x) = D_\varphi(r)\,\frac{x}{r}\,. \tag{42}$$

Wir untersuchen nun die plastische Verformung der einzelnen Kristallfasern $(d\varphi, dx)$ unter der Annahme, daß sie Schiebungen nach (42) erfahren. Nach **28c** beträgt die zu einer kleinen Zunahme dD_φ gehörige Abgleitungszunahme[2]:

$$da(\varphi, x) = \frac{dD_\varphi(x)}{\nu(\varphi)}\,. \tag{43}$$

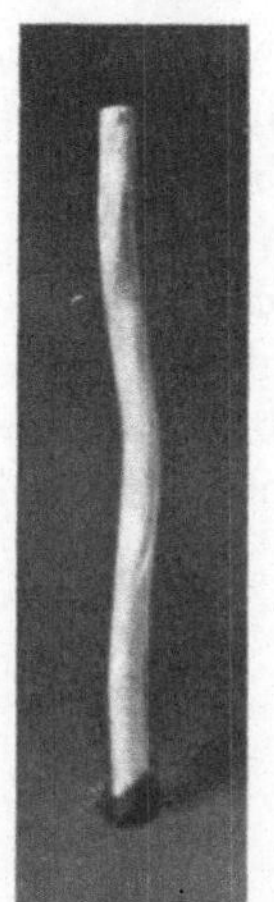

Abb. 58. Tordierter Zinnkristall. Der Torsionswinkel beträgt 360° für die Kristallänge von 90 mm.

Dabei ist $\nu(\varphi)$ der Orientierungsfaktor in (7). Legen wir den Nullpunkt von φ an die Stelle, an der ν seinen größten Wert ν^0 besitzt, so nimmt (43) die Form

$$da = \frac{dD_\varphi}{\nu^0 \cos\varphi} \tag{44}$$

an. Wir sehen daraus, daß sich bei festem dD_φ die

---

[1] Es ist nur der Teil des Ringes von $\varphi = 0$ bis 90° gezeichnet. Da die Verhältnisse in den drei übrigen 90°-Sektoren dieselben sind, so betrachten wir stets nur einen Sektor.

[2] Wie bei der Dehnung, so ist auch hier die Beziehung (7) zwischen den Spannungskomponenten in den Koordinatensystemen I und II reziprok zu obiger Beziehung zwischen den Deformationskomponenten. Vgl. Fußnote 1 auf S. 22.

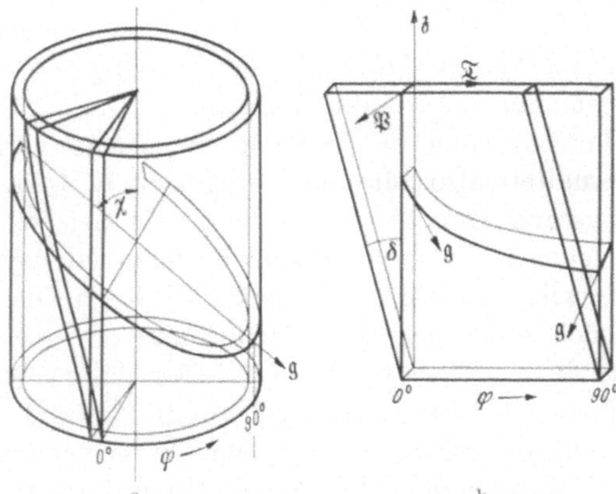

Abb. 59. Geometrie der Torsion. a) Zylindrischer Kristall mit einem elastisch verformten Sektor $d\varphi$. Ein Zylinderring dx und dessen Schnittfläche mit einer Gleitebene mit dem Neigungswinkel χ_0 sind eingezeichnet. Der Neigungswinkel λ_0 der Gleitrichtung ist $= \chi_0$. b) Der vierte Teil $(\varphi = 0$ bis 90°) des Zylinderrings in abgerollter Lage mit eingezeichnetem Achsenkreuz des Koordinatensystems I (vgl. Abb. 8). $\mathfrak{g}$ Gleitrichtung.

Abgleitungszunahme da längs des Umfangs außerordentlich stark ändert.
Für $\varphi = 90°$ würde sie bei endlichem dD_φ unendlich groß werden. Dort
verliert aber (44) seinen Sinn, denn die tangentiale Gleitkomponente
wird Null, d. h. durch Gleiten kann eine Faser bei $\varphi = 90°$ gar nicht
in der verlangten Weise deformiert werden, oder mit andern Worten:
bei $\varphi = 90°$ ist unter den gemachten Voraussetzungen die Verformung
auch bei beliebig großer Torsion des Kristalls elastisch. Außerhalb
$\varphi = 90°$ ist (44) gültig und besagt, daß mit zunehmendem φ eine immer
größere Abgleitung erforderlich ist, um eine bestimmte plastische Schiebung zu bewirken. Aus Abb. 59b, in der die Schnittfläche einer Gleitebene mit einem Zylinderring in abgerollter Lage für den Fall $\chi_0 = \lambda_0$

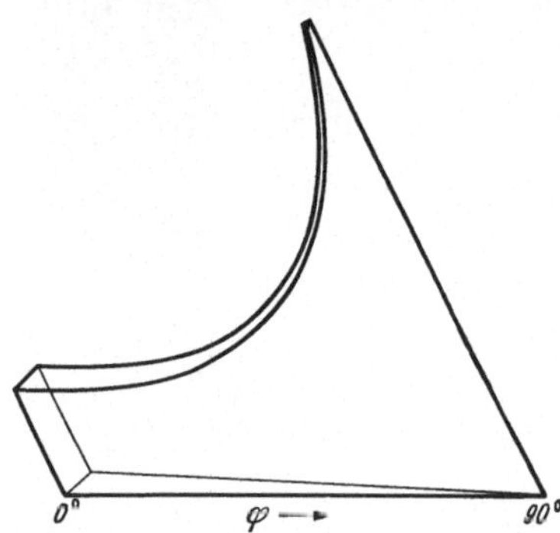

Abb. 60. Geometrie der Torsion. Verformung eines Zylinderrings dx, wenn durch
Gleiten allein in allen Fasern dieselbe tangentiale Schiebung dD_φ erzielt werden soll.

gezeichnet ist, erkennt man diesen
Sachverhalt deutlich: Da die tangentiale Gleitkomponente mit Annäherung an $\varphi = 90°$ immer kleiner wird,
so ist eine entsprechend größere Abgleitung erforderlich, damit sich ein
bestimmter Wert von dD_φ ergibt. Aus
Abb. 59b erkennt man weiter, welche
Formänderung der Kristall sonst noch
erfährt: Bei $\varphi = 0°$ wird die Gleitebene um die radiale Richtung $\mathfrak{P}$
nach $\mathfrak{z}$ hin gedreht, in der Nähe von
$\varphi = 90°$ zwar ebenfalls nach $\mathfrak{z}$ hin,
aber um die tangentiale Richtung $\mathfrak{T}$,
und wegen der größeren Abgleitungen
in stärkerem Maße. Mit der Drehung der Gleitebenen ist eine Verringerung der Faserdicke senkrecht zur Drehrichtung der Gleitebene und eine
Verlängerung in Richtung der Achse verbunden (vgl. Abb. 6). Wir
erhalten also für einen aufgerollten Zylinderring einen Verformungszustand, wie er in Abb. 60 gezeichnet ist. Würde die Verformung in
einem Kristall mit einem einzigen Gleitsystem gleich von Beginn an
in allen Fasern in dieser Weise durch Gleiten erfolgen, so wäre schon
nach einer geringen Verformung ein solcher Zustand erreicht. Alle
ähnlich verformten Ringe würden dann einen Kristall mit einer mulden-
förmigen Oberfläche ergeben, ein Zustand, der mit der festen Einspannung des Kristalls in keiner Weise verträglich wäre.

Nun beginnt aber die plastische Verformung in einem Ausschnitt $d\varphi$
erst dann, wenn am Rande die kritische Schubspannung $\sigma_0 = \sigma_0(\varphi, r)$
erreicht ist[1]. Wir werden nun zeigen, daß dies mit zunehmendem φ
immer später der Fall ist. Der Längenunterschied der Fasern wird da-

---

[1] Wir legen wie bei der Biegung zunächst (19a, b) zugrunde und machen auch
die weiteren dort angegebenen Voraussetzungen.

durch zwar nicht ganz beseitigt, aber doch wesentlich herabgedrückt. Er bedingt die Verwindung und die Einschnürungen des Kristalls.

Die Berechnung der Lage der Elastizitätsgrenze bei gegebener Torsionsgeschwindigkeit $v_\varphi = dD_\varphi/dt$ erfolgt in ähnlicher Weise wie bei der Biegung. Die Verhältnisse werden dadurch komplizierter, daß neben x auch noch φ als Variable auftritt. Die Gleitgeschwindigkeit u ergibt sich durch Differentation von (44) nach der Zeit zu

$$u(\varphi, x) = u(\varphi, r)\,\frac{x}{r}\,; \qquad u(\varphi, r) = \frac{v_\varphi(r)}{v^0 \cos\varphi}\,. \tag{45a}$$

Ihren kleinsten Wert am Umfang

$$u^0(r) = v_\varphi(r)/v^0 \tag{45b}$$

besitzt sie an der Stelle $\varphi = 0$.[1] Mit dessen Benutzung wird:

$$u(\varphi, r) = \frac{u^0(r)}{\cos\varphi}\,. \tag{45c}$$

Wir nehmen fernerhin $u^0(r) \geqq u_\varepsilon$ an. Für $u^0(r) < u_\varepsilon$ lassen sich die Verhältnisse nachträglich leicht übersehen. Für jedes φ gibt es eine Stelle x_ε, an der $u = u_\varepsilon$ ist. Nach (45a, b, c) ist:

$$x_\varepsilon(\varphi) = x_\varepsilon^0 \cos\varphi\,; \qquad x_\varepsilon^0 = \frac{u_\varepsilon}{u^0(r)}\,r\,. \tag{46}$$

Der Verlauf von $x_\varepsilon(\varphi)$ mit φ ist in Abb. 62 gezeichnet. Die Zeit $t_{\text{elast}}^{(\varphi,\,r)}$, bis zu der für einen Kristallausschnitt $d\varphi$ an der Stelle φ die Verformung elastisch erfolgt, ist[2]:

$$t_{\text{elast}}^{(\varphi,\,r)} = \frac{\bar\sigma_0}{G\,v_\varphi(r)\,v^0 \cos\varphi} = \frac{\bar\sigma_0}{G\,u(\varphi,\,r)\,(v^0 \cos\varphi)^2}\,. \tag{47}$$

Mit (45c) ergibt sich:

$$t_{\text{elast}}^{(\varphi,\,r)} = \frac{t_{\text{elast}}^{0\,(r)}}{\cos\varphi}\,; \qquad t_{\text{elast}}^{0\,(r)} = \frac{\bar\sigma_0}{G\,u^0(r)\,(v^0)^2}\,. \tag{48}$$

Bis zur Zeit $t_{\text{elast}}^{0\,(r)}$ ist die gesamte Verformung elastisch. (48) besagt, daß $t_{\text{elast}}^{(\varphi,\,r)}$ mit zunehmendem φ immer größer wird und, wie wir bereits oben bemerkten, mit Annäherung an $\varphi = 90°$ über alle Grenzen wächst. In einem Kristall mit einem einzigen Gleitsystem bleibt somit, falls die Verformung in der angenommenen Weise erfolgen kann, immer ein Teil elastisch verformt.

Nachdem wir wissen, wie lange an einer Stelle die Verformung elastisch erfolgt, können wir die Form, welche ein zylindrischer Kreisring annimmt, berechnen. Es genügt, wenn wir den Ring am Umfang $x = r$

---

[1] Alle Werte für $\varphi = 0$ bezeichnen wir mit dem oberen Index Null.

[2] Es ist die Zeit, die vergeht, bis in dem Randring die elastische Schiebung $D_\varphi = v_\varphi t$ so groß ist, daß die Schubspannung $\sigma = S_\varphi v^0 \cos\varphi = G D_\varphi v^0 \cos\varphi$ (G Schubmodul) den Wert $\bar\sigma_0$ angenommen hat.

betrachten, denn die weiter innen liegenden Ringe werden ähnlich verformt. Nach der Zeit t_1 sei die Elastizitätsgrenze bei $\varphi = \varphi_1$ angelangt. Nach (48) ist:

$$\cos\varphi_1 = t^{0\,(r)}_{\text{elast}}/t_1. \tag{49}$$

Zwischen $\varphi = 0$ und $\varphi = \varphi_1$ beginnt die Gleitung zur Zeit $t^{(\varphi,\,r)}_{\text{elast}}$ und erreicht bis zur Zeit $t = t_1$ den Betrag

$$a(\varphi,\,r) = u(r,\,\varphi)\left(t_1 - t^{(\varphi,\,r)}_{\text{elast}}\right). \tag{50a}$$

Mit (45c), (48) und (49) wird:

$$a(\varphi,\,r) = \frac{u^0(r)\,t^{0\,(r)}_{\text{elast}}}{\cos\varphi}\left(\frac{1}{\cos\varphi_1} - \frac{1}{\cos\varphi}\right). \tag{50b}$$

Die mit dieser Gleitung verbundene Dehnung $D_z(\varphi,\,r)$ in Richtung der Faserachse ergibt sich nach (9a I) und (16), wenn wir von der Änderung von χ_0 und λ_0 wie bisher absehen, zu:

$$D_z(\varphi,\,r) = D^0_z(r)\,\frac{1}{\cos\varphi}\left(\frac{1}{\cos\varphi_1} - \frac{1}{\cos\varphi}\right); \qquad D^0_z(r) = \mu\,u^0(r)\,t^{0\,(r)}_{\text{elast}}. \tag{51}$$

In Abb. 61 ist der Verlauf von D_z für die Werte $\varphi_1 = 30;\,45;\,60$ und $75°$, die den Werten $t_1/t^{0\,(r)}_{\text{elast}} = 1{,}14;\,1{,}41;\,2$ und $3{,}86$ entsprechen, aufgetragen. Wir sehen, daß die großen Längenunterschiede der Fasern, die nach Abb. 60 bei gleichzeitigem Gleiten aller Fasern auftreten würden, wesentlich gemildert werden. Bis zu $\varphi_1 = 60°$ nimmt D_z mit φ stetig ab. Dieser Wert entspricht $t_1 = 2\,t^{0\,(r)}_{\text{elast}}$, die Schiebung ist also, wegen der konstanten Verformungsgeschwindigkeit, doppelt so groß wie die elastische Schiebung $(t = t^{0\,(r)}_{\text{elast}})$. Bei größeren Beanspruchungen macht sich die große, für ein bestimmtes D_φ

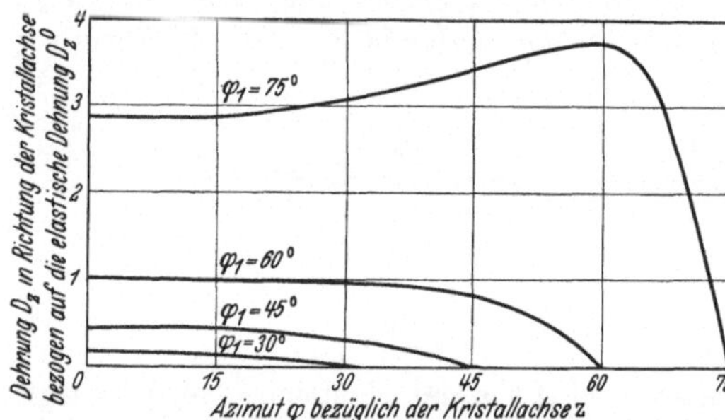

Abb. 61. Geometrie der Torsion. Verlauf des plastischen Anteils D_z der Dehnung in Richtung der Kristallachse (bezogen auf D^0_z) längs des Kristallumfangs (Azimut φ) für verschiedene Lagen φ_1 der Elastizitätsgrenze bzw. Verformungszeiten t_1 berechnet nach (51).

erforderliche Abgleitung, wieder in einer stärkeren Verlängerung der Fasern bei größeren φ bemerkbar. Mit Annäherung an $\varphi = \varphi_1$ geht diese jedoch rasch gegen Null, da von φ_1 an die Verformung elastisch ist. Ein solcher Zustand ist aber, ebenso wie derjenige in Abb. 60, mit der festen Einspannung des Kristalls nicht vereinbar. Es müssen daher zwangsläufig Eigenspannungen auftreten, und zwar in den im freien Zustand längeren Fasern Druckspannungen, in den kürzeren, nur elastisch gedehnten Fasern Zugspannungen, die bewirken, daß ihre Länge durch zusätzliches

Gleiten ausgeglichen wird. Damit wird aber die Schiebungskomponente D_φ der einzelnen Fasern verschieden, d. h. die plastische Torsion eines Kristalls mit einem einzigen Gleitsystem ist schon von ihrem Beginn an geometrisch von der elastischen Torsion verschieden.

Bei Kristallen mit mehreren kristallographisch gleichwertigen oder ungleichwertigen Gleitsystemen liegen die Verhältnisse etwas anders. Bei ihnen besitzen an einer Stelle die verschiedenen Gleitsysteme im allgemeinen verschiedene ν-Werte. Wie das Experiment zeigt (**19a**), tritt (bei kleinen Verformungen) an jeder Stelle das System mit dem größten ν-Wert in Tätigkeit. Wir betrachten zunächst einen Sektor, dem ein System zugehört, gesondert. Seine Ausdehnung, von der Maximalstelle ν^0 an gerechnet, betrage φ' nach einer Seite (im allgemeinen hat φ' nicht in beiden Richtungen denselben Wert). φ' ist sicher $< 90°$, denn bei $\varphi = 90°$, wo für das betrachtete System $\nu = \nu^0 \cos\varphi = 0$ ist, hat ein anderes System stets einen von Null verschiedenen Wert, also ein größeres ν.[1] In den praktisch vorkommenden Fällen übersteigt φ' den Wert von $60°$ nicht[2].

Bei getrennten Fasern ändert sich die Verformung gegenüber dem bisherigen nicht, die Dehnung in Richtung der Faserachse ist auch jetzt durch die Kurven in Abb. 61 gegeben, wir haben lediglich den Teil $\varphi > \varphi'$ wegzulassen. Dieser Umstand ist sehr wichtig, denn damit fallen gerade die Bereiche in der Umgebung von $\varphi = 90°$ weg, welche die Hauptursache für die starken Abweichungen des wirklichen Verformungszustandes von dem der freien Fasern. Bis zu $\varphi' = 60°$ unterscheiden sich die Dehnungen der freien Fasern nur verhältnismäßig wenig voneinander, so daß auch nur entsprechend kleine zusätzliche Deformationen anzubringen sind, um die Fasern gemäß den Einspannbedingungen gleichmäßig zu dehnen. Dasselbe gilt auch, wenn wir jetzt alle Sektoren des Kristalls zusammen betrachten. Zwar kommen wegen der im allgemeinen verschiedenen ν^0- und φ'-Werte für die verschiedenen Gleitsysteme, neben den Eigenverzerrungen der Sektoren noch ihre „Wechselwirkungsverzerrungen" hinzu, aber in erster Näherung können wir annehmen, daß in einem Kristall mit mehreren Gleitsystemen bei nicht zu starken Verformungen die plastische und elastische Torsion geometrisch in derselben Weise erfolgen. Die Annahme trifft um so besser zu, je mehr die ν^0- und φ'-Werte der

---

[1] Bei der homogenen Dehnung dagegen stimmt $\mu = \sin\chi \cos\lambda$ für zwei Systeme überein, wenn $\chi_2 = 90 - \lambda_1$ und $\lambda_2 = 90 - \chi_1$ ist. Das ist z. B. bei Naphthalin der Fall [Kochendörfer (1937, 1)].

[2] Bei den kubischen Kristallen mit Oktaedergleitung (Abb. 90) ist z. B. $\varphi' = 30°$ für $\mathfrak{z} = [111]$, $= 45°$ für $\mathfrak{z} = [001]$ und $= 54,75$ bzw. $35,35°$ für $\mathfrak{z} = [011]$ ($\mathfrak{z}$ Kristallachse).

einzelnen Sektoren übereinstimmen und je kleiner letztere sind. Sehr günstige Verhältnisse bestehen z. B. bei den in Abb. 90 gezeichneten Fällen eines kubischen Kristalls mit Oktaedergleitung, bei dem die Kristallachse in einer Oktaeder- bzw. Würfelrichtung liegt.

Bei stärkeren Verformungen werden nach Abb. 61 auch die freien Fasern innerhalb eines Sektors in merklich verschiedener Weise gedehnt, so daß wir dann dieselben Verhältnisse erhalten wie bei Kristallen mit einem einzigen Gleitsystem.

Experimentell sind die Verhältnisse noch wenig erforscht. Eine genaue Analyse des verformten Zustandes kann etwa in der Weise erfolgen, daß man die Veränderung eines auf dem Kristall angebrachten Koordinatensystems mißt und gleichzeitig Orientierungsbestimmungen ausführt, ein Verfahren, das zuerst Taylor und Elam (1923, 1; 1925, 1) bei der homogenen Dehnung und Stauchung von Aluminiumkristallen mit Erfolg angewandt haben. Daneben dürften noch, insbesonders bei kleinen Verformungen, Rekristallisationsuntersuchungen wertvoll sein, bei denen elastisch und plastisch bzw. verschieden stark plastisch verformte Gebiete voneinander unterschieden werden können.

Die beobachteten Formänderungen der Kristalle sind auf Grund der Drehung der Gleitebenen zu verstehen. Da sich nach Abb. 59 (für $\chi_0 = \lambda_0$)[1] die Gleitebene bei $\varphi = 0$ um die radiale Richtung $\mathfrak{P}$, mit zunehmendem φ immer mehr um die tangentiale Richtung $\mathfrak{T}$ dreht, so nimmt die Dicke der Fasern in radialer Richtung mit wachsendem φ stetig ab und es bilden sich Einschnürungen aus, wie sie auch in Abb. 58 zu erkennen sind. Die Verwindung der Kristallachse ist wohl darauf zurückzuführen, daß die Kristallfasern den ihnen durch die feste Einspannung der Kristallenden aufgezwungenen Kräften so nachzugeben versuchen, daß der Zwang möglichst klein wird. Hierzu bietet sich ihnen dieser Weg, ähnlich wie bei reiner Druckbeanspruchung die Möglichkeit der Knickung.

b) Beginn der Torsion. Die Verbiegung der Gleitlamellen bei der Biegung hat ihre Ursache darin, daß die Abgleitung in den einzelnen Fasern verschieden groß ist, wodurch die Gleitebenen verschieden stark gegenüber ihrer Ausgangslage gedreht werden. Aus demselben Grunde bleiben auch bei der Torsion die Gleitlamellen nicht eben, sie werden aber nicht nur verbogen, sondern gleichzeitig verdreht, da sich innerhalb einer Lamelle die Abgleitung sowohl längs der Gleitrichtung als auch senkrecht dazu ändert, während bei der reinen Biegung nur ersteres der Fall ist. Da wir hier die Verhältnisse in einem Ersatzkristall untersuchen, so sehen wir von dem Einfluß dieser Formänderungen auf die äußeren Kräfte ab.

---

[1] Für $\chi_0 \neq \lambda_0$ ändern sich die Verhältnisse in Einzelheiten, bleiben aber in den Grundzügen dieselben.

Die Berechnung des Biegungsmoments eines Ersatzkristalls bietet grundsätzlich keine Schwierigkeiten, da wegen der geometrischen Gleichwertigkeit der plastischen und elastischen Verformung die Verhältnisse der Spannungskomponenten in einem Koordinatensystem dieselben sind. Insbesondere verschwinden im Koordinatensystem I in beiden Fällen alle Spannungskomponenten bis auf $S = \sigma_{33}$, auf Grund dessen sich die einfache Transformationsbeziehung (2b) ergibt. Bei der Torsion dagegen sind nach den Ergebnissen des vorhergehenden Abschnitts die plastische und elastische Verformung im allgemeinen nicht mehr gleichwertig, und es treten, als Folge der durch die feste Einspannung der Kristallenden bedingten Zusatzkräfte, im plastischen Gebiet neben der bei elastischer Beanspruchung allein von Null verschiedenen Komponente S_φ im Koordinatensystem I weitere von Null verschiedene Komponenten auf. Die Beziehung (7) verliert dabei ihre Gültigkeit und wir können bei bekanntem Verlauf der Schubspannung σ damit nicht mehr S_φ und das Drehmoment $\mathfrak{M}$ berechnen. Eine Ausnahme machen nur die Kristalle mit mehreren Gleitsystemen für nicht zu große Verformungen. Bei ihnen ist die Berechnung der Torsionskurve eines Ersatzkristalls unter Benutzung der bisherigen Beziehungen möglich. Doch auch in den übrigen Fällen können wir auf diese Weise bereits wesentliche Züge der Kurven feststellen und führen daher die Rechnung für den Beginn der Torsion, also ohne Berücksichtigung der atomistischen Verfestigung, zunächst für einen Kristall mit einem einzigen Gleitsystem bis zu beliebig großen Verformungen durch.

Sie verläuft im Prinzip in derselben Weise wie die Biegung. Bis zur Zeit $t_{\text{elast}}^{0\,(r)}$ nach (48) ist die gesamte Verformung elastisch. Die tangentiale Schubspannung am Rande hat dann den Wert $S_\varphi(0\,r) = \bar\sigma_0/\nu^0$. Damit wird nach (6b) das Drehmoment[1]

$$\overline{\mathfrak{M}}_{\text{elast}} = \frac{\pi\,r^3\,\bar\sigma_0}{2\,\nu^0}\,. \tag{52}$$

Von da an wandert die Elastizitätsgrenze längs des Umfangs gegen $\varphi = 90°$ und gleichzeitig vom Umfang nach innen. Ihre Lage zur Zeit t ist nach (28) und (48) und (49) gegeben durch:

$$x_1 = \frac{r\,t_{\text{elast}}^{(\varphi,\,r)}}{t} = \frac{x_1^0}{\cos\varphi}\,; \qquad x_1^0 = \frac{r\,t_{\text{elast}}^{0\,(r)}}{t} = r\cos\varphi_1\,. \tag{53}$$

In Abb. 62 sind zwei Kurven (Geraden) $x = x_1$ für zwei Werte von t eingezeichnet. Nach Überschreiten der Elastizitätsgrenze zur Zeit $t_{\text{elast}}^{0\,(r)}$ wird zunächst die gestrichelte Kurve erreicht, die noch außerhalb der

---

[1] Wegen des Faktors ν^0 im Nenner hängt $\overline{\mathfrak{M}}_{\text{elast}}$ von der Orientierung des Gleitsystems ab. Um die Bezeichnungsweise zu vereinfachen, lassen wir einen entsprechenden Index weg. Später werden wir die Drehmomente auf das von der Orientierung unabhängige elastische Moment für $\nu^0 = 1$ beziehen, das wir durch einen oberen Index 1 kennzeichnen: $\mathfrak{M}_{\text{elast}}^1$.

Kurve $x = x_\varepsilon(\varphi)$ [vgl. (46)] liegt. Dann rückt x_1 immer weiter nach innen vor, bis sich schließlich beide Kurven bei $\varphi = 0$ berühren. Aus $x_1^0 = x_\varepsilon^0$ ergibt sich nach (46) und (53) die Zeit, nach der das der Fall ist, zu:

$$t_\varepsilon^0 = \frac{u^0(r)}{u_\varepsilon}\, t_{\text{elast}}^{0\,(r)}. \tag{54}$$

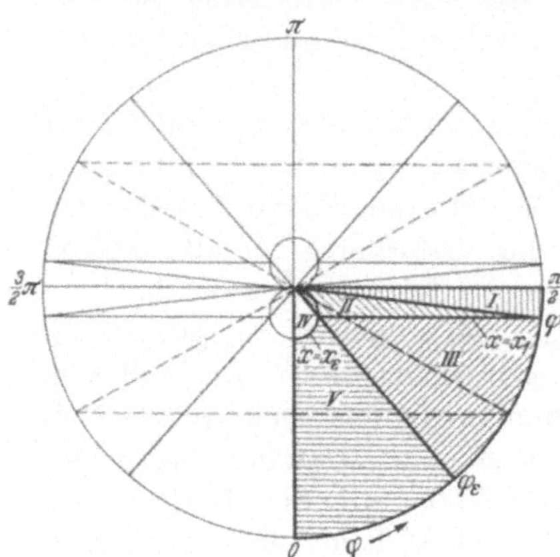

Abb. 62. Aufteilung des Querschnitts eines tordierten Kristalls mit einem Gleitsystem in 5 Gebiete, in denen die Verformung plastisch oder elastisch und die Gleitgeschwindigkeit größer oder kleiner als u_ε ist.

Von da an ist in einem schmalen Ausschnitt $d\varphi$ an der Stelle $\varphi = 0$ die gesamte Verformung plastisch. Die Kurve $x = x_1(\varphi)$ rückt nun immer weiter nach innen, so daß sie die Kurve $x = x_\varepsilon(\varphi)$ schneidet, wie es die in Abb. 62 ausgezogene Kurve darstellt. Das Azimut des Schnittpunktes in dem betrachteten Quadranten bezeichnen wir mit φ_ε. Sein Wert ergibt sich aus der Gleichung $x_\varepsilon = x_1$ nach (46) und (53):

$$\cos^2\varphi_\varepsilon = \frac{x_1^0}{x_\varepsilon^0} = \frac{u^0(r)\, t_{\text{elast}}^{0\,(r)}}{u_\varepsilon\, t}. \tag{55}$$

Für $\varphi < \varphi_\varepsilon$ bzw. $x_1 < x_\varepsilon$ gilt (53) nicht mehr, da dort $u < u_\varepsilon$ ist. Wie wir bei der Behandlung der Biegung ausführten, sind von dem Zeitpunkt an, bei dem die Elastizitätsgrenze für ein bestimmtes φ bis zur Kurve $x = x_\varepsilon(\varphi)$ vorgeschritten ist, gleichzeitig auch alle weiter innen liegenden Fasern bis zu ihrer Elastizitätsgrenze angespannt.

Nach der Zeit t_ε^0 haben wir fünf Gebiete zu unterscheiden (I bis V in Abb. 62), in denen die Gleitgeschwindigkeit größer oder kleiner als u_ε, und die Verformung plastisch oder elastisch ist. Für $t \leqq t_\varepsilon^0$ gibt es nur drei verschiedene Gebiete. Ihre Beiträge zum Drehmoment ergeben sich aber aus denen der fünf Gebiete, wenn wir $\varphi_\varepsilon = 0$ setzen, so daß wir sie nicht besonders gesondert zu betrachten brauchen.

Im Gebiet I von $\varphi = \varphi_1$ [vgl. (53)] bis $\varphi = 90°$ und $x = 0$ bis $x = r$ ist die Verformung elastisch, die Elastizitätsgrenze ist außer bei $\varphi = \varphi_1$ noch nicht erreicht. Die tangentiale Schubspannung am Umfang hat den Wert

$$S_\varphi(r) = S_\varphi(\varphi_1, r) = \frac{\bar\sigma_0}{\nu^0 \cos\varphi_1}.$$

Damit wird nach (6b) und (52) der Beitrag zum Drehmoment[1]:

$$\mathfrak{M}_{\mathrm{I}} = \frac{4}{\cos\varphi_1} \cdot \frac{\dfrac{\pi}{2} - \varphi_1}{2\pi} \cdot \overline{\mathfrak{M}}_{\text{elast}} = \frac{1 - \dfrac{2\varphi_1}{\pi}}{\cos\varphi_1}\, \overline{\mathfrak{M}}_{\text{elast}}. \tag{56}$$

---

[1] $\mathfrak{M}_{\mathrm{I}} - \mathfrak{M}_{\mathrm{V}}$ geben die Beiträge für den gesamten Kristallquerschnitt an. Sie sind viermal so groß wie die Beiträge eines Sektors von $\varphi = 0$ bis $\varphi = \pi/2$, da der Spannungszustand in entsprechenden Punkten aller vier Sektoren derselbe ist.

Im Gebiet II, das von den Halbmessern $\varphi = \varphi_\varepsilon$ und $\varphi = \varphi_1$ und dem dazwischenliegenden Teil der Kurve $x = x_1(\varphi)$ begrenzt wird, ist die Verformung ebenfalls elastisch. Die tangentiale Schubspannung längs $x = x_1(\varphi)$ ist $S_\varphi(x_1) = \sigma_0/v^0 \cos\varphi$. Sie nimmt nach innen linear mit x ab. Also wird mit (53):

$$S_\varphi = \frac{S_\varphi(x_1)\, x}{x_1} = \frac{\bar{\sigma}_0 x}{v^0 x_1^0}. \tag{57}$$

Für den Beitrag zum Drehmoment erhalten wir[1]:

$$\mathfrak{M}_{\mathrm{II}} = \left(\frac{x_1^0}{r}\right)^3 \frac{2\,\overline{\mathfrak{M}}_{\mathrm{elast}}}{\pi} \int\limits_{\varphi_\varepsilon}^{\varphi_1} \frac{d\varphi}{\cos^4\varphi}. \tag{58}$$

Das Gebiet III wird von dem Kurventeil $x = x_1(\varphi)$ zwischen φ_ε und φ_1, dem Halbmesser $\varphi = \varphi_\varepsilon$ und dem Umfang eingeschlossen. In ihm ist die Verformung plastisch. Wegen $u \geqq u_\varepsilon$ ist überall $\sigma = \bar{\sigma}_0$, also

$$S_\varphi = \frac{\bar{\sigma}_0}{v^0 \cos\varphi}. \tag{59}$$

Der Beitrag zum Drehmoment wird damit:

$$\mathfrak{M}_{\mathrm{III}} = \frac{8\,\overline{\mathfrak{M}}_{\mathrm{elast}}}{3\pi} \left(\int\limits_{\varphi_\varepsilon}^{\varphi_1} \frac{d\varphi}{\cos\varphi} - \left(\frac{x_1^0}{r}\right)^3 \int\limits_{\varphi_\varepsilon}^{\varphi_1} \frac{d\varphi}{\cos^4\varphi} \right). \tag{60}$$

Das Gebiet IV umfaßt den plastisch verformten Teil $x \leqq x_\varepsilon$ zwischen $\varphi = 0$ und $\varphi = \varphi_\varepsilon$. Die Schubspannung hat längs $x = x_\varepsilon(\varphi)$ den Wert $\bar{\sigma}_0$ und nimmt linear nach innen ab. Also ist:

$$S_\varphi = \frac{\bar{\sigma}_0}{v^0 \cos\varphi} \frac{x}{x_\varepsilon} = \frac{\bar{\sigma}_0}{v^0 \cos^2\varphi} \frac{x}{x_\varepsilon^0}. \tag{61}$$

Damit wird:

$$\mathfrak{M}_{\mathrm{IV}} = \frac{2}{\pi} \left(\frac{x_\varepsilon^0}{r}\right)^3 \int\limits_0^{\varphi_\varepsilon} \cos^2\varphi \, d\varphi. \tag{62}$$

Das Gebiet V schließlich umfaßt den mit $u \geqq u_\varepsilon$ plastisch verformten Teil zwischen $\varphi = 0$ und $\varphi = \varphi_\varepsilon$. Die Schubspannung ist überall gleich $\bar{\sigma}_0$, also

$$S_\varphi = \frac{\bar{\sigma}_0}{v^0 \cos\varphi}. \tag{63}$$

Der Beitrag zum Drehmoment ist:

$$\mathfrak{M}_{\mathrm{V}} = \frac{8\,\overline{\mathfrak{M}}_{\mathrm{elast}}}{3\pi} \left(\int\limits_0^{\varphi_\varepsilon} \frac{d\varphi}{\cos\varphi} - \left(\frac{x_\varepsilon^0}{r}\right)^3 \int\limits_0^{\varphi_\varepsilon} \cos^2\varphi \, d\varphi \right). \tag{64}$$

---

[1] Die Berechnung der Größen $\mathfrak{M}_{\mathrm{II}} - \mathfrak{M}_{\mathrm{V}}$ in (58) bis (64) erfolgt in **29 b.**

Alle fünf Beiträge zusammen ergeben das gesamte Drehmoment:

$$\mathfrak{M} = \left\{ \frac{1 - 2\,\varphi_1/\pi}{\cos\varphi_1} - \frac{2}{3\,\pi}\left(\frac{x_1^0}{r}\right)^3 \int\limits_{\varphi_\varepsilon}^{\varphi_1} \frac{d\varphi}{\cos^4\varphi} - \frac{2}{3\,\pi}\left(\frac{u_\varepsilon}{u^0(r)}\right)^3 \int\limits_{0}^{\varphi_\varepsilon} \cos^2\varphi\,d\varphi \right.$$
$$\left. + \frac{8}{3\,\pi} \int\limits_{0}^{\varphi_1} \frac{d\varphi}{\cos\varphi} \right\} \overline{\mathfrak{M}}_{\text{elast}} = \mathfrak{M}_1 - \mathfrak{M}_2 - \mathfrak{M}_3 + \mathfrak{M}_4 . \tag{65}$$

Werten wir diese Integrale aus und setzen für x_1^0, φ_ε und φ_1 ihre Werte (53), (55) und (49) ein, so erhalten wir $\mathfrak{M}$ als Funktion von $t_{\text{elast}}^{0\,(r)}/t$, mit $u_\varepsilon/u^0(r)$ als Parameter, und können somit für jedes $u^0(r)$ ($\geqq u_\varepsilon$) die Torsionskurve berechnen. Die Rechnung führen wir in **29b** durch. Ihr Ergebnis lautet:

Das von $u^0(r)$ unabhängige Glied $\mathfrak{M}_1 = \mathfrak{M}_\mathrm{I}$ nimmt von $\overline{\mathfrak{M}}_{\text{elast}}$ für $t = t_{\text{elast}}^{0\,(r)}$ mit zunehmendem t asymptotisch auf $2\,\overline{\mathfrak{M}}_{\text{elast}}/\pi = 0{,}638\,\overline{\mathfrak{M}}_{\text{elast}}$ ab. $\mathfrak{M}_2 + \mathfrak{M}_3$ ist für alle t klein gegenüber $\mathfrak{M}_1 + \mathfrak{M}_4$, außerdem geht $\mathfrak{M}_3$ mit $(u_\varepsilon/u^0(r))^3$ gegen Null und $\mathfrak{M}_2$ strebt mit $(u_\varepsilon/u^0(r))^{5/2}$ einem kleinen Endwert zu. Näherungsweise können wir also schreiben:

$$\mathfrak{M} = \mathfrak{M}_1 + \mathfrak{M}_4 . \tag{66}$$

$\mathfrak{M}_1$ ist das Moment des elastisch gedehnten Teils zwischen $\varphi = \varphi_1$ und $\varphi = \pi/2$, $\mathfrak{M}_4$ das Moment des Sektors zwischen $\varphi = 0$ und $\varphi = \varphi_1$, wenn die Schubspannung dort überall den Wert $\bar\sigma_0$ besitzt. (66) besagt also, daß wir keinen großen Fehler begehen, wenn wir in dem teilweise plastisch verformten Teil zwischen $\varphi = 0$ und $\varphi = \varphi_1$ an Stelle der wirklichen Schubspannung den Knickwert $\bar\sigma_0$ setzen.

Abb. 63 zeigt den nach (65) berechneten Verlauf der Torsionskurven für $u^0(r) = u_\varepsilon$ und $u^0(r) = \infty$. Praktisch kann schon $u^0(r) \sim 3\,u_\varepsilon$ als unendlich groß angesehen werden, weil $\mathfrak{M}_2$ und $\mathfrak{M}_3$ so außerordentlich rasch ihren Grenzwerten für $u^0(r) = \infty$ zustreben. Neben den Werten

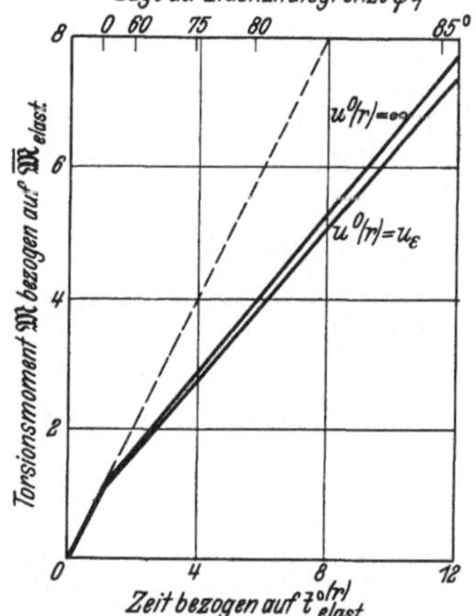

Abb. 63. Torsionskurven eines Ersatzkristalls mit einem Gleitsystem ohne Berücksichtigung der atomistischen Verfestigung und des Einflusses der festen Kristalleinspannung berechnet nach (65). Die Kurve bei rein elastischer Verformung ist gestrichelt eingezeichnet.

von $t/t_{\text{elast}}^{0\,(r)}$ sind die nach (49) entsprechenden Werte des Azimuts φ_1 eingetragen, bis zu dem die Elastizitätsgrenze am Umfang zu der betreffenden Zeit vorgeschritten ist. Wie man aus der Abbildung erkennt, nimmt das Drehmoment stetig mit der Zeit zu, d. h. die Kurven besitzen kein kritisches Moment. Bestimmend für dieses Verhalten ist der Beitrag $\mathfrak{M}_4$ in (65). Sein Wert wächst mit der Zeit über alle Grenzen.

Von $t = t_{\text{elast}}^{0\,(r)}$ an nimmt $\mathfrak{M}$ zunächst verhältnismäßig stark zu. Für $t = 10\,t_{\text{elast}}^{0}$ ist es bereits etwa $6{,}5\,\overline{\mathfrak{M}}_{\text{elast}}$ (bei vollkommen elastischer Torsion wäre zu dieser Zeit $\mathfrak{M} = 10\,\overline{\mathfrak{M}}_{\text{elast}}$). Später erfolgt die Zunahme dann langsamer, für große t proportional zu $\ln t$. Dieses Unendlichwerden von $\mathfrak{M}_4$ ist eine Folge davon, daß ein Teil des Kristalls stets elastisch gedehnt bleibt. Dieser Teil wird zwar mit der Zeit immer kleiner, aber die mittlere tangentiale Spannung in ihm nimmt so rasch zu, daß der Beitrag zum Drehmoment noch logarithmisch unendlich wird.

Wir haben bisher vorausgesetzt, daß die plastische und elastische Torsion geometrisch übereinstimmen, was nach den Ergebnissen des vorhergehenden Abschnitts für einen Kristall mit einem einzigen Gleitsystem nicht zutrifft. Die durch die feste Einspannung der Kristallenden bedingten Zusatzspannungen haben aber zur Folge, daß die das Drehmoment nach einer bestimmten Verformung größere Werte annimmt, als wir sie bisher unter der Annahme freier Fasern berechnet haben, d. h. ein Knick kann in den Torsionskurven erst recht nicht auftreten. Bei einem wirklichen Kristall bewirkt die Verzerrung der Gleitlamellen eine weitere Erhöhung des Moments, so daß auch hier der stetige Verlauf der Kurven erhalten bleibt. Wir haben also das Ergebnis, daß die Torsionskurven sowohl eines Ersatzkristalls als auch eines wirklichen Kristalls mit einem einzigen Gleitsystem kein (als Funktion der Torsionsgeschwindigkeit definiertes) kritisches Biegemoment besitzen.

Bei einem Kristall mit mehreren Gleitsystemen liegen die Verhältnisse anders. Es läßt sich unmittelbar übersehen, daß das Drehmoment in diesem Falle endlich bleibt, denn die Beiträge zum Drehmoment bleiben in der bisherigen Form erhalten, nur ist jetzt für jeden Sektor von $\varphi = 0$ bis $\varphi = \varphi'$, in dem ein Gleitsystem wirksam ist (vgl. den vorhergehenden Abschnitt), φ' die obere Grenze für alle Integrationsgrenzen, so daß der kritische Beitrag $\mathfrak{M}_4$ jetzt endlich bleibt. Es erhebt sich nun die Frage, ob das maximale Drehmoment so früh erreicht wird, daß wir praktisch einen „Knick" der Torsionskurve feststellen. Sie erledigt sich gleichzeitig mit der Frage nach der Größe dieses Drehmoments, der wir uns nun zuwenden. Dabei berechnen wir die Beiträge der einzelnen Gebiete für einen Sektor zwischen $\varphi = 0$ und $\varphi = \varphi'$ allein, haben also die bisherigen Ausdrücke, abgesehen von der Änderung der Integrationsgrenzen, durch 4 zu teilen. Wir bezeichnen diese Beiträge mit einem Strich.

Bis zur Zeit $t = t_{\text{elast}}^{0\,(r)}$ ist die Verformung wie bisher elastisch. Das Drehmoment ist:

$$\overline{\mathfrak{M}}'_{\text{elast}} = \frac{\varphi'}{2\,\pi}\,\overline{\mathfrak{M}}_{\text{elast}}. \tag{67}$$

Wir beziehen von nun an die Drehmomente auf $\overline{\mathfrak{M}}'_{\text{elast}}$. Wir können dann in einfacher Weise die Verhältniswerte $\mathfrak{M}/\overline{\mathfrak{M}}_{\text{elast}}$ für den ganzen Kristall berechnen, denn die Summen der Teilmomente $\mathfrak{M}'$ bzw. $\overline{\mathfrak{M}}'_{\text{elast}}$ über alle Sektoren φ' ergeben die entsprechenden Gesamtmomente.

Im Laufe der weiteren Verformung nimmt zunächst φ_1, dann φ_ε den Wert φ' an. Es sei dies zu den Zeiten t'_1 bzw. t'_ε der Fall. Setzen wir in (49) $\varphi_1 = \varphi'$ und $t_1 = t'_1$, so erhalten wir:

$$t'_1 = \frac{t^{0\,(r)}_{\text{elast}}}{\cos\varphi'} \tag{68}$$

und entsprechend aus (55):

$$t'_\varepsilon = \frac{u^0(r)}{u_\varepsilon}\,\frac{t^{0\,(r)}_{\text{elast}}}{\cos^2\varphi'}\,. \tag{69}$$

Das Gebiet I erstreckt sich jetzt von $\varphi = \varphi_1$ bis $\varphi = \varphi'$; wir haben also in (56) die obere Grenze $\pi/2$ durch φ' zu ersetzen und erhalten:

$$\mathfrak{M}'_1 = \begin{cases} \dfrac{1-\varphi_1/\varphi'}{\cos\varphi_1}\,\overline{\mathfrak{M}}'_{\text{elast}} & \text{für} \quad t^{0\,(r)}_{\text{elast}} \leqq t \leqq t'_1, \\[2mm] 0 & \text{für} \qquad\qquad t \geqq t'_1. \end{cases} \tag{70}$$

Die weiteren Gebiete brauchen wir nicht gesondert zu betrachten, sondern können sofort die bisherige Endformel (65) benutzen. Bis $t = t'_1$ ändert sich (bis auf den Faktor $\frac{1}{4}$) gegenüber bisher nichts. Von da an bleibt die obere Grenze $\varphi_1 = \varphi'$ konstant. In dem Maße, als die untere Grenze φ_ε auch gegen φ' rückt, nimmt $\mathfrak{M}'_2$ auf Null ab, und $\mathfrak{M}'_3$ strebt dem konstanten Wert $\frac{1}{4}\cdot\mathfrak{M}_3(\varphi')$ zu. Wir betrachten nun $u^0(r) = u_\varepsilon$ und $u^0(r) \gg u_\varepsilon$ gesondert.

$\boldsymbol{u^0(r) = u_\varepsilon}$. Die Rechnung (29 b) ergibt, daß in diesem Falle von t'_1 an bis t'_ε $\mathfrak{M}'_2$ ungefähr gerade so rasch auf Null ab-, wie $\mathfrak{M}'_3$ auf $\frac{1}{4}\mathfrak{M}_3(\varphi')$ zunimmt, so daß ihre Summe konstant bleibt. Da $\mathfrak{M}'_1$ und $\mathfrak{M}'_4$ von t'_1 an auch ihren Wert nicht mehr ändern, so gilt dasselbe für das Gesamtmoment $\mathfrak{M}'$. Nun ist t'_1 selbst für den hohen Wert $\varphi' = 75°$ kleiner als $4\,t^{0\,(r)}_{\text{elast}}$, d. h. praktisch verschwindend klein. Also nimmt das

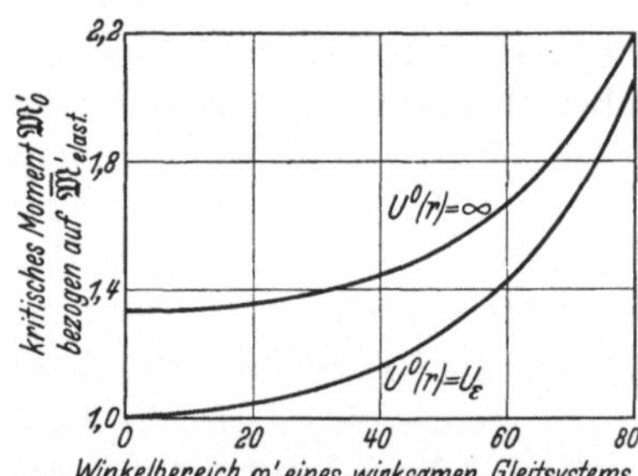

Abb. 64. Verlauf des kritischen Torsionsmoments $\mathfrak{M}'_0$ (bezogen auf das elastische Moment $\overline{\mathfrak{M}}_{\text{elast}}$) eines Sektors $\varphi = 0 - \varphi'$, in dem ein Gleitsystem wirksam ist mit φ' für die Gleitgeschwindigkeiten $u^0(r) = u_\varepsilon$ und ∞ (Knickwert des kritischen Moments).

Moment $\mathfrak{M}'$ praktisch zu Beginn der Verformung den Wert

$$\mathfrak{M}'_0(u_\varepsilon) = (\mathfrak{M}'_2 + \mathfrak{M}'_3 + \mathfrak{M}'_4)\,(u = u_\varepsilon;\ \varphi_1 = \varphi') \tag{71}$$

an und behält ihn weiterhin bei. D. h. $\mathfrak{M}'_0(u_\varepsilon)$ ist das kritische Moment für $u^0(r) = u_\varepsilon$. Abb. 64 zeigt den Verlauf von $\mathfrak{M}'_0(u_\varepsilon)/\overline{\mathfrak{M}}'_{\text{elast}} = \eta'_0(u_\varepsilon)$

mit φ'. Dieses Verhältnis nimmt von dem Wert 1 zunächst langsam, dann rasch zu und wird für $\varphi' = 90°$ (ein einziges Gleitsystem) unendlich groß. In diesem Falle kann man von einem kritischen Moment im eigentlichen Sinne nicht mehr sprechen, da dann auch die Zeit t_1', nach der es angenommen wird, über alle Grenzen wächst, wie wir bereits früher gesehen haben (Abb. 63). Für die praktisch in Frage kommenden Werte von φ' ($\lesssim 75°$) hat $\mathfrak{M}_0'(u_\varepsilon)$ die Bedeutung eines kritischen Moments und bleibt kleiner als $2\,\overline{\mathfrak{M}}_{\mathrm{elast}}'$.

$u^0(r) \gg u_\varepsilon$. In diesem Falle liegen die Verhältnisse ähnlich. Wegen des Faktors $(u_\varepsilon/u^0(r))^3$ wird nun $\mathfrak{M}_3'$ verschwindend klein. Das Integral in $\mathfrak{M}_2'$ nimmt wie für $u^0(r) = u_\varepsilon$ auf Null ab, wenn t von t_1' nach t_ε' geht. Da aber jetzt $t_\varepsilon' = u^0(r)\,t_{\mathrm{elast}}^{0\,(r)}/u_\varepsilon \cos^2\varphi'$ sehr groß wird gegenüber $t_{\mathrm{elast}}^{0\,(r)}$, so ändert das Integral nur langsam seinen Wert mit t und würde allein nur einen allmählichen Übergang des Gesamtmomentes $\mathfrak{M}'$ von seinem Wert $\mathfrak{M}'(t_1')$ bis zu seinem Endwert $\mathfrak{M}'(t_\varepsilon')$ ($\mathfrak{M}_1'$ und $\mathfrak{M}_4'$ sind von t_1' an konstant!), also keinen Knick in der Torsionskurve ergeben. Nun wird aber der Faktor $(x_1^0/r)^3 = (t_{\mathrm{elast}}^{0\,(r)}/t)^3$ vor dem Integral maßgebend. Er bewirkt, daß $\mathfrak{M}_2'$ gegenüber $\mathfrak{M}_4'$ schon verschwindend klein wird, wenn $t \sim 2\,t_{\mathrm{elast}}^{0\,(r)}$ ist. Dann hat $\mathfrak{M}'$ praktisch bereits den Endwert

$$\overline{\mathfrak{M}}_0' = \mathfrak{M}_4'(\varphi') = \frac{4\,\overline{\mathfrak{M}}_{\mathrm{elast}}'}{3\,\varphi'}\int\limits_0^{\varphi'}\frac{d\varphi}{\cos\varphi} = -\frac{4\,\overline{\mathfrak{M}}_{\mathrm{elast}}'}{3\,\varphi'}\ln \mathrm{tg}\Big(\frac{\pi/2-\varphi'}{2}\Big) \qquad (72)$$

angenommen und behält ihn von da an bei. D. h. $\overline{\mathfrak{M}}_0'$ ist das kritische Moment für $u^0(r) \gg u_\varepsilon$. Wegen des Faktors $(u_\varepsilon/u^0(r))^3$ in $\mathfrak{M}_3'$ nimmt $\overline{\mathfrak{M}}_0'$ bereits bei der praktisch noch „kleinen" Torsionsgeschwindigkeit $u^0(r) \sim 4\,u_\varepsilon$ den Wert $\overline{\mathfrak{M}}_0'$ an, d. h. $\overline{\mathfrak{M}}_0'$ ist der Knickwert des kritischen Torsionsmoments. Der Verlauf von $\overline{\mathfrak{M}}_0'/\mathfrak{M}_{\mathrm{elast}}' = \bar{\eta}_0'$ mit φ' ist in Abb. 64 gezeichnet. Bezüglich des Verhaltens von $\overline{\mathfrak{M}}_0'$ bei Annäherung an $\varphi' = 90°$ gilt dasselbe wie bei $u^0(r) = u_\varepsilon$.

Die Gründe für das Bestehen der kritischen Momente und eines Knickwerts derselben, trotzdem die Verformung bei ihnen bereits gemischt plastisch-elastisch ist, sind dieselben wie bei der Biegung (20c). Auch hinsichtlich der Unschärfe des kritischen Moments bestehen ähnliche Verhältnisse. Sie ist jetzt gegeben durch den Faktor $(t_{\mathrm{elast}}^{0\,(r)}/t)^3$ vor dem an sich kleinen Moment $\mathfrak{M}_2'$, ist also sehr gering. Dasselbe gilt für die Unschärfe des Knickwerts $\mathfrak{M}_0'$, die durch den Faktor $(u_\varepsilon/u^0(r))^3$ vor dem an sich kleinen Moment $\mathfrak{M}_3'$ bestimmt ist.

Ergänzend haben wir noch zu bemerken, daß auch für $u^0(r) < u_\varepsilon$ ähnliche Verhältnisse bestehen. Bei einem einzigen Gleitsystem nimmt auch hier das Moment dauernd zu, da immer ein Teil elastisch gedehnt bleibt, in dem die tangentiale Schubspannung beliebig groß wird. Bei mehreren Gleitsystemen ergibt sich, wie man ohne Rechnung erkennt, ein kritisches Moment, dessen Wert mit $u^0(r)$ gleichmäßig auf Null abnimmt. Der genaue Verlauf von $\mathfrak{M}_0'$ in diesem Gebiet interessiert uns hier nicht[1].

Nach der Behandlung eines Sektors betrachten wir nun den ganzen Kristallquerschnitt. Zunächst nehmen wir an, daß alle Sektoren dieselben Werte $\varphi_\varkappa' = \varphi'$ und $v_\varkappa^0 = v^0$ besitzen. Das gesamte kritische Moment $\mathfrak{M}_0$ ergibt sich durch Addition der $2\,\pi/\varphi'$ Einzelmomente $\mathfrak{M}_0'$ zu: $\mathfrak{M}_0 = 2\,\pi\,\mathfrak{M}_0'/\varphi'$. Wegen (67) wird also:

$$\frac{\mathfrak{M}_0}{\overline{\mathfrak{M}}_{\text{elast}}} = \frac{\mathfrak{M}_0'}{\overline{\mathfrak{M}}_{\text{elast}}'} = \eta_0'. \tag{73}$$

Die Kurven in Abb. 64 bleiben also bestehen. Da in $\overline{\mathfrak{M}}_{\text{elast}}$ nach (52) die Orientierungsgröße v^0 enthalten ist, so nimmt $\mathfrak{M}_0$ für verschiedene v^0 bei gleichen Verhältniswerten η_0' verschiedene Werte an. Um diese Abhängigkeit von v^0 in Erscheinung treten zu lassen, beziehen wir $\mathfrak{M}_0$ auf das von der Orientierung unabhängige elastische Moment

$$\overline{\mathfrak{M}}_{\text{elast}}^1 = v^0\,\overline{\mathfrak{M}}_{\text{elast}} = \frac{\pi\,r^3\,\bar\sigma_0}{2} \tag{74}$$

und erhalten damit nach (73) für gleichberechtigte Sektoren:

$$\frac{\mathfrak{M}_0}{\overline{\mathfrak{M}}_{\text{elast}}^1} = \frac{\eta_0'}{v^0}. \tag{75}$$

Nunmehr betrachten wir den Fall, daß alle $v_\varkappa^0 = v^0$ gleich groß sind, aber φ' die Werte $\varphi_1', \ldots, \varphi_\varkappa', \ldots$ und entsprechend η_0' die Werte $\eta_{0\varkappa}'$ besitzt. Dann wird unter Berücksichtigung von (67):

$$\mathfrak{M}_0 = \sum_\varkappa \left(\eta_{0\varkappa}'\,\overline{\mathfrak{M}}_{\text{elast}\,\varkappa}'\right) = \frac{\eta_0}{v^0}\,\overline{\mathfrak{M}}_{\text{elast}}^1. \tag{76a}$$

Dabei ist

$$\eta_0 = \frac{\sum_\varkappa \varphi_\varkappa'\,\eta_{0\varkappa}'}{2\,\pi} \tag{76b}$$

der Mittelwert der $\eta_{0\varkappa}'$ über alle Sektoren, denn es ist ja $\sum \varphi_\varkappa' = 2\,\pi$.

Sind schließlich neben den $\varphi_\varkappa'$ auch die $v_\varkappa^0$ voneinander verschieden, so wird

$$\mathfrak{M}_0 = \sum_\varkappa \left(\eta_{0\varkappa}'\,\overline{\mathfrak{M}}_{\text{elast}\,\varkappa}'\right) = \left(\frac{\eta_0}{v^0}\right)\overline{\mathfrak{M}}_{\text{elast}}^1, \tag{77a}$$

wo

$$\left(\frac{\eta_0}{v^0}\right) = \sum_\varkappa \frac{\varphi_\varkappa'\,\eta_{0\varkappa}'}{2\,\pi\,v_\varkappa^0} \tag{77b}$$

der Mittelwert der $\eta_{0\varkappa}'/v_\varkappa^0$ ist. In Tabelle 7 sind die Zahlwerte für kubische Kristalle mit Oktaedergleitung eingetragen[2]. Die Werte von $\varphi_\varkappa'$ und $v_\varkappa^0$ und ihre Vielfachheit sind aus Abb. 90 entnommen. Neben den Werten von $\eta_0(u_\varepsilon)/v^0$ (für $u^0(r) = u_\varepsilon$) und η_0/v^0 (für $u^0(r) = \infty$) sind noch ihre

---

[1] Vgl. Fußnote 1, S. 162.
[2] Die Werte von $\eta_{0\varkappa}'$ sind aus Abb. 64 zu entnehmen.

Tabelle 7. Nach (76 b) berechnete Verhältniswerte η_0/v^0 für kubische Kristalle mit Oktaedergleitung und gemessene Werte für Aluminium $+ 5\%$-Kupfer-Kristalle [aus Karnop und Sachs (1929, 1)] für die [111]-, [110]- und [100]-Lage der Kristallachse. Die Aufteilung des Querschnitts in Sektoren mit je einem wirksamen Gleitsystem ist nach Abb. 90: [111]: $12 \cdot 30°$ mit je $v^0 = 1$; [110]: $4 \cdot 54{,}75°$ und $4 \cdot 35{,}25°$ mit je $v^0 = 1$; [100]: $8 \cdot 45°$ mit je $v^0 = 0{,}577$.

Kristall-achse	Berechnete Werte						Meßwerte			$\dfrac{\overline{\eta}_0/v^0}{\overline{\eta}_0\,(\varphi'=0)}$
	$\overline{\eta}'_{0\varkappa}$	$\overline{\eta}_0/v^0$	$\overline{\beta}_{[111]}$	$\eta'_{0\varkappa}$	$\eta_0(u_\varepsilon)/v^0$	$\beta^{(u_\varepsilon)}_{[111]}$	$\mathfrak{M}^*_0$	η^*_0/v^0	$\beta^*_{[111]}$	
[111]	1,39	1,39	1,0	1,08	1,08	1,0	9,8	1,09	1,0	1,05
[110]	1,59 1,42	1,52	1,1	1,34 1,12	1,25	1,16	12	1,33	1,22	1,14
[100]	1,50	2,60	1,87	1,21	2,1	1,94	22	2,44	2,24	1,95

Verhältniswerte $\beta^{(u_\varepsilon)}_{[111]}$ und $\overline{\beta}_{[111]}$, bezogen auf ihren Wert für die Oktaederlage der Kristallachse, angegeben.

Wir haben unseren Berechnungen eine (σ_0, u)-Kurve nach (19 a, b) zugrundegelegt. Ist diese Annahme in Wirklichkeit erfüllt, so stimmen, wie wir bei der Biegung (20 c) ausführten, die ohne genaue Berücksichtigung der Gleit- bzw. Torsionsgeschwindigkeit (wenn sie nur beide „groß" sind) gemessenen praktischen Werte für die kritische Schubspannung und des kritischen Torsionsmoments innerhalb der experimentellen Fehlergrenzen mit den von uns für $u^0(r) = \infty$ berechneten Knickwerten $\overline{\sigma}_0$ und $\overline{\mathfrak{M}}_0$ überein. In diesem Falle geben also bei kubischen Kristallen mit Oktaedergleitung die Werte von $\overline{\eta}_0/v^0$ bzw. $\overline{\beta}_{[111]}$ die (auf das elastische Moment $\overline{\mathfrak{M}}^1_{\text{elast}}$ bezogenen) kritischen Momente bzw. ihre Verhältnisse an.

Ist dagegen der „Knick" der (σ_0, u)-Kurven nicht scharf, so werden die gemessenen $\mathfrak{M}_0$-Werte um so mehr nach den für $u^0(r) = u_\varepsilon$ berechneten Werten verschoben, je unschärfer der Knick ist. Gleichzeitig wird der Einfluß der Verformungsgeschwindigkeiten merklich.

Da noch keine dynamischen Torsionsversuche vorliegen, so ist ein unmittelbarer Vergleich unserer Ergebnisse mit den in Wirklichkeit bestehenden Verhältnissen noch nicht möglich. Es ist aber wie bei der Biegung zu erwarten, daß die Meßwerte des kritischen Moments mit den von uns berechneten übereinstimmen, also die Verzerrung der Gleitlamellen und die atomistische Verfestigung noch keine merkliche Rolle spielen. Möglicherweise bewirken jedoch die Zusatzspannungen infolge der festen Einspannung der Kristallenden eine feststellbare Erhöhung der Meßwerte.

Wir untersuchen nun die Verhältnisse bei statischer Versuchsführung, da wir hier die Meßergebnisse von Karnop und Sachs (19 b) zur Prüfung benutzen können. In diesem Falle hat der Anfangsverlauf der homogenen Verfestigungskurve dieselbe Bedeutung für den Anfangsverlauf der Torsionskurve wie bei dynamischer Versuchsführung die (σ_0, u)-Kurve für die $(\mathfrak{M}_0, u^0(r))$-Kurve. Besitzt die homogene Verfestigungskurve eine definierte kritische Schubspannung $\sigma_0^*\,(\simeq \bar\sigma_0)$, findet also bei kleineren Schubspannungen keine meßbare Abgleitung statt[1], so ist eine meßbare plastische Torsion erst möglich, wenn die Schubspannung in „fast allen" Fasern den Wert σ_0^*, d. h. das (ebenfalls definierte) kritische Moment den Wert $\overline{\mathfrak{M}}_0$ (mit $\bar\sigma_0 = \sigma_0^*$) angenommen hat. In diesem Falle gelten also die bei dynamischer Versuchsführung für $u^0(r) = \infty$ berechneten Werte $(\bar\eta_0/v^0)$.

Besitzt die homogene Verfestigungskurve keine definierte kritische Schubspannung, so auch die Torsionskurve kein definiertes kritisches Moment. Legen wir dann die (praktische) kritische Schubspannung σ_0^* durch eine noch kleine Abgleitung Δa fest, so müssen wir entsprechend das praktische kritische Moment $\mathfrak{M}_0^*$ durch dieselbe Abgleitung $\Delta a^0(r)$ festlegen. Wir nehmen zunächst an, daß unterhalb σ_0^* die Abgleitung linear mit der Schubspannung abnimmt. Da nun in jedem Sektor $d\varphi$ eines tordierten Kristalls die Abgleitung ebenfalls linear vom Rande nach innen abnimmt, so trifft das unter dieser Annahme auch für die Schubspannung zu. Wir haben dann bei dem kritischen Moment $\mathfrak{M}_0^*$ genau denselben Spannungszustand wie bei dynamischer Versuchsführung für $u^0(r) = u_\varepsilon$, wenn wir in dem elastischen Moment $\overline{\mathfrak{M}}^1_{\text{elast}}$ den bisherigen Knickwert $\bar\sigma_0$ durch den festgelegten kritischen Wert σ_0^* ersetzen. D. h. in diesem Falle ist das praktische kritische Torsionsmoment (im Verhältnis zu dem elastischen Moment $\overline{\mathfrak{M}}^1_{\text{elast}}$) durch die bei dynamischer Versuchsführung für $u^0(r) = u_\varepsilon$ berechneten Werte von (η_0/v^0) gegeben.

An Hand dieser beiden Beispiele erkennt man leicht, daß allgemein die (η_0'/v^0)-Werte sich um so mehr den bei dynamischer Versuchsführung für $u^0(r) = \infty$ berechneten Werten nähern, je größer die homogene Schubspannung, bei der die erste meßbare Abgleitung auftritt, im Vergleich zu der festgelegten praktischen kritischen Schubspannung ist.

Wir vergleichen nun diese Ergebnisse mit den Meßergebnissen von Karnop und Sachs. Letztere sind in Tabelle 7 mit eingetragen. An Stelle der Momentwerte (Spalte $\mathfrak{M}_0^*$) sind die nach der im elastischen Gebiet gültigen Beziehung (6a) erhaltenen, zu ersteren proportionalen maximalen Werte $S_\varphi^{0*}(r)$ der tangentialen Schubspannung ohne Dimensionsangabe eingetragen. Dem elastischen Moment $\overline{\mathfrak{M}}^{1*}_{\text{elast}}$ entspricht dabei nach (74) die praktische homogene kritische Schubspannung $\sigma_0^* = 9{,}0 \pm 0{,}6\ \text{kg/mm}^2$. Wir sehen, daß die so erhaltenen Werte von

---

[1] Wie z. B. bei rekristallisierten Aluminiumkristallen bei Zimmertemperatur oder allgemein bei hinreichend tiefen Temperaturen.

(η_0^*/ν^0) für alle Orientierungen innerhalb der für $u^0(r) = u_\varepsilon$ bzw. $= \infty$ berechneten Werte liegen, und auch qualitativ dieselbe Orientierungsabhängigkeit zeigen. Deutlich ist jedoch eine zunehmende Annäherung an die für $u^0(r) = u_\varepsilon$ berechneten Werte vorhanden, wenn die Gleitrichtung von der Oktaederlage, wo $(\eta_0^*/\nu^0)_{\text{gem}} = (\eta_0(u_\varepsilon)/\nu^0)$ ist, über die Rhombendodekaederlage zur Würfellage übergeht. Die Gründe · für diese Abweichungen können noch nicht angegeben werden. Möglicherweise bestehen sie darin, daß die von uns in unseren Rechnungen nicht berücksichtigten Faktoren (Verzerrung der Gleitlamellen, atomistische Verfestigung in den zuerst plastisch verformten Fasern, Zusatzspannungen infolge der festen Kristalleinspannung) bereits eine merkliche Rolle spielen. Ihr Einfluß ist um so größer, je größer und je unterschiedlicher die φ'-Werte der einzelnen Sektoren, in denen ein Gleitsystem wirksam ist, sind. Er würde also, falls er merklich ist, in der Rhombendodekaeder- und Würfellage die für $u^0(r) = u_\varepsilon$ berechneten (η_0/ν^0)-Werte in der richtigen Weise nach den Meßwerten hin erhöhen. Unbeschadet dieser noch zu klärenden Fragen ist es befriedigend, daß die gemessenen (η_0^*/ν^0)-Werte innerhalb der Grenzen für die berechneten Werte liegen und qualitativ denselben Gang mit der Orientierung zeigen. Wir können daraus schließen, daß sich bei Beginn der plastischen Torsion ein wirklicher Kristall mit mehreren Gleitsystemen mindestens näherungsweise wie ein Ersatzkristall verhält. Eine genauere Aussage kann erst auf Grund zukünftiger dynamischer Torsionsversuche gemacht werden.

Karnop und Sachs haben versucht, die experimentelle Orientierungsabhängigkeit des kritischen Torsionsmoments durch die Annahme zu erklären, daß sich eine plastische Oberflächenschicht gleicher Dicke ausbildet. Das mittlere Moment dieser Schicht bezogen auf das elastische Moment $\overline{\mathfrak{M}}^1_{\text{elast}}$ ist dann gegeben durch den „mittleren Fließwiderstand" $(\bar\eta_0/\nu^0)/\bar\eta_0(\varphi' = 0)$. Da nach Abb. 64 $\bar\eta_0(\varphi' = 0) = 1{,}33$ ist, so sind seine Werte gleich dem 1,33ten Teil der von uns berechneten (η_0/ν^0)-Werte. Sie sind in der letzten Spalte von Tabelle 7 eingetragen. Wie man sieht, unterscheiden sie sich nicht sehr von unseren für $u^0(r) = u_\varepsilon$ berechneten $(\eta_0(u_\varepsilon)/\nu^0)$-Werten, obwohl ihre physikalische Bedeutung eine ganz andere ist und sie wohl kein ganz zutreffendes Bild der wirklichen Verhältnisse geben.

Die Berechnung des weiteren Verlaufs der Torsionskurven unter Berücksichtigung der atomistischen Verfestigung kann in ähnlicher Weise erfolgen wie die Berechnung der Biegungskurven. Wir sehen davon hier ab, da qualitativ dieselben Verhältnisse wie bei letzteren zu erwarten sind und die dabei gewonnenen Ergebnisse für unsere weiteren Untersuchungen ausreichen.

22. Die Zustandsgleichung für inhomogene Verformungen.

a) Ableitung der Zustandsgleichung. Den bisherigen Berechnungen haben wir einen Ersatzkristall zugrunde gelegt. Wir wenden uns nun der Aufgabe zu, die elastischen Verzerrungen der Gleitlamellen mit in die erhaltenen Beziehungen einzubauen. Als Beispiel behandeln wir die reine Biegung, bei der die Rechnung verhältnismäßig einfach ist und bereits allgemein gültige Ergebnisse liefert. Wir greifen eine Kristallfaser mit dem Querschnitt $dx \cdot dy$ heraus. x ist dabei wie bisher die Koordinate in der Biegungsebene senkrecht zur Kristallachse, y die Koordinate senkrecht zur Biegungsebene, beide mit dem Mittelpunkt des Gesamtquerschnitts als Nullpunkt. Bei einer kleinen Zunahme der Biegung finden längs der wirksamen Gleitebenen, deren Anzahl n sei, kleine Verschiebungen $d\zeta_\nu$ statt. Die makroskopische Abgleitungszunahme in der Faser beträgt dann

$$da = \frac{\sum\limits_{1}^{n}{}_\nu d\zeta_\nu}{l} = \frac{d\zeta}{l},$$

wenn l ihre Länge ist. Die Kraft in Richtung der Faserachse in jedem Gleitebenenelement der Faser ist $dK = \sigma\, dx\, dy/\mu$ [μ Orientierungsfaktor nach (16)] und die gesamte von ihr geleistete Arbeit:

$$dA_\sigma dV = \sum{}_\nu dK\, d\zeta_\nu \cdot \mu = \sigma\, da\, dV, \tag{78}$$
$$dV = l\, dx\, dy.$$

dV ist das Volumen der Faser. Die Zunahme der Energie U der elastischen Verzerrungen, bezogen auf die Volumeinheit, sei dU. Die Zunahme in der ganzen Faser beträgt dann:

$$dU\, dV = \frac{dU}{da}\, da\, dV.$$

Die von den äußeren Kräften während der Abgleitungszunahme da geleistete Arbeit, bezogen auf die Volumeinheit, ist:

$$dA = dA_\sigma + dU.$$

Neben dem wirklichen Kristall betrachten wir nun einen Ersatzkristall, den wir derselben makroskopischen Verformung unterwerfen und fragen nach der Größe der Schubspannung σ', die wirksam sein muß, damit die äußeren Kräfte in beiden Kristallen dieselben sind, d.h. die in der betrachteten Faser geleistete Arbeit $dA'dV$ gleich $dA\, dV$ ist:

$$dA' = dA_\sigma + dU. \tag{79}$$

Nun ist

$$dA'dV = \sigma'da\, dV, \tag{80}$$

also wird:

$$\sigma' = \sigma + \frac{dU}{da}. \tag{81}$$

Setzen wir darin nach der homogenen Zustandsgleichung (22 I) $\sigma = \varphi(u, T) + \tau$, wo τ die atomistische Verfestigung ist, so erhalten wir die Zustandsgleichung für die inhomogene Verformung:

$$\sigma' - \left(\tau + \frac{dU}{da}\right) = \sigma_0 = \varphi(u, T)\,. \tag{82}$$

Sie besagt, daß eine inhomogene Verformung eines wirklichen Kristalls mit der atomistischen Verfestigung τ dieselben äußeren Kräfte erfordert wie die geometrisch gleiche Verformung eines Ersatzkristalls mit der atomistischen Verfestigung $\tau + dU/da$. Die auf die Abgleitungszunahme 1 bezogene Zunahme der Energie der elastischen Verzerrungen der Gleitlamellen bezogen auf die Volumeinheit wirkt also wie eine Erhöhung der atomistischen Verfestigung τ. Wir bezeichnen sie als Spannungsverfestigung.

Die Beziehung (82) gilt offenbar für beliebige Verformungen von Einkristallen, denn wir haben auf keine Besonderheit der Biegung Bezug genommen. Nur wird im allgemeinen dU seinen Wert von Gleitlamelle zu Gleitlamelle ändern, so daß das Volumen dV nicht über die ganze Kristallänge, sondern nur auf die Umgebung eines wirksamen Gleitebenenelements erstreckt werden kann. Bei Mehrfachgleitung ist (82) auf eine kleine Zunahme der resultierenden Abgleitung zu beziehen.

Ist die Geometrie der Verformung bekannt, so können a, u und U berechnet und τ aus den Verfestigungskurven bei homogener Verformung entnommen werden. Aus (82) ergibt sich dann die an jeder Stelle wirksame Schubspannung im Ersatzkristall, und durch Integration über den ganzen Kristall die Größe der zu dieser Verformung erforderlichen Kräfte.

Das erstrebenswerte Ziel der Forschung ist es, die Geometrie der Verformung nicht als bekannt vorauszusetzen, sondern sie bei gegebenen äußeren Kräfteverteilungen auf Grund der Gleichgewichtsbedingungen für die Spannungskomponenten zu berechnen. Diese Aufgabe begegnet beträchtlichen Schwierigkeiten, die bis heute ihre Lösung noch nicht ermöglichten.

Wir wenden nun die Zustandsgleichung in der Form (81) auf die reine Biegung an, bei welcher die bei elastischer Beanspruchung gültige Transformationsbeziehung (2b) auch bei plastischer Verformung bestehen bleibt. Die Rechnung ist in **29c** durchgeführt. Sie ergibt: Das Biegemoment $\mathfrak{M}$ unter Berücksichtigung der Spannungsverfestigung ist gleich der Summe des Biegemoments $\mathfrak{M}_\sigma$ bei Berücksichtigung der atomistischen Verfestigung allein und der Zunahme der im ganzen Kristall auftretenden Verzerrungsenergie U_V der Gleitlamellen bezogen auf die Zunahme 1 des Biegungswinkels α (vgl. Abb. 55):

$$\mathfrak{M} = \mathfrak{M}_\sigma + \frac{dU_V}{d\alpha}\,. \tag{83a}$$

Mit Benutzung von (82) erhält man

$$\mathfrak{M}_\sigma = \mathfrak{M}_{\sigma_0} + \mathfrak{M}_\tau, \tag{83b}$$

wo $\mathfrak{M}_{\sigma_0}$ bzw. $\mathfrak{M}_\tau$ die Beiträge der kritischen Schubspannung bzw. der atomistischen Verfestigung zum Biegemoment sind.

Nun geben $\mathfrak{M}\,d\alpha$ bzw. $\mathfrak{M}_\sigma\,d\alpha$ die Arbeiten dA_V bzw. $dA_{\sigma V}$ an, die während der Winkelzunahme $d\alpha$ geleistet werden. Multiplizieren wir (83a) mit $d\alpha$ durch, so erhalten wir also:

$$dA_V = dA_{\sigma V} + dU_V. \tag{83c}$$

(83a) bzw. (83c) besagen in makroskopischer Betrachtung dasselbe wie (81) bzw. (79) in mikroskopischer Betrachtung. An Stelle von Schubspannung σ und Abgleitung a stehen Biegemoment $\mathfrak{M}$ und Winkelkoordinate α. Diese Größen, die im allgemeinen Sinne je die Bedeutung von Kräften bzw. Lagekoordinaten haben[1], sind durch die Beziehungen

$$\frac{dA}{da} = \sigma; \qquad \frac{dA_V}{d\alpha} = \mathfrak{M} \tag{84}$$

miteinander verknüpft.

Nehmen wir allgemein eine Lagekoordinate s, die den makroskopischen plastischen Verformungszustand eindeutig kennzeichnet [bei der Biegung neben α z. B. den Krümmungshalbmesser ϱ oder die Dehnung $D^0(r)$ der Randfaser] und die durch $K = dA_V/ds$ bestimmte „Kraft" als Variable, so erhalten wir an Stelle von (83a):

$$K = K_\sigma + \frac{dU_V}{ds}. \tag{85}$$

wo K und K_σ die entsprechende Bedeutung haben wie $\mathfrak{M}$ und $\mathfrak{M}_\sigma$ in (83a). K_σ kann entsprechend (83b) in der Form geschrieben werden:

$$K_\sigma = K_{\sigma_0} + K_\tau; \qquad K_{\sigma_0} = \psi(g, T) \tag{86}$$

wobei K_τ den Beitrag der atomistischen Verfestigung zu den äußeren Kräften angibt, und $\psi(g, T)$ eine Funktion ist, die einen ähnlichen Verlauf mit der Verformungsgeschwindigkeit $g = ds/dt$ und der Temperatur T besitzt, wie $\varphi(u, T)$ mit der Gleitgeschwindigkeit u und der Temperatur[2]. Damit wird (85):

$$K - \left(K_\tau + \frac{dU_V}{ds}\right) = K_{\sigma_0} = \psi(g, T). \tag{87}$$

---

[1] Ihr Produkt hat die Dimension einer Arbeit (im ersten Fall bezogen auf die Volumeinheit). In der Mechanik bezeichnet man die Größen dA/ds_ν, die sich durch Ableitung der Arbeit A nach den Lagekoordinaten s_ν, die den Verformungszustand des Systems eindeutig bestimmen, als (verallgemeinerte) Kräfte. In den von uns betrachteten Fällen ist der Zustand stets durch eine Koordinate bzw. „Kraft" bestimmt.

[2] Ohne Berücksichtigung der thermischen Gegenschwankungen kann es also in der Form $K_{\sigma_0} = \psi(g, T) = K_{\sigma_0,}(1 - B(g)\sqrt{T})$ geschrieben werden [vgl. (53 I)]. Bei Benutzung der praktischen Werte K_0^*, K_τ^* und $K_{\sigma_0}^*$ der „Kräfte" K, K_τ und K_{σ_0} wird von der geringen Geschwindigkeitsabhängigkeit von B bei „großen" Werten von g abgesehen.

Diese „makroskopische" Form der Zustandsgleichung (82) ist besonders geeignet zur Untersuchung des Verhaltens der technischen vielkristallinen Materialien, bei denen es heute noch nicht möglich ist, den genauen Spannungszustand im Innern anzugeben, und damit (82) anzuwenden. Dagegen können K_τ und U_V meist abgeschätzt oder sogar berechnet werden. Wir kommen darauf in 25 und 27 zu sprechen.

b) Bemerkungen zum Begriff Spannungsverfestigung. In der Zustandsgleichung (82) bzw. (87) ist nicht die Energie U bzw. U_V der elastischen Verzerrungen der Gleitlamellen selbst, sondern nur ihre Ableitung nach der „plastischen Koordinate" a bzw. s enthalten. Eine Spannungsverfestigung tritt also nur auf, wenn U von a bzw. U_V von s abhängt. Um den Unterschied zwischen elastischen Verzerrungen, für welche das zutrifft und nicht, deutlich klar hervortreten zu lassen, veranschaulichen wir uns die Verhältnisse an einigen einfachen Modellen, die aus einem ideal plastischen Körper P ohne elastische Dehnung und geeignet angeordneten ideal elastischen Federn bestehen. In Teilbild a von Abb. 65 sind P und eine Feder F „hintereinandergeschaltet". Wie groß auch die plastische Verformung s_plast von P ist, die elastische

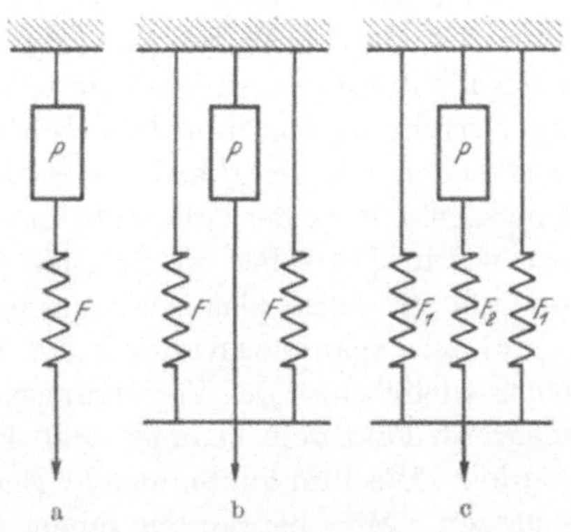

Abb. 65. Schematische Modelle aus einem ideal plastischen Körper P und ideal elastischen Federn F zur Veranschaulichung der Unabhängigkeit und Abhängigkeit der elastischen von den plastischen Verformungen. a) Unabhängige Verformungen. b) Abhängige Verformungen. c) Teilweise abhängige und unabhängige Verformungen.

Verformung s_elast von F hängt nur von der Größe der angelegten Last K ab, d. h. ist unabhängig von der ersteren. In der mathematischen Ausdrucksweise heißt das: s_plast und s_elast können unabhängig voneinander variiert werden. In diesem Falle ist in (81) und (82) $dU/da = 0$ bzw. in (85) und (87) $dU_V/ds = 0$, also $\sigma' = \sigma$ bzw. $K = K_\sigma$, d. h. für einen wirklichen Kristall treffen die Gesetzmäßigkeiten eines Ersatzkristalls zu. Das ist z. B. bei der homogenen Verformung von Einkristallen der Fall. Die inhomogene Zustandsgleichung (82) geht dann in die homogene Zustandsgleichung (22 I) über.

Teilbild b von Abb. 65 zeigt den entgegengesetzten Fall. Hier sind P und F „parallelgeschaltet". Wir können hier s_plast nicht verändern, ohne gleichzeitig s_elast um denselben Betrag mitzuändern, d. h. beide Verformungen sind nicht unabhängig voneinander variierbar. dU/da bzw. dU_V/ds sind von Null verschieden und es tritt eine Spannungsverfestigung auf.

In Teilbild c ist schließlich der Fall veranschaulicht, bei dem die elastische Verformung zum Teil unabhängig, zum Teil abhängig von der plastischen Verformung ist. Nur die Feder F_1 gibt einen Beitrag dU/da bzw. dU_V/ds zur Spannungsverfestigung, während für F_2 $dU/da = 0$ ist. Bei der Biegung von Einkristallen entspricht die Verformung von F_1 den Verzerrungen der Gleitlamellen, die Verformung von F_2 der dem ganzen Kristall überlagerten elastischen Biegung, die sich näherungsweise aus den elastizitätstheoretischen Formeln mit K_σ als äußerer Kraft ergibt.

In einem Punkt entspricht das Modell c nicht der Wirklichkeit: Nehmen wir die Last weg, so geht die Verformung in beiden Federn zunächst um den Betrag $s_{\text{elast}}(F_2)$ zurück. Dabei ist aber die Feder F_1 noch nicht entspannt, denn sie hat ja noch die zusätzliche Verformung s_{plast} erfahren, und übt daher über die Feder F_2 einen Druck auf den plastischen Körper P auf, der so lange zurückfließt, bis sich der Ausgangszustand wieder eingestellt hat. In Wirklichkeit bildet sich jedoch, wie wir in **23a** sehen werden, ein stabiler Eigenspannungszustand aus und die erreichte plastische Verformung bleibt bestehen.

c) Die Spannungsverfestigung bei der Biegung von Kristallen mit einer Gleitebene. Der Verzerrungszustand der Gleitlamellen wird durch mehrere Faktoren bedingt und kann noch nicht genau angegeben werden. Die ihm zukommende Energie läßt sich jedoch zum Teil abschätzen. Wir betrachten einen Kristall mit einem einzigen Gleitsystem mit dem rechteckigen Querschnitt $(2r, 2b)$. Wegen der verschiedenen Änderung der Orientierung in den einzelnen Fasern werden die Gleitlamellen gekrümmt. Ihr mittlerer Krümmungshalbmesser ist näherungsweise gleich dem Krümmungshalbmesser ϱ des ganzen Kristalls. Damit wird nach **29d** die Energie einer Gleitlamelle mit der Dicke 2δ, der Breite $2b$ und der Länge[1] $2r$:

$$U^\delta = \frac{E\, r\, \overset{\square}{J}(\delta)}{(l^0)^2}\, \alpha^2.$$

E ist der Elastizitätsmodul, $\alpha = l^0/\varrho$ der Winkel, den die Endflächen des Kristalls miteinander bilden (Abb. 55). Für alle $l^0/2\delta$ Gleitlamellen beträgt somit die Energie ihrer Verbiegung:

$$U_V^\delta = \frac{E\, r\, \overset{\square}{J}(\delta)}{2 l^0 \delta}\, \alpha^2.$$

Damit wird nach (84) der entsprechende Beitrag zum Biegemoment:

$$\mathfrak{M}_{\text{Gl}}^\delta = \frac{dU_V^\delta}{d\alpha} = \frac{E\, r\, \overset{\square}{J}(\delta)}{l^0 \delta}\, \alpha. \tag{88}$$

---

[1] Innerhalb der benutzten Näherungen können wir von dem Einfluß der Orientierung auf die Länge und Zahl der Gleitlamellen absehen und die Gleitebene senkrecht zur Kristallachse annehmen.

Das Verhältnis von $\mathfrak{M}_{Gl}^{\delta}$ zu dem Moment $\mathfrak{M}_{Kr}$ bei rein elastischer Verformung des ganzen Kristalls ist nach (40) und (2c):

$$\frac{\mathfrak{M}_{Gl}^{\delta}}{\mathfrak{M}_{Kr}} = \frac{r\,\overline{J(\delta)}}{\delta\,\overline{J(r)}} = \left(\frac{\delta}{r}\right)^2. \tag{89a}$$

Zahlenmäßig wird:

$$\frac{\mathfrak{M}_{Gl}^{\delta}}{\mathfrak{M}_{Kr}} = \frac{10^{-5}}{10^{-11}} \quad \text{für} \quad \delta = \frac{10^{-3}\ \text{cm},}{10^{-6}\ \text{cm},} \quad r = 0{,}3\ \text{cm}. \tag{89b}$$

Eine weitere Verzerrung der Gleitlamellen wird dadurch bedingt, daß die Abgleitung längs der wirksamen Gleitebenen nicht stetig veränderlich ist. Denken wir uns den Kristall in Stäbchen mit der Mosaikblockdicke L und der Breite $2\,b$ zerlegt, so ist bei homogener Verformung die Dehnung in jeder Kristallfaser $(d\,x,\,d\,y)$ eines Stäbchens gleich groß. In einem gebogenen Kristall ist aber die Dehnung von Faser zu Faser verschieden, d. h. ein in freiem Zustand verformtes Stäbchen ist auf der einen Seite etwas zuviel, auf der andern etwas zu wenig gedehnt, und zwar um die Beträge $\pm\,\alpha\,L/2$. Der erforderliche Ausgleich kann nur durch zusätzlich elastische Dehnungen bzw. Stauchungen erfolgen. Ihre Energie für ein Stäbchen beträgt nach **29d**:

$$U^L = \frac{E\,\overline{J(L/2)}}{2\,l^0}\,\alpha^2$$

und für alle $2\,r/L$ Stäbchen zusammen:

$$U_V^L = \frac{E\,r\,\overline{J(L/2)}}{l^0\,L}\,\alpha^2\,.$$

Damit wird der Beitrag zum Biegemoment:

$$\mathfrak{M}_{Gl}^L = \frac{dU_V^L}{d\alpha} = \frac{2\,E\,r\,\overline{J(L/2)}}{l^0\,L}\,\alpha\,. \tag{90}$$

Sein Verhältnis zu dem Moment $\mathfrak{M}_{Kr}$ bei rein elastischer Verformung des ganzen Kristalls ergibt sich nach (40) und (2c) zu:

$$\frac{\mathfrak{M}_{Gl}^L}{\mathfrak{M}_{Kr}} = \frac{r}{L/2}\,\frac{\overline{J(L/2)}}{\overline{J(r)}} = \left(\frac{L/2}{r}\right)^2. \tag{91a}$$

Zahlenmäßig ist:

$$\frac{\mathfrak{M}_{Gl}^L}{\mathfrak{M}_{Kr}} = \frac{10^{-5}}{10^{-11}} \quad \text{für} \quad L = \frac{2\cdot10^{-3}\ \text{cm},}{2\cdot10^{-6}\ \text{cm},} \quad r = 0{,}3\ \text{cm}. \tag{91b}$$

Wie man durch Vergleich von (89b) und (91b) mit (41b) sieht, stimmen die berechneten Verhältniswerte mit den an Zinkkristallen gemessenen Werten für $\delta \sim 10^{-3}$ cm bzw. $L \sim 5\cdot10^{-3}$ cm überein. Nach den Vergleichsmessungen der Mosaikgrößen von Dehlinger und Gisen

an gegossenen und rekristallisierten Aluminiumkristallen (Abschnitt 7b)
ist es nicht ausgeschlossen, daß bei den verwandten gegossenen Zinkkristallen L obigen Wert besitzt, und $\mathfrak{M}_{Gl}^{L}$ somit die experimentell
geforderte Spannungsverfestigung ergibt. Dagegen dürfte eine Gleitlamellendicke von 10^{-3} cm nach den übrigen Erfahrungen zu groß
sein (vgl. 2a). Eine endgültige Entscheidung, ob die Beziehungen (89a)
und (91a) die wirklichen Verhältnisse richtig wiedergeben, kann erst
auf Grund weiterer experimenteller Untersuchungen getroffen werden.
Dabei ist es bemerkenswerterweise nicht erforderlich, δ und L selbst
zu bestimmen, was auch noch nicht genau möglich ist, sondern es genügt,
unter sonst gleichen Bedingungen den Kristalldurchmesser zu ändern,
wobei bereits Änderungen im Verhältnis 1:10 Änderung der Spannungsverfestigung im Verhältnis 1:100 ergeben müssen, wenn (88) und (90)
die maßgebenden Beiträge sind.

Daneben gibt es noch weitere Beiträge, die davon herrühren, daß die
etwas verschiedenen Krümmungen auf beiden Seiten der freien Gleitlamellen bei ihrer zwangsläufigen Verbindung im Kristall durch elastische
Dehnungen bzw. Stauchungen in Richtung der Kristallachse und Schiebungen längs ihrer Grenzstellen ausgeglichen werden müssen. Zur
Berechnung der hierzu erforderlichen Energie genügt es nicht mehr,
die freien Gleitlamellen als kreisförmig gebogen anzunehmen. Hierbei
wäre der Unterschied der Krümmungsradien auf beiden Seiten einer
Lamelle gleich 2δ, und der mittlere Abstand zweier aneinanderstoßender
Oberflächen $\sim \delta(r/\varrho)^2$, so daß für $\varrho \sim 10r$ bereits elastische Dehnungen
bzw. Stauchungen der Lamellen mit der „Länge" 2δ von der Größenordnung 1% erforderlich wären, deren Energie die beobachtete Größe
weit überschreiten würde. Eine Abschätzung der Krümmungsunterschiede und damit des Beitrags zur Spannungsverfestigung erfordert
eine genaue Untersuchung des Verformungszustandes einer Lamelle,
die noch nicht vorliegt. Dehlinger (1940, 1) hat darauf hingewiesen,
daß dieser Beitrag unterhalb einer bestimmten Gleitlamellendicke wahrscheinlich sehr rasch zunimmt. In diesem Falle würde sich in Wirklichkeit die Dicke ausbilden, bei der die Spannungsverfestigung ein Minimum
besitzt. Diese Möglichkeit ist deshalb besonders bemerkenswert, da
dann bei inhomogenen Verformungen, im Gegensatz zu den homogenen
Verformungen, die Gleitlamellendicke nicht in erster Linie durch den
mittleren Abstand der plastisch wirksamen Fehlstellen bedingt wäre.

Auf die besonderen atomistischen Verhältnisse an den Grenzflächen
zweier Gleitlamellen hat schon Polanyi (1925, 1) hingewiesen. Man
erkennt aus Abb. 66, welche dieser Arbeit entnommen ist, daß der
Dichteunterschied der Atome auf beiden Seiten der Grenzfläche Atomanordnungen bedingt, die mit den Versetzungen in homogen verformten
Kristallen in den Grundzügen übereinstimmen. Sie unterscheiden sich

aber von letzteren wesentlich dadurch, daß sie durch gegenseitige Verschiebung weniger Atome nicht mehr aufgelöst werden können, denn solche Verschiebungen sind nicht stabil[1], da bei ihnen die elastische Energie des Gitters dauernd zunimmt. Demgegenüber nimmt in einem homogen verformten Kristall die elastische Energie bei solchen Verschiebungen nach anfänglicher Zunahme wieder ab (Auflösungsschwelle) und eine Auflösung der Versetzungen ist möglich.

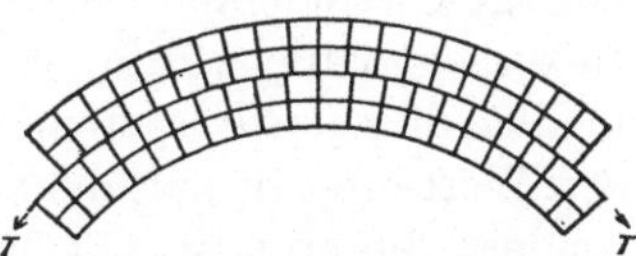

Abb. 66. Der atomistische Zustand an der Grenze zweier verbogenen Gleitlamellen (schematisch). T Gleitebene. Aus Polanyi (1925, 1).

Die Voraussetzung für das Zustandekommen der plastischen Biegung und damit des Gitterzustands in Abb. 66 ist die Bildung gewöhnlicher Versetzungen, die zunächst wandern und zum Teil auch aufgelöst werden. In dem Maße aber, als die Biegung der Gleitlamellen bzw. der „Dichteunterschied" der Atome längs ihrer Grenzflächen zunimmt, wird eine immer größere Anzahl von ihnen dauernd gebunden. Eine offene Frage ist es, ob dadurch die Neubildung und Wanderung weiterer Versetzungen erschwert und eine Art zusätzlicher atomistischer Verfestigung bedingt wird[2]. Wenn das der Fall wäre, so würde bei Einkristallen die Spannungsverfestigung zahlenmäßig geringer sein, als wir sie nach (41 b) berechnet haben. Ihr Vorhandensein als solches wird aber dadurch nicht berührt.

d) Die Spannungsverfestigung bei mehreren Gleitebenen. Die Verformungen der Gleitlamellen bleiben nur dann rein elastisch, wenn der Kristall eine einzige Gleitebene besitzt. Bei mehreren Gleitebenen, die bis auf die zuerst wirksame notwendig durch die Gleitlamellen derselben verlaufen, besteht die Möglichkeit, daß diese Verformungen zum Teil durch Gleiten nach einer oder mehrerer jener Gleitebenen bewirkt werden. Das ist der Fall, sobald die Schubspannung in ihnen den (unter Berücksichtigung der atomistischen Verfestigung) jeweiligen Knickwert erreicht hat. Von da an wird die Verzerrungsenergie geringer als bei rein elastischer Verformung der Gleitlamellen, d. h. die Verformungskurve nähert sich mehr der Kurve eines Ersatzkristalls als in letzterem Falle. Diese Annäherung ist um so größer, je mehr Gleitebenen (neben der zunächst wirksamen) und Gleitrichtungen in denselben vorhanden sind.

---

[1] Dagegen darf man keineswegs schließen, daß der in Abb. 66 gezeichnete Zustand gegenüber gleichzeitigen Verschiebungen hinreichend vieler Atome stabil ist, wie die Tatsache der Rekristallisationsfähigkeit zeigt. Dehlinger (1941, 1) hat die Atomverschiebungen, die zu Rekristallisationskeimen führen können, näher untersucht. Die scharfe Rekristallisationstemperatur ist eine Folge der hohen „Reaktionsordnung" dieser Vorgänge.

[2] Ein Beitrag zur Lösung dieser Frage kann vielleicht durch Anwendung der Rechnungen von Frenkel und Kontorova (**11**) auf zwei Gitterreihen mit verschiedenen Gitterkonstanten erzielt werden.

Würde das Gleiten vollkommen kontinuierlich erfolgen, so könnte durch Betätigung von fünf unabhängigen Gleitsystemen mit geeigneter Gleitgeschwindigkeit jede beliebige Verformung erzielt werden (**30**). In diesem Falle würde von dem Zeitpunkt an, wo die Schubspannung in allen diesen Gleitsystemen den ihrer Gleitgeschwindigkeit entsprechenden Wert erreicht hat, die Spannungsverfestigung nicht mehr zunehmen, sondern die atomistische Verfestigung allein maßgebend sein, d. h. die Verformungskurve, bis auf eine gewisse anfängliche Erhöhung, mit der eines Ersatzkristalls übereinstimmen. In Wirklichkeit kann dieser Fall wegen der atomistischen Struktur der Kristalle und der Gleitlamellenbildung infolge ihrer Gefügeunterschiede nicht streng zutreffen. Es ist aber zu erwarten, daß bei den Kristallen mit der erforderlichen Anzahl von Gleitsystemen (z. B. den kubischen Kristallen mit Oktaedergleitung) die Spannungsverfestigung oberhalb einer noch kleinen Verformung nicht mehr merklich zunimmt und dort der Verlauf der Verformungskurven im wesentlichen durch die Zunahme der atomistischen Verfestigung bestimmt wird.

Bei Einkristallen liegen noch keine diesbezüglichen Untersuchungen vor. Die an vielkristallinen Materialien gewonnenen Ergebnisse, auf die wir in **25 d** zu sprechen kommen, bestätigen obige Erwartungen.

23. Die Stabilität des verformten Zustandes.

a) Eigenspannungen im entlasteten Kristall. Unsere bisherigen Aussagen bezogen sich auf den Zustand des Kristalls während der Verformung, also unter der Wirkung der äußeren Kräfte. Nehmen wir diese weg, so legt das Modell c in Abb. 65 die Vermutung nahe, daß die elastischen Spannungen nunmehr den plastischen Körper so lange in der zur ursprünglichen entgegengesetzten Richtung beanspruchen, bis sich der Ausgangszustand wieder eingestellt hat. Ist die Erholung (der atomistischen Verfestigung) hinreichend groß, so erfolgt dieses Rückfließen in einer angemessenen Zeit. Dieses Verhalten tritt in Wirklichkeit nicht ein, ein inhomogen verformter Kristall behält seinen verformten Zustand praktisch unbegrenzt lange bei. Unser Modell muß also in irgendeiner Hinsicht unvollständig sein. Die Unvollständigkeit liegt darin, daß wir dabei sowohl die plastische als die elastische Verformung als homogen angenommen haben.

Bei einer inhomogenen Verformung eines Einkristalls, für die wir als Beispiel die Biegung betrachten, ist aber die begleitende Verzerrung der Gleitlamellen ebenfalls inhomogen. Ein Rückwandern der Versetzungen und eine damit verbundene Rückbiegung der Gleitlamellen ist in diesem Falle nur möglich, wenn die Schubspannung längs der Grenzfläche zweier Gleitlamellen ungefähr denselben Verlauf, nur mit umgekehrtem Vorzeichen, besitzt, wie ursprünglich bei der Biegung.

Dazu sind aber in beiden Fällen, bis aufs Vorzeichen, ungefähr dieselben äußeren Kräfteverteilungen erforderlich. Diese sind aber im belasteten und unbelasteten Kristall grundsätzlich verschieden, so daß in letzterem nicht der zum Rückgleiten erforderliche Spannungszustand bestehen kann. Da aber unter diesen Umständen auch die Verzerrungen der Gleitlamellen nicht verschwinden können, so muß sich beim Entlasten ein Eigenspannungszustand ausbilden, d. h. ein Zustand, bei dem die Spannungen im Innern bei fehlenden äußern Kräften von Null verschieden sind[1]. Die damit verbundene Rückbiegung des ganzen Kristalls ist von der Größenordnung der elastischen Biegung, die dem vor dem Entlasten erreichten Biegemoment entspricht.

Diese Verhältnisse bestehen offenbar nicht nur bei der Biegung, sondern allgemein bei inhomogenen plastischen Verformungen, denn in allen diesen Fällen kann die Rückgleitung, als notwendige Voraussetzung für den Rückgang der elastischen Verzerrungen, nur durch eine der ursprünglichen, bis aufs Vorzeichen ähnliche Schubspannungsverteilung längs der Gleitlamellengrenzen, die im entlasteten Kristall nicht verwirklicht ist, ermöglicht werden.

Die Berechnung von Eigenspannungszuständen bietet erhebliche mathematische Schwierigkeiten, so daß sie bis jetzt nur unter besonders einfachen Annahmen, die aber bei verformten Kristallen nicht zutreffen, durchgeführt werden konnte [vgl. Love und Timpe (1907, 1)]. Qualitativ werden sie nach der Größe der Bereiche, in denen sie sich nicht merklich ändern, in drei Gruppen eingeteilt: Die Spannungen erster Art sind über Gebiete von etwa 1 mm und darüber konstant. Sie treten in allen kaltverformten technischen Werkstoffen[2] und als Abschreckspannungen auf. Ihre Größe kann nach dem Ausbohrverfahren[3] oder röntgenographisch durch eine Linienverschiebung [Möller (1939, 2); Glocker (1940, 3)] oder spannungsoptisch (Modellversuche) [Föppl und Neuber (1935, 1); Mesmer (1939, 1)] gemessen werden.

Die Eigenspannungen sind meist nicht in allen Richtungen in gleicher Weise veränderlich. Häufig sind sie, wie wir in **25e** an Einzelbeispielen sehen werden, in zueinander parallelen Flächenschichten nahezu konstant, in den dazu senkrechten Richtungen dagegen verhältnismäßig

---

[1] Diese Eigenspannungen sind von den Eigenspannungen der Versetzungen zu unterscheiden. Für beide ist letzten Endes die regelmäßige atomistische Struktur der Kristalle und der dadurch bedingte kristallographische Charakter der Gleitung erforderlich, denn in einem amorphen Körper kann es, wie in einer Flüssigkeit, keine auf die Dauer beständigen Eigenspannungen geben. Während aber letztere auch bei homogener Verformung auftreten, da die an einer Fehlstelle verschobenen Atome zwei mechanisch stabile Gleichgewichtslagen besitzen, ist für erstere eine gemischt plastisch-elastische inhomogene Verformung notwendig.

[2] Über die allgemeine Ursache vgl. **25e**.

[3] Siehe z. B. Sachs (1937, 1), Thum und Federn (1939, 1).

rasch veränderlich. Man spricht auch dann noch von Eigenspannungen erster Art, wenn sie nur in einer Richtung über makroskopische Abmessungen konstant sind. In den Richtungen rascherer Veränderlichkeit geben die genannten Meßverfahren in diesen Fällen nur Mittelwerte über die erfaßten Bezirke. Je kleiner diese sind, umso genauer kann der wirkliche Verlauf der Eigenspannungen bestimmt werden.

Von Spannungen zweiter Art spricht man bei Eigenspannungen, die in optisch eben nicht mehr auflösbaren Gebieten noch konstant sind, aber in makroskopischen Bereichen bereits den Mittelwert Null besitzen[1]. Eigenspannungen dritter Art schließlich sind Eigenspannungen, die bereits in submikroskopischen Bereichen stark veränderlich sind. Die beiden letzten Arten können röntgenographisch durch eine Linienverbreiterung nachgewiesen und berechnet werden, doch ist ihre Trennung auf diese Weise nicht möglich, da die Spannungen dritter Art, wenn sie annähernd periodisch sind, dieselbe Verbreiterung ergeben, wie entsprechend große Spannungen zweiter Art [Dehlinger und Kochendörfer (1939, 1; 2)], oder aber wenn sie statistisch regellos verteilt sind oder nur auf hinreichend kleine Bereiche mit störungsfreien Zwischenstellen verteilt sind, nicht verbreiternd wirken (vgl. 2d). Auch mit Hilfe magnetischer Messungen ist die Berechnung dieser beiden Arten von Spannungen möglich [Kersten (1938, 1; 1939, 1); Becker und Döring (1939, 1)], doch ist es auch auf diese Weise noch nicht gelungen, sie zu trennen, obwohl ein Einfluß der Größe ihrer Periode zu erwarten ist[2]. Vielleicht können kombinierte röntgenographische und magnetische Messungen hier einen Schritt weiter führen. Diese Eigenspannungen sind mit Hilfe obiger Verfahren in nahezu allen[3] verformten Ein- und Vielkristallen nachgewiesen worden. Bei den äußerlich homogen gedehnten und gestauchten Einkristallen sind sie eine Folge der unerwünschten, aber unvermeidlichen Inhomo-

---

[1] Da sie, und erst recht die Eigenspannungen dritter Art, mit den zur Bestimmung der Eigenspannungen erster Art geeigneten „makroskopischen" Meßverfahren nicht nachgewiesen werden können, so bezeichnet man sie häufig als „verborgen elastische" Spannungen, oder nach Heyn (1921, 1), der auf ihre Bedeutung zuerst hingewiesen hat, als Heynsche Spannungen.

[2] Bei der Korrektur erhielt der Verfasser Kenntnis von einer Arbeit von Kersten und Gottschalt (1940, 1), in welcher es diesen Verfassern gelungen ist, die Periode der Eigenspannungen in kaltgewalzten Proben von Nickel und Eisen zu $0,2 \cdot 10^{-4}$ bis $3 \cdot 10^{-4}$ cm abzuschätzen. Neuerdings haben Förster und Wetzel (1941, 2) durch Feinausmessung des Verlaufs der Magnetisierung während eines Barkhausens-Sprungs die Periode in Übereinstimmung damit zu $0,7 \cdot 10^{-4}$ bis $3 \cdot 10^{-4}$ cm bestimmt.

[3] In Einkristallen, die durch Schiebegleitung verformt wurden, sind keine Eigenspannungen zweiter Art vorhanden, da solche Kristalle keinen Laue-Asterismus zeigen (2d). Ob dabei die Eigenspannungen dritter Art der Versetzungen eine Linienverbreiterung verursachen, ist noch nicht untersucht.

genitäten, in Vielkristallen treten sie auf, da die Körner wegen ihrer gegenseitigen Behinderung nur inhomogen verformt werden können.

Der größte Wert der Eigenspannungen ist kleiner, aber von derselben Größenordnung wie der größte Wert der elastischen Spannungen während der Verformung. Für gebogene Kristalle können wir ihn abschätzen. Nehmen wir wie oben die Gleitlamellen als kreisförmig gebogen an mit dem Krümmungsradius ϱ des ganzen Kristalls, so beträgt nach (11) die Dehnung in der Randfaser einer Lamelle $D^0(\delta) = \delta/\varrho$, und damit die Spannung:

$$S(\delta) = \frac{E\,\delta}{\varrho} = \frac{E\,D^0(r)\,\delta}{r}, \tag{92a}$$

wo $D^0(r)$ die Dehnung der Randfaser des Kristalls ist. Entsprechend erhält man für die maximalen Spannungen der elastischen Verzerrungen, die zum Ausgleich der Unstetigkeiten der Gleitung in den Stäbchen der Dicke L erforderlich sind,

$$S(L) = \frac{E\,L/2}{\varrho} = \frac{E\,D^0(r)\,L}{2r}. \tag{92b}$$

Wir haben gesehen, daß sich mit dem in gegossenen Kristallen möglichen Wert $L/2r = 10^{-2}$ ($L = 6 \cdot 10^{-3}$ cm, $r = 0,3$ cm) die experimentell beobachtete Spannungsverfestigung ergibt [vgl. (41b) und (91b)]. Damit wird mit $E = 10^4$ kg/mm² $S(L) = 1$ bzw. 10 kg/mm² für $D^0(r)$ $= 1$ bzw. 10%. Die mittleren Eigenspannungen, die einen gewissen Teil, etwa drei Viertel, dieser Spannungen betragen, könnten durch eine Linienverbreiterung noch gut festgestellt werden. Mit den in rekristallisierten Kristallen wahrscheinlichen Werten $L/2r \sim 10^{-4}$ ($L \sim 6 \cdot 10^{-5}$ cm, $r = 0,3$ cm) würden die größten Spannungen bei den gleichen Randdehnungen wie oben nur $^1/_{100}$ bzw. $^1/_{10}$ kg/mm² betragen und die Eigenspannungen sich der Messung entziehen. Dasselbe Ergebnis erhält man, wenn man in $S(\delta)$ für δ einen Wert von $\sim 10^{-5}$ cm einsetzt, wie er sich aus der Linienverbreiterung an kaltbearbeiteten Metallen ergibt.

Messungen der Linienverbreiterung an gebogenen Einkristallen zur Bestimmung der Eigenspannungen liegen noch nicht vor. Zu einer qualitativen Prüfung unserer Ergebnisse können aber auch die Messungen an frei gedehnten Kristallen herangezogen werden, denn bei der Biegung und Dehnung werden sich die Verzerrungen der Gleitlamellen etwa in gleicher Weise ausbilden. Damit stimmt gut überein, daß Caglioti und Sachs (1932, 1) an gedehnten Kupferkristallen eine annähernd lineare Zunahme der mittleren Eigenspannungen mit der Dehnung D^0 festgestellt und für $D^0 = 40\%$ den Wert von etwa 6 kg/mm² gefunden haben. Aus (92b) ergibt sich der Wert $3S(L)/4 = 3$ kg/mm² für $D^0(r)$ $= 40\%$ mit $L/2r = 10^{-3}$.

Es ist zu erwarten, daß der sich unmittelbar nach der Entlastung ausbildende Eigenspannungszustand nicht vollständig stabil ist, sondern auf Grund von örtlichen plastischen Verformungen unter Verminderung der Spannungen Veränderungen erfährt. Diese plastischen Verformungen werden im Laufe der Zeit dadurch ermöglicht, daß die atomistische Verfestigung durch Auflösung der freien, d. h. nicht durch den Dichteunterschied der Atome auf beiden Seiten der Grenzflächen der Gleitlamellen dauernd gebundenen Versetzungen vermindert wird. Doch können auf diese Weise die Eigenspannungen nie vollständig beseitigt werden, sondern nur bis auf einen bestimmten Mindestwert abnehmen[1]. Diesen Wert werden sie auch bei jeder Temperatur (unterhalb der Rekristallisationstemperatur) im Laufe der Zeit annehmen, aber wegen der Temperaturabhängigkeit der Erholung mit um so geringerer Geschwindigkeit, je tiefer die Temperatur ist. Erst bei der Rekristallisationstemperatur können durch thermische Vorgänge höherer Ordnung die Spannungen in größeren Gebieten zum Verschwinden gebracht werden, und von diesen „Keimen" ausgehend schließlich im ganzen Kristall [vgl. Dehlinger (1941, 1)]. Diesbezügliche experimentelle Untersuchungen an inhomogen verformten Einkristallen liegen noch nicht vor, auf die an Vielkristallen erhaltenen Ergebnisse kommen wir in **25e** zu sprechen.

b) Die Rückverformung von inhomogen verformten Einkristallen (Bauschinger-Effekt). Wir untersuchen nun, was geschieht, wenn wir an einem gebogenen Kristall ein dem ursprünglichen entgegengesetztes Biegemoment anbringen[2]. Mit dem Anlegen des Moments überlagert sich der durch die Eigenspannungen bedingten Schubspannungsverteilung längs der Gleitlamellen eine Verteilung, die der ursprünglichen bis aufs Vorzeichen entspricht, und wenn sie hinreichend überwiegt, sicher bewirkt, daß nun in der rückwärtigen Richtung Versetzungen gebildet werden und wandern, d. h. eine rückwärtige Gleitung einsetzt, mit der gleichzeitig die Biegung der Gleitlamellen wieder zurückgehen kann. Der Kristall wird also seine Ausgangsform wieder annehmen. Diese Erwartung wird durch die experimentellen Befunde bestätigt. Es gelingt in der Apparatur von Abb. 51 weitgehend gebogene Kristalle wieder vollkommen geradezubiegen [Lörcher (1939, 1)]. Dabei ist es zunächst ungewiß, ob die Gleitlamellen wieder ganz gerade geworden, d. h. keine Eigenspannungen mehr vorhanden sind. Verschiedene Untersuchungen haben jedoch ergeben, daß das mindestens bei nicht zu großen Verformungen der Fall ist. Der an tordierten Aluminiumkristallen ausgeprägte Laue-Asterismus verschwindet nach Rücktorsion

---

[1] Dieser Zustand ist dann erreicht, wenn eine kleine örtliche plastische Verformung keine weitere Abnahme, sondern eine Zunahme der Energie der elastischen Verzerrungen der Gleitlamellen verursacht. Letztere besitzt also dann bezüglich solcher Verformungen ein Minimum.

[2] Wie bisher gelten die für die Biegung erhaltenen Ergebnisse allgemein für inhomogen verformte Einkristalle.

um denselben Betrag und ebenso das Rekristallisationsvermögen, oder wird bei stärkeren Verdrehungen wesentlich herabgesetzt [Czochralski (1924, 2; 1925, 1); Sachs (1926, 1)]. Dasselbe haben Beck und Polanyi (1931, 1; 2) bei der Biegung und Rückbiegung an Aluminiumkristallen, und schon früher Schmid und Polanyi [vgl. Masing und Polanyi (1924, 2)], an Steinsalzkristallen beobachtet.

Auf Grund dieser Ergebnisse können wir den Verlauf einer Rückbiegungskurve qualitativ übersehen. Da die elastische Energie U_V dabei abnimmt, so wirkt die „Kraft" $\mathfrak{M}_{Gl} = dU_V/d\alpha$ im Sinne der äußeren Kräfte, also entfestigend. Ist die ursprüngliche Biegung hinreichend klein, so daß U_V wieder auf Null zurückgeht, so ist im geradegebogenen Kristall wie im Ausgangszustand $\mathfrak{M}_{Gl} = 0$, also das Biegemoment allein durch die atomistische Verfestigung bestimmt. Sein Wert im Vergleich zu dem vorher erreichten Endwert hängt von dem Verhältnis der atomistischen zur Spannungsverfestigung bzw. ihrer Beiträge $\mathfrak{M}_\tau$ und $\mathfrak{M}_{Gl}$ ab. Je nachdem, ob $\mathfrak{M}_\tau \lessgtr \mathfrak{M}_{Gl}$ ist, verläuft die Rückbiegungskurve, wenn der Kristall wieder geradegebogen ist, bei einem kleineren, etwa gleich großen oder größerem Moment, als das Endmoment beträgt. Stets ist jenes aber kleiner als das Biegemoment, das erforderlich ist, um den Kristall in der ursprünglichen Richtung um den zuerst erreichten Betrag weiterzubiegen, denn dabei nimmt $\mathfrak{M}_{Gl}$ dauernd zu. Führen wir im Falle $\mathfrak{M}_\tau \ll \mathfrak{M}_{Gl}$ statische Versuche mit gleichem Biegemoment in beiden Richtungen aus, so wird der Kristall um nahezu denselben Betrag über die gerade Lage hinaus zurückgebogen wie in der ursprünglichen Richtung, und die beiden Endlagen sind einander gleichwertig. D. h. wir können dann den Kristall mit derselben Belastung oft hin und her biegen. Ein solches Verhalten haben W. Ewald und Polanyi (1925, 1) an Steinsalzkristallen bei sehr kleinen Durchbiegungen beobachtet. Im allgemeinen ist die atomistische Verfestigung gegenüber der Spannungsverfestigung schon so bedeutend, daß bei gleichem Moment in beiden Richtungen die Verformung allmählich zum Stillstand kommt bzw. dieses dauernd erhöht werden muß, wenn die Verformung aufrechterhalten werden soll.

Während so auf Grund der beobachteten Abnahme der elastischen Energie U_V nach der Rückverformung in den Ausgangszustand eindeutig folgt, daß $dU_V/d\alpha$ im Mittel im Sinne der rückverformenden Kräfte, also entfestigend wirkt, ist es noch nicht möglich, genau zu sagen, welchen Wert diese „Kraft" unmittelbar bei Beginn der Rückverformung annimmt, d. h. wie groß die Spannungsverfestigung dort ist. Dehnungsmessungen von Sachs und Shoji (1927, 1) an α-Messingkristallen, die um verschiedene Beträge vorgestaucht waren, haben eine merkliche Herabsetzung der durch verschiedene Dehnungswerte festgelegten Werte der Streckgrenze ergeben. Abb. 67 zeigt die Ergebnisse. Die Kristalle hatten bei einer Meßlänge von 10 mm einen Durchmesser von 9,2 mm, die Längenänderung wurde durch ein Martenssches Spiegelgerät abgelesen. Etwas erschwert wird die Deutung dieser Ergebnisse dadurch, daß auch bei fehlender Spannungsverfestigung, die aber bei den Versuchen von Sachs und Shoji wegen der vorangegangenen Stauchung sicher aufgetreten ist, eine Herabsetzung der Streckgrenze in der neuen Verformungsrichtung eintritt, infolge der gegenüber der Bildungsschubspannung geringeren Wanderungsschubspannung der noch nicht aufgelösten Versetzungen. Wäre jedoch dieser

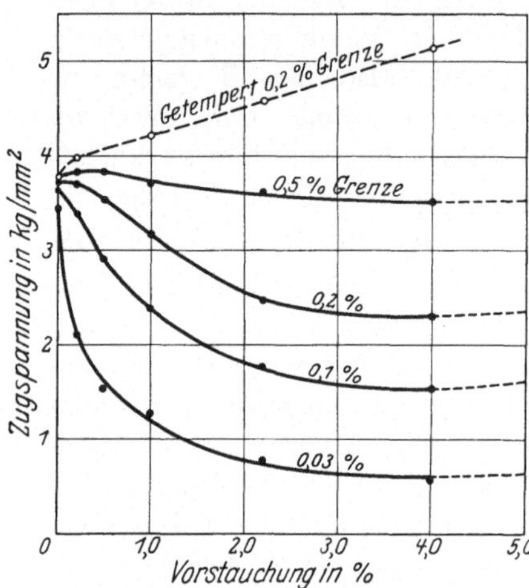

Abb. 67. Änderung der durch bestimmte Dehnungswerte (den Kurven angeschrieben) festgelegten Streckgrenzen von α-Messingkristallen durch vorangegangene Stauchungen. Aus Sachs und Shoji (1927, 1)..

Faktor vorwiegend wirksam, so würde nach 17 die neue Streckgrenze zwar gegenüber ihrem jeweiligen Endwert im vorgestauchten Kristall um einen nahezu konstanten Betrag abnehmen, aber mit der Vorstauchung zunehmen (vgl. Abb. 48), während sie in Wirklichkeit anfänglich abnimmt und erst bei größeren Vorstauchungen infolge der anwachsenden atomistischen Verfestigung zunimmt. Wir haben also diese Abnahme im wesentlichen einer Verringerung der Spannungsverfestigung bei Beginn der Rückverformung (Dehnung) gegenüber ihrem (bei der Stauchung) erreichten Endwert zuzuschreiben und als echten „Bauschinger-Effekt" anzusehen[1].

Für eine genaue Untersuchung des Verlaufs der Spannungsverfestigung während einer Rückverformung ist eine Erweiterung des experimentellen Materials, insbesondere bei dynamischer Versuchsführung, erforderlich.

---

[1] Die Erscheinung, daß die Streckgrenze bei einer Umkehr der Beanspruchungsrichtung gegenüber ihrem erreichten Endwert herabgesetzt ist, wird allgemein als Bauschinger-Effekt bezeichnet, nach Bauschinger (1881, 1), der sie zuerst an metallischen Vielkristallen eingehender beschrieben hat. Beobachtet wurde sie schon früher von Voigt (1874, 1) an gebogenen Steinsalzkristallen. Gemäß den in verformten Vielkristallen auftretenden Unterschieden des Spannungszustandes der einzelnen Körner ist mit diesem Effekt stets die Vorstellung einer Abnahme der Spannungsverfestigung bei Beginn der Rückverformung verbunden worden. Nachdem die Versuche von Held (16, 17) ergeben haben, daß, wenigstens bei Einkristallen, der „Rückwanderungseffekt" der Versetzungen, der in derselben Weise wirkt, vorherrschend sein kann, ist es notwendig, den Begriff in obiger Weise zu definieren und im Einzelfall zu untersuchen, welcher der beiden „Umkehreffekte" vorliegt.

IV. Einsinnige Verformung metallischer Werkstoffe[1].

24. Übersicht über die experimentellen Ergebnisse.

a) Kennzeichnung der Vielkristalle. Das physikalische Verhalten der vielkristallinen Werkstoffe ist bestimmt durch Korngröße und Textur und unter Umständen durch eine von der Kornsubstanz verschiedene Korngrenzensubstanz. Letztere ist insbesondere bei Legierungen von Wichtigkeit, bei denen sich auf Grund des Zustandsdiagramms zuletzt eine neue Phase zwischen den Körnern abscheidet. So kann z. B. bei unreinem Eisen Zementit mikroskopisch in den Korngrenzen nachgewiesen werden. Wir sehen von dieser Erscheinung zunächst ab und werden später darauf zurückkommen.

Unter einem Korn verstehen wir einen Bereich mit den geometrischen und physikalischen Eigenschaften eines Einkristalls, also einen Bereich mit einheitlicher Orientierung und keinen stärkeren Gitterstörungen als die Mosaikgrenzen[2]. Die Textur ist der Inbegriff der Orientierungsmannigfaltigkeit der Körner. Wechselt die Orientierung statistisch unregelmäßig von Korn zu Korn, so spricht man von regelloser Orientierung, andernfalls von Texturen im engeren Sinne.

Ein Werkstoff mit kleinen Körnern und regelloser Orientierung verhält sich makroskopisch quasi-isotrop, d. h. die Anisotropie der Einzelkörner tritt äußerlich nicht mehr in Erscheinung. Je größer die Körner und je geregelter die Textur ist, um so mehr nimmt der Stoff die Eigenschaften eines Einkristalls an, desto ausgeprägter ist seine makroskopische Anisotropie. Es liegt somit auf der Hand, daß die Textur eine wichtige Rolle für das technologische Verhalten eines Werkstoffs spielt, und die Kenntnis der Bedingungen, unter denen sie entsteht, praktisch sehr bedeutsam ist. Obwohl die Ausbildung der Verformungstexturen unmittelbar mit dem kristallographisch bestimmten Charakter der Gleitung zusammenhängt und ein schönes Beispiel für die Anwendung der homogenen Gesetzmäßigkeiten bei Einkristallen bietet, so sehen wir von ihrer ausführlichen Behandlung ab, da sie bereits mehrfach eingehend beschrieben wurden[3], und gehen nur kurz auf sie ein[4].

---

[1] Sachs und Fiek (1926, 2); Sachs (1930, 1; 1934, 1); Schmid und Boas (1935, 1); Handbuch der Werkstoffprüfung (1939, 1; 1940, 1); Carpenter und Robertson (1939, 1).

[2] Dieser Zusatz ist erforderlich, da sich z. B. Werkstoffe mit ausgeprägter Regeltextur, also durchgehend einheitlicher Orientierung, teilweise wie Einkristalle (z. B. bei plastischer Verformung), teilweise anders (Beständigkeit gegen Korrosionswirkungen) verhalten können.

[3] Sachs (1930, 1; 1934, 1); Schmid und Wassermann (1931, 1); Schmid und Boas (1935, 1); Glocker (1936, 1); Wassermann (1939, 1).

[4] Die Behandlung der Rekristallisations- und Gußtexturen gehört nicht in den Rahmen unserer Betrachtung.

b) Beschreibung der Texturen. Die Feststellung einer Textur ist im Grunde eine Orientierungsbestimmung der einzelnen Körner bezüglich eines festen Koordinatensystems, und kann grundsätzlich mit allen in **1c** beschriebenen Verfahren erfolgen. Die größte Bedeutung besitzen jedoch, wegen ihrer Einfachheit und allgemeinen Anwendungsfähigkeit auch bei komplizierten Texturen, die Röntgenverfahren.

Machen wir etwa eine Debye-Scherrer-Aufnahme eines regellos orientierten vielkristallinen Materials, so erhalten wir gleichmäßig geschwärzte (Abb. 68a) oder gleichmäßig dicht mit Schwärzungspunkten

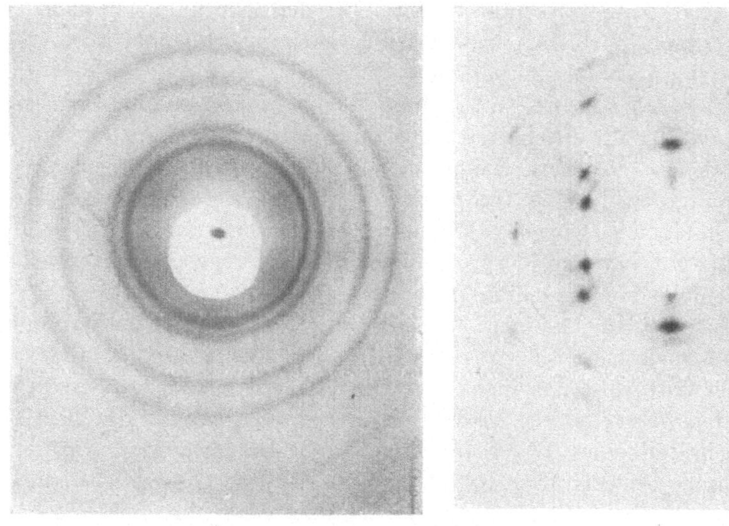

Abb. 68. Debye-Scherrer-Aufnahmen auf ebenen Filmen von Aluminium, a) eines feinkörnigen regellos orientierten Pulvers, b) eines Drahtes mit Textur. Aus Glocker (1936, 1).

belegte[1] Ringe, wie wir auch die Einstrahlrichtung nehmen. Besitzt das Material jedoch eine Textur, so sind bestimmte Stellen der Ringe stärker geschwärzt (Abb. 68b) bzw. dichter mit Punkten belegt als andere, und es entsteht die Aufgabe, daraus die relative Häufigkeit, mit der die verschiedenen Orientierungen vorkommen, festzustellen. Hierzu sind im allgemeinen mehrere Aufnahmen mit verschiedenen Einstrahlrichtungen erforderlich.

Die meisten Texturen sind so zu beschreiben, daß eine oder mehrere kristallographische Richtungen oder Ebenen um bestimmte, durch den Verformungsvorgang ausgezeichnete Richtungen oder Ebenen (ideale Lagen) mehr oder weniger stark streuen. Zur vollständigen und über-

---

[1] Die Ringe werden in Punkte aufgelöst, wenn die Körner größer als etwa $^1/_{100}$ mm sind [Glocker (1936, 1)].

sichtlichen Kennzeichnung dieser Verhältnisse dienen die „Flächenpol-figuren" (kurz Polfiguren), das sind Darstellungen der Lage von Netz-ebenennormalen in stereographischer Projektion [Wever (1924, 1); Sachs-Schiebold (1925, 1)]. Abb. 69 zeigt als Beispiel die Polfiguren der (111)- und (110)-Ebenen der Walztextur von α-Messing mit der Walzebene als Projektionsebene [nach v. Göler-Sachs (1927, 3)]. Die schraffierten Bezirke geben die häufigsten, die weiter umrandeten Ge-biete die weniger häufigen Lagen an. Die idealen Lagen sind durch Punkte gekennzeichnet; auf sie beziehen sich die weiteren Ausführungen. Der in Teilbild b im Mittelpunkt liegende Pol besagt, daß eine (110)-Ebene in der Walzebene liegt. Mit dieser Feststellung wäre es verträg-lich, daß die Körner um diesen Pol in regelloser Weise gedreht wären.

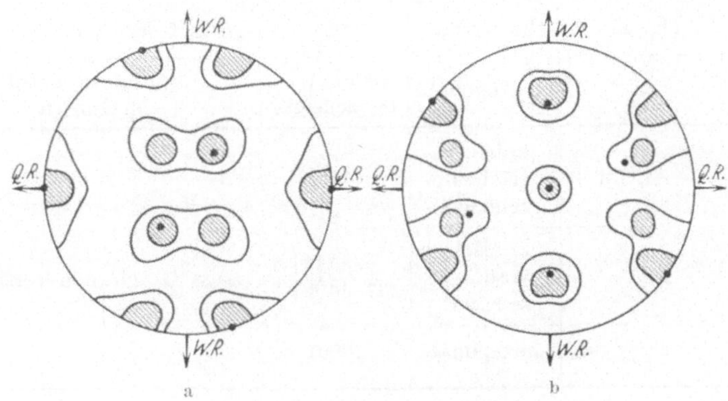

Abb. 69. Walztextur von α-Messing.
a) Polfigur der (111)-Ebenen. b) Polfigur der (110)-Ebenen. Aus v. Göler und Sachs (1927, 3).

Die Pole der übrigen fünf (110)-Ebenen müßten dann auf Kreisen um den Mittelpunkt der Polfigur gleichmäßig dicht liegen. Das ist jedoch, wie Teilbild b zeigt, nicht der Fall. Diese Pole sind auch festgelegt, d. h. eine ganz bestimmte kristallographische Richtung in der (110)-Ebene liegt in der Walzrichtung. Die Ausmessung der Winkel ergibt, daß sie von einer Würfelecke nach der Mitte der gegenüberliegenden [110]-Kante verläuft, also eine [112]-Richtung ist. Damit sind die Pol-figuren der übrigen Netzebenen eindeutig bestimmt und ergeben sich in der Tat experimentell erwartungsgemäß. Insbesondere bestätigen wir aus Teilbild a die Forderung, daß eine [111]-Richtung in der Quer-richtung liegen muß. Im übrigen ist zu erkennen, daß die Streuung um die beschriebene ideale Lage nicht sehr groß ist. Weitere Walz-texturen enthält Tabelle 8.

In obigem Beispiel ist die Textur sowohl bezüglich einer Ebene (Walzebene) als auch Richtung (Walzrichtung) festgelegt, wie auch zu erwarten ist. Demgemäß wird bei Verformungen mit einer ausgezeich-

Tabelle 8. Ideale Lagen der Gitterrichtungen und Ebenen bezüglich der Beanspruchungsrichtungen und Ebenen bei den Verformungstexturen von Metallen. Aus Glocker (1936, 1).

Art der Texturen	Metalle	Gittertypus	Zur Kraftrichtung parallele Richtungen und Ebenen	
Zugtexturen	Ag, Al, Au Cu, Ni, Pd	kubisch-flächen-zentriert	I. [111] II. [100]	Häufigkeit der Lage I und II für die verschiedenen Metalle verschieden. I im allgemeinen überwiegend
	α-Fe, Mo, W	kubisch-raum-zentriert	[110]	—
	Mg, Zr	hexagonal	(0001)	„Ringfasertextur" im Innern
	Zn	hexagonal	(0001) um 18° geneigt [1]	„Spiralfasertextur" im Innern
Stauchtexturen	Al, Cu	kubisch-flächen-zentriert	[110]	—
	α-Fe	kubisch-raum-zentriert	I. [111] II. [100]	Lage II schwach vertreten
	Mg	hexagonal	[0001]	—

Art der Texturen	Metalle	Gittertypus	Zur Walzrichtung parallele Richtungen	Zur Walzebene parallele Ebenen	
Walztexturen	Ag, α-Messing Pt, Zinnbronze	kubisch-flächen-zentriert	[112]	(110)	Für Pt noch [100], (001)
	Al, Au, Cu Ni-Konstantan	kubisch-flächen-zentriert	I. [112] II. [111]	I. (110) II. (112)	Auch als [335], (135) gedeutet
	α-Fe, Mo, W	kubisch-raum-zentriert	I. [110] II. [110] III. [112]	I. (001) II. (112) III. (111)	Bei Mo und W nur Lage I. Lage III schwach vertreten
	Mg, Zr	hexagonal	—	(0001)	„Ringfasertexturen"
	Zn	hexagonal	[1120]	(0001) um 20° geneigt [1]	—

---

[1] Vgl. hierzu **25 b.**

neten Richtung (Dehnen, Stauchen, Düsenziehen[1], Tordieren) die Textur Rotationssymmetrie um diese Richtung besitzen, wie es auch das Experiment bestätigt. Im einfachsten Fall liegt eine (oder mehrere) bestimmte kristallographische Richtung(en) in der Beanspruchungsrichtung, während im übrigen die Körner regellos um diese Richtung gedreht sind. Man spricht dann in Anlehnung an die Textur der natürlichen Faserstoffe (Zellulose) von Fasertexturen (Mehrfachfasertexturen). Die Zug-[2] und Stauchtexturen einiger Metalle sind in Tabelle 8 angegeben.

Die Streuungen um die idealen Lagen sind je nach den besonderen Verhältnissen mehr oder weniger groß. Beim Düsenziehen z. B. liegen die bezeichneten kristallographischen Richtungen nicht genau in der Drahtachse, sondern parallel zu den Mantellinien eines Kegels mit der Spitze in der Achse (Kegelfasertextur). Außerdem ist die Textur nicht homogen, d. h. der Öffnungswinkel des Kegels ist in verschiedener Entfernung von der Achse verschieden, und zwar nimmt er von außen nach innen auf Null ab. Auch bei Walztexturen werden solche Inhomogenitäten beobachtet.

Unsere weiteren Untersuchungen beziehen sich auf quasi-isotrope, d. h. hinreichend feinkörnige und regellos orientierte Werkstoffe.

c) Dehnungskurven metallischer Werkstoffe und ihr Vergleich mit den Dehnungskurven der Einkristalle. Die technischen Prüfmaschinen für Zugversuche sind im Prinzip Polanyi-Apparate. Die Feder ist den technischen Erfordernissen entsprechend durch Laufgewichte, Pendelwaagen und andere Meßeinrichtungen für die Last ersetzt[3], der Zugspindelantrieb erfolgt von Hand oder maschinell. Mit Späth (1938, 1) und im Anschluß an unsere früheren Bezeichnungen nennen wir Maschinen „hart", wenn geringe Bewegungen des mit dem Lastmesser verbundenen Zugarms große Änderungen der Last zur Folge haben (den Grenzfall bildet die unendlich harte Maschine mit unendlich steifer Feder), im andern Falle „weich" (dem Grenzfall einer unendlich weichen Maschine entspricht die statische Versuchsführung). Bei ersteren können wir die Dehnungsgeschwindigkeit genau vorgeben. Sie zeigen unter Umständen auftretende Spannungsabnahmen (z. B. nach der oberen Streckgrenze von weichen Stählen) an. Bei weichen Maschinen ist die Dehnungsgeschwindigkeit durch die Zuggeschwindigkeit und die Geschwindigkeit der Federdurchbiegung (die vom Spannungsanstieg abhängt) bestimmt und nur innerhalb gewisser Grenzen vorgebbar.

---

[1] Die Texturen beim freien Dehnen und beim Ziehen durch eine Düse stimmen, abgesehen von der Einwirkung der Ziehdüse in einer Oberflächenschicht, überein (vgl. weiter unten).

[2] Darunter fassen wir die in ihren Grundzügen gleichen Dehnungs- und Ziehtexturen zusammen.

[3] Wir behalten die Bezeichnung Feder für diese Meßeinrichtungen bei.

In diesem Falle wird eine Spannungsabnahme, die bei konstanter Dehnungsgeschwindigkeit nachweisbar ist, mehr oder weniger verwischt, da das Fließen ohne größere Rückbiegung der Feder stattfinden kann[1]. Dabei ist vorausgesetzt, daß die Trägheitswirkungen der Federmasse zu vernachlässigen sind, da sonst die zugrunde gelegte Durchbiegung der Feder kein Maß mehr ist für die an der Probe wirkende Kraft.

Die Dehnungsgeschwindigkeit besitzt bei konstanter Temperatur einen Einfluß auf den Verlauf einer Dehnungskurve (Nennspannung[2] S aufgetragen gegen Dehnung D), der in derselben Richtung liegt und innerhalb der normalen „großen" Geschwindigkeiten von derselben Größenordnung ist wie der Einfluß der Gleitgeschwindigkeit auf den

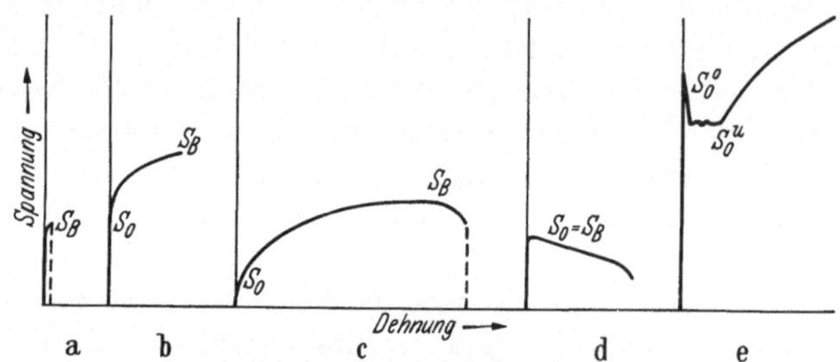

Abb. 70. Dehnungskurven der fünf Werkstoffklassen (schematisch). Vertreter sind für a) Gußeisen; gehärtete Stähle; b) Gußmessing, Bronze; c) Aluminium, Kupfer, Blei in weichem Zustand; hochlegierte und vergütete Stähle; d) Zink, stark kaltverformte Metalle; e) weichere Stähle, gewalzt und geglüht; vereinzelt Legierungen (bestimmte Bronzen). Aus Handbuch der Werkstoffprüfung (1939, 1), Beitrag Körber und Krisch.

Verlauf der Einkristall-Verfestigungskurve. Es besteht daher innerhalb gewisser Fehlergrenzen ohne Rücksicht auf genaue Versuchsbedingungen eine praktische Dehnungskurve[3].

Je nach dem Aussehen der Dehnungskurven, deren bekannte Formen Abb. 70 zeigt, lassen sich fünf Werkstoffklassen, deren wichtigste Vertreter in der Unterschrift zu dieser Abbildung angeführt sind, unter-

---

[1] Über die praktischen Vorzüge und Nachteile der beiden Arten von Maschinen vgl. Späth (1938, 1).

[2] Vgl. Fußnote 2 auf S. 21. In den Zeichen für die Nennspannung, die wir im allgemeinen kurz als Spannung bezeichnen, und die auf die Ausgangslänge bezogene Dehnung lassen wir bei Vielkristallen den oberen Index Null weg, da die wahre Spannung und die auf die jeweilige Länge bezogene Dehnungszunahme in den folgenden Formeln nicht auftreten. Für die Nennspannung und Dehnung der Einkristall-Dehnungskurven gebrauchen wir, wenn es erforderlich ist, zur Unterscheidung die Zeichen S_{Einkr}^o bzw. D_{Einkr}^o.

[3] Da bei allen Meßwerten, die wir im folgenden benutzen, die Versuchsbedingungen, unter denen sie gewonnen wurden, nicht genau bekannt sind, so verwenden wir für sie die mit einem Stern versehenen Zeichen für die praktischen Werte. Im allgemeinen Zusammenhang dagegen gebrauchen wir im Text und in den Formeln die Zeichen ohne Stern, um zum Ausdruck zu bringen, daß der Einfluß der Versuchsbedingungen, wie er durch die Zustandsgleichung (87 III) gegeben wird, prinzipiell zu berücksichtigen ist.

scheiden. Den ersten dreien ist das Fehlen einer ausgeprägten Streckgrenze gemeinsam, d. h. die elastische und plastische Verformung gehen stetig ineinander über. Die Streckgrenze S_0 wird in diesen Fällen durch Vereinbarung als die Spannung bei 0,2% bleibender Dehnung festgelegt. Ihre Werte für einige Metalle in weichgeglühtem oder gegossenem Zustand enthält Tabelle 9.

Die Zugfestigkeit S_B, der Maximalwert der Nennspannung, wird in den Teilbildern a und b im aufsteigenden Teil der Dehnungskurve erreicht, im ersten Fall schon nach geringen bleibenden Dehnungen (spröde Körper), im zweiten Fall nach größeren, gut meßbaren plastischen Dehnungen. In Teilbild c fällt die Nennspannung nach dem Maximum wieder ab. Dabei treten in der bisher gleichmäßig verformten Probe Einschnürungen auf, auf welche die weitere Verformung beschränkt bleibt. Im Gegensatz zur Nennspannung nimmt auch in diesem Teil die wahre Spannung dauernd zu.

Auf die besondere Form der Dehnungskurve von Zink in Teilbild d kommen wir in **25d** zu sprechen.

Die Dehnungskurven mit ausgeprägter oberer und unterer Streckgrenze S_0^o bzw. S_0^u in Teilbild e werden insbesondere bei weicheren unlegierten Stählen beobachtet. Die Werte beider Streckgrenzen nehmen mit der Dehnungsgeschwindigkeit zu [E. Siebel und Pomp (1928, 1)], gleichzeitig wird ihr Unterschied immer kleiner und verschwindet bei sehr großen Geschwindigkeiten schließlich ganz, so daß die Kurven unmittelbar von Beginn an ansteigen. Dieser Befund ist auf Grund des allgemeinen Einflusses der Dehnungsgeschwindigkeit auf die Spannung leicht zu verstehen [vgl. Späth (1938, 1)]. Die Ausbildung der beiden Streckgrenzen hängt auch, wie wir bereits erwähnten, sehr von der Härte der Zerreißmaschine ab. Je geringer diese ist (den Grenzfall bildet die statische Versuchsführung), um so mehr verschwimmen die Feinheiten, denn um so mehr kann die Feder das Fließen in sich aufnehmen, ohne daß sie eine merkliche Lastabnahme anzeigt.

Für einen Vergleich der Verhältnisse bei Ein- und Vielkristallen sind in Abb. 71 die Dehnungskurven einiger Metalle in weichem Zustand (ausgezogen) zusammen mit den Einkristall-Dehnungskurven (gestrichelt oder punktiert) gezeichnet. Erstere wurden mit den Werten der Streckgrenze S_0^*, der Zugfestigkeit S_B^* und der Bruchdehnung D_{10}^* (meist mit δ_{10} bezeichnet) konstruiert. Da diese Werte stark von den besonderen Materialeigenschaften (Reinheitsgrad, Korngröße) und den Versuchsbedingungen abhängen, so wurden die in Tabelle 9 angegebenen Mittelwerte verwendet und von Einzelheiten des Kurvenverlaufs (z. B. Spannungsabnahme im Einschnürungsgebiet) abgesehen. In gleicher Weise wurden auch die Einkristallkurven unter Verzicht auf Einzelheiten mit den Werten der Streckgrenze S_0^*, der Endfestigkeit S_e^{o*} und der

Enddehnung $D_e^o{}^*$ konstruiert. Für die kubisch-flächenzentrierten Metalle sind die bei größeren Dehnungen[1] tiefsten Kurven, für welche $S_e^o{}^* \sim 1{,}3\,\sigma_e^*$ und $D_e^o{}^* \sim 0{,}5\,a_e^*$ (σ_e^* bzw. a_e^* Endschubspannung bzw. Endabgleitung der Verfestigungskurve) ist und die schon bei hohen Spannungen verlaufenden Kurven[2] mit $S_e^o{}^* \sim 2{,}6\,\sigma_e^*$ und $D_e^o{}^* \sim 0{,}2\,a_e^*$ gezeichnet. Die benutzten Werte von σ_e^* und a_e^* sind aus Abb. 11 entnommen und in Tabelle 9 zusammengestellt. Die Zwischengebiete dieser Dehnungskurven, in denen die Mehrzahl der übrigen Dehnungskurven

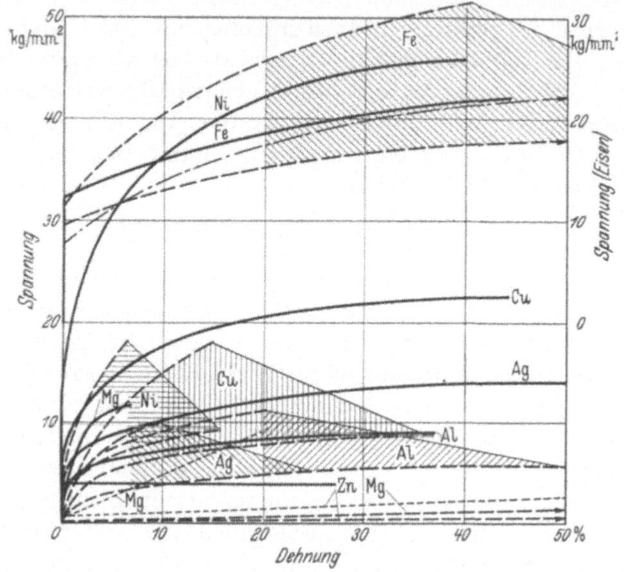

Abb. 71. Dehnungskurven von Einkristallen (gestrichelt und punktiert) und Vielkristallen (ausgezogen) reiner Metalle in weichem Zustand. Beschreibung im Text.

verläuft, sind zur Hervorhebung teilweise schraffiert. Für die hexagonalen Metalle sind neben den tiefsten Kurven (gestrichelt) die Kurven für die schon ungünstigen Orientierungen mit $\mu = \sin\chi_0\,\cos\lambda_0 \sim 0{,}1$ punktiert eingetragen[3].

---

[1] Wegen der Orientierungsentfestigung (Abb. 9b) verläuft die Dehnungskurve für die günstigste Ausgangsorientierung ($\chi_0 = \lambda_0 = 45°$) bald bei höheren Spannungen als die Kurven für etwas größere χ_0- und λ_0-Werte.

[2] Die Ausgangsorientierungen für die höher verlaufenden Dehnungskurven (für die höchste ist $S_e^o{}^* \sim 3{,}7\,\sigma_e^*$) liegen in einem so kleinen Orientierungsgebiet [vgl. z. B. Abb. 1 bei Sachs (1928, 1)], daß diese zu der weiterhin wichtig werdenden mittleren Dehnungskurve nur wenig beitragen. Die von uns benutzte obere Dehnungskurve erscheint daher zur Vermittlung eines anschaulichen Bildes der Mannigfaltigkeit der Dehnungskurven besser geeignet.

[3] Bei noch ungünstigeren Orientierungen sind die Streckgrenze und der Spannungsanstieg schon so groß, daß die bis zum Bruch erzielbaren Dehnungen verschwindend klein werden.

Reinheitsgrad der Proben ab, wie z. B. für die Bruchdehnung die Kurven für zwei verschiedene Kupfersorten in Teilbild c zeigen. Bei der einen (gestrichelten) Kurve tritt der Abfall von D_{10} im Blauwärmegebiet und der nachfolgende Wiederanstieg sehr viel deutlicher in Erscheinung als bei der andern (ausgezogenen) Kurve. Bei Temperaturen unterhalb der Zimmertemperatur lassen sich die Metalle und die sich ähnlich verhaltenden Mischkristalle in zwei Gruppen teilen: Bei den meisten Stählen und den hexagonalen Metallen Zink und Magnesium geht die Formänderungsfähigkeit mehr oder weniger verloren, während sie bei den kubischen Metallen Kupfer, Nickel, Aluminium u. a. erhalten bleibt oder sogar ansteigt (vgl. Abb. 72).

d) Die praktische Dauerstandfestigkeit. Für Konstruktionsteile, welche lange Zeit einer bestimmten gleichsinnigen Beanspruchung unterworfen sind (Träger, Kesselwände), stellt die im kurzzeitigen Zugversuch ermittelte Streckgrenze im allgemeinen nicht die obere Grenze der zulässigen Spannungen dar, da hierbei, insbesondere bei hohen Temperaturen, ein stetiges langsames Weiterfließen des Werkstoffs stattfinden kann, das schließlich zum Bruch führt. Es entsteht daher die Aufgabe, die Spannung festzustellen, bei welcher bei einem Werkstoff im Zugversuch das Dehnen gerade noch vor Eintreten eines Bruches zum Stillstand kommt. Sie wird als **wahre Dauerstandfestigkeit** oder **wahre Kriechgrenze** bei der betreffenden Temperatur bezeichnet[1]. Sie kann aus denselben Gründen wie bei Einkristallen (4c) experimentell im Dauerstandversuch grundsätzlich nicht bestimmt werden. Es ist daher erforderlich, eine **praktische Dauerstandfestigkeit** S_D durch Vereinbarung in der Weise festzulegen, daß sie den praktischen Bedürfnissen Rechnung trägt, d. h. innerhalb der vorkommenden Belastungszeiten noch nicht zum Bruch führt. Da diese Zeiten sich über Jahre erstrecken können, so müssen geeignete Kurzzeitverfahren angewandt werden. Die früheren Festsetzungen[2] legen S_D durch die Spannung fest, bei welcher die Dehnungsgeschwindigkeit nach einer bestimmten Zeit einen bestimmten hinreichend kleinen Wert nicht überschreitet, z. B. 10^{-3} %/h zwischen der 25. und 35. Stunde. Dabei liegen aber ihre Werte in der Umgebung der Zimmertemperatur häufig über der im Kurzzeitversuch ermittelten 0,2%-Streckgrenze, so daß unzulässig hohe Gesamtdehnungen auftreten können. Es ist daher die Zusatzbedingung gestellt worden, daß die Dehnung nach einer be-

---

[1] Die erste Bezeichnung wurde nach dem Vorschlag von Pomp und Dahmen von dem Werkstoffausschuß des Vereins deutscher Eisenhüttenleute angenommen. Wir verwenden mit Dehlinger (1939, 3) wie bei den Einkristallen die Bezeichnung wahre Kriechgrenze.

[2] Zusammenstellungen der verschiedenen Festsetzungen sind, außer in den auf S. 203 angegebenen zusammenfassenden Darstellungen, z. B. bei Pomp und Krisch (1938, 1); G. Gürtler, Jung-König und Schmid (1939, 1) zu finden.

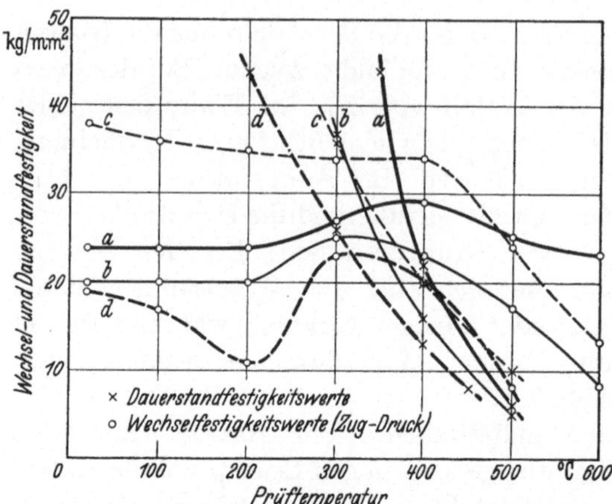

Abb. 73. Temperaturabhängigkeit der praktischen Dauerstandfestigkeit und der praktischen Schwingungsfestigkeit von Stählen und Armco-Eisen. Aus G. Gürtler und Schmid (1939, 2); vgl. auch die Zusammenstellung der Meßwerte bei Hempel und Tillmanns (1936, 1). a) Kohlenstoffstahl mit 0,14% C, 0,19% Si, 0,68% Mn; nach Lea und Budgen (1924, 1). b) Kohlenstoffstahl mit 0,15% C; nach Wiberg (1930, 1). c) Chromstahl mit 0,35% C, 13,5% Cr, martensitisch, bei 925° in Öl gehärtet, bei 610° angelassen; nach Wiberg (1930, 1). d) Armco-Eisen mit 0,02% C, Spuren Si, 0,03% Mn, Spuren Ni; nach Tapsel und Clenshaw (1927, 1).

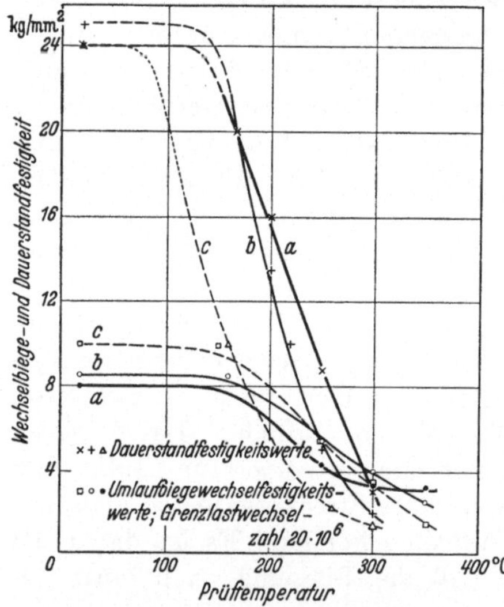

Abb. 74. Temperaturabhängigkeit der praktischen Dauerstandfestigkeit und der praktischen Schwingungsfestigkeit von Aluminium Gußlegierungen. Aus G. Gürtler und Schmid (1939, 2) a) GAl-Cu-Ni (Y-Legierung) mit 4% Cu, 2% Ni, 1,5% Mg, 0,3% Fe, warmbehandelt. b) RR 53 mit 2,5% Cu, 1,3% Ni, 1,5% Mg, 1,2% Si, 1,4% Fe, 0,1% Ti, Gußzustand. c) GAl-Si-Mg (Silumin-Gamma) mit 12,5% Si, 0,4% Mg, 0,4% Mn, 0,3% Fe, warmbehandelt.

stimmten Zeit einen bestimmten Wert nicht überschreitet, z. B. 0,2% nach 45 Stunden vom deutschen Verband für Materialprüfung der Technik (bei einer Dehnungsgeschwindigkeit von 10^{-3}%/h zwischen der 25. und 35. Stunde). Diese oder mit geringen Änderungen der Zahlwerte häufig gebrauchte Festsetzung scheint, wie Gürtler, Jung-König u. Schmid (1939, 1) bemerken, für Leichtmetalle nicht zu genügen, sondern es wird bei diesen eine Herabsetzung der zulässigen Dehnungsgeschwindigkeit erforderlich sein.

Die in Amerika üblichen Festsetzungen, welche eine bestimmte Mindestdehnung nach einer bestimmten Belastungszeit fordern, berücksichtigen nicht, daß dabei bei den verschiedenen Werkstoffen die Dehnungsgeschwindigkeit noch recht unterschiedliche Werte besitzen kann, und so im Laufe der Zeit doch noch recht unerwünscht große Dehnungen auftreten können.

E. Siebel und Ulrich (1923, 1) schlagen als praktische Dauerstandfestigkeit[1] jene Spannung vor, bei welcher nach einer bestimmten Dehnung (0,2%) die

---

[1] Sie bezeichnen sie als Dauerstandfließgrenze. Wir behalten die übliche Bezeichnung praktische Dauerstandfestigkeit bei.

Dehnungsgeschwindigkeit einen so kleinen Wert (10^{-4} %/h) besitzt, daß „unzulässig große Dehnungen auch bei lang andauernder Belastung voraussichtlich nicht zu erwarten sind". Der begriffliche Vorzug dieser Festsetzung liegt darin, daß die Zeit explizite darin nicht vorkommt, sondern nur die reinen Verformungsgrößen Dehnung und Dehnungsgeschwindigkeit. Sie ist daher für die Untersuchung der physikalischen Bedeutung der praktischen Dauerstandfestigkeit (25f) am besten geeignet. Dabei stimmt sie mit denjenigen Festsetzungen, die eine größte zulässige Dehnung bei bestimmter Dehnungsgeschwindigkeit fordern, grundsätzlich überein. Sie ergibt bei gleichen Zahlwerten für diese Größen die obere Grenze, d. h. den größten noch zulässigen Wert von S_D, denn in den übrigen Fällen braucht nach der zugrunde gelegten Beobachtungszeit die Dehnung den festgesetzten Höchstwert noch nicht erreicht zu haben, während sie ihn hier wirklich annimmt[1]. Ihr praktischer Nachteil ist, daß die Zeit, nach welcher der geforderte Zustand erreicht wird, sehr groß sein kann[2]. In vielen Fällen nimmt jedoch die Dehnungsgeschwindigkeit gleichmäßig mit $(1/t + t_1)^m$ (t_1 eine Konstante, $m > 0$) auf Null ab; dann sind die Zeit-Dehnungskurven in einem doppelt logarithmischen Koordinatensystem ($\log D$ gegen $\log t$ aufgetragen) Gerade und die Dauerstandfestigkeit kann durch Extrapolation im Kurzzeitversuch bestimmt werden[3] (Beispiele bei Siebel und Ulrich).

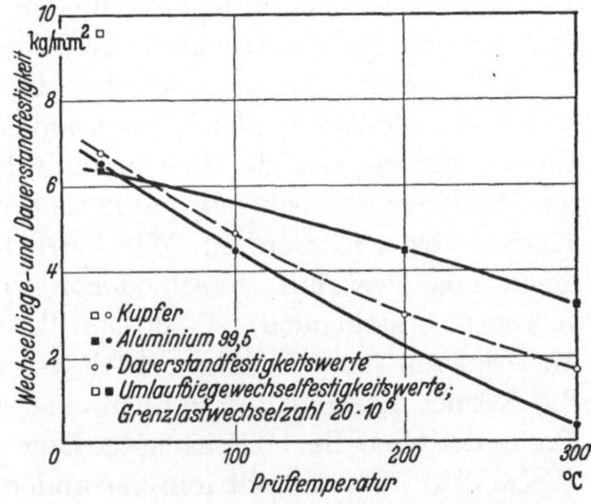

Abb. 75. Temperaturabhängigkeit der praktischen Dauerstandsfestigkeit und der praktischen Schwingungsfestigkeit von Aluminium 99,5% gepreßt und Kupfer gepreßt. Aus G. Gürtler und Schmid (1939, 2).

---

[1] Bei verschiedenen Zahlwerten für Dehnung und Dehnungsgeschwindigkeit können natürlich die „Zeitfestsetzungen" auch größere Werte für S_D liefern als diejenige von Siebel und Ulrich. Da z. B. bei dem DVM-Verfahren die zulässige Dehnungsgeschwindigkeit 10^{-3} %/h beträgt, bei Siebel und Ulrich dagegen 10^{-4} %/h, so ergeben sich die ersteren Werte etwas größer als die letzteren (Vergleichsangaben bei Siebel und Ulrich).

[2] Die obere Grenze ergibt sich, wenn wir annehmen, daß die Dehnungsgeschwindigkeit den Endwert von 10^{-4} %/h gleich von Anfang an besitzt, zu $0{,}2/10^{-4} = 2000$ Stunden.

[3] Dieses Verfahren ist nicht in allen Fällen anwendbar. So haben Pomp und Krisch (1938, 1) an einem Mo-Cu-Stahl beträchtliche unregelmäßige Schwankungen der Dehnungsgeschwindigkeit bis zu 1000 Stunden beobachtet, so daß in diesem Fall der Zeit-Dehnungskurven in einem doppelt logarithmischen Koordinatensystem keineswegs linear wären.

Die Abb. 73—75 zeigen den Temperaturverlauf der praktischen Dauerstandfestigkeit[1] nach der DVM-Festsetzung von Stählen und Armco-Eisen, Aluminiumgußlegierungen und reinen Metallen. Wie man sieht, fällt sie mit zunehmender Temperatur in allen Fällen rasch ab.

25. Theorie der einsinnigen Verformungen.

a) Geometrie der Verformung. Die Erfahrung zeigt, daß bei einer Verformung eines vielkristallinen Materials die Körner nicht als Ganzes längs ihrer Korngrenzen verschoben, sondern in sich verformt werden, wobei ihr lückenloser Zusammenhang im allgemeinen bestehen bleibt. Die Ausmessung der auftretenden Gleitlinien ergibt, daß dieselben Gleitsysteme wie bei Einkristallen betätigt werden.

Wir untersuchen nun, wie bei der Dehnung eines längs einer bestimmten Meßlänge gleichdimensionierten Stabes, bei dem sich die Formänderung, ehe die Brucheinschnürung eintritt, gleichmäßig über die Meßlänge erstreckt, also äußerlich homogen erscheint, die einzelnen Körner verformt werden. Wir betrachten zu diesem Zweck zunächst einen aus zwei mit verschiedener Orientierung zusammenstoßenden Körnern bestehenden „Vielkristall“, einen Zweikristall aus einem Material mit einem einzigen Gleitsystem (Abb. 76a$_1$). Denken wir uns die Körner getrennt und dehnen eines von ihnen, so verändert sich die Breite der Grenzfläche je nach der Lage des Gleitsystems in verschiedener Weise (2a). Dehnen wir nun das andere Korn ebenfalls bis zur gleichen Länge, so stimmt seine Breite nur dann mit des ersten überein, wenn die Gleitsysteme in beiden Körnern symmetrisch zur Grenzfläche liegen. Nur dann kann die Dehnung des Verbundkristalls durch Gleiten allein erfolgen, während bei unsymmetrischer Lage der Gleitsysteme die Schubfestigkeit des Materials in der Korngrenze ohne Betätigung eines kristallographischen Gleitsystems überwunden werden müßte. Obwohl das Gitter dort keineswegs ideal ist, so sind dazu doch so große Kräfte erforderlich, daß der Zweikristall bald durch Aufreißen zerstört wird, wie Versuche von Polanyi und Schmid (1924, 1) an Zinn- und Wismut-Zweikristallen ergeben haben. Die vorher mögliche Verformung ist notwendig mit Verzerrungen des Kristalls in der Umgebung der Korngrenzen verbunden, die durch eine gesteigerte Rekristallisationsfähigkeit unmittelbar nachgewiesen werden können.

Aber auch bei symmetrisch liegenden Gleitsystemen könnte das Gleiten in jedem Korn nur dann in derselben Weise ablaufen wie in freiem Zustand, wenn es vollkommen kontinuierlich erfolgen würde. Da sich aber in Wirklichkeit Gleitlamellen ausbilden, so werden diese notwendig in der Umgebung der Korngrenzen elastisch verzerrt

---

[1] Für spätere Vergleichsbetrachtungen ist der Temperaturverlauf der Wechselfestigkeit mit eingetragen.

(Abb. 76a_3), und zwar um so mehr, je größer der Orientierungsunterschied der Gleitsysteme ist.

Die angenommene homogene Verformung der einzelnen Körner ist offenbar (bei einem einzigen Gleitsystem) in einem Material mit vielen Körnern, die unregelmäßig aneinanderstoßen, nicht möglich. Wir gehen daher einen Schritt weiter und betrachten den Fall, daß von den beiden Körnern eines Zweikristalls eines in freiem Zustand abschnittsweise homogen gedehnt wird (Abb. 76b_1). Dehnen wir das zweite so, daß die Länge der einzelnen Teile dieselbe ist, so sehen wir aus Abb. 76b_1, daß sie nunmehr auch bei symmetrischer Lage der Gleitsysteme nicht

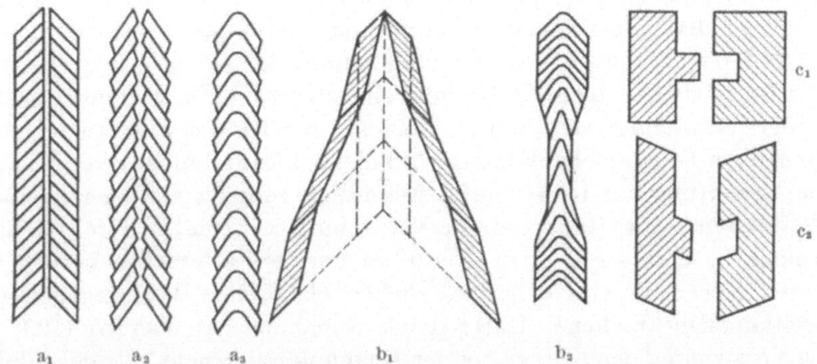

Abb. 76. Verbiegung der Gleitlamellen bei der Dehnung von Zweikristallen mit symmetrischer Lage der Gleitsysteme in beiden Körnern. a) Gleichmäßige Dehnung des Kristalls; a_1 Ausgangszustand (Körner getrennt), a_2 Verformung der getrennten Körner, a_3 Verformung des Zweikristalls. b) Abschnittsweise gleichmäßige Dehnung des Kristalls; b_1 Ausgangszustand (gestrichelt) und Verformung der getrennten Körner, b_2 Verformung des Zweikristalls. c) Gleichmäßige Dehnung verzahnter Körner; c_1 Ausgangszustand (Körner getrennt), c_2 Verformung der getrennten Körner. In b) und c) sind die Gleitstufen an der Oberfläche nicht gezeichnet. Die Längen der ungedehnten und gedehnten Kristalle entsprechen einander nicht.

mehr zusammenpassen und bei erzwungener gemeinsamer Verformung die Gleitlamellen etwa in der in Abb. 76b_2 gezeichneten Weise verbogen werden.

Nehmen wir schließlich die Körner als verzahnt an (Abb. 76c_1), so wird die Verformung noch mehr erschwert, denn bei getrennten Körnern wird der überstehende Teil des einen Korns gerade in der entgegengesetzten Richtung verschoben wie die Einbuchtung des andern Korns (Abb. 76c_2), und eine erzwungene gemeinsame Verformung der Körner erfordert zu den übrigen noch weitere elastische Verzerrungen in der Umgebung der Verzahnung.

Wir erkennen aus den betrachteten Beispielen, daß auch bei äußerlich homogener Dehnung, und erst recht bei weniger einfachen Verformungen, die Körner eines vielkristallinen Werkstoffs inhomogen verformt werden, und zwar besonders in der Umgebung der Korngrenzen. Die damit verbundenen elastischen Verzerrungen der Gleitlamellen sind im Vergleich zur gesamten stattgefundenen Gleitung um so stärker, je kleiner die Körner im Verhältnis zur Größe der Probe sind, je unregelmäßiger sie verwachsen sind und je größer ihr gegenseitiger Orientierungsunterschied ist.

Wie die Verformung in Wirklichkeit auf die Gleitung und die Verzerrung der Gleitlamellen aufgeteilt wird, kann durch rein geometrische Betrachtungen nicht festgestellt werden, da es beliebig viele Möglichkeiten gibt. Diese unterscheiden sich voneinander durch die Größe der für eine bestimmte Dehnung erforderlichen Arbeit, und unter ihnen ist die verwirklichte durch den kleinsten Wert dieser Arbeit ausgezeichnet (vgl. **25 d**).

Bei Kristallen mit hinreichend vielen Gleitsystemen liegen die Verhältnisse anders. Bei ihnen können sich die Körner durch mehrfache Gleitung der aufgezwungenen Verformung anpassen. Wie wir bereits in **22 d** erwähnten, ist es bei vollkommen kontinuierlicher Gleitung möglich, jede beliebige Verformung eines Korns durch geeignete gleichzeitige Betätigung von fünf unabhängigen Gleitsystemen zu erzielen. Wegen der Gleitlamellenbildung wird dieser Idealfall nicht erreicht, aber die Verzerrung der Lamellen ist wesentlich geringer als bei nur einem Gleitsystem. Der Hauptteil der Verformung wird dabei durch Gleiten ermöglicht und wir können, soweit es **nur** ihre Geometrie betrifft, in erster Näherung von den zusätzlichen elastischen Verzerrungen der Gleitlamellen absehen[1]. Unter dieser Annahme[2] hat Taylor (1938, 1) die Verformung der Körner bei der Dehnung untersucht. Er geht dabei von der äußeren Formänderung der Probe aus. Diese läßt sich für einen kreisförmigen Querschnitt leicht berechnen, denn die Querschnittsform bleibt (bei quasiisotropen Werkstoffen) aus Symmetriegründen erhalten. Sind l^0 bzw. l und r^0 bzw. r die Anfangs- bzw. Endwerte nach der Dehnung D von Länge und Halbmesser der Probe, so gilt: $l = l^0(1 + D)$ und $r = r^0(1 - \varkappa D)$. Zur Bestimmung des zunächst unbestimmten Faktors $\varkappa$ benutzen wir die Tatsache, daß das Volumen ungeändert bleibt[3], also $(r^0)^2 l^0 = r^2 l$ ist (der Faktor π hebt sich heraus). Nehmen wir D als klein gegen 1 an, so können wir die Glieder mit D^2 vernachlässigen und erhalten: $r^2 l = (r^0)^2 l^0 (1 + D(1 - 2\varkappa))$, also $\varkappa = \tfrac{1}{2}$. Für nicht zu große plastische Dehnungen beträgt also die Querkontraktion die Hälfte der Längsdehnung[4]. Nimmt man eine solche rotations-

---

[1] Wir werden in **25 d** sehen, daß das, bis auf einen gewissen Anfangsbereich der Verformung, auch für die Verformungskräfte zutrifft.

[2] Taylor hat auf diese Annahme nicht hingewiesen.

[3] Die gemessenen Volumänderungen liegen im allgemeinen innerhalb der Meßfehler. Nur in besonderen Fällen, wo Ausscheidungen oder innere Hohlräume zu erwarten sind, werden meßbare Änderungen festgestellt. Vgl. z. B. die Zusammenstellung der Meßergebnisse bei Schmid und Boas (1935, 1).

[4] Beziehen wir Dehnung und Querkontraktion nicht auf die Anfangswerte von Länge und Halbmesser, sondern auf ihre jeweiligen Werte, so gilt dieser Zusammenhang in jedem Verformungszustand.

symmetrische Verformung für jedes einzelne Korn an, so ergibt sich die gewünschte äußere Formänderung und der Zusammenhang der Körner längs der Korngrenzen bleibt gewahrt (Abb. 77). Dabei werden, wie es auch die Schliffbilder zeigen, die Körner in Richtung der Zugachse verlängert, in den dazu senkrechten Richtungen verkürzt. Von den Deformationskomponenten $\varepsilon_{i\varkappa}$ im Koordinatensystem I sind alle Null bis auf ε_z und $\varepsilon_r = -\tfrac{1}{2}\varepsilon_z$. Bemerkenswert ist, daß unter den gemachten Annahmen sowohl die Formänderung der Körner als auch die der ganzen Probe homogen ist.

Nachdem die Verformung eines Korns bekannt ist, entsteht die Aufgabe, aus den Werten der Deformationskomponenten im Koordinatensystem I die Werte für die Abgleitung in den fünf Gleitsystemen zu berechnen, die jene Verformung

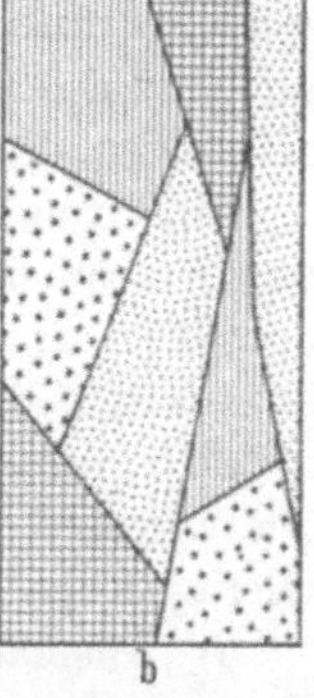
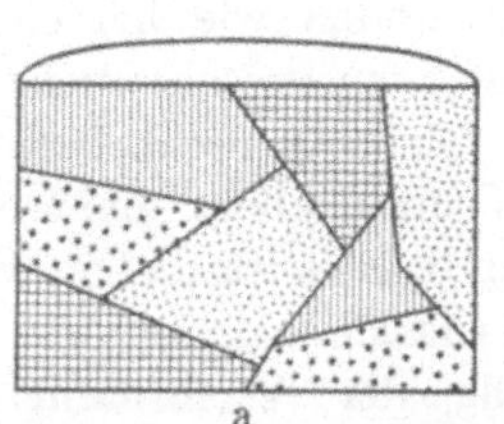

Abb. 77. Rotationssymmetrische Formänderung der Körner bei der Dehnung eines Vielkristalls. a) Ausgangszustand; b) Zustand nach einer Dehnung von 125%. Aus Taylor (1938, 1).

ergeben. Taylor hat die Rechnung für kubische Kristalle mit Oktaedergleitung für die in Abb. 78 mit einem Kreuz bezeichneten Lagen der Zugrichtung bezüglich der kristallographischen Achsen des Gitters, die sich gleichmäßig über den ganzen Orientierungsbereich erstrecken, durchgeführt[1]. Die eingetragenen Koordinaten Φ und Θ sind das Azimut bzw. die Höhe in einem sphärischen Koordinatensystem mit je einer [100]-Richtung als Pol ($\Theta = 0°$) und als Nullrichtung für Φ.

Es zeigt sich, daß es bei diesen Kristallen mehrere Möglichkeiten gibt, fünf Gleitsysteme mit geeigneten Abgleitungen auszuwählen, so daß sie die verlangte Formänderung ergeben. Sie unterscheiden sich durch die Größe der Gesamtabgleitung, d. h. der Summe der Einzelabgleitungen voneinander. Unter ihnen ist diejenige, welche in

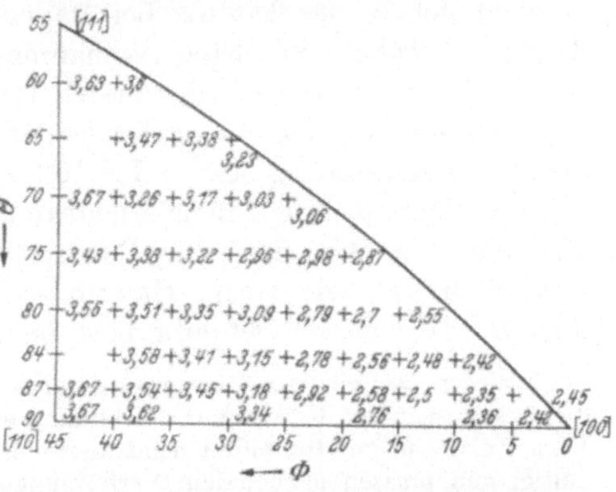

Abb. 78. Kleinste Abgleitungssumme, bezogen auf die Dehnungszunahme 1, für verschieden orientierte kubisch-flächenzentrierte Kristalle, bei Erzeugung einer rotationssymmetrischen Formänderung durch Gleiten nach fünf unabhängigen Gleitsystemen. Aus Taylor (1938, 1).

scheiden sich durch die Größe der Gesamtabgleitung, d. h. der Summe der Einzelabgleitungen voneinander. Unter ihnen ist diejenige, welche in

---

[1] Die Grundzüge der Rechnung geben wir in **28d** an.

Wirklichkeit zutrifft, durch die kleinste Gesamtabgleitung ausgezeichnet (25 d), deren Werte, bezogen auf die Dehnung Eins[1], für die betrachteten Orientierungen in Abb. 78 den Kreuzen beigeschrieben sind[2]. Mit diesen Werten kann man auf Grund der Gesetze für die homogene Verformung von Einkristallen bei Mehrfachgleitung (6) die Dehnungskurve eines quasiisotropen vielkristallinen Ersatzkristalls berechnen und durch Vergleich mit der gemessenen Dehnungskurve feststellen, inwieweit die Verzerrungen der Gleitlamellen noch einen Beitrag geben (28 d).

Sind weniger als fünf unabhängige Gleitsysteme vorhanden, so kann, aus denselben Gründen wie bei einem Gleitsystem, die Verformung der Körner rein geometrisch auch unter Vernachlässigung der Diskontinuität der Gleitung nicht berechnet werden, da sie eben grundsätzlich durch Gleiten allein nicht erzielt werden kann. Der Einfluß der Verzerrungen der Gleitlamellen wird dann um so größer, je weniger Gleitsysteme vorhanden sind.

b) Ausbildung der Verformungstexturen[3]. Die Entstehung der Texturen beruht auf der mit der Verformung der Körner einhergehenden Orientierungsänderung derselben. Bei den hexagonalen Metallen mit ihrer beschränkten Gleitfähigkeit sind die Verhältnisse besonders übersichtlich. Bei Einkristallen wird hier bei Zug die Basisebene (Gleitebene), bei Druck die hexagonale Achse (Gleitebenennormale) in die Beanspruchungsrichtung hineingedreht[4]. Mit diesen Orientierungsänderungen für die einzelnen Körner eines vielkristallinen Werkstoffs ergeben sich in der Tat die bei Magnesium und Zirkon beobachteten Texturen (Tabelle 8). Eine Ausnahme macht Zink. Sie erklärt sich durch die Tatsache, daß hier die Gleitung durch eine Zwillingsbildung abgelöst wird, sobald die Neigung der Basisebene gegenüber der Beanspruchungsrichtung etwa 8 bis 16° beträgt (bei Zimmertemperatur). Dadurch kommt diese Ebene erneut in eine günstige Gleitlage mit einer Neigung von etwa 60° zur Beanspruchungsrichtung und das Spiel wiederholt sich von vorn. Hiermit stimmt das Beobachtungsergebnis überein, daß bei der Dehnung bzw. beim Walzen die Basisebene in der

---

[1] Wegen der mit der Gleitung verbundenen Orientierungsänderung, die für die Gesamtheit der Körner zur Ausbildung einer Textur führt (25 b), sind diese Verhältniswerte nur für hinreichend kleine Abgleitungen bzw. Dehnungen streng gültig, und müssen nach jedem Verformungsschritt neu berechnet werden.

[2] Da Taylor in der Berechnung der Zahl der verschiedenen Möglichkeiten ein Fehler unterlaufen ist (28 d), so ist es nicht sicher, ob die angegebenen Werte wirklich die kleinsten sind.

[3] Wir geben hier nur eine kurze Übersicht und verweisen für ein eingehendes Studium auf die in 24 b angegebenen ausführlichen Berichte.

[4] Beim Walzen, das eine Überlagerung einer Dehnung in der Walzrichtung und einer Stauchung in der Walzebenennormalen darstellt, wird die Basisebene in die Walzrichtung und gleichzeitig die hexagonale Achse in die Walzebenennormale gedreht, also insgesamt die Basisebene in die Walzebene.

häufigsten Lage um etwa 20° gegenüber der Zug- bzw. Walzrichtung geneigt ist, daneben aber auch Lagen mit steileren Basisneigungen vorkommen.

Bei Magnesium kann eine Ablösung der Gleitung durch Zwillingsbildung nicht eintreten, da sie im Gegensatz zu Zink, zu einer Verkürzung der Probe in der Zug- bzw. Walzrichtung führen würde.

Nicht ganz so übersichtlich sind die Verhältnisse bei den kubischen Kristallen mit ihren zahlreichen Gleitmöglichkeiten. Für die im vorhergehenden Abschnitt beschriebene Verformung der Körner bei Zugbeanspruchung von kubisch-flächenzentrierten Metallen hat Taylor ihre Orientierungsänderung berechnet und das Ergebnis erhalten, daß in allen Körnern entweder eine [111]- oder eine [100]-Richtung in die Zugrichtung gedreht wird. Dieses Ergebnis entspricht den Beobachtungen (Tabelle 8). Bei Druckbeanspruchung liegen die Verhältnisse, ebenfalls in Übereinstimmung mit den Beobachtungen, gerade umgekehrt: In allen Körnern wird eine [110]-Richtung in die Druckrichtung gedreht.

In ähnlicher Weise ist es bereits früher Sachs und Schiebold (1925, 2) und Boas und Schmid (1931, 2) gelungen, die Zug- und Stauchtexturen dieser Metalle zu deuten, indem sie diejenige Endorientierung bestimmen, die bei der vorgeschriebenen Deformation stabil nach den drei günstigsten Gleitsystemen ist.

Die Hauptlage der Walztextur ist als eine Überlagerung der Zugtextur (bezüglich der Walzrichtung) und Stauchtextur (bezüglich der Walzebenennormalen) anzusehen [Wever und W. E. Schmid (1929, 1; 1930, 1)].

c) **Die Streckgrenze beim Zugversuch.** Wir betrachten zunächst einen Zweikristall mit symmetrischer Lage des wirksamen Gleitsystems in beiden Körnern. Hierüber hat Chalmers (1937, 1) mit Zinnkristallen Versuche angestellt. Zu ihrer Herstellung verwendet er zwei Impfkristalle der gewünschten Orientierung, von denen aus die beiden Körner in einem Glasröhrchen von 3,5 mm lichter Weite gleichzeitig wachsen. Das Wachstum erfolgt im allgemeinen gleichmäßig, so daß die Korngrenze eine Ebene durch die Kristallachse bildet[1]. Die Orientierung wurde so gewählt, daß die Richtung [001] senkrecht zur Achse lag und die Richtung [10$\overline{1}$] einen Winkel von 45° mit ihr bildete. Die beiden Einzelkristalle können dann noch um ihre Achse gegeneinander gedreht werden, wobei der Winkel α zwischen ihren [10$\overline{1}$]-Richtungen Werte zwischen 0 und 90° annehmen kann (Abb. 79).

Bei getrennten gemeinsam gedehnten Kristallen würde die Streckgrenze (und darüber hinaus die Dehnungskurve) für alle Werte von α

---

[1] Etwas davon abweichende Lagen erwiesen sich innerhalb der Meßfehler ohne Einfluß auf die Versuchsergebnisse.

mit der eines einzelnen Kristalls übereinstimmen. Bei dem Verbundkristall stellte Chalmers davon abweichende Ergebnisse fest. Er belastete den Kristall in Schritten von etwa 26 g/mm² (bei Werten der Streckgrenze zwischen 400 und 650 g/mm²) und beobachtete durch einen Lichtzeiger bei 250facher Vergrößerung die Dehnungen der Kristalle mit einer Meßlänge von etwa 20 mm. Bis zu einer bestimmten Spannung war keine meßbare Dehnung festzustellen, für höhere Belastungen nahm sie dann rasch zu. Die Streckgrenze wurde bei einer Bewegung des Lichtzeigers von 0,2 mm festgelegt. Ihren erhaltenen Verlauf mit α zeigt Abb. 80. Sie nimmt von dem Wert für Einkristalle ($\alpha = 0$) an bedeutend und ungefähr linear mit α zu. Der Orientierungsunterschied der beiden Körner besitzt also einen wesentlichen Einfluß auf das plastische Verhalten des Verbundkristalls, und zwar schon beim Beginn der Dehnung.

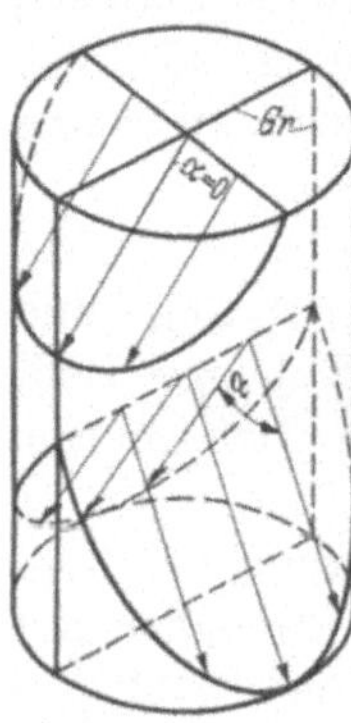

Abb. 79. Bei Zweikristallen mit symmetrischer Lage der Gleitsysteme in beiden Körnern kann durch gegenseitige Verdrehung der Körner um ihre Achse der Winkel α zwischen zwei gleichindizierten Gitterrichtungen (in der Abbildung ihre Gleitrichtungen) verändert werden. Gezeichnet sind die Lagen mit übereinstimmenden Gleitrichtungen ($\alpha = 0$, Einkristall) und mit dem größten Wert von α. *Gr* Korngrenze.

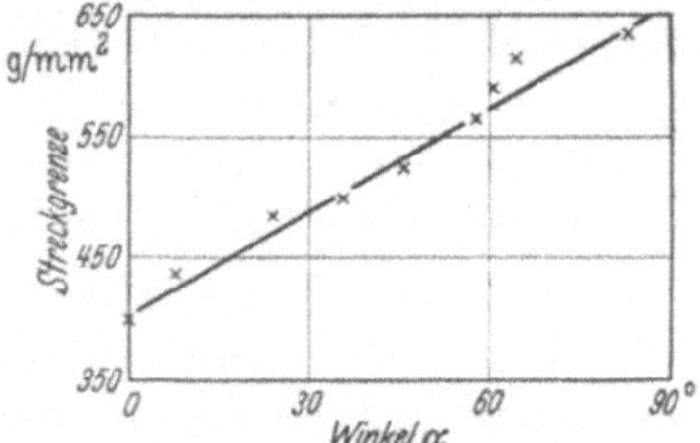

Abb. 80. Verlauf der Streckgrenze von Zinn-Zweikristallen mit symmetrischer Orientierung in beiden Körnern mit dem Winkel α zwischen ihren [10Ī]-Richtungen. Aus Chalmers (1937, 1).

Qualitativ ist dieses Ergebnis verständlich, da die Verzerrung der Gleitlamellen, welche die Ursache der Erhöhung der Streckgrenze bildet, mit dem Orientierungsunterschied zunimmt. Überraschend dagegen erscheint zunächst die Tatsache, daß überhaupt schon die Streckgrenze so stark beeinflußt wird, wenn wir das Verhalten der Einkristalle bei der Biegung und Torsion daneben betrachten, wo diese Verzerrungen erst oberhalb der Streckgrenze merklich wirksam werden. Ein Vergleich der Abb. 56b und 76a$_3$ zeigt jedoch, daß beim Zweikristall die Krümmungen der Lamellen, und damit die Spannungsverfestigung dU_V/ds in (85 III), wesentlich größer sind als bei der Biegung eines Einkristalls. Die Befunde von Chalmers besagen, daß dU_V/ds zunächst von der Größenordnung der Kraft K_{Kr} bei rein elastischer Verformung des ganzen Zweikristalls ist, die Dehnung also praktisch elastisch verläuft, und erst oberhalb der beobachteten Streckgrenze merklich kleiner wird[1].

Versuche mit andern Zweikristallen, die als Beiträge zum Verständnis des Verhaltens vielkristalliner Werkstoffe wünschenswert sind, liegen

---

[1] Vgl. Fußnote 1 auf S. 237.

noch nicht vor. Eine besondere Untersuchung ihres voraussichtlichen Verhaltens erübrigt sich, da es grundsätzlich dasselbe ist wie bei Vielkristallen, denen wir uns nun zuwenden.

Wir betrachten zunächst einen „Vielkristall", der aus einer großen Anzahl regellos orientierter, parallel verwachsener Einkristalle besteht. Er entspricht einer Querschnittsplatte von Korngrößendicke eines vielkristallinen regellos orientierten Materials und gibt, bis auf die gegenseitige Beeinflussung benachbarter Platten, die wirklichen Verhältnisse wieder. Nehmen wir die einzelnen Kristalle als getrennt an, so haben wir im Prinzip dieselben Verhältnisse wie bei der Torsion von Einkristallen[1] und können die dortigen Ergebnisse unmittelbar übernehmen: Bei einem einzigen Gleitsystem gibt es keine definierte Streckgrenze, da stets ein Teil der Kristalle nur elastisch verformt bleibt und dessen Spannungsbeitrag logarithmisch unendlich wird. Bei mehreren Gleitsystemen dagegen besteht eine Streckgrenze, die sich durch Mittelung über die Werte $\sigma_0/\sin\chi_0\cos\lambda_0$ der einzelnen Kristalle ergibt. Zu ihrer Berechnung benutzen wir ein sphärisches Koordinatensystem mit der Gleitebene als Äquatorebene, also der Gleitebenennormalen $\mathfrak{N}$ als Pol. In ihm bestreicht die Kristallachse das Gebiet F, in dem das betrachtete Gleitsystem wirksam ist, gleichmäßig dicht (regellose Orientierung), d. h. die Zahl der Kristalle, deren Orientierung in einem Raumwinkelelement $d\Omega = \cos\chi_0\,d\chi_0\,d\psi_{\lambda^0}$ (ψ_{λ^0} Azimut der Gleitrichtung $\mathfrak{g}$ bezüglich $\mathfrak{N}$, vgl. Abb. 8) fällt, ist proportional zu $d\Omega$. Da die Streckgrenze eines Korns nach (19 I) und (2 I) $S_{0\,\mathrm{Einkr}} = \sigma_0/\sin\chi_0\cos\chi_0\cos\psi_{\lambda^0}$ ist, so wird der Mittelwert

$$S_{\sigma_0} = \frac{\sigma_0}{F}\iint\limits_{F} \frac{d\chi_0\,d\psi_{\lambda^0}}{\sin\chi_0\cos\psi_{\lambda^0}}. \tag{1}$$

Für feste Grenzen von χ_0 und ψ_{λ^0} ist dieses Integral auswertbar[2]. Im allgemeinen hängen jedoch χ_0 und ψ_{λ^0} längs der Grenzen des Bereichs F voneinander ab und das Integral läßt sich nicht geschlossen auswerten. Das ist z. B. für ein Orientierungsdreieck der kubisch-flächenzentrierten Metalle in Abb. 28 der Fall. Man kommt hier am besten dadurch zum Ziel, daß man das Orientierungsgebiet in flächentreuer (nicht stereographischer) Projektion zeichnet und graphisch mittelt. Auf diese Weise hat Sachs (1928, 1) die Streckgrenze für solche „Vielkristalle" zu $S_{\sigma_0} = 2,238\,\sigma_0$ berechnet[3]. Wie man aus Tabelle 9 ersieht, liegen die

---

[1] Die „Kristallfäden" werden jetzt nur auf Zug, anstatt auf Schub beansprucht und ihre Orientierungsmannigfaltigkeit ist eine andere.

[2] Vgl. die Auswertung der entsprechenden Integrale bei der Torsion von Einkristallen in **29 b**.

[3] Die Werte der Streckgrenze für Einkristalle liegen zwischen $2\,\sigma_0$ und $3,7\,\sigma_0$, entsprechend den Grenzwerten 0,5 und 0,27 für den Orientierungsfaktor $\mu = \sin\chi_0\cos\lambda_0$.

Meßwerte von S_0^* 5- bis 30 mal höher. Bei den kubisch-flächenzentrierten Metallen ist also die Streckgrenze eines vielkristallinen Werkstoffs im wesentlichen durch den Beitrag der elastischen Verzerrungen der Gleitlamellen (Spannungsverfestigung) und nicht durch den Beitrag der Streckgrenzen der Einkristalle bestimmt. Dieses Ergebnis entspricht ganz den Befunden bei den Zweikristallen, denn wenn bei ihnen bei symmetrischer Lage der Gleitsysteme die Erhöhung bis über das Doppelte der entsprechenden Einkristallstreckgrenze gehen kann, so wird sie hier, wo sehr verschieden orientierte Körner zusammenstoßen und das einzelne Korn viel unregelmäßigere Verformungen erfährt, bedeutend größer sein.

Bemerkenswert ist, daß das Verhältnis des Elastizitätsmoduls E zu der Streckgrenze S_0^* bei diesen Metallen nahezu konstant ist (Tabelle 9). Die mittlere Schwankung beträgt nur $\pm 15\%$[1]. Da nun nach (88 III) bzw. (90 III) die Spannungsverfestigung ungefähr proportional zu E und der Größe der elastischen Verzerrungen der Gleitlamellen ist, so besagt obiger Befund, daß bei Zimmertemperatur der Verzerrungszustand an der Streckgrenze bei allen kubisch-flächenzentrierten Metallen, unabhängig von der Größe der kritischen Schubspannung, ungefähr derselbe ist.

Dieser Sachverhalt muß dann bei diesen Metallen sicher auch bei tieferen Temperaturen zutreffen und dementsprechend ihre Streckgrenze näherungsweise denselben Temperaturverlauf besitzen wie ihr Elastizitätsmodul. Bei höheren Temperaturen ist das nicht mehr der Fall, sobald mit dem Beginn der Rekristallisation, d. h. thermischen Vorgängen höherer Ordnung, die Spannungsverfestigung kleiner wird als bei gleicher Verformung der Gleitlamellen ohne Rekristallisation. S_0^* fällt dann rascher ab als E. Der Beginn der Rekristallisation hängt sehr stark von der Reinheit der Metalle ab und kann bei sehr reinen Metallen schon bei Zimmertemperatur liegen [vgl. van Arkel (1939, 1)]. Außerdem spielt der Bearbeitungszustand eine Rolle. Bei vorher kaltbearbeiteten und nicht oder nicht genügend ausgeglühten Werkstoffen tritt die Rekristallisation früher und lebhafter auf als bei ausgeglühten oder gegossenen, so daß bei ihnen die Streckgrenze rascher gegenüber E abnimmt als bei letzteren. Qualitativ ist aber in allen Fällen zu erwarten, daß die Streckgrenze bei tiefen Temperaturen wie der Elastizitätsmodul sehr langsam mit zunehmender Temperatur abnimmt, bei höheren Temperaturen aber je nach dem Werkstoffzustand mehr oder weniger steiler abfällt als letzterer (Abb. 81, Kurve I). Genaue Vergleichswerte

---

[1] Es ist zu beachten, daß diese Schwankungen ganz unabhängig von der Größe der kritischen Schubspannung sind, die selbst Unterschiede im Verhältnis 1:10 zeigt.

beider Größen an ein und denselben Proben liegen noch kaum vor. Die in Abb. 72a gezeichneten Kurven für ausgeglühtes Kupfer zeigen bis 300° C einen qualitativ gleichen Verlauf von S_0^* und E, während bei hartgezogenem Aluminium S_0^* erwartungsgemäß viel rascher abfällt als E.

Bei den hexagonalen Metallen beträgt die Streckgrenze der Vielkristalle ungefähr dasselbe Vielfache der kritischen Schubspannung der Einkristalle wie bei den kubisch-flächenzentrierten Metallen, obwohl bei ihnen die Orientierungsmannigfaltigkeit der Körner viel größer ist und insbesondere beliebig ungünstige Orientierungen vorkommen können $(\chi_0 \sim 0\,^\circ, 90\,^\circ)$. In dem von uns betrachteten Vielkristall aus sehr vielen parallel verwachsenen Einkristallen würden diese Bereiche im wesentlichen nur elastisch verformt werden und eine bedeutendere Erhöhung der Streckgrenze S_{σ_0} nach (1) gegenüber σ_0 bedingen als bei den kubischen Metallen. Dieses Verhalten ist jedoch wesentlich dadurch bedingt, daß sich jeder Teilkristall über die ganze Probenlänge erstreckt. In Wirklichkeit sind bei einem quasiisotropen Material die Körner klein gegenüber den Abmessungen der Probe. Dadurch kann durch eine geeignete Ausbildung der Spannungsverteilung in der Umgebung eines ungünstig orientierten Korns dieses zum Teil durch Betätigung seiner Gleitsysteme der Verformung dieser Umgebung angepaßt werden, wodurch sein Beitrag zu der äußeren Spannung kleiner wird als bei rein elastischer Verformung, wie sie bei Erstreckung des Korns über die ganze Probenlänge nur möglich ist. Es ist daher verständlich, daß die Streckgrenze bei diesen Metallen von derselben Größenordnung ist wie bei den kubischen Metallen. Ob sie allerdings auch hier in erster Linie durch die elastischen Verzerrungen der Gleitlamellen oder durch den Anteil der vorwiegend elastischen Verformung der ungünstig orientierten Körner bestimmt ist, kann noch nicht gesagt werden. Bemerkenswert ist, daß das Verhältnis E/S_0^* bei Magnesium und Zink ungefähr übereinstimmt und von derselben Größe ist wie bei den kubisch-flächenzentrierten Metallen.

Der Übergang von der elastischen zur plastischen Verformung erfolgt in den bisher betrachteten Fällen stetig, auch wenn er bei den Einkristallen praktisch unstetig ist, d. h. die (σ_0, u)-Kurve einen scharfen Knick besitzt, denn die maßgebenden elastischen Anteile (Spannungsverfestigung) bedingen auch dann noch einen starken Spannungsanstieg, wenn die plastische Verformung bereits einen meßbaren Betrag an-

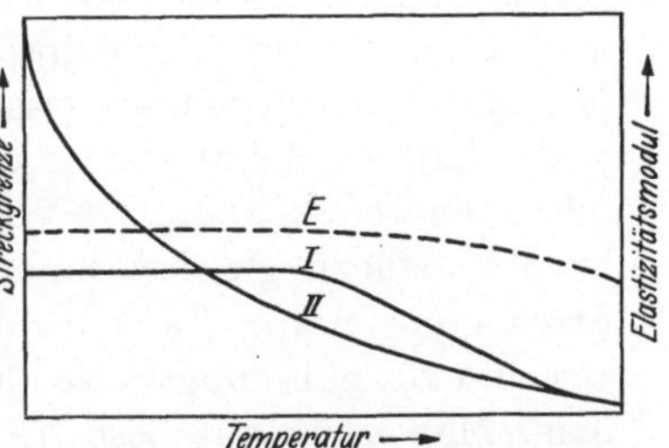

Abb. 81. Qualitativer Verlauf der Streckgrenze S_0 von Metallen der Werkstoffgruppen I (Kurve I) und II (Kurve II) und des Elastizitätsmoduls E mit der Temperatur.

genommen hat. Das gilt jedoch nur für den unverformten Ausgangszustand. In einem verformten Zustand geht die Verformung beim Entlasten unter Ausbildung von Eigenspannungen um einen nahezu elastischen Anteil zurück und beim Wiederbelasten in derselben Richtung kann eine erneute plastische Verformung erst einsetzen, dann aber in allen Körnern gleichzeitig, wenn die Endspannung vor dem Entlasten wieder erreicht ist. Die Streckgrenze ist dann scharf ausgebildet, wie es auch die Erfahrung zeigt [Masing u. Mauksch (1925, 1); Masing (1925, 2)].

Bei Eisen liegen die Verhältnisse ganz anders. Wie man aus Abb. 71 erkennt, sind hier die Einkristall-Streckgrenzen und damit ihr Mittelwert S_{σ_0} von derselben Größenordnung wie die Vielkristall-Streckgrenze; der Anteil der Spannungsverfestigung tritt demgegenüber weitgehend zurück[1]. Eine rein rechnerische Bestimmung von S_{σ_0} nach (1) oder durch entsprechende graphische Mittelung ist hier noch nicht möglich, da der Verformungsvorgang noch nicht genau bekannt ist und es zweifelhaft erscheint, ob er überhaupt als einfacher Gleitvorgang beschrieben werden kann. Die vorliegenden, über den ganzen Orientierungsbereich nahezu gleichmäßig[2] verteilten 52 Meßwerte der Einkristall-Streckgrenzen von Fahrenhorst und Schmid (1932, 1) reichen aber aus, um S_{σ_0} näherungsweise durch arithmetische Mittelung zu bestimmen. Man erhält auf diese Weise das 1,11fache des Wertes der kleinsten Streckgrenze, gegenüber dem 1,119fachen bei den kubisch-flächenzentrierten Metallen. Nun können wir unabhängig davon, ob die Verformung durch einfaches Gleiten erfolgt oder nicht, dem kleinsten Wert der Streckgrenze die Betätigung eines unter Umständen hypotetischen Gleitsystems mit dem Orientierungsfaktor $\mu = \sin\chi_0 \cos\lambda_0 = \frac{1}{2}$ zuschreiben[3] und dessen, unter Umständen ebenfalls hypotetische, kritische Schubspannung in gleicher Weise als Bezugswert für die Streckgrenzen nehmen[4], wie die wirkliche kritische Schubspannung bei definier-

---

[1] Für das Verhalten der Werkstoffe ist es in vielen Fällen, insbesondere bei einsinniger und wechselnder Dauerbeanspruchung, von grundlegender Bedeutung, ob ihre Streckgrenze vorwiegend durch die Spannungsverfestigung oder vorwiegend durch den Beitrag der Einkristall-Streckgrenzen bestimmt ist. Wir fassen daher erstere unter der Bezeichnung Werkstoffgruppe I (zu ihr gehören insbesondere die reinen kubisch-flächenzentrierten Metalle), letztere unter der Bezeichnung Werkstoffgruppe II (zu ihr gehören insbesondere Eisen und viele Leichtmetalllegierungen) zusammen.

[2] Die Orientierungen mit kleinen Werten der Streckgrenze sind gegenüber denen mit großen Werten etwas bevorzugt, so daß der wirkliche Mittelwert etwas größer ist als der oben angegebene. Er dürfte aber den Wert bei für die kubisch-flächenzentrierten Metalle nicht erreichen.

[3] Nach Elam (1936, 1) trifft das bei Eisen für das Gleitsystem [111], (110) annähernd zu.

[4] Nur kann dann der Orientierungsfaktor μ unter Umständen für eine bestimmte Kristallorientierung nicht vorausberechnet, sondern nur aus dem Meßwert der Streckgrenze bestimmt werden.

ter kristallographischer Gleitung. Mit ihrer Benutzung wird der Mittelwert der Einkristall-Streckgrenzen $S_{\sigma_0} = 2{,}2\,\sigma_0$. Mit $\sigma_0^* = 3{,}8\,\mathrm{kg/mm^2}$ wird $S_{\sigma_0}^* = 8{,}4\,\mathrm{kg/mm^2}$, gegenüber den Meßwerten 10 bis 14 kg/mm² von S_0^* (Tabelle 9).

Die gleichen Verhältnisse bestehen auch bei den Legierungen der Metalle, bei denen die kritische Schubspannung so stark erhöht wird gegenüber derjenigen der reinen Metalle, daß S_{σ_0} gegenüber der Spannungsverfestigung überwiegt. Das ist z. B. bei den duraluminähnlichen Legierungen des Aluminiums der Fall, besonders im ausgehärteten Zustand. So haben Karnop und Sachs (1928, 1) an ausgehärteten Aluminium- + 5% Kupferkristallen eine praktische kritische Schubspannung von $9{,}3 \pm 0{,}7\,\mathrm{kg/mm^2}$ gemessen. Mit ihr ergibt sich unter Benutzung des Faktors 2,24 für kubisch-flächenzentrierte Metalle $S_{\sigma_0}^* = 21\,\mathrm{kg/mm^2}$. Dieser Wert ist nahezu so groß wie der Mittelwert[1] 26 kg/mm² der Streckgrenze von ausgehärtetem Duralumin. Der mittlere Wert der Spannungsverfestigung $S_0^* - S_{\sigma_0}^* = 5\,\mathrm{kg/mm^2}$ ist von der Größenordnung desjenigen von Aluminium (3 kg/mm²).

In den Fällen, wo die Streckgrenze vorwiegend durch S_{σ_0} bestimmt ist, ist ihr Temperaturverlauf, insbesondere bei tiefen Temperaturen, ein ganz anderer als in den Fällen, wo die Spannungsverfestigung überwiegt. Er ist nach (87 III) jetzt gegeben durch[2,3]

$$S_0 \cong S_{\sigma_0} = S_{\sigma_{01}}\left(1 - B\sqrt{T}\,\right) \tag{2}$$

und stimmt qualitativ mit dem Temperaturverlauf der kritischen Schubspannung (vgl. Abb. 13) überein (Abb. 81, Kurve II). Soweit Messungen über größere Temperaturbereiche vorliegen, bestätigen sie dieses Ergebnis, wie z. B. die Kurve für die (untere) Streckgrenze[4] von Armco-Eisen in Abb. 72a zeigt.

Auch die Ausbildung der Streckgrenze ist in diesen Fällen vorwiegend durch die Ausbildung der kritischen Schubspannung der Einkristalle bestimmt. Bei Eisen z. B. ist letztere bei der üblichen Meßgenauigkeit bei Zimmertemperatur scharf ausgebildet und dasselbe wird für die Streckgrenze von vielkristallinem Eisen beobachtet.

In den Fällen (insbesondere bei weichen Stählen), in denen eine obere und untere Streckgrenze beobachtet wird, besteht wahrscheinlich eine

---

[1] Die Einzelmeßwerte liegen zwischen 24 und 28 kg/mm² [Werkstoffhandbuch für Nichteisenmetalle (1940, 1), Beitrag Dörge].

[2] Vgl. die Fußnoten 2 auf S. 190 und 1 auf S. 242.

[3] $S_{\sigma_{01}}$ ist der Mittelwert der Einkristall-Streckgrenzen am absoluten Nullpunkt. Er ergibt sich nach (1) oder durch graphische Mittelung, wenn für die kritische Schubspannung ihr Wert σ_{01} am absoluten Nullpunkt eingesetzt wird.

[4] Eine obere und untere Streckgrenze treten unterhalb $-50°\,\mathrm{C}$ auf. Beide zeigen qualitativ denselben Temperaturverlauf. Als Vergleichswert gegenüber der einfachen Streckgrenze bei höheren Temperaturen ist die untere Streckgrenze zu nehmen (vgl. weiter unten).

von der Grundmasse verschiedene Korngrenzensubstanz, die ein hartes
Gerüst bildet (**24a**), das erst zusammenbrechen muß, ehe die für die
Grundmasse selbst bestehende Streckgrenze zum Vorschein kommen
kann. Ist letztere infolge der Festigkeit des Gerüsts bereits überschritten,
so erfolgt zunächst unter Spannungsabnahme ein Fließen[1], bis dann die
Zunahme der atomistischen Verfestigung eine Zunahme der Spannung
erfordert.

Für die Temperaturabhängigkeit der Streckgrenze können in diesen
Fällen nicht ausschließlich die plastischen Eigenschaften der Grundmasse maßgebend sein, sondern, und bei tiefen Temperaturen in erster
Linie, die des Gerüsts. Erst wenn der Zustand des Werkstoffs bei genügend hohen Temperaturen homogener wird, verschwindet die Ausbildung zweier Streckgrenzen und es treten die auch bei reinen Metallen
beobachteten Verhältnisse ein. Für diese Auffassung spricht auch, daß
die Temperatur, bei welcher nur noch eine Streckgrenze besteht, mit
dem Kohlenstoffgehalt der Stähle steigt. So liegt sie bei Armco-Eisen
bei etwa $-50°$ C, bei den normalen Kohlenstoffstählen dagegen bei
einigen $100°$ C.

d) Verlauf der Dehnungskurven. Der Verlauf einer Dehnungskurve
oberhalb der Streckgrenze ist, abgesehen von dem Einfluß der Orientierungsänderung der Körner (Texturausbildung) durch das Anwachsen
der atomistischen und der Spannungsverfestigung bedingt. Wie wir
bereits bei der Biegung von Einkristallen (**22d**) ausführten, nimmt
letztere bei Kristallen mit mindestens fünf unabhängigen Gleitsystemen[2],
die wir zunächst betrachten, oberhalb der Streckgrenze nicht mehr
wesentlich zu. Die Zunahme der zur Verformung nötigen äußeren
Spannung ist dann allein durch die Zunahme der atomistischen Verfestigung bedingt, d. h.: Bei Kristallen mit mindestens fünf
unabhängigen Gleitsystemen ist die Spannung der Dehnungskurve eines Vielkristalls gleich der Summe der Streckgrenze S_0 (unveränderlicher Beitrag der Spannungsverfestigung) und des Mittelwerts S_τ der von den Streckgrenzen an
gemessenen Spannungen der Einkristall-Dehnungskurven
(Beitrag der atomistischen Verfestigung) bei der betrachteten Dehnung. Oder mit andern Worten: Oberhalb der Streckgrenze ist die Vielkristall-Dehnungskurve gleich der mittleren Einkristall-Dehnungskurve.

Qualitativ kann man dieses Ergebnis für die kubisch-flächenzentrierten Metalle und für Eisen unmittelbar an Hand von Abb. 71 bestätigen.

---

[1] Über den Einfluß der Versuchsbedingungen (Härte der Maschine, Zuggeschwindigkeit) auf die Ausbildung beider Streckgrenzen vgl. **24c**.

[2] Zu ihnen gehören die kubisch-flächenzentrierten und die kubisch-raumzentrierten Metalle.

Insbesondere tritt bei ersteren deutlich in Erscheinung, daß eine Vielkristallkurve gegenüber den zugehörigen Einkristallkurven bei um so höheren Spannungen verläuft, je größer ihre Streckgrenze ist. Auch der Unterschied der im Beitrag der Einkristall-Streckgrenzen und der Spannungsverfestigung zur Streckgrenze bei den kubisch-flächenzentrierten Metallen einerseits und Eisen andererseits tritt klar hervor: Bei ersteren liegt in der Umgebung der Streckgrenze die Dehnungskurve weit oberhalb der mittleren Einkristallkurve, bei Eisen stimmt sie schon in diesem Gebiet nahezu damit überein.

Unter der Annahme, daß sich die Körner eines Vielkristalls wie freie Einkristalle verhalten, kann die Berechnung von S_τ in der Weise erfolgen, daß man für hinreichend viele, gleichmäßig über den Orientierungsbereich verteilte Ausgangsorientierungen nach (10a I), (20 I) und (7a I) die Einkristall-Dehnungskurven aus der Verfestigungskurve berechnet und für jede Dehnung die erhaltenen Werte von $S^o_{\tau\,\text{Einkr}}$ mittelt. Wenn die Gleichung der Verfestigungskurve bekannt ist, so kann man auch eine Integration ähnlich wie in (1) anwenden. Nun werden die Körner eines Vielkristalls, auch abgesehen von der Verzerrung der Gleitlamellen, nicht wie freie Einkristalle, d. h. durch alleinige Betätigung des günstigsten Gleitsystems, verformt, aber, wie wir weiter unten näher ausführen werden, nahezu in dieser Weise, so daß lediglich der in (9a I) und (20 I) auftretende Faktor $1/\sin\chi_0 \cos\lambda$ nicht mit zunehmender Dehnung mehr oder weniger stark abnimmt[1] (Orientierungsentfestigung), sondern nahezu konstant bleibt. Damit treten an Stelle von (10a I) und (20 I) die einfacheren Beziehungen (es ist $D^o_{\text{Einkr}} = D$ für alle Körner, vgl. Abb. 77):

$$a = D/\sin\chi_0 \cos\lambda_0, \tag{3a}$$

$$S^o_{\tau\,\text{Einkr}} = \tau/\sin\chi_0 \cos\lambda_0; \quad \tau = \tau(D/\sin\chi_0 \cos\lambda_0). \tag{3b}$$

Auch bei Benutzung dieser Beziehungen ist die Berechnung von S_τ noch sehr umständlich, da zu gleicher Dehnung verschiedene Abgleitungen und damit verschiedene Werte der Verfestigung τ gehören. Wir können sie bedeutend vereinfachen, ohne praktisch einen wesentlichen Fehler zu begehen, wenn wir an Stelle der verschiedenen Werte der Verfestigung ihren Wert $\tau(\tilde{a})$ bei dem Mittelwert $\tilde{a}$ der zur Dehnung D gehörigen Abgleitungen benutzen, dann nach (3b) die zu $\tau(\tilde{a})$ gehörigen Spannungen $S^o_{\tau(\tilde{a})}$ berechnen und diese mitteln. In gleicher Weise wie (1) erhalten wir

$$\tilde{a} = \frac{D}{F}\iint\limits_F \frac{d\chi_0\, d\psi_{\lambda_0}}{\sin\chi_0 \cos\psi_{\lambda_0}}; \quad S_\tau = \frac{\tau(\tilde{a})}{F}\iint\limits_F \frac{d\chi_0\, d\psi_{\lambda_0}}{\sin\chi_0 \cos\psi_{\lambda_0}}. \tag{4}$$

---

[1] Die Abnahme beträgt für kubisch-flächenzentrierte Metalle bei größeren Dehnungen nach einer überschläglichen Rechnung an Hand der Kurven in Abb. 9b im Mittel über alle Orientierungen etwa 10% des Anfangswertes 2,24 in (1).

Bei den kubisch-flächenzentrierten Metallen wenden wir das Ergebnis von Sachs an, daß der Faktor von D bzw. $\tau(\tilde{a})$ in (4) den Wert 2,238 (abgerundet 2,24) besitzt, und erhalten für die Spannung S der Dehnungskurve eines regellos orientierten solchen Werkstoffs:

$$S = S_0 + S_\tau; \quad S_\tau = 2{,}24\,\tau(\tilde{a}); \quad \tilde{a} = 2{,}24\,D. \tag{5}$$

In Tabelle 9 sind die danach, unter Zugrundelegung der angegebenen Mittelwerte der Streckgrenzen S_0^* und der Endwerte σ_e^* und a_e^* von Schubspannung und Abgleitung der Einkristall-Verfestigungskurven,

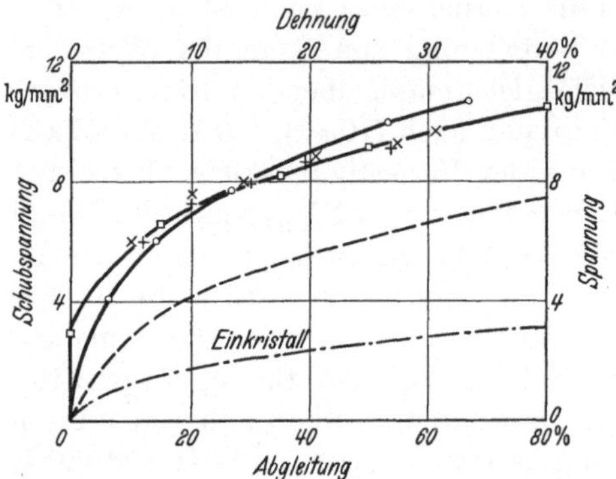

Abb. 82. Gemessene Verfestigungskurve (mit Einkristall bezeichnet) eines Aluminium-Einkristalls und Meßwerte ($\times$ und $+$) der Dehnungskurven zweier aus demselben Material hergestellter Vielkristalle [aus Taylor (1938, 1); die Messungen wurden von C. F. Elam ausgeführt] sowie unter Benutzung der Schubspannungswerte der Einkristallkurve berechnete Vielkristalldehnungskurven: o nach Taylor (1938, 1); □ nach (5). Gestrichelt gezeichnet ist die in der Kurve □ enthaltene spannungsverfestigungsfreie mittlere Einkristall-Dehnungskurve.

berechneten Endwerte $S_{e\,\text{ber}}^*$ und $D_{e\,\text{ber}}^*$ von Spannung und Dehnung sowie die bei $D_{e\,\text{ber}}^*$ gemessenen Endwerte $S_{e\,\text{gem}}^*$ der Spannung (Abb. 71) eingetragen. Wie man sieht, ist die Übereinstimmung der berechneten und gemessenen Werte von S_e^* bei Kupfer und Silber sehr gut, bei Aluminium und Nickel befriedigend (Abweichung $+28\%$ bzw. -26% des gemessenen Wertes). Aber auch bei den beiden letzten Metallen liegen die Abweichungen innerhalb der Grenzen, in denen die Einzelmeßwerte der Streckgrenze und der Endspannung um die benutzten Mittelwerte streuen, so daß auch bei ihnen im Einzelfall eine bessere Übereinstimmung möglich, und wie folgendes Beispiel zeigt, sehr wahrscheinlich ist. In Abb. 82 sind die (praktische) Verfestigungskurve eines Aluminium-Einkristalls und die Meßwerte $+$ und $\times$ der Dehnungskurven zweier aus demselben Material hergestellten vielkristallinen Proben gezeichnet. Die gestrichelte Kurve ist die nach (5) berechnete spannungsverfestigungsfreie mittlere Dehnungskurve (S_τ^*, D) der Einkristalle, aus der sich nach (5) durch Parallelverschiebung in der Ordinatenrichtung um den Betrag der Streckgrenze $S_0^* = 3\,\text{kg/mm}^2$ die durch Vierecke □ bezeichnete ausgezogene Dehnungskurve ergibt. Wie man sieht, gibt diese Kurve die Meßergebnisse vorzüglich wieder.

Die angeführten Beispiele, und unter ihnen besonders das letzte, bei dem Dehnungskurven an Ein- und Vielkristallen unter gleichen Bedingungen gewonnen wurden, bestätigen für die kubisch-flächenzentrierten Metalle das oben ausgesprochene allgemeine Ergebnis über die für den Verlauf einer Dehnungskurve maßgebenden Größen, das wir nun folgendermaßen quantitativ fassen können: **Bei den kubisch-flächenzentrierten Metallen ist die Spannung der Dehnungskurve gleich der Summe der Streckgrenze und des 2,24fachen Betrags der Verfestigung, welche die Einkristall-Verfestigungskurve bei der Abgleitung mit dem 2,24fachen Betrag der betrachteten Dehnung besitzt.**

Auf Grund der gewonnenen Anschauungen wäre zu erwarten, daß die zu der Endabgleitung bzw. Endschubspannung einer Verfestigungskurve gehörige Enddehnung D_e^* bzw. Endspannung S_e^* der Vielkristall-Dehnungskurve ungefähr mit ihrer Bruchdehnung D_{10}^* bzw. Zugfestigkeit S_B^* übereinstimmt. Wie man aus Tabelle 9 und aus Abb. 71 ersieht, ist das für die Dehnungen bei Aluminium und Kupfer der Fall, bei Silber und insbesondere bei Nickel ergibt sich der berechnete Wert zu klein. Die Übereinstimmung von S_e^* mit S_B^* ist außer bei Nickel gut, bei Silber trotz des Unterschieds von D_e^* und D_{10}^*, da die Spannung bei größeren Dehnungen nicht mehr wesentlich zunimmt. Wir können daher das obige Ergebnis dahin ergänzen, **daß bei den kubisch-flächenzentrierten Metallen, mit Ausnahme von Nickel, die Zugfestigkeit gleich der Summe der Streckgrenze und des 2,24fachen Betrags der Endschubspannung der Einkristall-Verfestigungskurve ist.** Wodurch die Ausnahmestellung des Nickels bedingt ist, kann noch nicht gesagt werden. Doch liegt auch bei diesem Metall, im Gegensatz zu dem hexagonalen Magnesium mit nur einer Gleitebene, der Spannungsanstieg innerhalb der Grenzen desjenigen der Einkristall-Dehnungskurven.

Wir wenden uns nun den Werkstoffen der Gruppe II zu, bei denen die Streckgrenze S_0 vorwiegend durch den Beitrag S_{σ_0} der Einkristall-Streckgrenzen bestimmt ist. Da für Eisen eine genaue Analyse des Gleitvorgangs noch nicht gelungen ist und hinreichend viele Einkristall-Dehnungskurven zur Bestimmung der mittleren Dehnungskurve noch nicht vorliegen, so ist für dieses Metall zunächst nur die oben nachgewiesene qualitative Bestätigung des allgemeinen Ergebnisses möglich.

An einem Beispiel der duraluminähnlichen Legierungen können wir aber die Beziehung (5) auch für diese Werkstoffgruppe prüfen. Für ausgehärtete Aluminium- + 5%-Kupferkristalle beträgt nach Karnop und Sachs (1928, 1) die praktische kritische Schubspannung 9,3 kg/mm², die Endschubspannung $\sigma_e^* \sim 18$ kg/mm² und die Endabgleitung $a_e^* \sim 50\%$. Wir benutzen nun wie in **25c** die Vielkristall-Meßwerte von Duralumin zum Vergleich. Mit dem mittleren Wert $S_0^* = 26$ kg/mm² erhalten wir für die Endwerte der Spannung $S_e^* = 26 + 2,24\,(18 - 9,3) = 45,5$ kg/mm² und der Dehnung $D_e^* = 50/2,24 = 22,3\%$, gegenüber den Meßwerten der Zugfestigkeit $S_B^* = 38 - 42$ kg/mm² und der Bruchdehnung $D_{10}^* = 15$ bis 22%.

Die Übereinstimmung der berechneten und gemessenen Werte ist also auch hier gut.

Wir haben unsere Schlüsse bisher nur durch die Meßergebnisse bei Zimmertemperatur bestätigt. Zu ihrer Prüfung über größere Temperaturbereiche liegen noch nicht genügend Messungen vor. Es besteht aber kein Zweifel, daß sie bei allen Temperaturen gültig sind, denn sie sind eine Folge allgemeiner Symmetrieeigenschaften des Gitters bzw. der Gleitsysteme. Zunächst ergibt sich aus ihnen, daß die plastischen Eigenschaften der Metalle beider Werkstoffgruppen bei großen Dehnungen, bei denen die atomistische Verfestigung gegenüber der Spannungsverfestigung überwiegt, ungefähr denselben Temperaturverlauf besitzen müssen wie die entsprechenden Eigenschaften der Einkristalle. Von Aluminiumkristallen sind die Verfestigungskurven von —185 bis 600° C aufgestellt worden [Boas und Schmid (1931, 3)]. Sie zeigen bis zu 300° C eine ungefähr konstante Endabgleitung, bei 400 und 500° C eine beträchtliche Zunahme derselben und bei 600° C wieder eine Abnahme auf ihren Wert bei tieferen Temperaturen. Demgegenüber zeigt die Kurve in Abb. 72c zunächst einen starken Anstieg der Bruchdehnung, dem sich bei 600° C ein rascher Abfall anschließt. Nun gilt aber diese Kurve sicher nicht für ein ausgeglühtes Material, dessen Bruchdehnung bei Zimmertemperatur 30 bis 45% beträgt, sondern für ein kaltbearbeitetes Material, so daß die anfängliche Zunahme der Bruchdehnung wohl auf Erholungs- und Rekristallisationsvorgänge zurückzuführen ist. Ein unmittelbarer Vergleich ihrer Werte mit den Einkristallwerten ist somit nicht möglich. Immerhin ist die gleichzeitige Abnahme der Bruchdehnung und Endabgleitung bemerkenswert. Die Endschubspannung der Einkristalle nimmt qualitativ in gleicher Weise mit der Temperatur ab wie die Zugfestigkeit in Abb. 72b. Ob die bei den übrigen (kaltbearbeiteten) Metallen mit mehreren Gleitsystemen beobachteten Unregelmäßigkeiten im Verlauf der Zugfestigkeit und Bruchdehnung auch bei weichen Werkstoffen und dann auf Grund unserer Ergebnisse auch bei Einkristallen wiederkehren, bleibt noch zu untersuchen.

Wir haben bei der Berechnung von S_τ die Abweichung der Verformung der Körner von der Verformung gleichorientierter freier Einkristalle dadurch berücksichtigt, daß wir für den Faktor von D und $\tau(\tilde{a})$ in (4) seinen Anfangswert in (1) beibehalten haben. Die experimentelle Bestätigung von (5) hat die Richtigkeit dieses Vorgehens bewiesen. Wir werden im folgenden eine genauere Analyse des Verformungsvorgangs durchführen und dabei auch untersuchen, inwieweit sich dieses Vorgehen theoretisch begründen läßt. Wir geben zu diesem Zweck zunächst die Ergebnisse der von Taylor (1938, 1) unter Berücksichtigung der Mehrfachgleitung durchgeführten Berechnung der Dehnungskurven

kubischer Kristalle mit Oktaedergleitung an. Taylor geht von dem bei
der Doppelgleitung an Einkristallen reiner Metalle erhaltenem Ergebnis
aus, daß die Verfestigung und damit die wirksame Schubspannung in
allen Gleitsystemen, unabhängig von der Größe der nach ihnen erfolgten
Abgleitung, denselben Wert besitzt[1], der sich aus der Verfestigungskurve
bei einfacher Gleitung ergibt, wenn man als Abgleitung die Summe aller
Einzelabgleitungen in den betätigten Systemen nimmt (6b). Nun unterscheiden sich die verschiedenen Möglichkeiten der Kombination von
fünf Gleitsystemen, welche dieselbe kleine[2] Dehnungszunahme dD^0
eines Korns mit bestimmter Orientierung ergeben, durch ihre Abgleitungssumme $da = \sum da_\nu$, und somit nach obigem Befund durch
die Größe der wirksamen Schubspannung σ. Dabei ist σ um so größer,
je größer da ist, und dasselbe gilt somit auch für die während der Verformung geleistete Arbeit (bezogen auf die Volumeinheit) $dA = \sum \sigma da_\nu$
$= \sigma da$. Zur Bestimmung der unter den möglichen Kombinationen,
die sich also durch die Größe der Arbeit dA unterscheiden, in Wirklichkeit zutreffenden Kombination dient nun das Prinzip der virtuellen
Arbeit, das besagt, daß unter den gedanklich ausführbaren (virtuellen)
kleinen Formänderungen eines Systems diejenige in Wirklichkeit eintritt, bei welcher die dabei geleistete Arbeit ein Minimum besitzt. Dabei
dürfen aber, und das ist für die Anwendung in unserem Fall der wesentliche Punkt, die virtuellen Formänderungen nur so ausgeführt werden,
daß äußere Zwangsbedingungen, die dem System auferlegt sind, nicht
verletzt werden. Bei der betrachteten Verformung bestehen diese
Bedingungen darin, daß sie nur durch Betätigung der vorhandenen
Gleitsysteme erfolgen kann. Es gibt somit nur die in **25a** erwähnten
Möglichkeiten, deren Anzahl endlich ist. Man braucht daher unter
ihnen nur diejenigen mit der kleinsten Verformungsarbeit bzw.
der kleinsten Abgleitungssumme auszusuchen und hat damit die
in Wirklichkeit zutreffende Kombination[3].

Die zu dieser Formänderung erforderliche äußere Spannung S ergibt
sich daraus, daß die Summe der Arbeiten $dA\,\varDelta V$ ($\varDelta V$ Volumen eines
Korns) über alle Körner auch gleich $S\,dD\cdot V$ (V Gesamtvolumen) ist.
Es besteht also die Beziehung:

$$S\,dD = \frac{\sum \sigma\,da}{n}\,;\qquad V = n\,\varDelta V, \tag{6}$$

---

[1] Ob das wirklich für alle Gleitsysteme zutrifft, ist noch nicht nachgewiesen,
sondern nur für dasjenige, welches infolge der Orientierungsänderung mit dem
zuerst wirksamen in gleichwertige Lage zur Zug- bzw. Druckrichtung kommt.

[2] Damit eine Mehrfachgleitung zu einem eindeutigen Ergebnis führt, muß
sie aus kleinen Schritten zusammengesetzt sein (vgl. **6a**).

[3] Über bestimmte noch nicht sichergestellte Annahmen, die bei der Anwendung
des Prinzips der kleinsten Wirkung in dieser Form gemacht werden, vgl. die weiter
unten folgenden Ausführungen.

wo die Summe über alle n Körner mit gleichem Volumen $\Delta V = V/n$ zu erstrecken ist. Taylor hat diese Rechnung für die in Abb. 78 angegebenen Orientierungen der Körner unter Benutzung der angeschriebenen Werte für die kleinste Abgleitungssumme[1] und der Schubspannungswerte der Verfestigungskurve in Abb. 82 durchgeführt und die in dieser Abbildung durch Kreise bezeichnete ausgezogene Dehnungskurve erhalten. Man sieht, daß diese Kurve bei größeren Dehnungen die Messungen gut wiedergibt, aber die Streckgrenze nicht liefert[2], sondern ähnlich wie die Verfestigungskurve des Einkristalls gleichmäßig nach Null geht[3]. Das ist auch nicht überraschend, denn in dieser Rechnung ist der Einfluß der elastischen Verzerrungen der Gleitlamellen, d. h. die Spannungsverfestigung, nicht enthalten. Das wird besonders deutlich, wenn wir sie auf andere kubisch-flächenzentrierte Metalle anwenden. Da die Möglichkeiten der Kombination von fünf Gleitsystemen und ihre Abgleitungssumme lediglich von der Kristallstruktur bzw. der Symmetrie der Gleitsysteme abhängen, welche bei diesen Metallen die gleiche ist, so hat die Abgleitungszunahme da in (6) für ein Korn bestimmter Orientierung bei ihnen denselben Wert und nur σ ist je nach dem Verlauf ihrer Verfestigungskurven verschieden. Wegen der übereinstimmenden Werte von da nehmen aber die Dehnungskurven dieselbe Lage im Gebiet der Einkristall-Dehnungskurven bezüglich ihrer Grenzkurven an. Das ist aber in Wirklichkeit nicht der Fall (Abb. 71), vielmehr verlaufen erstere gegenüber den Einkristallkurven bei um so höheren Spannungen, je größer ihre Streckgrenze S_0 ist, wodurch die gleichbleibende Wirkung der Spannungsverfestigung deutlich aufgezeigt wird.

Man könnte nun vermuten, daß die Summe aus der nach (6) berechneten Spannung und der Streckgrenze die Spannung der Dehnungskurve angibt. Die so erhaltene Dehnungskurve würde aber nach Abb. 82 schon bald nach der Streckgrenze bei viel zu großen Spannungswerten verlaufen, so daß diese Annahme nicht richtig sein kann. Demgegenüber gibt die nach (5) berechnete Dehnungskurve die Meßwerte sehr gut wieder.

Nun wäre zu erwarten, daß die Rechnung von Taylor, der eine genaue geometrische Analyse des Gleitvorgangs zugrunde liegt, die spannungsverfestigungsfreie Kurve besser ergibt, als unsere Rechnung, welche im wesentlichen nur das günstigste Gleitsystem berücksichtigt. Eine große Unsicherheit liegt aber in der Annahme von Taylor, daß die atomistische Verfestigung bzw. die wirksame Schubspannung in

---

[1] Vgl. Fußnote 2 auf S. 220.

[2] Taylor hat auf diesen Punkt nicht hingewiesen.

[3] Genau genommen nimmt sie den Mittelwert S_{σ_0} der Einkristall-Streckgrenzen an, der aber klein ist gegenüber S_0.

allen betätigten Gleitsystemen denselben Wert besitzen soll, denn sie ist experimentell noch nicht bestätigt und theoretisch unwahrscheinlich[1]. Eine ganz oder teilweise unabhängige Ausbildung der Verfestigung in den verschiedenen Gleitsystemen hat aber eine Herabsetzung der berechneten Spannungswerte zur Folge.

Auf einen weiteren Punkt ist noch hinzuweisen. Bei der Anwendung des Prinzips der virtuellen Arbeit in obiger Form ist die Voraussetzung enthalten, daß die angenommene rotationssymmetrische Formänderung der Körner (gleiche Stauchung in allen Richtungen senkrecht zur Kristallachse, vgl. Abb. 77) eine geringere Verformungsarbeit erfordert als andere denkbare Formänderungen derselben, welche dieselbe Formänderung der ganzen Probe ergeben. Diese Voraussetzung trifft aber sicher nicht zu, wenn unter den andern Formänderungen der Körner sich eine befindet, die mehr derjenigen angepaßt ist, welche die Körner im freien Zustand, also bei alleiniger Betätigung des günstigsten Gleitsystems („freie“ Formänderung), erfahren würden. Eine solche erscheint aber wohl möglich: Ein frei gedehnter Einkristall wird in bestimmten radialen Richtungen gestaucht, in andern gedehnt (für $\lambda = \chi$ ist diese Dehnung Null, vgl. 2a). Dabei ist die maximale Stauchung dem Betrag nach gleich (für $\lambda = \chi$) oder etwas größer (für $\lambda \neq \chi$) als die (kleine[2]) Dehnung in axialer Richtung. Wir betrachten nun zur besseren Übersicht an Stelle des wirklichen Vielkristalls einen „Vielkristall“ aus hinreichend vielen parallel verwachsenen und regellos orientierten Einkristallen (Körnern). Denken wir uns diese längs der Korngrenzen getrennt und dehnen dieses Bündel um einen kleinen Betrag, so ist die Stauchung in jeder radialen Richtung zwischen den oben angegebenen Grenzwerten von Korn zu Korn regellos veränderlich, also die mittlere Stauchung in allen diesen Richtungen gleich groß und dem Betrag nach ungefähr gleich der Hälfte der axialen Dehnung. Der „Vielkristall“ mit freien Körnern verhält sich also in dieser Hinsicht nahezu wie ein wirklicher Vielkristall, unterscheidet sich aber von diesem dadurch, daß die Körner nach der Dehnung nicht mehr lückenlos zusammenpassen. Um diesen Zusammenhang wieder herzustellen, sind noch bestimmte zusätzliche Gleitungen besonders in der Umgebung der Korngrenzen erforderlich, durch die aber die freie Formänderung der Körner nur wenig verändert wird, jedenfalls bedeutend weniger als bei ihrer rotationssymmetrischen Formänderung.

---

[1] Es müßte dann das Spannungsfeld der gebundenen Versetzungen nahezu kugelsymmetrisch sein.

[2] Für größere (auf die Ausgangslänge bezogene) Dehnungen gilt dieser Zusammenhang nicht mehr streng, wohl aber für jede kleine Dehnungszunahme, die auf die jeweilige Länge bezogen wird, wie sich auf Grund der Volumbeständigkeit des Kristalls leicht ergibt.

Wenn auch ein strenger Nachweis noch aussteht[1], so zeigt doch diese qualitative Betrachtung eindeutig, daß eine Formänderung der Körner, die mehr ihrer freien Formänderung angepaßt ist und daher eine geringere Verformungsarbeit bzw. Abgleitungssumme erfordert als die rotationssymmetrische, möglich ist und somit in Wirklichkeit auch eintritt. Die wirklichen Werte des Verhältnisses da/dD liegen dann zwischen den Werten dieser beiden Formänderungen, die im allgemeinen wesentlich voneinander verschieden sind[2], aber viel näher bei denen der freien Formänderung. Dasselbe gilt für ihren Mittelwert, der für den Verlauf der mittleren Einkristall-Dehnungskurve maßgebend ist. Dieser nimmt bei freier Formänderung mit zunehmender Dehnung von 2,24 auf $\sim$2,0 ab[3]. Bei rotationssymmetrischer Formänderung besitzt er nach Abb. 78 anfänglich den Wert 3,07; Angaben über seine Änderungen während der Verformung liegen noch nicht vor, doch dürften sie nicht größer sein als bei der freien Formänderung.

Die genaue Größe, die der Mittelwert von da/dD in Wirklichkeit annimmt, d. h. die genaue Abweichung der wirklichen von der freien bzw. rotationssymmetrischen Formänderung der Körner, kann rein theoretisch noch nicht abgeleitet werden. Selbst wenn dies möglich wäre, würde für die Berechnung der mittleren spannungsverfestigungsfreien Dehnungskurve noch die erwähnte Unsicherheit bestehen, inwieweit sich die Verfestigung in den verschiedenen Gleitsystemen unabhängig ausbildet. Wir haben daher auf Grund obiger qualitativer Überlegungen den Versuch gemacht, der sich rechnerisch am einfachsten durchführen läßt, die voraussichtlich geringe Abweichung der wirklichen von der freien Formänderung dadurch zu berücksichtigen, daß wir von der Abnahme des Mittelwerts von da/dD während der Verformung bei letzterer abgesehen und seinen Anfangswert beibehalten haben. Die experimentelle Bestätigung der so erhaltenen Beziehung (5) zeigt, daß wir auf diese Weise die wirklichen Verhältnisse sehr gut erfaßt haben. Die Bedeutung der neben dem günstigsten Gleitsystem noch wirksamen Gleitsysteme besteht demnach nicht in erster Linie darin, daß sie einen wesentlichen Beitrag zur gesamten Abgleitung geben, sondern darin,

---

[1] Er kann prinzipiell mit Hilfe der Methoden der Variationsrechnung erfolgen, erfordert aber sicher einen erheblichen mathematischen Aufwand, so daß es fraglich ist, ob er überhaupt praktisch durchgeführt werden kann.

[2] Bei der freien Dehnung liegen die Verhältniswerte der unverformten Körner für die Mehrzahl der Orientierungen zwischen 2 und 2,4 und nehmen nur in einem kleinen Orientierungsbereich Werte über 3 an [vgl. Abb. 1 bei Sachs (1928, 1)], für die rotationssymmetrische Formänderung sind sie aus Abb. 78 zu entnehmen. Nur in der Umgebung der Würfel- bzw. Oktaederlage der Zugrichtung, wo sich acht bzw. sechs von den zwölf Gleitsystemen in etwa gleichwertiger Lage befinden und auch die freie Formänderung nahezu rotationssymmetrisch ist, stimmen die Werte in beiden Fällen nahezu überein.

[3] Vgl. Fußnote 1 auf S. 229.

daß sie eine merkliche Zunahme der Spannungsverfestigung über ihren an der Streckgrenze erreichten Wert hinaus verhindern und so die beträchtliche Formänderungsfähigkeit der Werkstoffe mit hinreichend vielen unabhängigen Gleitsystemen ermöglichen[1].

Besonders deutlich wird dieser Sachverhalt, wenn wir gegenüber diesen Metallen die hexagonalen Metalle betrachten, die weniger als fünf (nämlich zwei) unabhängige Gleitsysteme und insbesondere keine zweite, die Gleitlamellen des zuerst betätigten Gleitsystems durchsetzende Gleitebene besitzen. Bei ihnen nimmt die Spannungsverfestigung dauernd zu, und zwar viel rascher als die atomistische Verfestigung, so daß sie letztere bedeutend überwiegt, wie es bei Magnesium auch beobachtet wird (Abb. 71). Aus diesem Grunde wird die Bruchfestigkeit des Werkstoffs schon bei einer Dehnung erreicht, die gegenüber den Dehnungen selbst verhältnismäßig ungünstig orientierter Einkristalle sehr klein ist.

Bei Zink wirkt die Zwillingsbildung spannungsentfestigend und bringt außerdem die Gleitebene dauernd in günstige Gleitlagen (25b), so daß bei diesem Metall bedeutend größere Dehnungen als bei Magnesium, sogar unter Spannungsabnahme zustande kommen können. Diese Besonderheiten sind naturgemäß für das technologische Verhalten des Zinks und seiner Legierungen sehr bedeutsam [vgl. Schmid (1939, 1; 2); Wolbank (1939, 1); Barbier und Löhberg (1939, 1); Burkhardt (1940, 1)].

e) Eigenspannungen, Bauschinger-Effekt und · Erholung in verformten Werkstoffen. Beim Entlasten eines vielkristallinen Werkstoffs bestehen grundsätzlich dieselben Verhältnisse wie bei inhomogen verformten Einkristallen, denn jedes Korn des Werkstoffs stellt einen solchen Kristall dar. Wir können daher die allgemeinen Bemerkungen in **23a** unverändert übernehmen. Kennzeichnend für eine entlastete verformte Probe sind somit die Eigenspannungen, die dadurch entstehen, daß die plastische Verformung und die elastischen Verzerrungen der Gleitlamellen nicht gleichzeitig zurückgehen können. Hinzu kommt noch die bei Einkristallen nicht vorhandene Wirkung der unterschiedlichen elastischen Spannungen der Körner infolge ihrer verschiedenen Orientierung[2] [vgl. Masing (1924, 1; 1925, 2)]. Bei den kubisch-flächenzentrierten Metallen, bei denen die Orientierungsunterschiede gering sind, werden die Eigenspannungen wie bei den Einkristallen in erster Linie durch die Verzerrungen der Gleitlamellen

---

[1] Aus diesem Grunde nimmt auch bei den Dehnungskurven von Zweikristallen von Zinn, das mehrere unabhängige Gleitsysteme besitzt (Tabelle 1), die Spannung oberhalb der Streckgrenze viel weniger stark zu als unterhalb derselben (vgl. **25c**).

[2] Beide Umstände haben Eigenspannungen zweiter und dritter Art zur Folge. Auf die Eigenspannungen erster Art kommen wir weiter unten zu sprechen.

bestimmt sein. Ihr Mittelwert muß dann kleiner sein als der Mittelwert der Spannungsverfestigung, der bei der Dehnung dieser Metalle im wesentlichen durch den Wert der Streckgrenze gegeben ist. Die bisher vorliegenden Messungen sprechen für diese Annahme. So hat Kersten (1932, 1; 1933, 1) aus der Anfangspermeabilität, der reversiblen Magnetisierungsarbeit und der Remanenzänderung durch Zug ungefähr übereinstimmende Werte der mittleren Eigenspannungen in gedehnten, vorher weichgeglühten Nickeldrähten erhalten, die für Zugspannungen von 35 bis 45 kg/mm^2 bei 7 bis 9 kg/mm^2 liegen, bei Werten der Streckgrenze von 11 bis 18 kg/mm^2. Caglioti und Sachs (1932, 1) haben an gedehnten, vorher weichgeglühten Kupferdrähten aus der Verbreiterung der Debye-Scherrer-Linien bei Dehnungsspannungen von etwa 25 kg/mm^2 eine mittlere Gitterkonstantenänderung von etwa 0,08% berechnet, aus der sich durch Division mit der Kompressibilität von $0,75 \cdot 10^4$ mm^2/kg ein Mittelwert von etwa 10 kg/mm^2 der Eigenspannungen ergibt[1], bei Streckgrenzenwerten von 6 bis 8 kg/mm^2.

Bemerkenswert ist, daß bei beiden Meßverfahren die Eigenspannungen oberhalb der Streckgrenze von Null an gleichmäßig mit der vorher angelegten Dehnungsspannung zunehmen, während auf Grund unserer Vorstellungen demgegenüber zu erwarten wäre, daß sie bei allen Dehnungen nahezu denselben Wert besitzen. Nun werden aber durch obige Verfahren Eigenspannungen dritter Art, die sich nur auf sehr kleine Gebiete beschränken, zwischen denen das Gitter im wesentlichen unverzerrt ist, nicht erfaßt (vgl. **23a**), und es ist möglich, worauf bereits Caglioti und Sachs hingewiesen haben, daß bei kleinen Dehnungen hauptsächlich solche Eigenspannungen entstehen (in der Umgebung der Korngrenzen) und erst bei größeren Dehnungen die Verzerrungen der Gleitlamellen gleichmäßiger über die Körner verteilt sind.

Bei gewaltsameren Verformungen (Walzen, Düsenziehen) ergeben sich an Kupferblechen röntgenographisch Änderungen der Gitterkonstanten bis zu 0,2% [Dehlinger und Kochendörfer (1939, 1; 2)], denen ein Mittelwert von etwa 27 kg/mm^2 entspricht, der wesentlich größer ist als die Streckgrenze[2], was bei der viel stärkeren Inhomogenität der Verformung auch zu erwarten ist.

Neben den bisher betrachteten rasch veränderlichen Eigenspannungen zweiter und dritter Art entstehen in verformten Werkstücken langsam veränderliche Eigenspannungen erster Art immer dann, wenn die Verhältniswerte der „makroskopischen", d. h. ohne Berücksichtigung der

---

[1] Der so berechnete Mittelwert der Eigenspannungen ist sicher größenordnungsmäßig richtig, kann aber je nach der Verteilung der Eigenspannungen nach oben oder unten von dem wirklichen Wert abweichen.

[2] Er beträgt ungefähr die Hälfte der wahren (auf den Bruchquerschnitt bezogenen) Zugfestigkeit des Kupfers.

rasch veränderlichen Spannungen gemessenen elastischen Spannungen während der Verformung von ihren Verhältniswerten bei gleicher, aber rein elastischer äußerer Formänderung verschieden sind, denn dann gehen diese Spannungen beim Entlasten nicht gleichzeitig an allen Stellen auf Null zurück. Diese Eigenspannungen treten also stets auf, wenn die äußere Formänderung eines Werkstoffs dauernd (Biegung, Torsion) oder vorübergehend (Walzen, Düsenziehen, Pressen) inhomogen ist. Sie wurden von Möller und Barbers (1935, 1) und Bollenrath und Schiedt (1938, 1) an gebogenen Stahlstäben röntgenographisch gemessen. Es ist unmittelbar ersichtlich, daß sie bei dieser Formänderung in Flächenschichten parallel zur neutralen Faser konstant, in der dazu senkrechten Richtung dagegen veränderlich sind. Die Einzelheiten dieser Änderung hängen von dem Verlauf der Dehnungskurve bei freiem Zug ab, Besonderheiten treten bei Stählen mit oberer und unterer Streckgrenze auf [vgl. Dehlinger, Kochendörfer, Held und Lörcher (1941, 3)].

Bei den äußerlich dauernd homogenen Formänderungen bei der Dehnung und Stauchung würde man zunächst übereinstimmende Verhältniswerte der makroskopischen elastischen Spannungen bei plastischer und elastischer Verformung erwarten und dementsprechend keine Eigenspannungen erster Art. Solche wurden jedoch auch in diesen Fällen röntgenographisch nachgewiesen [Bollenrath, Hauk und Osswald (1939, 2), Bollenrath und Osswald (1940, 1)] und beruhen, wie wir in **27 d** sehen werden, auf einer leichteren Verformbarkeit einer Werkstoffschicht in der Umgebung der freien Oberfläche gegenüber der Verformbarkeit der weiter innen liegenden Schichten. Aus diesem Grunde ist der makroskopische elastische Spannungszustand bei plastischer Verformung nicht mehr homogen wie bei rein elastischer Beanspruchung.

Beanspruchen wir eine gedehnte Probe auf Druck[1], so kann die neue Streckgrenze gegenüber dem vorher erreichten Endwert der Spannung durch eine Abnahme der Spannungsverfestigung, durch den Rückwanderungseffekt der freien Versetzungen (vgl. **23 b**) und schließlich durch den (bei inhomogen verformten Einkristallen fehlenden) Einfluß der unterschiedlichen Spannungen der verschieden orientierten Körner [Masing (1925, 1; 2)] herabgesetzt werden. Solange der Beitrag der atomistischen Verfestigung zur Spannung der Vielkristall-Dehnungskurve klein ist gegenüber den beiden andern Beiträgen, wie es bei allen Metallen der Werkstoffgruppe I für nicht zu große Dehnungen der Fall ist, so stellt eine beobachtete Abnahme ausschließlich einen echten Bauschinger-Effekt dar. Ein solcher wurde tatsächlich in vielen

---

[1] Oder umgekehrt eine gestauchte Probe auf Zug.

Untersuchungen an vielkristallinen Werkstoffen festgestellt[1]. Dabei kann für nicht zu große Beanspruchungen in der einen Richtung die Streckgrenze in der andern Richtung nicht nur gegenüber dem erreichten Endwert der Spannung, sondern auch gegenüber dem Ausgangswert der Streckgrenze im unverformten Werkstoff herabgesetzt werden.

Durch thermische Auflösung der freien Versetzungen können unter Verminderung der Eigenspannungen geringe örtliche plastische Verformungen stattfinden. Eine vollständige Beseitigung der Eigenspannungen ist jedoch auf diese Weise nicht möglich. Es besteht vielmehr ein ganz bestimmter Endzustand, der um so rascher erreicht

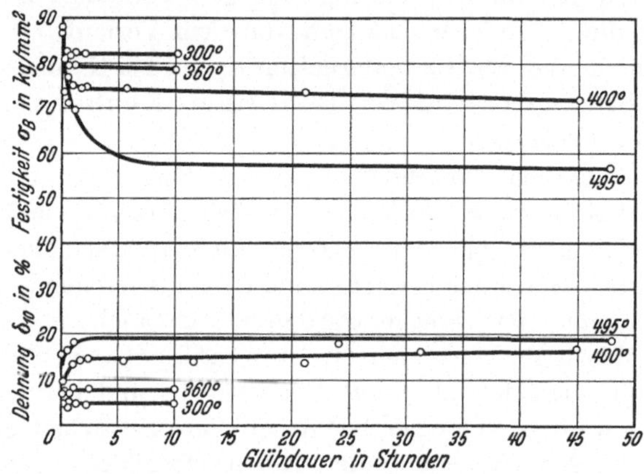

Abb. 83. Verlauf der Zugfestigkeit S_B und der Bruchdehnung D_{10} (in der Abbildung mit σ_B und δ_{10} bezeichnet) von gezogenem Flußeisen mit der Glühdauer bei verschiedenen Temperaturen unterhalb der Rekristallisationstemperatur von etwa 510°C. Aus Goerens (1913, 1).

wird, je höher die Temperatur (unterhalb der Rekristallisationstemperatur) ist (**23 b**). Sowohl die Beobachtung der Abnahme der Linienverbreiterung [van Arkel und W. G. Burgers (1928, 1)] als auch die zahlreichen Untersuchungen der Änderung der Festigkeitseigenschaften bei verschiedenen Temperaturen[2] bestätigen diese Folgerung. Abb. 83 zeigt dies für den Verlauf der Zugfestigkeit und Bruchdehnung eines gezogenen F ußeisendrahtes. Da bei tieferen Temperaturen die Änderung beider Größen sehr langsam erfolgt, so wird gewöhnlich angenommen, daß jeder Temperatur ein bestimmter Grad der Entfestigung zukommt, der auch bei beliebig langer Einwirkung nicht unterschritten wird. Man erkennt aber aus Abb. 83 deutlich, daß alle Kurven, mit

---

[1] Neben den in **23 b** und oben angegebenen Arbeiten von Bauschinger, Masing und Mauksch vgl. auch Körber und Rohland (1924, 1); Kuntze und Sachs (1930, 1).

[2] Vgl. die Literaturangaben in den zusammenfassenden Darstellungen.

Ausnahme derjenigen für 495° C, welche die wahren Endwerte angeben[1], eine von Null verschiedene Neigung besitzen, so daß sie sich stetig der Grenzkurve nähern. Einen ähnlichen Verlauf der magnetischen Koerzitivkraft in Abhängigkeit von Erholungstemperatur und Erholungsdauer haben Gerlach und Hartnagel (1939, 1) an vorher düsengezogenen Nickeldrähten festgestellt und daraus ebenfalls die Folgerung gezogen, daß bei jeder Erholungstemperatur ein und derselbe Endzustand der Eigenspannungen erreicht wird.

Es ist zu erwarten, daß durch die Erholung vorzugsweise die rasch veränderlichen Eigenspannungen zweiter und dritter Art (letztere, soweit sie nicht von den dauernd gebundenen Versetzungen herrühren) vermindert werden, denn zu einer merklichen Verminderung der langsam veränderlichen Eigenspannungen erster Art müßten sehr viele voneinander unabhängige Auflösungen von Versetzungen (bzw. örtliche plastische Verformungen) gleichzeitig erfolgen, was aber wegen ihrer thermischen Auslösung praktisch nicht zutreffen kann. Zu diesem Ergebnis ist bereits Müller (1939, 1) auf Grund vergleichender Untersuchungen der Veränderungen der magnetischen Eigenschaften, des elektrischen Widerstandes und des Röntgenbildes von vorher kaltgewalzten Nickelbändern gelangt.

Erst durch Rekristallisation können die ursprünglichen Eigenschaften eines Werkstoffs wieder hergestellt werden. Die Festigkeitseigenschaften ändern sich bei der Rekristallisationstemperatur nahezu unstetig. Aber selbst hierbei zeigen sich noch Unterschiede im submikroskopischen Feinbau gegenüber dem im Gußzustand, wie die Vergleichsmessungen der Mosaikstruktur an Aluminiumkristallen von Dehlinger und Gisen (7b) ergeben haben.

f) Wahre Kriechgrenze und praktische Dauerstandfestigkeit. Wie wir schon öfters bemerkten, können wir rein experimentell keine sichere Antwort auf die Frage erhalten, ob ein Werkstoff eine wahre Kriechgrenze besitzt oder nicht. Wir untersuchen sie hier in ähnlicher Weise wie bei Einkristallen (12). Den Ausgangspunkt bildet die Grundgleichung für die Verformung von Vielkristallen in der Form (87 III). Nehmen wir zunächst an, es bestehe keine atomistische Kriechgrenze, so geht $\psi(g, T)$ mit g gegen Null. Sehen wir außerdem von der atomisti-

---

[1] Allerdings werden sich auch die Ordinatenwerte dieser Kurven nach sehr langen, üblicherweise nicht mehr angewandten Anlaßzeiten den Werten für den unverformten Ausgangszustand nähern, da in der engeren Umgebung der Rekristallisationstemperatur, die in obigem Fall etwa 510° C beträgt, schon mikroskopisch noch nicht nachweisbare Rekristallisationsvorgänge stattfinden, durch welche die Spannungsverfestigung unter den Erholungsgrenzwert erniedrigt wird (vgl. f). Die Erholung dagegen erfolgt in diesem Temperaturgebiet so rasch, daß dieser Grenzwert schon nach kurzer Zeit angenommen wird.

schen Verfestigung zunächst ab ($K_\tau = 0$), so erhalten wir die Beziehung[1]:

$$K - \frac{dU_V}{ds} = K_{\sigma_0} = \psi(g, T); \quad \psi(g, T) \to 0 \quad \text{für} \quad g \to 0. \tag{7}$$

Bei gegebenem Kristallgefüge (z. B. regellose Orientierung hinreichend kleiner Körner) ist dU_V/ds für jede Verformungsart (z. B. Dehnung) eine ganz bestimmte Funktion der Verformung s. Legen wir also eine Kraft K an den Kristall an, so nimmt die linke Seite in (7) einen ganz bestimmten, nur von K und der Verformung s, aber nicht von der Verformungsgeschwindigkeit $g = ds/dt$ abhängigen Wert an. Es gibt nun zwei Möglichkeiten: Entweder K ist stets größer als dU_V/ds, dann ist $\psi(g, T)$ stets positiv, d. h. die Verformungsgeschwindigkeit g stets von Null verschieden und der Kristall fließt unbegrenzt lange, unter Umständen mit sehr kleiner Geschwindigkeit weiter. Praktisch wird die Verformung durch den schließlich eintretenden Bruch beendet. Es besteht also keine Kriechgrenze bei der angelegten Kraft. Ist dagegen K kleiner als der größte Wert von dU_V/ds, so gibt es einen bestimmten Wert von s, bei dem $K = dU_V/ds$, also $\psi(g, T) = 0$ und somit $g = 0$ ist. Für kleinere s ist mit $\psi(g, T)$ auch $g > 0$, d. h. die Verformung schreitet so lange mit immer kleiner werdender Geschwindigkeit fort, bis der durch

$$K = dU_V/ds$$

bestimmte Wert, bei dem sie zum Stillstand kommt ($g = 0$), erreicht ist. Bei der angelegten Kraft besteht also eine Kriechgrenze. Ihr größter Wert, die **wahre Kriechgrenze K_k ist demnach gegeben durch den größten Wert der Spannungsverfestigung** dU_V/ds, der bei der Verformung s_k, bei der $d^2U_V/ds^2 = 0$ ist, angenommen wird:

$$K_k = \frac{dU_V}{ds}(s_k); \qquad \frac{d^2 U_V}{ds^2}(s_k) = 0. \tag{8}$$

Diese Beziehung hat **Dehlinger** (1939, 3; 1940, 1) in etwas anderer Weise abgeleitet. Die bisher vernachlässigte atomistische Verfestigung kann die durch (8) bestimmte Grenze sicher nicht erniedrigen, aber auch nicht erhöhen, da der Einwirkung der Erholung eine unbegrenzt lange Zeit zur Verfügung steht, während welcher die Verfestigung allmählich beseitigt wird. Besteht eine atomistische Kriechgrenze, so wird g erst oberhalb des Mittelwerts K_{σ_k} der entsprechenden Einkristallgrenzen

---

[1] Wir behalten die allgemeinen Bezeichnungen „Kraft" K, Verformung s und Verformungsgeschwindigkeit $g = ds/dt$ weiterhin bei. Bei der Dehnung, auf welche wir die Beziehungen vorzugsweise anwenden, sind sie durch Spannung S, Dehnung D und Dehnungsgeschwindigkeit dD/dt, bei der Torsion durch die tangentiale Spannung S_q, tangentiale Schiebung D_φ und Schiebungsgeschwindigkeit dD_q/dt zu ersetzen, und gleichzeitig die Spannungsenergie U auf die Volumeinheit zu beziehen.

von Null verschieden und K_k kann um diesen Wert erhöht werden, ehe der Kristall dauernd weiterfließt. An Stelle von (8) tritt dann:

$$K_k = \frac{dU_V}{ds}(s_k) + K_{\sigma k}. \qquad (9)$$

Ehe wir uns näher mit den Eigenschaften der wahren Kriechgrenze befassen, leiten wir erst die Bestimmungsgleichung für die praktische Dauerstandfestigkeit K_D ab, damit wir ein Bild ihrer gegenseitigen Beziehungen gewinnen. K_D ist nach der Festsetzung von Siebel und Ulrich, die wir benutzen (vgl. **24 d**), dadurch festgelegt, daß die Verformungsgeschwindigkeit g nach einer bestimmten Verformung s_m ($= 0{,}2\%$) einen bestimmten Wert g_m ($= 10^{-4}\%/\mathrm{h}$ bis $10^{-3}\%/\mathrm{h}$) annehmen soll. Sie ist also nach (87 III) gegeben durch[1]:

$$K_D = \frac{dU_V}{ds}(s_m) + K_{\sigma_0(u_m)} = \frac{dU_V}{ds}(s_m) + \psi(g_m, T). \qquad (10)$$

Da s_m so groß ist wie die Verformung s_0 ($= 0{,}2\%$) an der Streckgrenze K_0, so ist letztere gegeben durch:

$$K_0 = \frac{dU_V}{ds}(s_m) + K_{\sigma_0(u_0)} = \frac{dU_V}{ds}(s_m) + \psi(g_0, T), \qquad (11)$$

wo g_0 eine gegenüber g_m große Verformungsgeschwindigkeit ist. $K_{\sigma_0} = \psi(g, T)$ ist der Mittelwert der Einkristall-Streckgrenzen, der für alle Verformungsarten in ähnlicher Weise wie für die Dehnung nach (1) oder durch graphische Mittelung aus der kritischen Schubspannung der Einkristalle und der Orientierungsmannigfaltigkeit der Körner berechnet werden kann[2]. Die der Verformungsgeschwindigkeit g entsprechende Gleitgeschwindigkeit u, bei der die kritische Schubspannung zu messen ist, ergibt sich in derselben Weise aus g wie K_{σ_0} aus σ_0.

Nach (10) und (11) kann die praktische Dauerstandfestigkeit K_D folgendermaßen berechnet werden: Man mißt die kritische Schubspannung $\sigma_0(u_0)$ des Einkristalls bei einer bestimmten „großen" Gleitgeschwindigkeit u_0 (oder bei geringeren Anforderungen an die Genauigkeit die praktische kritische Schubspannung σ_0^*) und bildet aus ihr in der oben angegebenen Weise den Mittelwert $K_{\sigma_0(u_0)}$ der Einkristall-Streckgrenzen. Als Differenz der bei der Verformungsgeschwindigkeit g_0 gemessenen Streckgrenze S_0 (oder der praktischen Streckgrenze S_0^*) und von $K_{\sigma_0(u_0)}$ erhält man nach (11) die Spannungsverfestigung

---

[1] Der Beitrag K_τ der atomistischen Verfestigung ist bei dem Wert $0{,}2\%$ für s_m sehr klein gegenüber der Summe der Spannungsverfestigung dU_V/ds und des Mittelwerts K_{σ_0} der Einkristall-Streckgrenzen, so daß er praktisch vernachlässigt werden kann.

[2] Neben dem Beitrag $K_{\sigma_0} = S_{\sigma_0} = 2{,}24\,\sigma_0$ der Einkristall-Streckgrenzen zu der Streckgrenze S_0 des Vielkristalls bestimmte Sachs (1928, 1) durch graphische Mittelung den Beitrag der Einkristall-Torsions-Streckgrenzen zu der des Vielkristalls für kubisch-flächenzentrierte Metalle zu $S_{\varphi\sigma_0} = 2{,}586\,\sigma_0$.

$dU_V/ds\,(s_m)$, und hat damit einen Bestandteil in (10) ermittelt. Nunmehr mißt man die kritische Schubspannung $\sigma_0(u_m)$ bei der Anfangsgleitgeschwindigkeit u_m, die der zugrunde gelegten Verformungsgeschwindigkeit g_m entspricht, und berechnet aus ihr wie $K_{\sigma_0(u_0)}$ aus $\sigma_0(u_0)$ den Mittelwert $K_{\sigma_0(u_m)}$ und hat damit auch den zweiten Summanden in (10), der zusammen mit dem ersten K_D ergibt.

Wir betrachten nun die Verhältnisse an einigen Beispielen. Da $K_{\sigma_0} = \psi(g,\,T)$ entweder von g unabhängig ist oder mit g zunimmt, so kann K_D höchstens gleich K_0 sein. Bei sehr tiefen Temperaturen trifft der erste Fall zu (verschwindender dynamischer Einfluß) und (10) geht in (11) über. D. h. bei hinreichend tiefen Temperaturen stimmt die praktische Dauerstandfestigkeit mit der Streckgrenze überein. Die notwendige Voraussetzung für dieses unmittelbar anschauliche Ergebnis ist, daß nicht nur die Verformungsgeschwindigkeit (nach einer gewissen Fließdauer), sondern gleichzeitig die zulässige Verformung festgesetzt ist. Fällt die letztere Forderung weg, so kann K_D wesentlich höher liegen als K_0, da wegen der geringen Erholung bei den betrachteten tiefen Temperaturen selbst eine anfänglich mit großer Geschwindigkeit einsetzende Verformung verhältnismäßig rasch in ein langsames Kriechen übergeht. So hat z. B. bei Aluminium und Kupfer (gepreßt) die Dauerstandfestigkeit bei Zimmertemperatur, wenn nur eine Fließgeschwindigkeit von $10^{-3}\%/\mathrm{h}$ zwischen der 25. und 35. Stunde verlangt wird, die Werte $7{,}5\ \mathrm{kg/mm^2}$ bzw. $8{,}7\ \mathrm{kg/mm^2}$, dagegen nimmt sie die Werte der Streckgrenze von $6{,}5\ \mathrm{kg/mm^2}$ bzw. $6{,}9\ \mathrm{kg/mm^2}$ an, wenn noch eine zulässige Dehnung von $0{,}2\%$ gefordert wird [G. Gürtler und Schmid (1939, 2)].

Die Höhe der Temperaturgrenze, unterhalb deren auf Grund des verschwindenden dynamischen Einflusses $K_D = K_0$ ist, hängt von der Unschärfe des „Knicks" der kritischen Schubspannung bei Einkristallen (vgl. 4) ab, denn diese bestimmt ja auch die Unschärfe des „Knicks" von $K_{\sigma_0} = \psi(g,\,T)$. Je größer diese bei einer bestimmten Temperatur ist, um so kleiner ist K_D gegenüber K_0.

Neben dieser Unschärfe spielen für die das Verhältnis von K_D zu K_0 noch andere Umstände eine Rolle. Ist K_{σ_0}, wie bei den Werkstoffen der Gruppe I, unterhalb der Rekristallisationstemperatur schon für die Streckgrenze $K_0(g = g_0)$ klein gegenüber der Spannungsverfestigung $dU_V/ds\,(s_m)$, so gilt das erst recht für die Dauerstandfestigkeit K_D $(g = g_m \ll g_0)$, und (10) und (11) gehen mit um so besserer Annäherung über in

$$K_D = K_0 = \frac{dU_V}{ds}\,(s_m) \tag{12}$$

je mehr die Spannungsverfestigung überwiegt, unabhängig von der Unschärfe des „Knicks" von K_{σ_0}. Erst bei höheren Temperaturen, wo der Einfluß der Spannungsverfestigung zurücktritt, wird dann nach (10) und (11) wieder die Unschärfe des Knicks von K_{σ_0} maßgebend für das Verhältnis von K_D zu K_0. Da diese allgemein mit der Temperatur zunimmt, so stimmt also bei den Metallen der Werkstoffgruppe I die (durch $s_m = s_0$ und $g_m \ll g_0$ festgelegte) praktische Dauerstandfestigkeit bei tiefen Temperaturen mit der (durch s_0 und g_0 festgelegten) Streckgrenze überein, während sie von der Temperatur beginnender Rekristallisation an in zunehmendem Maße kleiner wird als letztere. Dieses Ergebnis wird durch die Erfahrung bestätigt. Die Verhältnisse im Einzelfall hängen sehr von der Reinheit und der Vorbehandlung des Werkstoffs ab. So wird z. B. in einem kaltbearbeiteten Material bei einer bestimmten Temperatur eine viel lebhaftere Rekristallisation eintreten und dadurch die Fließgeschwindigkeit bei gleichen Spannungen größere Werte annehmen als in einem ausgeglühten Material. Dieser Vorgang wurde tatsächlich von Koref (1926, 1) an Wolfram, von Schmid und Wassermann (1931, 2) an Kupfer und Aluminium, von Rohn (1932, 1) an Eisen und Nickel sowie Legierungen dieser Metalle, von Russell (1936, 1) und v. Hanffstengel und Hanemann (1938, 1) an Blei beobachtet[1].

Nach Abb. 81 hat die Streckgrenze S_0 dieser Metalle bis zur Temperatur beginnender Rekristallisation denselben Temperaturverlauf wie der Elastizitätsmodul E. Oberhalb dieser Temperatur fällt S_0 rascher ab als E. Auf Grund obigen Ergebnisses gilt dasselbe für die praktische Dauerstandfestigkeit K_D. Ihr qualitativer Temperaturverlauf ist in Abb. 84a durch die Kurve 2 dargestellt.

Ganz anders liegen die Verhältnisse bei den Werkstoffen der Gruppe II. Bei ihnen ist ·die Streckgrenze vorwiegend durch K_{σ_0}

---

[1] Becker (1926, 1) [vgl. auch Schmid und Boas (1935, 1); Schmid (1939, 1)] führt diese Erscheinung auf die sog. Platzwechselplastizität zurück, eine Art amorpher Plastizität, die darin besteht, daß vorwiegend an den Korngrenzen kristallographisch nicht bestimmte Atomverschiebungen (Platzwechsel) stattfinden. Wegen ihres Ursprungsorts an den Korngrenzen ist zu erwarten, daß diese Platzwechsel zu um so größeren Dehnungen Anlaß geben, je kleiner die Korngröße ist. In der Tat haben Enders (1934, 1) an Kohlenstoffstahl und v. Hanffstengel und Hanemann (1938, 1) an Reinblei festgestellt, daß bei hinreichend kleinen Spannungen die Fließgeschwindigkeit mit abnehmender Korngröße zunimmt, und erst bei größeren Spannungen, bei denen die kristallographisch bestimmte Gleitung in den Vordergrund tritt, umgekehrte Verhältnisse eintreten. Auf die Platzwechselplastizität ist sicher auch die Beobachtung von Moore, Betty und Dollins (1935, 1) zurückzuführen, daß an Vielkristallen schon bei einer Spannung meßbares Kriechen stattfindet, bei der das an Einkristallen noch nicht der Fall ist. Ob auch die erhöhte Fließgeschwindigkeit bei Rekristallisation in erster Linie auf Platzwechselplastizität beruht, erscheint uns zweifelhaft; wir möchten sie vorwiegend einem kristallographischen Gleiten zuschreiben, das durch die Abnahme der Spannungsverfestigung ermöglicht wird.

bestimmt, demgegenüber die Spannungsverfestigung klein ist. Wir
erhalten daher aus (11) näherungsweise:

$$K_0 = K_{\sigma_0(u_0)} = \psi(g_0, T).\tag{13}$$

Ob nun K_{σ_0} auch in K_D gegenüber dU_V/ds überwiegt, hängt von dem
Einfluß der Verformungsgeschwindigkeit g (dynamischer Einfluß) auf
$K_{\sigma_0} = \psi(g, T)$ bzw. dem Einfluß der Gleitgeschwindigkeit u auf die
kritische Schubspannung $\sigma_0 = \varphi(u, T)$ ab. Obwohl die kritische Schubspannung von Einkristallen dieser Metalle bei normaler Meßgenauigkeit
bei Zimmertemperatur scharf ausgebildet ist, so ist doch noch nicht
sichergestellt, ob nicht schon bei viel kleineren Schubspannungen ein

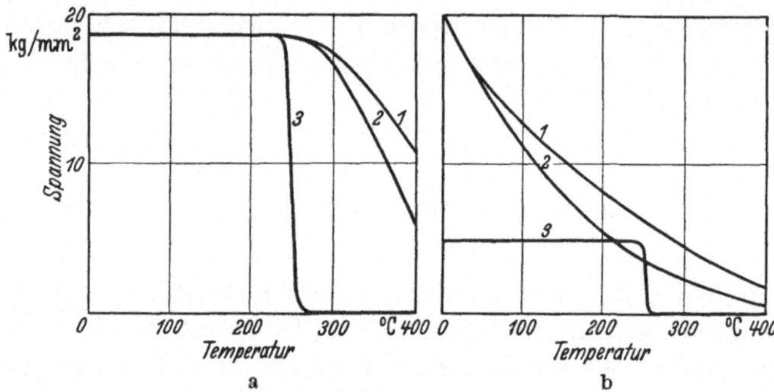

Abb. 84. Qualitativer Verlauf der Streckgrenze K_0 (Kurven 1), der praktischen Dauerstand-
festigkeit K_D (Kurven 2) und der wahren Kriechgrenze K_k (Kurven 3) von Metallen, a) der
Werkstoffgruppe I; b) der Werkstoffgruppe II. Die Zahlwerte wurden für die Streckgrenze, als
Bezugsgröße für die beiden andern Größen, von der Größenordnung der bei Metallen beobachteten
Werte gewählt.

Gleiten mit der Gleitgeschwindigkeit u_m bzw. bei Vielkristallen bei
Spannungen unterhalb der Streckgrenze im Fließen mit der Geschwindigkeit g_m möglich ist. Wenn wir zunächst einmal annehmen, das sei
nicht der Fall, so besitzen die Einkristalle praktisch[1] eine Kriechgrenze σ_k^*
von der Größenordnung der kritischen Schubspannung $\sigma_0(u_0)$, oberhalb
deren die plastische Verformung rasch mit „großer" Geschwindigkeit
einsetzt. Dann gilt praktisch:

$$K_D = K_0 = K_{\sigma_k^*}.\tag{14}$$

D. h. in diesem Falle stimmen K_D und K_0 bei Zimmertemperatur, und
wegen des kleiner werdenden dynamischen Einflusses erst recht bei
tieferen Temperaturen, überein. Da die Kriechgrenze ungefähr in derselben Weise mit zunehmender Temperatur abnimmt wie die kritische
Schubspannung, so gilt das auch für $K_{\sigma_k^*}$ im Vergleich zu $K_{\sigma_0(u_0)}$. Die

---

[1] D. h. bei Schubspannungen $\sigma < \sigma_k^* \sim \sigma_0(u_0)$ sind Gleitgeschwindigkeiten
$u \ll u_m$ noch zugelassen.

Übereinstimmung von K_D und K_0 bleibt somit bei allen Temperaturen bestehen, und es gilt nach (2):

$$K_D = K_{D_0}\left(1 - B(g_0)\sqrt{T}\right). \tag{15a}$$

Dabei ist K_{D_0} ($= K_{\sigma_{01}}$) der Wert von K_D am absoluten Nullpunkt.

Trifft die Annahme, daß die Einkristalle praktisch eine Kriechgrenze besitzen, nicht zu, so wird $\sigma_0(u_m) = \varphi(u_m, T)$ mit zunehmender Temperatur immer kleiner gegenüber $\sigma_0(u_0) = \varphi(u_0, T)$ (wachsender dynamischer Einfluß) und dementsprechend $K_{\sigma_0(u_m)} = \psi(g_m, T)$ immer kleiner gegenüber $K_{\sigma_0(u_0)} = \psi(g_0, T)$. Der Temperaturverlauf von K_D ist dann gegeben durch

$$K_D = K_{D_0}\left(1 - B(g_m)\sqrt{T}\right) \tag{15b}$$

unterscheidet sich also von dem Verlauf nach (15a) nur durch den Wert der Konstanten B. Abb. 84b veranschaulicht die Verhältnisse (vgl. hierzu die Einkristallkurven in Abb. 33).

Fällt die bisher von uns benutzte Festsetzung weg, daß bei der Verformungsgeschwindigkeit g_m die Verformung $s_m = s_0 = 0{,}2\%$ wirklich angenommen werden soll und wird s_m nur als höchstens zulässige Verformungsgrenze gefordert (DVM-Festsetzung), so bleiben die bisherigen allgemeinen Ergebnisse für K_D auch für die so festgelegte praktische Dauerstandfestigkeit K'_D bestehen. Nur bei mittleren Temperaturen ist K'_D etwas kleiner als K_D, da bei ihnen die Verformungsgeschwindigkeit g_m nach der festgesetzten Fließdauer angenommen wird, ehe die Verformungsgrenze s_m erreicht ist[1].

Für die Metalle der Werkstoffgruppe II ist also der Temperaturverlauf von K'_D praktisch durch (15a) bzw. (15b) gegeben. G. Gürtler und Schmid (1939, 2) haben das für Eisen (Abb. 73) bestätigt. Auch die Meßpunkte von Kupfer und Aluminium (Abb. 75) liegen gut auf je einer durch die Beziehung (15) gegebenen Kurve. Bei diesen Metallen, die zur Werkstoffgruppe I gehören, wird der Verlauf von K_D und K'_D bei höheren Temperaturen nicht ausschließlich durch K_{σ_0}, sondern auch durch die Abnahme der Spannungsverfestigung bestimmt. Wie man aber durch Vergleich der Abb. 84a und 84b erkennt, ist die Abnahme von K'_D bei beiden Werkstoffgruppen in diesem Temperaturgebiet ungefähr dieselbe, so daß der Befund von Gürtler und Schmid verständlich ist. Es ist aber zu beachten, daß in beiden Werkstoffgruppen verschiedene Faktoren wirksam sind. Bei tiefen Temperaturen,

---

[1] Bei hinreichend tiefen Temperaturen stimmt K'_D aus denselben Gründen wie K_D mit der Streckgrenze K_0 überein, bei hinreichend hohen Temperaturen behält die Fließgeschwindigkeit infolge der Erholung ihren Anfangswert lange Zeit praktisch ihren Anfangswert bei, so daß bei ihnen $K_D = K'_D$ ist. Nur bei mittleren Temperaturen, wo die Erholung bereits merklich, aber innerhalb der Versuchszeiten noch nicht vollständig ist, wird K'_D etwas kleiner als K_D.

wo sich diese in ganz verschiedener Weise auswirken, liegen noch keine Messungen vor. Auf eine weitergehende Bestätigung unserer Ergebnisse kommen wir in **27b** im Zusammenhang mit der Wechselfestigkeit zu sprechen.

Krainer (1935, 1; 1939, 1) und M. Schmidt und Krainer (1939, 1) haben an legierten Stählen bei höheren Temperaturen nachgewiesen, daß $\psi(g, T)$ dieselbe Form besitzt wie bei Einkristallen $\varphi(u, T)$ nach (53 I), wie auch nach **22a** zu fordern ist, und dementsprechend der Logarithmus der Fließgeschwindigkeit g nach (59a I) linear von $1/T$ und quadratisch von K abhängt. Aus zwei Meßwerten der Fließgeschwindigkeit bei benachbarten Temperaturen können die Werte der Konstanten berechnet werden (vgl. 8). K_{σ_0} ist natürlich wesentlich größer als bei reinen Metallen; B liegt bei allen untersuchten Stählen zwischen 0,03 und 0,038, wie der entsprechende Faktor β bei Einkristallen reiner Metalle (vgl. Tabelle 2); die Schwellenenergie A_1 hat in einem Fall etwa denselben Wert wie bei reinen Metallen ($\sim 50\,000$ cal/Mol), im allgemeinen ist sie größer und nimmt Werte bis zu 140 000 cal/Mol an. Der Temperaturverlauf von K_D wird mit den so erhaltenen Werten der Konstanten nicht wie bei reinen Metallen der Werkstoffgruppe II über größere Temperaturbereiche richtig wiedergegeben, was auch gar nicht zu erwarten ist, da die Fließgeschwindigkeit bei legierten Stählen noch durch Vorgänge mitbestimmt wird (langsam verlaufende Umwandlungen und Ausscheidungen), die in den erwähnten Gleichungen nicht berücksichtigt sind.

Der Inhalt der bisherigen Ergebnisse ist: Ein Unterschied zwischen der bei der „kleinen" Verformungsgeschwindigkeit g_m gemessenen praktischen Dauerstandfestigkeit K_D und der bei der „großen" Verformungsgeschwindigkeit g_0 gemessenen Streckgrenze K_0 kommt dadurch zustande, daß die mittlere Einkristallstreckgrenze K_{σ_0}, die ein Bestandteil von K_D und K_0 ist, von der Verformungsgeschwindigkeit g abhängt. Allgemein ist K_{σ_0} bei g_m kleiner ist als bei g_0, und zwar, bezogen auf den Wert von K_0, um so mehr, je höher die Temperatur ist. Zahlenmäßig ist also K_D um so kleiner gegenüber K_0, je mehr K_{σ_0} gegenüber dem von g unabhängigen Beitrag dU_V/ds der Spannungsverfestigung überwiegt und je höher die Temperatur ist. Damit wird der Verlauf der Kurven in Abb. 84 unmittelbar anschaulich verständlich.

Wir wenden uns nun wieder der wahren Kriechgrenze K_k zu. Nach (9) ist K_k gleich der Summe des Maximums der Spannungsverfestigung und des Beitrags K_{σ_k} der wahren Kriechgrenze σ_k der Einkristalle. Bei hinreichend hohen Temperaturen sind die Verzerrungen der Gleitlamellen wegen der Rekristallisation nicht mehr stabil, so daß sie keinen Beitrag mehr zu K_k geben. Streng genommen ist es bei allen von Null verschiedenen Temperaturen, und unter Berücksichtigung der Nullpunktsenergie auch am absoluten Nullpunkt, grundsätzlich möglich, daß thermische Vorgänge höherer Ordnung die Spannungsverfestigung im Laufe der Zeit zum Verschwinden bringen, so daß sie in diesem strengen Sinne als Beitrag zu einer wahren Kriechgrenze überhaupt nicht in Frage kommt. Die Wahrscheinlichkeit für solche Ereignisse ist aber infolge ihrer hohen Reaktionsordnung unterhalb einer bestimmten Temperatur T_R', die noch in der Nähe der Temperatur T_R liegt, bei welcher eine nachweisbare[1] Kornneubildung schon nach kurzer Zeit auftritt, so ungeheuer klein, daß die Spannungsverfestigung erst nach Zeiträumen merkliche Änderungen erfährt, welche sowohl für die unmittelbare Beobachtung als auch für die Beurteilung des voraussichtlichen zukünftigen plastischen Verhaltens ohne gleichzeitige Berücksichtigung anderer Umstände (Korrosionsvorgänge) sicher nicht mehr in Frage kommen (z. B. 10^3 Jahre). Es ist daher zweckmäßig und sinnvoll, unterhalb T_R' von einer wahren Kriechgrenze bzw. einer stabilen Spannungsverfestigung zu sprechen. Wir bezeichnen T_R' als **Grenztemperatur der Rekristallisation**, T_R als die **Temperatur beginnender mikroskopischer Rekristallisation**.

Zwischen T_R' und T_R nimmt die Spannungsverfestigung um so rascher ab, je höher die betrachtete Temperatur ist. Wir können jeder Beobachtungsdauer eine bestimmte Temperatur in diesem Gebiet zuordnen, bei welcher eine „noch kleine, aber schon meßbare" Abnahme der Spannungsverfestigung eintritt. Bei der Untersuchung der Wechselfestigkeit (**27e**) erweist sich die Temperatur T_R'' ($T_R' < T_R'' < T_R$) als wichtig, bei welcher die Beobachtungsdauer von der Größe der bei Wechselbeanspruchungen üblichen Versuchszeiten ist. Bei ihr werden die Verzerrungen der Gleitlamellen (atomistisch betrachtet) bereits in größeren, aber immer noch submikroskopischen Bereichen beseitigt, ohne daß innerhalb dieser Zeiten eine nachweisbare Kornneubildung eintritt[2]. Wir bezeichnen T_R'' als **Temperatur beginnender submikroskopischer Rekristallisation**.

Genaue Angaben über die Werte dieser Temperaturen für die verschiedenen Werkstoffe können noch nicht gemacht werden. Ihre Berechnung ist noch nicht möglich und unmittelbare Messungen von T_R'' und T_R, die nur an Proben gleichen Reinheitsgrades und gleicher Vorbehandlung erfolgen können, liegen noch nicht vor. Aus den bisherigen Beobachtungen kann entnommen werden, daß T_R etwa 50—100° C

---

[1] Bei manchen Werkstoffen, z. B. Silber, kann eine stattgefundene mikroskopische Rekristallisation durch die beginnende Auflösung der vorher gleichmäßig geschwärzten Röntgenlinien in Punkte früher nachgewiesen werden als durch Beobachtung des Schliffbildes im Mikroskop [vgl. Widmann (1927, 1)].

[2] Die Tatsache, daß die mit nachweisbarer Kornneubildung verbundene Rekristallisation ein solches Vorstadium besitzt, hat bereits Dehlinger (1929, 1) betont.

größer ist als T_R'' (vgl. **27** e). T_R' wird höchstens um den gleichen Betrag kleiner sein als T_R''.

Unterhalb T_R' ist die Größe von K_k gegenüber K_D bei den beiden Werkstoffgruppen ganz verschieden. Um die wesentlichen Unterschiede klar hervortreten lassen zu können, nehmen wir bei beiden Gruppen einige Idealisierungen vor, die wir weiterhin beibehalten. Von den Metallen der Werkstoffgruppe I betrachten wir nur noch die kubisch-flächenzentrierten Metalle und setzen bei ihnen $K_{\sigma_k} = K_{\sigma_0(u_m)} = K_{\sigma_0(u_0)} = 0$ [in Wirklichkeit ist $K_{\sigma_k} \leqq K_{\sigma_0(u_m)} = \psi(g_m, T) \leqq K_{\sigma_0(u_0)} = \psi(g_0, T)$ $\ll dU_V/ds(s_m)$]. Bei den Metallen der Werkstoffgruppe II setzen wir $K_{\sigma_k} = 0$, da es unwahrscheinlich ist, daß bei ihnen die wahre Kriechgrenze σ_k der Einkristalle (bzw. ihr Beitrag K_{σ_k}) von der Größenordnung der gemessenen kritischen Schubspannung (bzw. ihres Beitrags $K_{\sigma_0(u_0)}$, der nahezu mit der Streckgrenze $K_0(u_0)$ übereinstimmt) ist, obwohl letztere (bzw. die Streckgrenze) scharf ausgebildet ist[1]. Für Stähle konnte durch genaue Untersuchungen des Verformungszustandes mit Hilfe des röntgenographischen Spannungsmeßverfahrens unmittelbar nachgewiesen werden, daß das nicht der Fall ist[2]. Die Messungen haben ergeben, daß benachbarte Körner schon bei kleinen Belastungen etwas verschiedene elastische Dehnungen und Schiebungen erfahren. Diese Unterschiede können nur von kleinen plastischen Verformungen herrühren, da wegen des bestehenbleibenden Kornzusammenhangs die gesamte Dehnung und Schiebung gleich groß sein muß.

Auf Grund des bekannten Temperaturverlaufs von K_{σ_0} und K_{σ_k} kann in jedem Einzelfalle leicht angegeben werden, in welcher Weise der Verlauf der wahren Kriechgrenze in Wirklichkeit gegenüber dem von uns unter obigen Idealisierungen erhaltenen Verlauf in Einzelheiten abweicht.

Da bei den kubisch-flächenzentrierten Metallen die Spannungsverfestigung oberhalb der Streckgrenze nicht mehr merklich zunimmt, so stimmen nach (8) und (10) K_k und K_D unterhalb T_R' überein. Oberhalb T_R' nimmt K_k sehr rasch auf Null ab, während K_D nach unseren früheren Ergebnissen bis etwa zur Temperatur T_R konstant bleibt und dann erst, aber wesentlich langsamer als K_k, abfällt. Abb. 84a veranschaulicht die Verhältnisse.

Bei den Metallen der Werkstoffgruppe II hat K_k nach (8) unterhalb T_R' qualitativ denselben Temperaturverlauf wie bei den kubisch-flächenzentrierten Metallen, ist jedoch bei sehr tiefen Temperaturen

---

[1] Es ist hier nicht zulässig, wie in (14) im Hinblick auf die praktische Dauerstandfestigkeit, die kritische Schubspannung dieser Metalle praktisch einer Kriechgrenze gleichzusetzen.

[2] Glocker (1938, 1); Möller (1939, 2; 3); Möller und Martin (1939, 1); Bollenrath und Osswald (1939, 1). Vgl. hierzu auch Körber (1939, 2).

wesentlich kleiner als die durch $K_{\sigma_0(u_m)} \sim K_{\sigma_0(u_0)} \gg dU_V/ds\,(s_m)$ bestimmte praktische Dauerstandfestigkeit K_D, und wird erst in der Nähe von T_R' von derselben Größenordnung (Abb. 84b). Der grundlegende Unterschied im gegenseitigen Verhältnis von K_k und K_D in Abhängigkeit von der Temperatur tritt bei einem Vergleich der Abb. 84a und 84b klar hervor.

Wie wir schon öfters erwähnten, kann man durch Versuche bei einsinnigen Dauerbelastungen die wahre Kriechgrenze nicht ermitteln und somit auf diese Weise unsere Ergebnisse nicht nachprüfen. Wir werden in **27b** eine andere Möglichkeit zu ihrer Prüfung kennenlernen und sie in vollem Umfang bestätigen können.

Wir gehen nun noch kurz auf einige mit den einsinnigen Dauerbelastungen zusammenhängende Fragen ein.

Es ist eine technisch außerordentlich wichtige Frage, welchen voraussichtlichen Verlauf die Fließgeschwindigkeit g bei sehr langen Belastungszeiten unterhalb der praktischen Dauerstandfestigkeit K_D hat. Der praktischen Verwendung dieser Belastungsgrenze liegt die Erwartung zugrunde, daß g mindestens nicht mehr größer wird als der bei ihrer Bestimmung zulässige Wert g_m. Aus unsern Ergebnissen folgt: Ist K_D kleiner als die wahre Kriechgrenze K_k und die Temperatur unterhalb der Temperatur T_R', so nimmt g im Laufe der Zeit ab und das Fließen kommt sicher zum Stillstand. Ist aber $K_D > K_k$, wie es nach Abb. 84b der Fall sein kann, so kommt das Fließen zwar nicht mehr streng zum Stillstand, aber die Fließgeschwindigkeit strebt einem durch den Anstieg der atomistischen Verfestigung und der Erholung gegebenen Endwert zu, der gleich oder kleiner ist als g_m. Eine über die Erwartung hinausgehende Verformung findet also nicht statt.

Oberhalb T_R' geht die Fließgeschwindigkeit ebenfalls gegen Null, wenn K_D kleiner ist als $K_k = K_{\sigma_k}$. Im andern Fall, der meist zutreffen wird, kommt das Fließen nicht zum Stillstand. Die Fließgeschwindigkeit ist hier in erster Linie durch das Wechselspiel der Zunahme der Spannungsverfestigung und ihrer Verminderung durch Rekristallisationsvorgänge bedingt (die atomistische Verfestigung spielt praktisch keine Rolle mehr). Während des größten Teils der Belastungsdauer wird dieses Wechselspiel in gleicher Weise erfolgen wie zur Zeit der Messung von K_D, die Fließgeschwindigkeit also mindestens nicht zunehmen. Es ist aber nicht ausgeschlossen, daß gelegentlich durch besonders günstige thermische Schwankungen eine stärkere Abnahme der Spannungsverfestigung bewirkt wird und g wesentlich größere Werte annimmt als g_m. Begünstigt wird dieser Vorgang, wenn Umwandlungen und Ausscheidungen im Laufe der Zeit eintreten können. Jedenfalls sind in diesem Temperaturgebiet Zunahmen der Fließgeschwindigkeit über den der Bestimmung der praktischen Dauerstandfestigkeit zugrunde gelegten Wert nicht mit Sicherheit ausgeschlossen. Im allgemeinen haben sehr lang dauernde Versuche eine gleichmäßige Abnahme der Fließgeschwindigkeit ergeben, aber es wurden auch Ausnahmen beobachtet (24d). Hinzuweisen ist in diesem Zusammenhang auf den Befund von E. Siebel und Wellinger (1940, 1), daß an Rohrschweißungen bei Belastungen unterhalb der praktischen Dauerstandfestigkeit spröde Brüche auftreten können, wohl als Folge der im Material vorhandenen Schweißspannungen.

Abschließend sei noch kurz auf die Frage eingegangen, ob es eine Elastizitätsgrenze gibt. In dem Sinne, daß die Verformung auch nach beliebig langen Belastungszeiten streng reversibel ist, sicher nicht, denn wir haben bereits bei Einkristallen gesehen (12), daß bei jeder noch so kleinen von Null verschiedenen Belastung Versetzungen gebildet werden, die eine Hysterese und Nachwirkung zur Folge haben. Verstehen wir dagegen unter Elastizitätsgrenze diejenige Grenzbelastung, unterhalb deren sich bei jeder Belastung eine eindeutig durch sie bestimmte Verformung einstellt, wenn auch jeweils erst nach einer gewissen Zeit, so stimmt sie bei Einkristallen mit ihrer wahren Kriechgrenze überein. Bei Vielkristallen ist sie gleich der Belastung, bei welcher die wahre Einkristall-Kriechgrenze in keinem Korn überschritten wird, denn sonst tritt eine mit Verzerrungen der Gleitlamellen verbundene Gleitung ein, die nicht mehr vollständig zurückgeht, sondern zu Eigenspannungen Anlaß gibt. Die Elastizitätsgrenze von Vielkristallen stimmt also nicht mit ihrer wahren Kriechgrenze überein, und ist auch etwas kleiner als K_{σ_k}. Sie ist also sicher für die Werkstoffe der Gruppe I und wie wir oben erwähnten im allgemeinen auch für die Werkstoffe der Gruppe II klein gegenüber der Streckgrenze.

Von dieser bei unendlich langen Belastungszeiten bestehenden und daher grundsätzlich nicht meßbaren Elastizitätsgrenze ist die praktische Elastizitätsgrenze zu unterscheiden, welche die Belastungsgrenze angibt, bei der im einsinnigen Dauerbelastungsversuch eben keine meßbare bleibende Verformung mehr stattfindet. Da bei dieser Festsetzung ihre Größe von der Meßgenauigkeit und Belastungsdauer abhängt, und es genügt, die Belastungsgrenze zu kennen, bei welcher sich ein Werkstoff unter Betriebsbedingungen praktisch elastisch verhält, so sind, um die Willkürlichkeiten in den Untersuchungsbedingungen auszuschalten, Vereinbarungen getroffen worden, die sie bei einer schon meßbaren kleinen Verformung (0,001 bis 0,01%) festsetzen.

An weichgeglühten Nickeldrähten haben Förster und Stambke (1941, 1) mit einer empfindlichen Meßanordnung für die Remanenzänderung durch Zug eine sehr scharf ausgebildete Grenze für die plastische Verformung bei 250 g/mm² festgestellt. Die an Nickel-

Einkristallen gemessene kleinste Streckgrenze von 1160 g/mm² ist demgegenüber rund $4^1/_2$ mal größer. Obiger Befund zeigt, daß die Einkristalle
bereits bei Schubspannungen wesentlich unterhalb der praktischen
kritischen Schubspannung plastisch verformt werden, allerdings nur
so wenig, daß die Verformung bei statischer Versuchsführung mit einer
Meßgenauigkeit von 0,02% für die Dehnung nicht mehr nachgewiesen
werden kann (vgl. 4d). Der Nachweis von plastischen Verformungen
in einem kubisch-flächenzentrierten Werkstoff bei so kleinen Spannungen
steht mit unseren Vorstellungen in Einklang. Ob allerdings die festgestellte Grenze die wirkliche Elastizitätsgrenze und damit die wahre
Kriechgrenze von Einkristallen darstellt, kann aus den obengenannten
Gründen nicht entschieden werden.

V. Wechselbeanspruchung metallischer Werkstoffe[1].

26. Übersicht über die experimentellen Verfahren und Ergebnisse.

a) Die praktische Wechselfestigkeit. Die Erfahrung hat schon früh
gezeigt, daß Belastungen unterhalb der praktischen Dauerstandfestigkeit, die bei einsinniger Belastung eines Werkstoffs ohne Gefahr ertragen
werden, bei lang dauernder Wechselbeanspruchung zum Bruch führen
können. Es ist daher die wichtige Frage entstanden, welche Grenzbelastung, die Wechselfestigkeit, bei dieser Beanspruchung eben noch
keinen Bruch bewirkt. Wie die wahre Kriechgrenze, so kann auch die
wahre Wechselfestigkeit[2] K_k^w, das ist die Belastungsgrenze, bei
welcher auch nach unendlich langer Beanspruchungsdauer eben kein
Bruch mehr erfolgt, experimentell grundsätzlich nicht ermittelt werden,
sondern nur die praktische Wechselfestigkeit K_D^w, welche bis
zu einer hinreichend hohen, den praktischen Bedürfnissen entsprechenden Wechselzahl z_0 (10 bis 50 Millionen) eben noch ohne Bruch-
gefahr ertragen wird[3,4].

Erfolgt die Beanspruchung nach beiden Richtungen mit gleicher
Lastamplitude K^π, so sprechen wir mit Herold (1934, 1) von einer
Schwingungsbeanspruchung und von der wahren bzw. praktischen
Schwingungsfestigkeit $K_k^{\pi o}$ bzw. $K_D^{\pi o}$, bei ungleichen Amplituden

---

[1] Gough (1926, 2); Moore und Kommers (1927, 1); O. Föppl, E. Becker
und v. Heydekampf (1929, 1); O. Graf (1929, 1); Herold (1934, 1); Späth
(1934, 1); Oschatz (1936, 1); Cazaud und Persoz (1937, 1).

[2] Wie in **25f** verwenden wir die allgemeinen Größen „Kraft" K, Verformung s
und Verformungsgeschwindigkeit $g = ds/dt$. Vgl. Fußnote 1 auf S. 242.

[3] In vielen Fällen stimmen, wie wir in **b** sehen werden, K_k^w und K_D^w mit großer
Wahrscheinlichkeit überein.

[4] Über den Einfluß der Frequenz vgl. **b**.

von einer Wechselbeanspruchung und von der wahren bzw. praktischen Wechselfestigkeit $K_k^{\pi\lambda}$ bzw. $K_D^{\pi\lambda}$.[1] Bei letzterer stellen wir die Zusatzbedingung, daß, falls nicht vorher der Bruch eintritt, die Verformung $s = s_m$ ($\leqq s_m$) sein soll, wenn die Verformungsgeschwindigkeit (nach der Zeit t_m) $g = g_m$ ist, wo s_m, g_m (und t_m) die bei der Festsetzung der praktischen Dauerstandfestigkeit nach Siebel und Ulrich (nach dem DVM) benutzten Werte sind.

Bei einer Wechselbeanspruchung kann die Last in eine Schwingungslast mit der Amplitude K^π und eine Vorlast K^λ zerlegt werden. Wie man unmittelbar erkennt, ergibt sich die Wechsellast-Zeit-Kurve durch Verschieben der Schwingungslast-Zeit-Kurve um den Betrag der Vorlast in Richtung der Lastachse. Der dem Betrag nach größte (obere) und dem Betrag nach kleinste (untere) Lastwert sind demnach[2]:

$$K^o = K^\lambda + K^\pi; \quad K^u = K^\lambda - K^\pi. \tag{1}$$

Daraus ergibt sich:

$$K^\pi = \tfrac{1}{2}(K^o - K^u); \quad K^\lambda = \tfrac{1}{2}(K^o - K^u). \tag{2}$$

Für $K^\lambda = K^\pi$ wird $K^u = 0$. Die Beanspruchung erfolgt dann nur in einer Richtung und die Last geht bei jedem Wechsel durch Null. Man spricht von einer Ursprungsbeanspruchung. Für $K^\pi = 0$ geht die Wechselbeanspruchung in eine einsinnige Dauerbeanspruchung über, die Wechselfestigkeit wird Null und die zulässige Vorlast ist gleich der wahren bzw. praktischen Dauerstandfestigkeit.

Ein anschauliches Bild der Abhängigkeit der Wechselfestigkeit von der Vorlast erhält man, wenn man nach Smith (1910, 1) K^o und K^u als Funktion der Vorlast K^λ aufträgt[3]. Abb. 86 zeigt einige Beispiele, auf die wir im nächsten Abschnitt näher eingehen.

b) Die Messung der praktischen Wechselfestigkeit. Zur Bestimmung der Schwingungsfestigkeit wählt man die Lastamplitude K^π zunächst so groß, daß erfahrungsgemäß der Bruch eintritt, ehe die Wechselzahl z_0 erreicht ist, und geht dann in weiteren Versuchen mit ihr so weit herunter, daß die Bruchwechselzahl größer als z_0 wird. Aus der so erhaltenen

---

[1] In dieser Bezeichnungsweise sollen die Indizes π und λ die unten beschriebene Zusammensetzung der Lastamplitude aus K^π und der Vorlast K^λ andeuten. Bei Zahlenangaben setzen wir für π und λ die Werte von K^π und K^λ ein (z. B. $K_D^{1;5}$). Sprechen wir zur Unterscheidung von einer einsinnigen Dauerbeanspruchung allgemein von einer Wechselbeanspruchung, so verwenden wir wie zu Beginn die Bezeichnungen K_k^w und K_D^w. K_k und K_D ohne obere Indizes bedeuten stets die wahre bzw. praktische Dauerstandfestigkeit.

[2] Wir geben der Schwingungslast K^π stets das Vorzeichen der Vorlast K^λ.

[3] In der Darstellung von Pohl (1932, 1) wird K^o als Funktion von K^λ/K^o aufgetragen. Sie hat den Vorzug, daß gleiche Beanspruchungen die gleiche Abszisse haben (z. B. $K^\lambda/K^o = 0,5$ bei Ursprungsbeanspruchung), ist aber nicht so anschaulich wie die von Smith.

Kurve, der Wöhler-Kurve, kann man bei $z = z_0$ den Wert von $K_D^{\pi o}$ entnehmen. Über diese praktische Verwendbarkeit hinaus gibt die Wöhler-Kurve bereits einen Einblick in die Bedeutung der praktischen Schwingungsfestigkeit. In vielen Fällen, insbesondere bei Stählen, bleibt die Bruchlast oberhalb einer bestimmten Wechselzahl innerhalb der Meßfehler konstant und $K_D^{\pi o}$ ist durch die Ordinate des zur z-Achse parallelen Astes der Wöhler-Kurve gegeben (Abb. 85). Es ist mit großer Wahrscheinlichkeit anzunehmen, daß die Bruchlast auch nach beliebig vielen Wechseln nicht mehr unter diesen Wert sinkt, d. h. die Wöhler-Kurve eine Asymptote mit einer von Null verschiedenen Ordinate, der wahren Schwingungsfestigkeit $K_D^{\pi o}$ besitzt, die innerhalb der Meßfehler

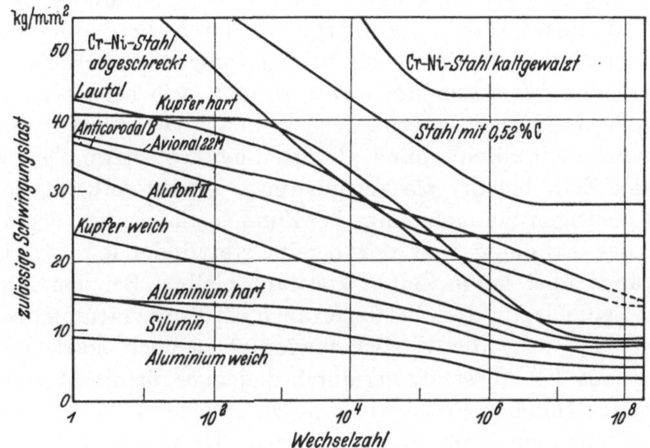

Abb. 85. Wöhler-Kurven verschiedener Werkstoffe bei Schwingungsbeanspruchung.
Aus W. Guertler (1939, 1).

bereits durch die Ordinate des horizontalen Astes gegeben ist oder mit andern Worten, daß in diesen Fällen die praktische und wahre Schwingungsfestigkeit übereinstimmen.

Bei andern Metallen, insbesondere bei den reinen Metallen und Leichtmetallegierungen, ist ein zur z-Achse paralleler Verlauf der Wöhler-Kurve auch nach 10^8 Wechseln noch nicht mit Sicherheit zu erkennen, und es ist eine noch offene Frage, ob hier die wahre Schwingungsfestigkeit von Null verschieden ist. Man begegnet häufig der Annahme, daß das nicht zutrifft. Jedenfalls ist es in diesen Fällen zu einer eindeutigen Kennzeichnung von $K_D^{\pi o}$ erforderlich, den Wert der verwandten Lastwechselzahl z_0 mit anzugeben.

Die praktische Wechselfestigkeit $K_D^{\pi \lambda}$ bei Wechselbeanspruchung mit Vorlast kann nicht immer mit Hilfe der Wöhler-Kurve ermittelt werden, da bei der Last, welche nach der Wechselzahl z_0 zum Bruch führt, schon unzulässig große Verformungen auftreten können, insbesondere bei hohen Temperaturen. Auf diesen Punkt haben Hempel und Tillmanns (1936, 1; 2), Hempel und Ardelt (1939, 1; 2) und Herold (1934, 1) mit Nachdruck hingewiesen. Herold führt in diesen Fällen an Stelle der Wechselbruchfestigkeit die „Wechselfließgrenze" ein, das ist die Schwingungsamplitude bei gegebener Vorlast, bei welcher die vom Lastmesser angezeigte Vorlast eben nicht mehr abnimmt, d. h. eben kein merkliches Fließen mehr auftritt. Die Größe der so bestimmten Wechselfließgrenze hängt aber von der Meßgenauigkeit und der Härte der Maschine ab[1]. Bernhardt und Hanemann (1938, 1) vermeiden bei ihren Untersuchungen an Blei diese Unbestimmtheit, indem sie mit einem dem Martensschen Spiegelgerät ähnlichen Dehnungsmesser die Fließgeschwindigkeit unmittelbar bestimmen. Sie definieren eine „dynamische Kriechgrenze" durch die Bedingung, daß die Fließgeschwindigkeit den auch bei einsinnigen Dauerbelastungen zugrunde gelegten Wert annehmen soll, so daß, wie bei letzteren, unzulässig große Dehnungen vermieden werden. Die Festsetzung der Fließgeschwindigkeit allein, ohne gleichzeitige Festsetzung einer Verformung oder Zeit, bei der sie angenommen werden soll, ist bei Blei mit seinem niedrigen Schmelzpunkt bei Zimmertemperatur möglich, da sie infolge der Erholung und der bereits stattfindenden Rekristallisationsvorgänge über lange Zeiten konstant bleibt. Bei den Metallen mit höheren Schmelzpunkten, bei denen auch bei Temperaturen oberhalb der Zimmertemperatur die Fließgeschwindigkeit noch stark von der Zeit abhängt, ist diese Festsetzung durch diejenige für die Dauerstandfestigkeit bei einsinniger Beanspruchung zu ersetzen. In dieser Weise haben durch genaue Dehnungsmessungen Hempel und Ardelt (1939, 1; 2) die zulässige Wechselbeanspruchung von Stählen bei Zug-Druckbeanspruchung bei Zimmertemperatur und 500° C bestimmt[2].

Es ist klar, daß der Konstrukteur für das betriebsmäßige Verhalten eines Werkstoffs in dem Falle, daß vor Eintritt eines Bruchs bei der Wechselzahl z_0 eine unzulässig große Verformung stattfindet, nicht die Wechselbruchfestigkeit zugrunde legen darf, sondern nur die Wechsellast, bei welcher jene Fließbedingungen erfüllt sind. Wie nun bei einsinniger Dauerbeanspruchung die zulässige Belastung (in Deutschland)

---

[1] Je härter eine Maschine ist, um so empfindlicher spricht sie durch eine Lastabnahme auf plastische Verformungen des Werkstoffs an (vgl. **24c**). Eine sehr harte Maschine ist daher für die Untersuchung der ersten auftretenden bleibenden Verformungen sehr wertvoll. Da bei den üblichen Dauer-Wechselversuchen möglichst konstante Lastwerte angestrebt werden, so sind die meisten Maschinen so weich, daß gegebenenfalls nur geringe Lastabnahmen eintreten, die durch Nachstellen wieder ausgeglichen werden.

[2] Schon früher haben sich Hempel und Tillmanns (1936, 1; 2) mit dieser Frage befaßt. In (1936, 1) geben diese Verfasser eine kritische Zusammenstellung der früheren Versuchsergebnisse.

üblicherweise als (praktische) Dauerstandfestigkeit bezeichnet wird, obwohl sie in Wirklichkeit die Bedeutung einer Verformungs-Fließgrenze (Siebel und Ulrich) oder Zeit-Fließgrenze (DVM) besitzt, so halten wir es für zweckmäßig, auch bei der Wechselbeanspruchung die **praktisch zulässige Schwingungslast einheitlich als praktische Wechselfestigkeit** zu bezeichnen, unabhängig davon, ob sie eine **Wechselbruchgrenze** (bei hinreichend kleinen Vorlasten) oder eine **Wechselfließgrenze**[1] (bei hinreichend großen Vorlasten, mit der praktischen Dauerstandsfestigkeit als oberer Grenze) ist[2]. Dementsprechend haben wir unsere Festsetzung in **a** getroffen.

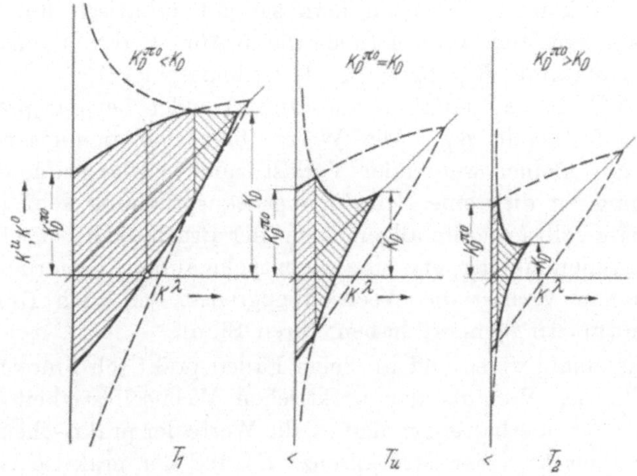

Abb. 86. Qualitativer Verlauf der praktischen Wechselfestigkeit in Smithscher Darstellung (zulässige obere und untere Last K^o bzw. K^u aufgetragen gegen die Vorlast K^λ) für drei Temperaturen $T \lesseqgtr T_u$ (T_u „Umschlagstemperatur"), für welche die praktische Schwingungsfestigkeit $K_D^{\pi o} \lesseqgtr K_D$, die praktische Dauerstandfestigkeit ist. Aus G. Gürtler und Schmid (1939, 2).

Über die praktische Notwendigkeit hinaus, den Verlauf der praktischen Wechselfestigkeit $K_D^{\pi\lambda}$ mit der Vorlast K^λ zu kennen, ist es vorteilhaft, daneben den Verlauf der Wechselbruchgrenze $K_{Br}^{\pi\lambda}$ und der Wechselfließgrenze $K_{Fl}^{\pi\lambda}$ auch in den Gebieten zu untersuchen, wo sie größer sind als $K_{D\lambda}^{\pi}$, da man dadurch eine bessere Gesamtübersicht erhält. In Abb. 86 sind die Verhältnisse für die Fälle dargestellt, daß die praktische Schwingungsfestigkeit $K_D^{\pi o}$ kleiner, gleich oder größer als die praktische Dauerstandfestigkeit K_D ist. Eine $K_{Br}^{\pi\lambda}$-Kurve (aus-

---

[1] Wir benutzen für diese Grenze die Bezeichnung von Herold, definieren sie aber, wie aus dem Zusammenhang unmittelbar hervorgeht, als die Schwingungslastamplitude, bei welcher die Fließbedingungen dieselben sind wie bei der praktischen Dauerstandfestigkeit.

[2] Demgegenüber hat die wahre Wechselfestigkeit $K_k^{\pi\lambda}$ definitionsgemäß stets die Bedeutung einer Wechselbruchgrenze.

gezogen-gestrichelt) beginnt bei $K_D^{\pi o}$ mit der Vorlast Null. Die Ordinate ihres Endpunktes ist in sinngemäßer Verallgemeinerung des Begriffs der praktischen Wechselfestigkeit bei von Null verschiedener Schwingungsamplitude als diejenige Belastungsgrenze zu definieren, bei welcher zu der Zeit, die bei der angewandten Frequenz für z_0 Wechsel erforderlich ist, eben noch kein Bruch erfolgt. Sie wurde genau noch nicht gemessen, ist aber sicher größer als K_D und kleiner als die im Kurzzeitversuch ermittelte Bruchfestigkeit. Gewöhnlich wird für sie der Wert der Streckgrenze K_0 genommen, der in keinem Fall zu groß ist. Wenn nicht genügend viele Meßpunkte vorliegen, um die $K_{Br}^{\pi\lambda}$-Kurve genau konstruieren zu können, so kann man sie mit praktisch hinreichender Genauigkeit erhalten, wenn man sie wie in Abb. 86 durch den Anfangs- und Endpunkt mit $K_D^{\pi o}$ bzw. K_0 als Ordinaten legt.

Eine $K_{Fl}^{\pi\lambda}$-Kurve (punktiert-ausgezogen) endet bei der praktischen Dauerstandfestigkeit K_D. Die Werte ihrer Schwingungsamplituden nehmen mit kleiner werdender Vorlast zunächst langsam, dann mit Annäherung an die reine Schwingungsbeanspruchung sehr rasch zu. Bei letzterer selbst, wo im allgemeinen[1] der Bruch auch bei sehr großen Lastamplituden eintritt, ehe eine wesentliche äußere Verformung stattgefunden hat, verliert die Wechselfließgrenze, wie auch Bernhardt und Hanemann bemerkt haben, ihren Sinn.

Um ein qualitatives und in vielen Fällen praktisch hinreichend genaues Bild des Verlaufs der praktischen Wechselfestigkeit $K_D^{\pi\lambda}$ mit der Vorlast K^λ zu erhalten, genügt es, die Werte der praktischen Schwingungsfestigkeit $K_D^{\pi o}$, der Streckgrenze K_0 und der praktischen Dauerstandfestigkeit K_D zu kennen. Mit Hilfe der beiden ersten Werte kann nach Abb. 86 die $K_{Br}^{\pi\lambda}$-Kurve, mit Hilfe des letzten die $K_{Fl}^{\pi\lambda}$-Kurve qualitativ gezeichnet werden. Die $K_D^{\pi\lambda}$-Kurve besteht aus den beiden Kurvenästen mit den jeweils kleineren Ordinatenwerten.

Zahlreiche Untersuchungen [vgl. z. B. die Angaben bei Herold (1934, 1)] haben ergeben, daß die praktische Schwingungsfestigkeit von der Frequenz zwischen 200 und 5000 Lastwechseln pro Minute und auch von eingeschalteten Ruhepausen nicht wesentlich abhängt[2]. Dagegen wird die praktische Wechselfestigkeit bei größeren Vorlasten und höheren Temperaturen, bei Blei schon bei Zimmertemperatur, mit zunehmender Frequenz merklich kleiner. Wir können diese Ergebnisse dahin zusammenfassen, daß die praktische Wechselfestigkeit, solange

---

[1] Immer ist das nicht der Fall. So haben Hempel und Tillmanns (1936, 1) an Stählen auch bei reiner Schwingungs-Zug-Druckbeanspruchung verhältnismäßig große Dehnungsgeschwindigkeiten gemessen.

[2] Das gilt nicht für die Bruchlast bei sehr kleinen Wechselzahlen, also für den Anfangsteil einer Wöhler-Kurve [vgl. Müller-Stock (1938, 1)], und auch nicht für die sog. „Schadenslinie" [vgl. Thum (1939, 2)].

sie die Bedeutung einer Wechselbruchgrenze besitzt, im wesentlichen nur durch die Zahl der Lastwechsel bestimmt ist, unabhängig von der Zeitdauer, in welcher diese Zahl erreicht wird.

c) **Temperaturabhängigkeit der praktischen Wechselfestigkeit.** Den Temperaturverlauf der Zug-Druck-Schwingungsfestigkeit[1] von Stählen, der Biegungs-Schwingungsfestigkeit von Aluminium-Gußlegierungen und von gepreßtem Aluminium und Kupfer zusammen mit dem Temperaturverlauf der Dauerstandfestigkeit[2] zeigen die Abb. 73 bis 75. Das hervorstechende Merkmal in allen Fällen ist, daß die Temperatur auf die Schwingungsfestigkeit $K_D^{\pi o}$ einen ganz anderen Einfluß ausübt als auf die Dauerstandfestigkeit K_D. Während letztere mit zunehmender Temperatur gleichmäßig abfällt, bleibt erstere über ein großes Temperaturgebiet nahezu konstant oder steigt sogar etwas an und fällt erst dann ab, und zwar etwas langsamer als K_D, so daß jede $K_D^{\pi o}$-Kurve die zugehörige K_D-Kurve bei einer bestimmten Temperatur T_u, die G. Gürtler und Schmid (1939, 2) als Umschlagstemperatur bezeichnen, schneidet. T_u liegt bei Stählen zwischen 300 und 400° C, bei Aluminiumlegierungen zwischen 200 und 300° C, bei Aluminium etwa bei Zimmertemperatur, bei Kupfer, Zink und Blei noch tiefer. Gemessen wurde sie bei diesen Metallen noch nicht.

Die Temperaturabhängigkeit der Wechselfestigkeit $K_D^{\pi \lambda}$, über die noch keine Messungen vorliegen, kann nach b auf Grund des Temperaturverlaufs der Schwingungsfestigkeit $K_D^{\pi o}$, der Streckgrenze K_0 und der Dauerstandfestigkeit K_D qualitativ angegeben werden. Da für $T \gtreqless T_u$ definitionsgemäß $K_D^{\pi o} \gtreqless K_D$ ist und nach Abb. 84 K_D mit wachsendem T gegenüber K_0 immer kleiner wird, so geben die Abb. 86a bis c die Verhältnisse für je eine Temperatur $T \gtreqless T_u$ qualitativ richtig wieder. Wir entnehmen aus diesen Abbildungen insbesondere, daß $K_D^{\pi \lambda}$ mit zunehmender Temperatur über immer größere Bereiche der Vorlast die Bedeutung einer Wechselfließgrenze annimmt, was auch unmittelbar verständlich ist.

d) **Die praktische Wechselfestigkeit als Verformungsgrenze[3].** Über die physikalische Bedeutung der Schwingungsfestigkeit haben röntgeno-

---

[1] Den Zusatz praktisch lassen wir in diesem Abschnitt weg, da die Bedeutung der Größen als praktische Größen aus der Überschrift und aus den benutzten Zeichen hervorgeht.

[2] Streng genommen sind die Dauerstand- und Schwingungsfestigkeitswerte bei derselben Beanspruchungsart (Zug, Biegung, Torsion) einander zuzuordnen. Da die Temperaturabhängigkeit in allen Fällen aber qualitativ dieselbe ist, so bleiben die geschilderten gegenseitigen Beziehungen bestehen.

[3] Die hier angeführten, bei Schwingungsbeanspruchung gewonnenen Ergebnisse und die daraus gezogenen Folgerungen gelten vermutlich allgemein für die praktische Wechselfestigkeit, solange sie eine Wechselbruchgrenze ist.

graphische Untersuchungen an Stählen von Gough und Wood (1936, 1;
1938, 1; 2), Wever, Möller und Hempel (1938, 1; 1939, 1), Möller
und Hempel (1938, 1; 2) wichtige Aufschlüsse gegeben. Das Material

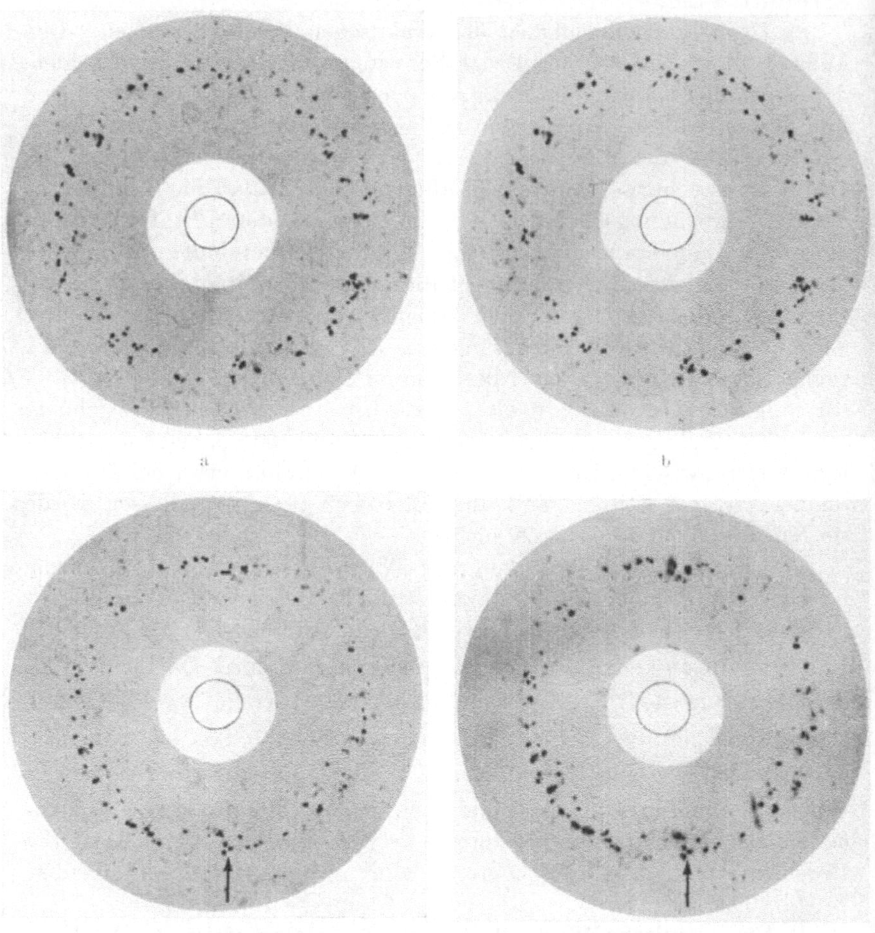

Abb. 87. Veränderung der Interferenzpunkte von Debye-Scherrer-Aufnahmen eines grobkörnigen
Kohlenstoffstahls bei Biege-Schwingungsbeanspruchung, unterhalb (a und b) und oberhalb
(c und d) der Schwingungsfestigkeit ($\sim$ 17 kg/mm²). a) und c) Ausgangszustand der beiden
Proben; b) Zustand nach 45,45 Mill. Lastwechseln mit 16 kg/mm²; d) Zustand nach 4.44 Mill.
Lastwechseln mit 18 kg/mm². (Etwas geringere Verwaschungen der Punkte waren schon nach
547 000 Lastwechseln beobachtbar; der Bruch erfolgte nach 4,82 Mill. Wechseln.)
Aus Möller und Hempel (1938, 1).

wird so grobkörnig gewählt, daß die letzten Linien in deutlich getrennte
Einzelreflexe aufgelöst sind, deren Veränderung nach bestimmter
Wechselzahl jeweils festgestellt wird. Dabei haben insbesondere die
letztgenannten Verfasser Sorge dafür getragen, daß stets dieselbe Stelle

wieder angestrahlt wird und die einzelnen Reflexe in jeder Aufnahme wieder zu erkennen sind. In einem unbeanspruchten spannungsfreien Werkstoff sind diese Reflexe scharf. Die Versuche haben nun ergeben: Solange die Lastamplitude merklich unterhalb der Schwingungsfestigkeit liegt, bleiben die Reflexe unverändert, während bei Amplituden oberhalb derselben zahlreiche Reflexe schon nach einigen tausend Wechseln unscharf werden. Mit wachsender Beanspruchungsdauer nimmt die Zahl dieser Reflexe und ihre Unschärfe zu. Zwei kennzeichnende Aufnahmereihen zeigen Abb. 87a bis 87d. Nahe unterhalb der Schwingungsfestigkeit werden auch bei noch so langer Beanspruchungsdauer nur einzelne Reflexe geringfügig verändert. Die **Schwingungsfestigkeit ist also durch das Unscharfwerden der Röntgenreflexe schon lange vor Eintritt des Bruchs gekennzeichnet.**

Dieses Unscharfwerden, das vorwiegend in peripherer Richtung erfolgt, zeigt an, daß in den einzelnen Körnern mit ursprünglich einheitlicher Orientierung und Gitterkonstanten unregelmäßige Änderungen dieser Größen stattgefunden haben, zu denen noch Aufteilungen in kleine kohärente Bereiche kommen können. Diese Erscheinungen sind Merkmale von inhomogenen plastischen Verformungen der Körner, wobei die periphere Verbreiterung ein Maß für die Größe der Drehungen der Gleitlamellen (Orientierungsänderungen) ist. Wir gelangen also zu dem Ergebnis, **daß die Schwingungsfestigkeit die physikalische Bedeutung einer Verformungsgrenze besitzt.**

Ähnliche Veränderungen der Röntgenreflexe wie in Abb. 87d werden auch bei einsinniger Dehnung zwischen der Proportionalitätsgrenze, unterhalb deren sie unmerklich klein sind, und der Streckgrenze beobachtet (Gough und Wood). Von der Streckgrenze an nehmen dann die peripheren Verbreiterungen sehr rasch zu, so daß die Linien bald gleichmäßig geschwärzt sind. Die Gitterstörungen, insbesondere die Orientierungsänderungen innerhalb der Körner sind hier also wesentlich größer als unterhalb der Streckgrenze und bei wechselnder Beanspruchung. Es ist nun sehr wesentlich, daß die geringen Veränderungen der Reflexe wie in Abb. 87d, wie Wever, Hempel und Möller eingehend nachgewiesen haben, auch bestehen bleiben, nachdem als Zeichen sichtbarer Schädigung ein Anriß aufgetreten ist, der mitten durch die Aufnahmestelle verlaufen kann und wenn sich dieser schließlich über die ganze Probe ausbreitet. Erst am völlig gebrochenen Stab werden an und in unmittelbarer Umgebung der Bruchstelle geschlossene Debye-Scherrer-Linien beobachtet, die ähnlich starke Verformungen wie in einsinnig oberhalb der Streckgrenze beanspruchten Werkstoffen anzeigen. Diese sind aber auf Grund obigen Befundes nicht die Ursache des Bruchs, sondern Folgeerscheinungen der starken Einwirkungen der

Bruchflächen aufeinander während des gewaltsamen Endbruchs, der sich während sehr wenigen (einigen hundert) Wechseln abspielt[1]. Die **Ursachen des Schwingungsbruches müssen daher in den inhomogenen Verformungen der Körner liegen, welche durch die ersten Veränderungen der Röntgenreflexe angezeigt werden.**

Diese röntgenographischen Untersuchungen sind, wie wir bereits bemerkten, an verhältnismäßig grobkörnigen Werkstoffen durchgeführt worden. Es besteht aber kein Zweifel, daß die Schwingungsfestigkeit allgemein die Bedeutung einer Verformungsgrenze besitzt. Daß diese nicht die Grenze der plastischen Verformung überhaupt darstellt, beweisen die in **25f** angeführten Ergebnisse der röntgenographischen Spannungsmessungen.

Über den Mechanismus der Verformung haben insbesondere die an Einkristallen bei Torsions-Schwingungsbeanspruchung durchgeführten Untersuchungen von Gough und Mitarbeitern[2] Aufschluß gegeben. Nach den ersten tausend Wechseln sind bei den kubisch-flächenzentrierten Metallen (als Folge der inhomogenen Verformung) im allgemeinen Gleitspuren aller vier Gleitebenen sichtbar. Werden diese vorsichtig abpoliert, so beobachtet man im weiteren Verlauf der Beanspruchung nur noch die Spuren der durch das Schubspannungsgesetz bevorzugten Gleitebenen, auf sie bleibt also die weitere Gleitung beschränkt. Ihre Zahl nimmt mit der Wechselzahl zu. Bei hohen Wechselzahlen treten an den vorher abpolierten Proben bis zum Bruch keine sichtbaren Gleitlinien mehr auf, der Bruch selbst erfolgt größtenteils entlang der wirksam gewesenen Gleitebenen. Dieselben Beobachtungen werden an vielkristallinen Werkstoffen gemacht. Die Gleitlinien in den am günstigsten orientierten Körnern können schon unterhalb der Schwingungsfestigkeit auftreten. Mit zunehmender Belastung und Wechselzahl erscheinen sie auch in den übrigen Körnern, und ihre Anzahl nimmt wie bei Einkristallen mit der Wechselzahl zu. Wie Ludwik (1923, 1) [vgl. auch Ludwik und Scheu (1929, 1)] und Herold (1927, 1) beobachtet haben, können dabei beträchtliche Verformungen längs einzelner Gleitebenen auftreten. Die ersten Anrisse bilden sich ebenfalls vorzugsweise längs der betätigten Gleitebenen aus und verlaufen nur selten entlang der Korngrenzen.

Die Zunahme der Gleitlinien mit der Wechselzahl weist darauf hin, daß die zunächst betätigten Gleitebenen verfestigt und dann durch andere Gleitebenen abgelöst werden. Aus der Tatsache, daß bei hohen Wechselzahlen an vorher polierten Proben keine neuen Gleitlinien mehr

---

[1] Die gegenteilige Ansicht von Gough und Wood hat sich also als nicht richtig erwiesen.

[2] Vgl. die Literaturangaben in **19a.**

beobachtet werden, darf aber nicht gefolgert werden, daß die plastische Verformbarkeit infolge der hohen Verfestigung nunmehr erschöpft ist, denn sie kann sich ja auf so wenige wirksame Gleitebenen beschränken, daß ihre Gleitspuren nicht mehr sichtbar sind.

27. Theorie der Wechselfestigkeit.

a) Wahre Wechselfestigkeit und wahre Kriechgrenze. In neuerer Zeit[1] wurden zwei Theorien der Wechselfestigkeit entwickelt [Orowan (1939, 1); Dehlinger (1940, 1; 2)], die beide von dem Ergebnis der röntgenographischen Beobachtungen ausgehen, daß die Wechselfestigkeit eine Verformungsgrenze ist. Sie unterscheiden sich aber bereits grundsätzlich in der Deutung dieser Verformungsgrenze voneinander und gelangen dementsprechend zu verschiedenen Schlußfolgerungen. Wir befassen uns zunächst mit der Theorie von Dehlinger.

Der Grundgedanke von Dehlinger ist, daß die in 25f definierte wahre Kriechgrenze K_k, welche die obere Belastungsgrenze angibt, bei der ein Werkstoff im einsinnigen Dauerstandversuch auch nach unendlich langer Zeit nicht unbegrenzt weiterfließt, unterhalb der Grenztemperatur T'_R der Rekristallisation mit der aus der Wöhler-Kurve bestimmten praktischen Schwingungsfestigkeit $K_D^{\pi 0}$ übereinstimmt. Aus dem Bestehen einer wahren Kriechgrenze folgt zunächst das Bestehen einer wahren Schwingungsfestigkeit $K_k^{\pi 0}$, das ist die von der Frequenz unabhängige obere Belastungsgrenze bei Schwingungsbeanspruchung, welche auch nach unendlich langer Beanspruchungsdauer ohne Bruch ertragen wird; die Untersuchung des Zusammenhangs dieser beiden Grenzen bildet den Gegenstand dieses Abschnitts[2]. Aus der Temperatur- und Zeitunabhängigkeit der gemessenen praktischen Schwingungsfestigkeit $K_D^{\pi 0}$ und anderen Beobachtungsergebnissen wird dann geschlossen, daß $K_D^{\pi 0}$ mit der wahren Schwingungsfestigkeit $K_k^{\pi 0}$ identisch ist (b). Der Schwingungsbruch kommt dadurch zustande, daß mit dem Überschreiten der Schwingungsfestigkeit bzw. der wahren Kriechgrenze einzelne an der Oberfläche gelegene Körner zwischen ihren Nachbarn „durchgequetscht" werden (c).

Neben der wechselnden Beanspruchung betrachten wir die einsinnige Dauerbeanspruchung der gleichen Art (Dehnung, Biegung usw.). Bei ihr ist die wahre Kriechgrenze K_k als diejenige Grenzbelastung definiert, bei welcher das Fließen auch nach beliebig langer Belastung zum Still-

---

[1] Die älteren Theorien sind in den in Fußnote 1 auf S. 253 zitierten Berichten beschrieben.

[2] Im folgenden sind einige noch nicht veröffentlichte Ergebnisse über den Zusammenhang zwischen wahrer Kriechgrenze und wahrer Wechselfestigkeit bei von Null verschiedener Vorlast enthalten, die gemeinsam von U. Dehlinger und A. Kochendörfer gewonnen wurden.

stand kommt und kein Bruch eintritt. Sie ist nach (9 IV) neben dem Beitrag K_{o_k} der wahren Kriechgrenze der Einkristalle nur durch das Maximum der Spannungsverfestigung bestimmt, nicht aber durch die atomistische Verfestigung, die durch die Erholung, der ja eine unendlich lange Einwirkungsdauer zur Verfügung steht, mit Annäherung an den Gleichgewichtszustand schließlich ganz beseitigt wird.

Nehmen wir während eines Dauerstandversuchs die Last ganz oder teilweise weg, so geht die Verformung der Probe (unter Ausbildung von Eigenspannungen) um einen der Entlastung entsprechenden elastischen Anteil zurück. Legen wir dann wieder die volle Last an, so entsteht der ursprüngliche Spannungszustand vor dem Entlasten und der Verformungsvorgang setzt sich in gleicher Weise fort wie ohne Entlastung. Führen wir die (ganze oder teilweise) Entlastung und Wiederbelastung regelmäßig durch, wenden also eine Wechselbeanspruchung oberhalb der Ursprungsbeanspruchung an, so bleiben diese Verhältnisse bestehen, und wir haben das Ergebnis: Oberhalb der Ursprungsbeanspruchung ist die Summe aus der Vorlast K^λ und der wahren Wechselfestigkeit $K_k^{\pi\lambda}$ (zulässige Maximallast) gleich der wahren Kriechgrenze K_k. Darin ist enthalten, daß die wahre Wechselfestigkeit durch die Verformungsgrenze $s = s_k$ bestimmt ist, bei welcher die Spannungsverfestigung ein Maximum besitzt.

Um eine entsprechende Aussage unterhalb der Ursprungsbeanspruchung zu gewinnen, müssen wir uns ein genaueres Bild über das Zustandekommen dieser Verformungsgrenze machen. Die an der Oberfläche einer Probe liegenden Körner sind vor den inneren Körnern dadurch ausgezeichnet, daß sie nach außen nicht durch Nachbarn behindert sind. Für sie besteht daher zuerst die Möglichkeit, unter Abnahme ihrer Spannungsverfestigung zwischen ihren Nachbarn aus der Oberfläche herauszuquellen oder in der anschaulichen und die dynamische Seite des Vorgangs betonenden Bezeichnungsweise von Dehlinger durchgequetscht zu werden. Sobald dieser Fall an einer Stelle eingetreten ist, sind die weiter innen liegenden Körner freier geworden und können, unter Umständen mit sehr kleiner Geschwindigkeit, weiter verformt werden. D. h. sobald die Belastung die Grenze überschritten hat, bei welcher die ersten Körner an der freien Oberfläche zwischen ihren Nachbarn durchgequetscht werden, schreitet die Verformung unbegrenzt fort, bis schließlich der Bruch eintritt. Diese Grenze stellt also die wahre Kriechgrenze dar.

Wesentlich ist nun, daß das Durchgequetschtwerden dieser Körner einen einsinnig gerichteten Verformungsvorgang darstellt, der unabhängig vom Vorzeichen der äußeren Beanspruchung eintritt, sobald die äußeren Kräfte das Maximum der Spannungsverfestigung überwinden können. Belasten wir also eine Probe wechselseitig in beiden Verformungsrichtungen, so wird dadurch die in einer Richtung erreichte Verformung dieser Körner durch die Beanspruchung in der andern nicht rückgängig gemacht. Nehmen wir in erster Näherung an, daß die Wirkungen in beiden Richtungen ganz unabhängig voneinander sind, so ist die durch (1) gegebene Maximallast K^o dafür maßgebend, ob das Maximum der Spannungsverfestigung überschritten wird oder nicht, und ihre zulässige Größe ist gleich der wahren Kriechgrenze. Das oben ausgesprochene Ergebnis über den Zusammenhang zwischen wahrer Wechselfestigkeit $K_k^{\pi\lambda}$ und wahrer Kriechgrenze K_k gilt also allgemein für jede Vorlast $K^\lambda \leqq K_k$. Abb. 88 veranschaulicht die Verhältnisse.

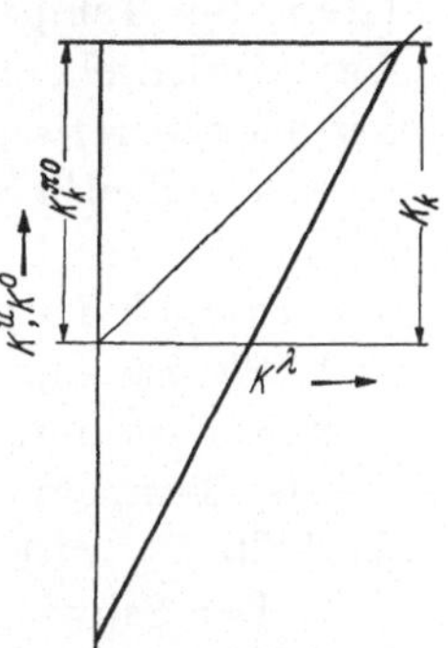

Abb. 88. Verlauf der wahren Wechselfestigkeit in Smithscher Darstellung (zulässige obere und untere Last K^o bzw. K^u aufgetragen gegen die Vorlast K^λ). K_k wahre Kriechgrenze.

b) Wahre und praktische Schwingungsfestigkeit und praktische Dauerstandfestigkeit. Auf Grund des zuletzt erhaltenen Ergebnisses können wir die Ergebnisse über die Größe und den Temperaturverlauf der wahren Kriechgrenze K_k (Abb. 84) unmittelbar auf die wahre Wechselfestigkeit $K_k^{\pi\lambda}$ übertragen. Um sie an den Meßergebnissen prüfen zu können, müßten wir erst das Verhältnis von $K_k^{\pi\lambda}$ zu der praktischen Wechselfestigkeit $K_D^{\pi\lambda}$ kennen, das aber experimentell unmittelbar nicht bestimmt werden kann. Wir machen versuchsweise die Annahme, die durch den Verlauf der Wöhler-Kurve nahegelegt wird (vgl. **26b**), daß $K_k^{\pi o}$ und $K_D^{\pi o}$ unterhalb der Grenztemperatur T_R' der Rekristallisation übereinstimmen. In e werden wir zeigen, daß oberhalb T_R', wo $K_k^{\pi o}$ sehr rasch auf Null abfällt, $K_D^{\pi o}$ auch mit zunehmender Temperatur abnimmt, aber wesentlich langsamer als $K_k^{\pi o}$, und daß die Temperatur, bei welcher $K_D^{\pi o}$ in Wirklichkeit anfängt abzunehmen, nahezu gleich T_R' ist. Wir bezeichnen daher erstere zunächst ebenfalls mit T_R'.

Wir betrachten zunächst die Metalle der Werkstoffgruppe II, bei denen die Streckgrenze K_0 vorwiegend durch den Beitrag K_{σ_0} der Einkristall-Streckgrenzen bestimmt ist. Vergleichen wir die hierfür theoretisch erhaltenen Kurven in Abb. 84b mit den experimentellen Kurven in Abb. 73 und 74, so sehen wir, daß sie je unterhalb einer bestimmten Temperatur T_R', die für gleichartige Werkstoffe nahezu gleich groß ist, sowohl was den Temperaturverlauf von $K_k^{\pi o} = K_D^{\pi o}$ und K_D, als auch das gegenseitige Verhältnis dieser Größen anbetrifft, genau übereinstimmen[1]

---

[1] Die bei den Stählen beobachteten Änderungen der praktischen Schwingungsfestigkeit unterhalb T_R' können unberücksichtigt bleiben, da sie sicher durch lang-

und oberhalb T'_R die erwähnten Abweichungen zeigen. Die Einzelwerte aller Größen könnten zwar nach (9 IV), (10 IV) und (11 IV) auch berechnet werden, aber hierzu fehlen die notwendigen Einkristalldaten. Der Temperaturverlauf der Verhältniswerte $K_D^{\pi o}/K_D$ ist aber so charakteristisch, daß aus seiner richtigen Wiedergabe bereits die Richtigkeit der theoretischen Vorstellungen entnommen werden kann. Um das besonders deutlich zu machen, fassen wir nochmals die Hauptpunkte zusammen: Die Schwingungsfestigkeit zeigt experimentell und theoretisch folgende Eigenschaften:

1. Sie ist eine Verformungsgrenze.

2. Sie ist unterhalb der Grenztemperatur T'_R der Rekristallisation von der Temperatur und Zeit (Frequenz, Pausen) unabhängig und fällt oberhalb T'_R verhältnismäßig rasch ab.

3. Der Schwingungsbruch beginnt stets an der Oberfläche, wo auch das Maximum der Spannungsverfestigung kleiner ist als im Innern. Auf Einzelheiten des Bruchvorgangs kommen wir im nächsten Abschnitt zu sprechen.

Demgegenüber ist die praktische Dauerstandfestigkeit K_D, wie die Streckgrenze K_0, in erster Linie durch die Temperatur- und Geschwindigkeitsabhängigkeit der kritischen Schubspannung der Einkristalle bestimmt, und zeigt daher eine ausgeprägte Temperaturabhängigkeit auch in den Gebieten, in denen $K_D^{\pi o}$ wesentlich temperaturunabhängig ist.

Unsere Voraussetzung, daß $K_D^{\pi o}$, das ist die Ordinate des praktisch horizontalen Astes der Wöhler-Kurve, und $K_D^{\pi o}$, das ist die Ordinate der wirklichen Asymptote der Wöhler-Kurve, übereinstimmen, besagt, daß am Beginn dieses Astes der Beitrag K_τ der atomistischen Verfestigung Null ist, denn allgemein ist ja die Lastamplitude, bei welcher die an der Oberfläche gelegenen bevorzugten Körner zwischen ihren Nachbarn durchgequetscht werden, gleich der Summe von K_τ und $K_k^{\pi o} = K_k$. Die oben unter dieser Voraussetzung festgestellte Übereinstimmung des Temperaturverlaufs von $K_k^{\pi o}$ und $K_D^{\pi o}$ reicht aber bereits hin, um sie eindeutig zu bestätigen, denn andernfalls müßte $K_D^{\pi o}$ einen ähnlichen Temperaturverlauf besitzen wie die atomistische Verfestigung, und könnte auch nicht von der Zeit unabhängig sein. Da aber im Laufe der ersten Wechsel sicher eine atomistische Verfestigung auftritt, also K_τ anfänglich von Null verschieden ist, so muß sie demnach nach der Wechselzahl, bei welcher der horizontale Ast der Wöhler-Kurve beginnt, wieder verschwunden sein. Es ist sehr wertvoll, daß diese zunächst unerwartete, aber unumgängliche Folgerung experimentell begründet werden kann, und zwar durch die Befunde von Held (17), nach denen

---

sam verlaufende Umwandlungs- und Ausscheidungsvorgänge, durch welche der Zustand des Materials als solcher geändert wird, verursacht werden.

bei reiner Schwingungs-Schubverformung (Schiebegleitung) von Einkristallen die atomistische Verfestigung nur anfänglich zunimmt, dann
aber ein Maximum überschreitet und wieder rasch abfällt. Durch die
Art der Versuchsführung ist dabei ein Einfluß der Spannungsverfestigung
mit Sicherheit ausgeschaltet. Wie wir in **17** bemerkten, beruht diese
Erscheinung sehr wahrscheinlich auf einer Art Dissipation, d. h. einem
allmählichen Abbau der gebundenen Versetzungen unter dem Einfluß
der oft wiederholten Wechsel.

Wir wenden uns nun den kubisch-flächenzentrierten reinen Metallen zu, bei denen die Streckgrenze K_0 vorwiegend durch die Spannungsverfestigung bestimmt ist. Die berechneten Temperaturkurven
von K_k und K_D zeigt Abb. 84a. Zum Unterschied gegenüber den Metallen
der Werkstoffgruppe II stimmen jetzt $K_k = K_k^{\pi o}$ und K_D unterhalb
T_R' nahezu überein und wegen $K_k^{\pi o} = K_D^{\pi o}$ gilt das auch für $K_D^{\pi o}$ und K_D.
Oberhalb T_R' nehmen beide Größen mit zunehmender Temperatur ab,
und wie bei allen Werkstoffen $K_D^{\pi o}$ etwas langsamer als K_D.

Experimentelle Untersuchungen an diesen Metallen liegen noch
kaum vor, über ein größeres Temperaturgebiet von $K_D^{\pi o}$ und K_D gleichzeitig nur an Aluminium (Abb. 75), und hier auch nur oberhalb der
Temperatur T_R', wo $K_D^{\pi o}$ bereits mit wachsender Temperatur abnimmt.
Qualitativ entsprechen die Verhältnisse den Erwartungen. Eine einwandfreie Prüfung der theoretisch gewonnenen Ergebnisse kann erst
erfolgen, wenn Messungen bei tieferen Temperaturen vorliegen. Sie
dürfen, wenn diese Ergebnisse richtig sind, keine wesentliche Zunahme
von $K_D^{\pi o}$ und K_D mehr ergeben bzw. von K_D nur in dem Maße, als der
Beitrag K_{σ_0} der Einkristallstreckgrenzen, von dem wir abgesehen
haben (vgl. **25f**), gegenüber der Spannungsverfestigung noch ins Gewicht fällt.

c) Der Mechanismus des Schwingungsbruchs. Zur Vervollständigung des gewonnenen Bildes über die physikalische Bedeutung der
Schwingungsfestigkeit untersuchen wir nun, den Ausführungen Deh-
lingers (1940, 1) folgend, wie der Bruchvorgang bei höheren Lastamplituden mit dem Überschreiten des Maxi-
mums der Spannungsverfestigung an bevorzugten Körnern an der freien Oberfläche einer
Probe im Zusammenhang steht. Einen Hinweis
darauf gibt folgende experimentelle Beobachtung [Dehlinger (1929, 2; 1931, 2); Pomp
und Zapp (1931, 1); Körber und Hempel
(1935, 1)]: Unterwirft man kaltbearbeitete Proben, deren letzte Röntgenlinien verbreitert sind,

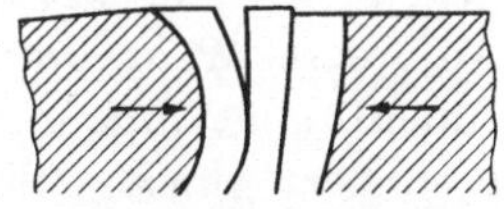

Abb. 89. Schematisches Bild
der Entstehung eines Risses
in einem an der Oberfläche
gelegenen Korn, das zwischen
seinen Nachbarn durchge-
quetscht wurde.
Aus Dehlinger (1940, 1).

einer Schwingungsbeanspruchung, so werden diese Linien kurz vor der
Bruchwechselzahl wieder scharf. Da nun die Verbreiterung fast aus-

schließlich von den bei der Kaltbearbeitung entstandenen Eigenspannungen (zweiter und dritter Art) herrührt[1], so müssen diese Spannungen kurz vor dem Bruch beseitigt werden. Weiter haben Untersuchungen, insbesondere mit dem Magnetpulververfahren [vgl. z. B. Wever, Hempel und Möller (1939, 1)], ergeben, daß schon vor der zum Bruch erforderlichen Wechselzahl einzelne kleine Risse auftreten, von denen einer sich allmählich vergrößert und schließlich zum Bruch führt. Aus diesen beiden Befunden ist zu schließen, daß die Eigenspannungen während der Rißbildung verschwinden und ihre Energie in die Oberflächenenergie der Risse, und in gleicher Weise auch beim Überschreiten des Maximums der Spannungsverfestigung die freiwerdende Energie umgesetzt wird. Mit dieser Vorstellung findet gleichzeitig die Frage ihre Lösung, woher die zur Rißbildung notwendige Oberflächenenergie kommt, da ja die äußere Spannung nur einen Bruchteil der im einsinnigen kurzzeitigen Versuch ermittelten Zerreißspannung beträgt. Ein schematisches Bild, wie ein Riß entstehen kann, wenn ein Korn zwischen seinen Nachbarn durchgequetscht wird, gibt Abb. 89. Dieser Riß entsteht in Übereinstimmung mit den Beobachtungen ungefähr parallel zur betätigten Gleitebene. Dabei ist zu beachten, daß die Korngrenzen im Vergleich zum Innern der Körner als nicht verformbar betrachtet werden können, die Körner also entlang ihrer Grenzen aneinander haften bleiben.

Die zu einem Riß führende Konfiguration bildet sich kaum bei allen herausgequetschten Körnern aus, sondern nur mit einer bestimmten, vermutlich kleinen Wahrscheinlichkeit, so daß im Laufe der Beanspruchung zunächst einzelne kleine Risse an der Oberfläche entstehen. Da nun in der Umgebung eines solchen Risses die Spannungsverfestigung, d. h. die elastische Verzerrung der Gleitlamellen, beseitigt wird, so wird dort eine größere plastische Verformung ermöglicht, und als Folge derselben die atomistische Verfestigung wieder früher abgebaut als an andern Stellen (vgl. b). Damit genügt die äußere Spannung wieder, daß erneut das Maximum der Spannungsverfestigung an einer tiefer liegenden Stelle überschritten wird, worauf sich das Spiel wiederholt. Auf diese Weise wächst der Riß allmählich von der Oberfläche ins Innere, ein Vorgang, der wie die Bildung der ersten Anrisse auch an besonders günstige Konfigurationen gebunden ist, so daß schließlich ein einziger großer Riß entsteht, der den endgültigen Bruch verursacht. Dieses Bild enthält, daß sich bei hohen Wechselzahlen die Verformung immer mehr auf einzelne eng begrenzte, mikroskopisch meist nicht mehr

---

[1] Einen geringen Beitrag zu der Breite der letzten Linien gibt die Kleinheit der kohärenten Bereiche (Teilchenkleinheit). Die eindeutige Trennung der Verbreiterung in diese beiden Anteile gelang erstmals Dehlinger und Kochendörfer (1939, 1; 2).

sichtbare Stellen konzentriert, wie es auch an Einkristallen beobachtet wurde (**26 d**). Es enthält ferner das Beobachtungsergebnis, daß trotz des Fehlens einer äußerlich meßbaren Verformung (quasi-spröder Bruch) einzelne Stellen des Werkstoffs recht beträchtliche Verformungen erfahren können.

d) Einige Folgerungen. Der kleinere Wert der Spannungsverfestigung an der Oberfläche einer Probe muß sich auch bei einsinnigen Beanspruchungen in der leichteren Verformbarkeit einer Oberflächenschicht bemerkbar machen. Diese Erwartung ist durch röntgenographische Spannungsmessungen an tordierten und gedehnten Stäben aus unlegiertem Stahl unmittelbar bereits bestätigt [Glocker und Hasenmaier (1940, 2)]. Diese Verfasser haben die sehr weiche Chromstrahlung verwandt, die weniger als $1/100$ mm eindringt und festgestellt, daß das Fließen in dieser Schicht schon bei Spannungen einsetzt, die nur die Hälfte bis zwei Drittel der Streckgrenze betragen. Demgegenüber zeigte bei gleichen Belastungen die tiefer eindringende Kobaltstrahlung noch kein Fließen in tieferen Schichten an. Da die Korngröße etwa $1,8/100$ mm betrug, so umfaßte die verformte Oberflächenschicht jedes Oberflächenkorn nur etwa zur Hälfte, ein Ergebnis, das wegen der zahlreichen Gleitsysteme des Eisens, die eine weitgehend unabhängige Verformung einzelner Teile eines Korns gestatten, gut verständlich ist.

Auch bei größeren einsinnigen Verformungen haben röntgenographische Spannungsmessungen [Bollenrath, Hauk und Osswald (1939, 2) (Dehnung); Bollenrath und Osswald (1940, 1) (Stauchung); Möller und Barbers (1935, 1) (Biegung); Bollenrath und Schiedt (1938, 1) (Biegung)] ergeben, daß die plastische Verformung in den äußeren Zonen leichter erfolgt als in den inneren. Dadurch entstehen beim Entlasten Eigenspannungen[1] (erster Art), die außen das umgekehrte, innen dasselbe Vorzeichen besitzen wie die durch die äußere Belastung hervorgerufenen Spannungen. Obwohl bei den Fließvorgängen an der Oberfläche sicher auch einzelne kleine Risse entstehen, so wird durch sie bei einer einsinnigen kurzzeitigen Beanspruchung der Bruch noch nicht eingeleitet, denn die zur Rißerweiterung notwendige Beseitigung der atomistischen Verfestigung in den weiter innen liegenden Körnern findet hier nicht statt. Auch im Verlauf einer kurzzeitig aufgenommenen Dehnungskurve kommt das die durch das Maximum der Spannungsverfestigung bestimmte Verformungs- bzw Belastungsgrenze nicht zum Ausdruck, da sie durch die nichtbeseitigte atomistische Ver-

---

[1] Bei der Biegung sind diese Eigenspannungen zum Teil dadurch bedingt, daß die äußere Formänderung inhomogen ist (vgl. **25 e**). Sicher ist aber für ihre Größe auch die leichtere Verformbarkeit einer Oberflächenschicht von Bedeutung.

festigung überdeckt wird[1]. Erst bei einer einsinnigen Dauerbeanspruchung, wo der Erholung eine beliebig lange Einwirkungsdauer zur Verfügung steht, erfolgt bei Belastungen oberhalb der Kriechgrenze schließlich der Bruch, im allgemeinen aber erst nach so langen Zeiten, wie sie üblicherweise nicht abgewartet werden. Bei einer reinen Schwingungsbeanspruchung dagegen wird durch die erwähnten Dissipationsvorgänge die atomistische Verfestigung schon innerhalb der üblichen Versuchszeiten beseitigt, und aus diesem Grunde kann hier die Verformungsgrenze beobachtet werden.

Röntgenographische Spannungsmessungen in der äußersten Fließzone bei Schwingungsbeanspruchung liegen unseres Wissens noch nicht vor. Auf Grund der erwähnten Ergebnisse von Glocker und Hasenmaier ist aber nicht daran zu zweifeln, daß zukünftige solche Messungen dieselben Ergebnisse liefern, und so wahrscheinlich ebenfalls zur Bestimmung der Schwingungsfestigkeit vor Eintritt des Bruchs herangezogen werden können[2].

Die Schwingungsfestigkeit hängt, wie es auf Grund obiger Vorstellungen leicht verständlich ist, stark von der Beschaffenheit der Oberfläche einer Probe ab. Insbesondere ist sie bei einer gekerbten

---

[1] Dagegen hängt mit ihr sicher die bei einem Walzgrad von etwa 30 % liegende Unstetigkeit in der Verformung der Körner [vgl. Davidenkow und Bugakow (1931, 1)] zusammen. Daraus ist zu schließen, daß bis zu diesem Walzgrad die Verformung der Körner unter Ausbildung starker elastischer Verzerrungen der Gleitlamellen (Spannungsverfestigung) erfolgt und erst dann bei nahezu gleichbleibender Spannungsverfestigung ihre plastische Formänderung in größerem Ausmaße einsetzt, ähnlich wie bei freiem Zug unterhalb und oberhalb der Streckgrenze. Damit steht die schon lange bekannte Erfahrungstatsache in Einklang, daß die durch Verbreiterung der Röntgenlinien nachweisbaren Eigenspannungen zweiter und dritter Art bis zu diesem Walzgrad rasch, oberhalb desselben aber nur noch sehr wenig zunehmen.

[2] Zusatz bei der Korrektur: Kürzlich haben Glocker und Schaaber (1941, 1) an unlegierten Stählen gewonnene Ergebnisse mitgeteilt, welche diese Erwartungen voll bestätigen, und die frühere Feststellung, daß die Schwingungsfestigkeit $K_D^{\pi o}$ (= $K_k^{\pi o}$) eine Verformungsgrenze darstellt, ergänzen. Diese Ergebnisse lauten: Die durch Linienverschiebungen röntgenographisch gemessenen makroskopischen elastischen Spannungen in einer Oberflächenschicht fallen bei Beanspruchungen unterhalb $K_D^{\pi o}$ gegenüber den aus dem angebrachten Drehmoment berechneten Spannungen (Sollwerten) zunächst ab, nehmen aber dann wieder zu und behalten von einer bestimmten Wechselzahl an die Sollwerte dauernd bei. Oberhalb $K_D^{\pi o}$ tritt auch zuerst eine Abnahme und eine folgende Zunahme der gemessenen gegenüber den berechneten Spannungen auf, aber die Sollwerte werden nie mehr erreicht und von einer bestimmten Wechselzahl an fallen die gemessenen Spannungen bis zum Bruch dauernd ab. Diese Befunde zeigen, daß bei jeder Beanspruchung zunächst eine plastische Verformung in der Oberflächenschicht einsetzt, die aber unterhalb $K_D^{\pi o}$ (infolge der Spannungsverfestigung) einmal zum Stillstand kommt, dagegen oberhalb $K_D^{\pi o}$ (unter vorübergehendem Anstieg der atomistischen und der Spannungsverfestigung) dauernd fortschreitet, bis durch einen Riß eine Schädigung des Werkstoffes eintritt.

Oberfläche (wenn sie auf die Einheit des Querschnitts bezogen wird) kleiner als bei einer glatten (Kerbwirkung). Nun ist aber die Spannung im Kerbgrund bei hinreichender Schärfe der Kerbe um ein Mehrfaches größer als die Nennspannung und die röntgenographischen Spannungsmessungen [Glocker und Kemmnitz (1938, 2); Kemmnitz (1939, 1); Glocker, Kemmnitz und Schaal (1940, 1); Schaal (1940, 1)] haben ergeben, daß diese Überhöhung, solange sie nur nicht die Streckgrenze überschreitet, während der Schwingungsbeanspruchung vor dem Auftreten eines sichtbaren Risses nicht abgebaut wird. Legt man also zur Bestimmung der Schwingungsfestigkeit die wahre Spannung im Kerbgrund und nicht wie üblich die Nennspannung zugrunde, so ist diese Schwingungsfestigkeit immer größer als die an der glatten Oberfläche, wie schon Herold (1934, 1) betont hat. Wir haben es in Wirklichkeit also nicht mit einer Kerbentfestigung, sondern mit einer Kerbverfestigung zu tun. Diese Erscheinung ist auf Grund obiger Vorstellungen folgendermaßen zu erklären: Die Spannungsverteilung an der Kerbe unterscheidet sich von der am glatten Rand dadurch, daß sie stärker nach innen abfällt. Die Spannung wird außerhalb der überhöhten Oberflächenschicht sogar kleiner als die Nennspannung, die sich ja als ihr Mittelwert über den ganzen Querschnitt ergeben muß [vgl. Neuber (1937, 1)]. Selbst wenn dann im Laufe der Beanspruchung in der Oberflächenschicht schon kleine Risse entstanden sind, so wird doch die zu ihrer Vergrößerung notwendige starke Verformung der weiter innen liegenden Körner durch die hier kleinere Spannung gehemmt werden. Die überhöhte Spannung im Kerbgrund wird also besser ertragen als eine gleich große homogen verteilte Spannung.

Ähnlich ist auch die Erscheinung zu erklären, daß sich die Schwingungsfestigkeit bei inhomogener Beanspruchung [z. B. Biegung, vgl. Houdremont (1939, 1)] für dickere Proben kleiner ergibt als für dünnere, denn der Spannungsabfall nach innen ist bei ersteren kleiner als bei letzteren.

e) Verlauf der Wöhler-Kurve bei Schwingungsbeanspruchung. Wie wir gesehen haben, wird der Schwingungsbruch eingeleitet, wenn einzelne bevorzugte Körner an der Oberfläche zwischen ihren Nachbarn durchgequetscht werden. Dieses Ereignis tritt ein, sobald die Schwingungslast K^π gleich der Summe des Maximums der Spannungsverfestigung und des Beitrags K_τ der atomistischen Verfestigung ist. Bisher haben wir nur so große Wechselzahlen betrachtet, bei denen K_τ infolge der Dissipationsvorgänge bei schwingender Beanspruchung bereits verschwunden ist. Oberhalb der betreffenden Grenzwechselzahl ist der zulässige Wert von K^π, die Ordinate der Wöhler-Kurve, gleich dem Maximum der Spannungsverfestigung, also konstant, und stimmt mit den Werten der wahren und praktischen Schwingungsfestigkeit $K_k^{\pi o}$

bzw. $K_D^{\pi o}$ überein[1]. Der Verlauf der Wöhler-Kurve unterhalb dieser Grenzwechselzahl läßt sich auf Grund der Versuchsergebnisse von Held bei schwingender Schiebegleitung von Einkristallen (16) qualitativ verstehen. Nach diesen wird das Maximum der atomistischen Verfestigung bei jeder Temperatur um so früher erreicht, je größer die Verformungsamplitude ist. Da nun bei einer Schwingungslast K^π, die größer ist als die Schwingungsfestigkeit $K_D^{\pi o}$ ($= K_k^{\pi o}$), die atomistische Verfestigung zudem nicht auf Null abnehmen muß, sondern den Wert $K^\pi - K_D^{\pi o}$ besitzen kann, damit der Bruch eingeleitet wird, so nimmt demnach mit zunehmendem Wert von K^π die Bruchwechselzahl ab, wie es auch beobachtet wird.

Es bleibt noch zu untersuchen, weshalb bei Temperaturen oberhalb T_R', wo $K_k^{\pi o} = 0$ ist, noch ein von Null verschiedener Wert von $K_D^{\pi o}$ gemessen wird. Das hat folgenden Grund: Die Beseitigung der Spannungsverfestigung durch thermische Vorgänge höherer Ordnung erfolgt in der unmittelbaren Umgebung von T_R' nur so langsam, daß bei Belastungen, die merklich unterhalb der Schwingungsfestigkeit bei tiefen Temperaturen liegen, so lange Wartezeiten bzw. Wechselzahlen erforderlich sind, damit die einzeln bevorzugten Körner an der Oberfläche zwischen ihren Nachbarn durchgequetscht werden, wie sie nicht angewandt werden können. Die Wöhler-Kurve besitzt also, nachdem die atomistische Verfestigung verschwunden ist, keinen genau horizontalen Verlauf mehr, sondern fällt langsam, aber bis zu den üblichen Wechselzahlen praktisch noch nicht feststellbar, auf Null ab. Es wird also noch dieselbe praktische Schwingungsfestigkeit wie bei tieferen Temperaturen gemessen.

Bei der Temperatur T_R beginnender mikroskopischer Rekristallisation würde man zunächst einen starken Abfall der Wöhler-Kurve mit zunehmender Wechselzahl erwarten, da nunmehr die Spannungsverfestigung schon nach kurzer Zeit merklich abgebaut wird. Ein solcher Abfall wird aber dadurch verhindert, daß durch die stärkere Umbildung der Körner auch etwa schon aufgetretene kleine Risse wieder beseitigt und dadurch die Bruchwechselzahlen vergrößert werden. Bei einer bestimmten Belastung wird dabei innerhalb der üblichen Wechselzahlen die Rißausheilung der Rißneubildung etwa das Gleichgewicht halten, so daß die Wöhler-Kurve auch jetzt noch einen annähernd horizontalen Ast besitzt, dessen Ordinate, die praktische Schwingungsfestigkeit, aber kleiner ist als bei tieferen Temperaturen. Bei höheren Temperaturen liegen die Verhältnisse ähnlich. Die Neigung zur Rißbildung wird jedoch trotz der ausheilenden Wirkung der Rekristallisation mit wachsender Temperatur erhöht, da mit der lebhafter werdenden Beseitigung der

---

[1] Unterhalb der Grenztemperatur T_R' der Rekristallisation. Auf die Besonderheiten bei höheren Temperaturen kommen wir weiter unten zu sprechen.

Spannungsverfestigung die bevorzugten Körner an der Oberfläche immer leichter zwischen ihren Nachbarn durchgequetscht werden können. Wir erhalten also, wie es auch die Erfahrung zeigt, nur eine allmähliche Abnahme der praktischen Schwingungsfestigkeit $K_D^{\pi\,o}$ mit zunehmender Temperatur, obwohl die wahre Schwingungsfestigkeit $K_k^{\pi\,o}$ in dem betrachteten Temperaturgebiet Null ist, d. h. die Wöhler-Kurve nach sehr hohen Wechselzahlen schließlich doch auf die zulässige Schwingungslast Null abfällt. Die Abnahme von $K_D^{\pi\,o}$ wird merklich bei der etwas oberhalb T_R' liegenden Temperatur T_R'' beginnender submikroskopischer Rekristallisation, bei welcher die Spannungsverfestigung schon innerhalb der üblichen Versuchszeiten meßbar zurückgeht. Die bisherigen Erfahrungen über die Verbreiterung der Röntgenlinien sprechen dafür, daß die Temperatur, bei welcher die Abnahme von $K_D^{\pi\,o}$ in Wirklichkeit beobachtet wird, und die etwa 50—100° C unterhalb T_R liegt, mit T_R'' übereinstimmt, d. h. daß bei ihr bereits langsam verlaufende submikroskopische Rekristallisationsvorgänge stattfinden [vgl. Dehlinger (1940, 2)].

Orowan (1939, 1) hat in anderer als der beschriebenen Weise versucht, den Verlauf der Wöhler-Kurve zu deuten. Er geht zunächst auch von der Tatsache aus, daß die Verformung in einem vielkristallinen Material gemischt plastisch-elastisch ist, und legt das Modell von Abb. 65c zugrunde[1]. Wird dieses mit der Last K belastet, so erfahren die Feder F_1 einerseits und der plastische Körper P und die Feder F_2 zusammen andererseits je dieselbe Verformung Δs_K. Dabei wird K aufgeteilt in die Anteile K_1 von F_1 und $K_\sigma = K_{\sigma_0} + K_\tau$ von P[2] $(K = K_1 + K_\sigma)$, Δs_K in die Anteile Δs von P und Δs_2 von F_2 $(\Delta s_K = \Delta s + \Delta s_2)$. Aus den Abmessungen und Elastizitätskonstanten von F_1 und F_2, den Abmessungen von P und dem Verlauf von K_τ mit Δs (Verfestigungskurve) können bei gegebenem K alle Größen, insbesondere Δs berechnet werden. Ohne diese Rechnung durchzuführen, erkennt man, daß Δs um so kleiner wird, je größer die Anfangsverfestigung[3] K_{τ_0} und der Verfestigungsanstieg von P ist[4]. Überschreitet K_{τ_0} einen bestimmten Wert, so findet überhaupt keine plastische Verformung mehr statt[5]

---

[1] Dabei verkörpern P den plastischen Anteil der Verformung, F_1 die davon abhängige Spannungsverfestigung, F_2 die davon unabhängige elastische Dehnung einer Probe.

[2] Die auf F_2 wirkende Kraft ist ebenfalls gleich K_σ.

[3] Wir wollen für die folgende Anwendung allgemein annehmen, daß P vor dem Anlegen der Last bereits verfestigt sein kann.

[4] Denn um so größer muß die Anspannung sein, damit die Gleitgeschwindigkeit einen bestimmten Wert annimmt.

[5] Dabei ist vorausgesetzt, daß unterhalb der jeweiligen Streckgrenze $K_{\sigma_0} + K_\tau$ die Gleitgeschwindigkeit Null ist, was wegen des dynamischen Einflusses und der Entfestigung streng nur am absoluten Nullpunkt zutrifft. Wir nehmen mit Orowan diese Voraussetzung zunächst als gültig an und werden auf die Bedeutung der genannten Faktoren weiter unten zu sprechen kommen.

($\Delta s = 0$). Führen wir nun eine Schwingungsbeanspruchung mit der Amplitude $K = K^{\pi}$ durch, so hat Δs bei jedem Belastungsschritt den Wert, welcher dem zu Beginn des Schrittes erreichten Wert von K_τ und dem Verfestigungsanstieg entspricht. Nimmt man nun an, und das sind die zwei grundlegenden Voraussetzungen von Orowan, daß die Feder F_1 im Laufe der Beanspruchung nicht „ermüdet"[1], d. h. bei gleicher Verformung s_K stets den gleichen Lastanteil aufnimmt, und daß K_τ bei jeder Verformungszunahme Δs, unabhängig davon, in welcher Richtung sie erfolgt, zunimmt, so nähert sich, wie man auf Grund obiger Ausführungen leicht erkennt, K_τ mit zunehmender Wechselzahl einem durch die Größe von K^{π} (und den Modelleigenschaften) bestimmten Grenzwert $K_{\tau g}$. Dabei kann die plastische Gesamtverformung $s = \sum \Delta s$, das ist die Summe aller Einzelverformungen unabhängig von der Verformungsrichtung positiv gezählt, einen bestimmten endlichen Wert nicht überschreiten (d. h. $\sum \Delta s$ ist eine konvergente Reihe), denn wenn K_τ monoton mit s zunimmt, so haben beide Größen stets gleichzeitig endliche Werte.

Ausgehend von den röntgenographischen Beobachtungsergebnissen, nach denen die Schwingungsfestigkeit eine Verformungsgrenze darstellt, macht nun Orowan die dritte grundlegende Annahme, daß ein Werkstoff nur eine bestimmte Gesamtverformung $s = s_f$ ohne Schädigung ertragen kann, daß dagegen in der plastischen Zone ein Riß auftritt, sobald der Wert s_f überschritten wird. Auf Grund der eindeutigen Zuordnung von Verfestigung K_τ und Gesamtverformung s entspricht dem kritischen Wert von s_f von s ein kritischer Wert $K_{\tau f}$ von $K_{\tau g}$, der nicht überschritten werden darf, wenn eine unendliche Wechselzahl ohne Bruch ertragen werden soll. Auf diese Weise ergibt sich die Existenz einer wahren Schwingungsfestigkeit. Weiter ergibt die Rechnung unter Zugrundelegung einer linearen (K_τ, s)-Kurve[2], daß die Wöhler-Kurve aus zwei nahezu linearen, gegeneinander geneigten Ästen besteht, die bei einer bestimmten endlichen Wechselzahl z_0 zusammentreffen, und von denen der Ast oberhalb z_0 praktisch mit der Asymptote der Wöhler-Kurve übereinstimmt. D. h. die praktische Schwingungsfestigkeit (Ordinate bei der Wechselzahl z_0) stimmt mit der wahren Schwingungsfestigkeit (Ordinate der Asymptote) nahezu überein. Insoweit gibt die Theorie die Beobachtungsergebnisse (bei hinreichend tiefen Temperaturen) richtig wieder. Sie führt aber zu Widersprüchen mit der Erfahrung, oder kann diese nur unter sehr erzwungenen Annahmen er-

---

[1] In unserer Ausdruckweise, daß die Spannungsverfestigung nicht abnimmt· Über die Unzulässigkeit dieser und der folgenden Voraussetzung siehe weiter unten.

[2] Diese Annahme ermöglicht eine einfache Durchführung der Rechnung. Bei nichtlinearen Kurven bleiben die Verhältnisse grundsätzlich dieselben.

klären, sobald wir die Temperaturabhängigkeit der Schwingungsfestigkeit in Betracht ziehen: Wenn wir die erste Annahme von Orowan, daß die Verfestigungskurve $(K_\tau,\ s)$ bei der Schwingungsbeanspruchung unterhalb der kritischen Verformung s_f monoton mit s zunimmt, beibehalten, so kann s_f höchstens den Betrag besitzen, bei welchem die Verfestigung bei einer schwingenden Beanspruchung nach Held (vgl. Abb. 49) wieder beginnt abzunehmen. Legen wir diesen oder einen kleineren Wert zugrunde, so hängt die zugehörige kritische Verfestigung $K_{\tau f}$ in ähnlicher Weise von der Temperatur ab wie die Verfestigung bei einsinniger Verformung (vgl. Abb. 48). Da $K_{\tau f}$ ein Maß für die Schwingungsfestigkeit ist, so müßte diese die gleiche Temperaturabhängigkeit zeigen, eine Folgerung, welche durch die Beobachtungsergebnisse eindeutig widerlegt wird.

Orowan hat den Einfluß der Temperatur auch untersucht. Er nimmt dabei an, daß in dem Temperaturgebiet, in dem die Erholung innerhalb der üblichen Versuchszeiten praktisch nicht wirksam ist (also bei hinreichend tiefen Temperaturen), die Schwingungs-Verfestigungskurve unverändert bleibt. Dabei ist aber die Tatsache nicht berücksichtigt, daß auch bei Wechselbeanspruchungen, bei denen anfänglich sehr große Gleitgeschwindigkeiten auftreten, die in Ruhepausen wirksame Erholung von der Entfestigung während einer Verformung zu unterscheiden ist[1] (vgl. S. 90).

Um also in Übereinstimmung mit der Erfahrung zu kommen, müßte man die Annahme, daß die Schwingungsfestigkeit eine Verformungsgrenze darstellt, fallen lassen, und sie durch die Annahme ersetzen, daß sie durch einen kritischen Wert der atomistischen Verfestigung bestimmt ist, was aber u. a. den Versuchsergebnissen von Held entschieden widerspricht. Es bleibt somit nur die Folgerung, daß die allen Voraussetzungen zugrunde liegende Vorstellung eines unmittelbaren Zusammenhangs zwischen der Schwingungsfestigkeit und der atomistischen Verfestigung nicht richtig sein kann.

Die Gegenüberstellung der Theorien von Dehlinger und Orowan bietet ein Beispiel für die im Vorwort erwähnte Auffassung, daß bei der Behandlung der strukturempfindlichen Eigenschaften allgemein gültige Erkenntnisse mit Sicherheit nur unter Voranstellung allgemeiner experimenteller Ergebnisse gewonnen werden können und nicht durch Voranstellung bestimmter Modellvorstellungen, die meist nur eine Seite der Erscheinungen mehr oder weniger vollständig erfassen. Ein solches Ergebnis ist es, daß die praktische Schwingungsfestigkeit unterhalb der Temperatur beginnender submikroskopischer Rekristallisation eine

---

[1] Es ist überraschend, daß dieser grundlegende Punkt von Orowan, der zuerst die Unzulänglichkeit der reinen Erholungstheorie betont und experimentell belegt hat, übersehen wurde.

von der Temperatur und Zeit unabhängige Verformungs- und Belastungsgrenze darstellt, das unmittelbar die Übereinstimmung der praktischen mit der die gleichen Eigenschaften zeigenden wahren Schwingungsfestigkeit nahelegt. Diese Vermutung konnte denn auch umfassend bewiesen werden. Die Lösung der weiteren, insbesondere technisch wichtigen Fragen, wie beim Überschreiten dieser Grenze der Bruch eingeleitet wird und wie die Bruchwechselzahl von der Belastung abhängt (Verlauf der Wöhler-Kurve), wurde dann auf Grund der gewonnenen Erkenntnisse über die physikalische Bedeutung der Meßgrößen auch in befriedigender Weise ermöglicht.

Sehen wir von der Bedingung von Orowan für den Eintritt des Bruchs ab, so sind die mit den beiden ersten Voraussetzungen, daß die Spannungsverfestigung und die atomistische Verfestigung K_ι mit der plastischen Gesamtverformung s beide monoton zunehmen, erhaltenen Folgerungen sicher richtig, solange diese Voraussetzungen erfüllt sind. Für die erste trifft das (unterhalb der Temperatur T'_R) bei Schwingungsamplituden K^π, die kleiner sind als die Schwingungsfestigkeit $K_D^{\pi o}$ ($= K_k^{\pi o}$), für die zweite bei genügend kleinen Werten von s (Wechselzahlen) zu. Bei einer Schwingungsbeanspruchung mit $K^\pi < K_D^{\pi o}$ wird daher die Zunahme $\varDelta s$ von s während eines Belastungsschrittes zunächst immer kleiner. Diese Abnahme hat aber nach Held eine Verschiebung des Maximums von K_ι nach größeren Wechselzahlen zur Folge (geringere Dissipationswirkung), durch die wiederum eine weitere Abnahme von $\varDelta s$ mit zunehmender Wechselzahl ermöglicht wird usw. $\varDelta s$ strebt also dem Grenzwert Null zu, den es bei der Wechselzahl unendlich annimmt. Die Verfestigung ist dann vollständig, d. h. die Verformung rein elastisch.

In Wirklichkeit kann dieser Zustand wegen der stets wirksamen Erholung nie erreicht werden (abgesehen davon, daß sich ein Versuch nicht bis zur Wechselzahl unendlich durchführen läßt), vielmehr nimmt $\varDelta s$ bei einer bestimmten Wechselzahl einen kleinsten Wert $\varDelta s_\varepsilon$ an[1]. Ist die Erholung hinreichend gering, die Temperatur also hinreichend tief, so ist $\varDelta s_\varepsilon$ sehr klein und die Verfestigung wird nach einer genügend hohen Wechselzahl praktisch als vollständig, d. h. die Verformung als quasi-elastisch angesehen werden können. Wird nun die Belastung der Schwingungsamplitude langsam erhöht und nach jeder Erhöhung wieder der quasi-elastische Zustand abgewartet, und so fortgefahren, so ist zu erwarten, daß es auf diese Weise gelingt, die praktische Schwingungsfestigkeit um einen bestimmten Betrag über ihren normalen Wert $K_D^{\pi o}$, bei dem das Maximum der Spannungsverfestigung überschritten wird, zu steigern, denn wegen des quasi-elastischen Charakters der Verformung wird der Abbau der atomistischen

---

[1] Die Gesamtverformung s nimmt also unbegrenzt zu.

Verfestigung (der ja eine schwingende plastische Gleitung zur Voraussetzung hat) verhindert (streng genommen nur sehr lange verzögert), und die Körner können nicht zwischen ihren Nachbarn durchgequetscht werden und somit auch keine Risse entstehen. Diese Erscheinung wird tatsächlich beim „Hochtrainieren", das ist eine Schwingungsbeanspruchung in der oben beschriebenen Art, beobachtet; sie wurde auf diese Weise von Dehlinger (1940, 1) erklärt.

Der so erreichte Zustand kann wegen der Erholung nicht unbegrenzt lange beständig und auch nicht von der Temperatur unabhängig sein, denn wenn die atomistische Verfestigung hinreichend abgenommen hat, wird, da ja das Maximum der Spannungsverfestigung überschritten ist, der Bruch eingeleitet[1]. Bei den meisten technischen Werkstoffen ist die Erholung erst bei Temperaturen oberhalb der Zimmertemperatur merklich, so daß das Zusammenbrechen des hochtrainierten Zustandes bei dieser und tieferen Temperaturen praktisch nicht in Frage kommen wird.

Hat bei einer Schwingungsbeanspruchung die Amplitude $K^\pi \geqq K_D^{\pi o}$ gleich von Anfang an ihren vollen Wert, so tritt ein quasi-elastischer Verformungszustand nicht ein, und die Schwingungsfestigkeit hat stets den durch das Maximum der Spannungsverfestigung eindeutig bestimmten Wert $K_D^{\pi o} = K_k^{\pi o}$.

f) Praktische Schwingungs- und Wechselfestigkeit. Wir haben bisher zur Prüfung der theoretisch gewonnenen Ergebnisse die Meßergebnisse für die praktische Schwingungsfestigkeit $K_D^{\pi o}$ benutzt, da diese (unterhalb T_R') mit der wahren Schwingungsfestigkeit $K_k^{\pi o}$ übereinstimmt. Für die Wechselfestigkeit bei von Null verschiedener Vorlast besteht diese Übereinstimmung zwischen dem wahren und praktischen Wert nicht mehr, wie ein Vergleich der Abb. 86 und 88 zeigt. Diese Tatsache ist folgendermaßen zu erklären: Damit die bevorzugten Körner an der Oberfläche zwischen ihren Nachbarn durchgequetscht werden können, muß die Maximallast mindestens gleich $K^\lambda + K_k^{\pi o}$ (K^λ Vorlast) sein. Der Wert $K_k^{\pi o}$ reicht gerade aus, wenn die atomistische Verfestigung vollständig beseitigt ist. Diese Beseitigung kann durch den öfters erwähnten Dissipationsvorgang als Folge des Schwingungsanteils und durch die Erholung erfolgen. Bei einer reinen Schwingungsbeanspruchung wirkt der erste Faktor vollständig, d. h. die atomistische Verfestigung wird schon nach endlich vielen Wechseln ganz zum Verschwinden gebracht, $K_k^{\pi o}$ und $K_D^{\pi o}$ stimmen überein. Bei einer von Null verschiedenen Vorlast ist das jedoch nicht der Fall. Die Vorlast als einsinnig gerichtete Komponente bedingt einen Verfestigungsanteil, der nur durch Erholung beseitigt werden kann. Das ist aber erst nach unendlich langer Zeit möglich, in deren Verlauf die Spannungsver-

---

[1] Eine Erhöhung der wahren Schwingungsfestigkeit ist also nicht möglich.

festigung sich immer mehr ihrem maximalen Wert nähert und die Verformungsgeschwindigkeit stetig auf Null abnimmt[1]. Auf diese Weise erhält man den angegebenen Wert der wahren Wechselfestigkeit. Nach einer endlichen Beanspruchungsdauer ist die atomistische Verfestigung K_τ stets noch von Null verschieden, und die überlagerte Schwingungsamplitude K^π muß den Wert $K_\tau + K_k^{\pi\lambda}$ besitzen, damit der Bruch eingeleitet wird. Da nun bei den meisten technischen Werkstoffen die Erholung erst oberhalb der Zimmertemperatur merklich wird, so sind bei ihr und tieferen Temperaturen, bis K_τ gegenüber seinem Anfangswert merklich abgenommen hat, so große Zeiten bzw. Wechselzahlen erforderlich, wie sie üblicherweise nicht zur Anwendung kommen. Nachdem der Schwingungsanteil der atomistischen Verfestigung beseitigt ist, verläuft also die Wöhler-Kurve praktisch horizontal, und die Ordinate dieses Astes, die praktische Wechselfestigkeit $K_D^{\pi\lambda}$, ist gegenüber der wahren Wechselfestigkeit $K_k^{\pi\lambda}$ um K_τ erhöht[2]. Erst bei sehr hohen Wechselzahlen nähert sich die Wöhler-Kurve allmählich dem Wert $K_k^{\pi\lambda}$.

Wird bei höheren Temperaturen die Erholung schon innerhalb der üblichen Versuchszeiten merklich, so muß einerseits die Wöhler-Kurve deutlich abfallen und andererseits die praktische Wechselfestigkeit der wahren Wechselfestigkeit näherkommen, d. h. die Kurve für die zulässige Maximallast in einem Smithschen Diagramm horizontaler verlaufen als bei tieferen Temperaturen. Beide Folgerungen werden durch die Erfahrung bestätigt [vgl. z. B. die Zusammenstellung der Meßwerte bei Hempel und Tillmanns (1936, 1)].

VI. Mathematische Zusätze.

28. Berechnung von Schubspannung und Abgleitung.

a) Transformationsbeziehungen der Spannungs- und Deformationskomponenten in den in 2 e festgelegten Koordinatensystemen I und II. (Allgemeine Zusätze zu 3 a und 2 f.) Bei jeder Verformung von Einkristallen entsteht die Aufgabe, die an einer Stelle wirksame Schubspannung σ in dem betätigten Gleitsystem mit den äußeren Kräften in Beziehung zu setzen. Da letztere in den betrachteten Fällen in einfachem, unmittelbar ersichtlichem Zusammenhang mit den Spannungskomponenten $S = \sigma_{\mathfrak{z}\mathfrak{z}}$ oder $S_\varphi = \sigma_{\mathfrak{X}\mathfrak{z}}$ im Koordinatensystem I stehen, so be-

---

[1] Gibt es, wie bei den homogenen Verformungen, keine von der Zeit unabhängige Spannungsverfestigung (bzw. wahre Einkristall-Kriechgrenze), die allein der äußeren Belastung das Gleichgewicht halten kann, so ist unter Last eine vollständige Beseitigung der atomistischen Verfestigung durch die Erholung überhaupt nicht möglich, es stellt sich vielmehr allmählich ein stationärer Zustand ein, bei dem die Gleitgeschwindigkeit von Null verschieden ist (Erholungsfließen).

[2] Die Verhältnisse sind ganz ähnlich wie bei einem hochtrainierten Werkstoff.

steht die eigentliche Aufgabe darin, σ als Funktion von S oder S_φ zu berechnen. Zu diesem Zweck müssen wir zunächst die Transformationsbeziehungen zwischen den Komponenten eines Vektors $\mathfrak{x}$ in den Koordinatensystemen I und II aufstellen. Allgemein gilt[1]: Sind (x_1, x_2, x_3) seine Komponenten in einem Koordinatensystem mit den rechtwinkligen Achsen $(\mathfrak{e}_1, \mathfrak{e}_2, \mathfrak{e}_3)$, so lauten sie in einem andern rechtwinkligen System $(\mathfrak{e}'_1, \mathfrak{e}'_2, \mathfrak{e}'_3)$:

$$x'_\lambda = \cos(\mathfrak{e}'_\lambda \mathfrak{e}_1) \cdot x_1 + \cos(\mathfrak{e}'_\lambda \mathfrak{e}_2) \cdot x_2 + \cos(\mathfrak{e}'_\lambda \mathfrak{e}_3) \cdot x_3; \quad \lambda = 1, 2, 3. \tag{1}$$

Von den in (1) auftretenden Winkeln zwischen den Koordinatenachsen benötigen wir in unserm Falle folgende: $(\mathfrak{g}\mathfrak{z})$, $(\mathfrak{N}\mathfrak{z})$, $(\mathfrak{g}\mathfrak{T})$ und $(\mathfrak{N}\mathfrak{T})$. Für sie sind aus Abb. 8 von den folgenden Beziehungen die beiden ersten unmittelbar, die beiden andern aus den sphärischen Dreiecken $(\mathfrak{T}\mathfrak{g}\mathfrak{z})$ und $(\mathfrak{T}\mathfrak{z}\mathfrak{N})$ abzulesen:

$$\left.\begin{aligned}
\cos(\mathfrak{g}\mathfrak{z}) &= -\cos\lambda; \quad \cos(\mathfrak{N}\mathfrak{z}) = \sin\chi, \\
\cos(\mathfrak{g}\mathfrak{T}) &= \sin(180 - \lambda)\cos(\varphi_\lambda - \varphi - 90) = -\sin\lambda\,\sin(\varphi - \varphi_\lambda), \\
\cos(\mathfrak{N}\mathfrak{T}) &= \sin(90 - \chi)\cos(90 + \varphi - \varphi_\chi) = -\cos\chi\,\sin(\varphi - \varphi_\chi).
\end{aligned}\right\} \tag{2}$$

Die Spannungskomponenten, als Komponenten eines symmetrischen Tensors zweiter Stufe, transformieren sich wie die Produkte der Komponenten zweier Vektoren. Es gilt also allgemein:

$$\left.\begin{aligned}
\sigma'_{\lambda\varkappa} =\ &(\cos(\mathfrak{e}'_\lambda \mathfrak{e}_1)\cos(\mathfrak{e}'_\varkappa \mathfrak{e}_1))\,\sigma_{11} + (\cos(\mathfrak{e}'_\lambda \mathfrak{e}_2)\cos(\mathfrak{e}'_\varkappa \mathfrak{e}_2))\,\sigma_{22} \\
&(\cos(\mathfrak{e}'_\lambda \mathfrak{e}_3)\cos(\mathfrak{e}'_\varkappa \mathfrak{e}_3))\,\sigma_{33} \\
&(\cos(\mathfrak{e}'_\lambda \mathfrak{e}_1)\cos(\mathfrak{e}'_\varkappa \mathfrak{e}_2) + \cos(\mathfrak{e}'_\lambda \mathfrak{e}_2)\cos(\mathfrak{e}'_\varkappa \mathfrak{e}_1))\,\sigma_{12} \\
&(\cos(\mathfrak{e}'_\lambda \mathfrak{e}_1)\cos(\mathfrak{e}'_\varkappa \mathfrak{e}_3) + \cos(\mathfrak{e}'_\lambda \mathfrak{e}_3)\cos(\mathfrak{e}'_\varkappa \mathfrak{e}_1))\,\sigma_{13} \\
&(\cos(\mathfrak{e}'_\lambda \mathfrak{e}_2)\cos(\mathfrak{e}'_\varkappa \mathfrak{e}_3) + \cos(\mathfrak{e}'_\lambda \mathfrak{e}_3)\cos(\mathfrak{e}'_\varkappa \mathfrak{e}_2))\,\sigma_{23} \\
=\ &\textstyle\sum_{i\nu}(\cos(\mathfrak{e}'_\lambda \mathfrak{e}_i)\cos(\mathfrak{e}'_\varkappa \mathfrak{e}_\nu))\,\sigma_{i\nu}.
\end{aligned}\right\} \tag{3a}$$

Für die Deformationskomponenten gelten bei rechtwinkligen Koordinatensystemen dieselben Transformationsbeziehungen:

$$\varepsilon'_{\lambda\varkappa} = \textstyle\sum_{i\nu}\left(\cos(\mathfrak{e}'_\lambda \mathfrak{e}_i)\cos(\mathfrak{e}'_\varkappa \mathfrak{e}_\nu)\right)\varepsilon_{i\nu}. \tag{3b}$$

b) Berechnung der Schubspannung. (Zu **3a, 18c, 19a.**) Bei der homogenen Dehnung verschwinden im Koordinatensystem I alle Spannungskomponenten[2] bis auf $S = \sigma_{\mathfrak{z}\mathfrak{z}} = K/Q$ (K Zugkraft, Q Querschnitt des zylindrischen Kristalls). Aus (3) folgt somit:

$$\sigma = \sigma_{\mathfrak{g}\mathfrak{N}} = (\cos(\mathfrak{N}\mathfrak{z})\cos(\mathfrak{g}\mathfrak{z}))\,S.$$

---

[1] Die hier benutzten allgemeinen Transformationsbeziehungen und einfachen Gesetzmäßigkeiten der Elastizitätstheorie sind in den meisten Lehrbüchern der Physik, der Elastizitätstheorie und der Tensorrechnung abgeleitet.

[2] Streng genommen trifft das nur bei isotropen Körnern zu. Bei Kristallen treten im allgemeinen auch noch Schubspannungskomponenten auf. Diese sind jedoch klein gegenüber S und sind für unsere Untersuchungen ohne Bedeutung. Wir sehen von diesem Anisotropieeffekt durchweg ab.

Daraus erhalten wir nach (2), wenn wir vom Vorzeichen von σ absehen, die Beziehung (19 I):

$$\sigma = \sin\chi\,\cos\lambda \cdot S. \tag{4}$$

Bei der reinen Biegung verschwinden im Koordinatensystem I ebenfalls alle Spannungskomponenten bis auf S, dessen Wert aber jetzt vom Abstand x von der neutralen Faser abhängt. An Stelle von (4) tritt daher die Beziehung (2b III):

$$\sigma(x) = \sin\chi\,\cos\lambda \cdot S(x). \tag{5}$$

Bei der Torsion betrachten wir nur kreisförmige Querschnitte. Legen wir die $\mathfrak{P}$-Achse des Koordinatensystems I durch den betrachteten Punkt mit der Entfernung x vom Mittelpunkt, so verschwinden in diesem Koordinatensystem alle Spannungskomponenten bis auf $S_\varphi = \sigma_{\mathfrak{T}\mathfrak{Z}}$. Nach (3) wird dann:

$$\sigma = \sigma_{\mathfrak{g}\mathfrak{R}} = (\cos(\mathfrak{g}\mathfrak{T})\,\cos(\mathfrak{R}\mathfrak{Z}) + \cos(\mathfrak{g}\mathfrak{Z})\,\cos(\mathfrak{R}\mathfrak{T}))\,S_\varphi(x).$$

Daraus ergibt sich mit (2) die Beziehung (7 III):

$$\sigma = \sigma(\varphi, x) = (\cos\chi\,\cos\lambda\,\sin(\varphi - \varphi_\chi) - \sin\chi\,\sin\lambda\,\sin(\varphi - \varphi_\lambda))S_\varphi(x). \tag{6}$$

Man sieht aus (6), daß sich σ für ein Gleitsystem sinusförmig längs des Umfangs ändert. Rechnen wir wie bisher σ stets positiv, so ist die Periode $180°$. Die beiden Azimute, bei denen σ seinen größten Wert $\sigma_{\max}(x)$ annimmt, erhält man [durch Differentation von (6) nach φ] aus:

$$\frac{1}{S_\varphi}\frac{d\sigma}{d\varphi} = \sin\chi\,\sin\lambda\,\cos(\varphi - \varphi_\lambda) - \cos\chi\,\cos\lambda\,\cos(\varphi - \varphi_\lambda) = 0.$$

Durch Einsetzen dieser φ-Werte in (6) ergibt sich der Wert von $\sigma_{\max}$ selbst [1].

Abb. 90 zeigt für drei ausgezeichnete Orientierungen den Verlauf von σ/S_φ für die Gleitsysteme eines kubisch-flächenzentrierten Kristalls mit den (111)-Ebenen als Gleitebenen und den [110]-Richtungen als Gleitrichtungen, welche an bestimmten Stellen die größten σ-Werte besitzen oder mindestens einen Punkt mit letzteren gemeinsam haben. Die (aus Teilen der ersteren zusammengesetzte) Kurve, welche an jeder Stelle die größten σ-Werte besitzt und das jeweils betätigte Gleitsystem angibt, ist dick ausgezogen. Aus den mitgezeichneten Parallelprojektionen der Elementarzelle in Gegenrichtung von $\mathfrak{z}$ sind die Azimute φ_χ für jede Gleitebene und φ_λ für die Gleitrichtung jedes Gleitsystems zu entnehmen. Die Numerierung der Gleitsysteme ist aus Tabelle 10 zu ersehen.

---

[1] Die Berechnung von $\sigma_{\max}$ als Funktion von χ, λ und $(\varphi_\chi - \varphi_\lambda)$ ist bei Gough, Wright und Hanson (1926, 1) durchgeführt. Das Ergebnis ist auch bei Sachs (1928, 1) angegeben.

Tabelle 10. Numerierung der Gleitsysteme und Gruppen eines kubisch-flächenzentrierten Kristalls.

Gleitebene $\mathfrak{G}$	(111)			($\bar1$11)			(1$\bar1$1)			(11$\bar1$)		
Gleitrichtung $\mathfrak{g}$	[$\bar1$10]	[10$\bar1$]	[01$\bar1$]	[$\bar1$10]	[01$\bar1$]	[$\bar1$0$\bar1$]	[110]	[0$\bar1$1]	[10$\bar1$]	[1$\bar1$0]	[0$\bar1$1]	[$\bar1$0$\bar1$]
Nummer des Gleitsystems	1	2	3	4	5	6	7	8	9	10	11	12
Nummer der Gruppe	I			II			III			IV		

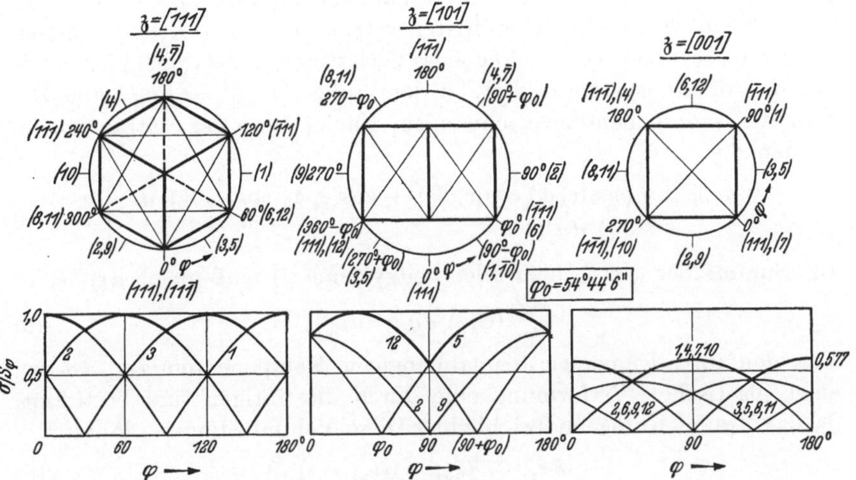

Abb. 90. Nach (6) berechneter Verlauf der Schubspannung σ (bezogen auf die tangentiale Schubspannung S_φ) in den Gleitsystemen eines kubisch-flächenzentrierten Kristalls längs des Umfangs (Azimut φ) für drei Kristallorientierungen. Numerierung der Gleitsysteme nach Tabelle 10. Über den Kurvenbildern sind die Parallelprojektionen der Grundzelle des Gitters in Gegenrichtung der Kristallachse $\mathfrak{z}$ mit den Azimuten φ_χ und φ_λ der Gleitebenen bzw. Gleitrichtungen gezeichnet.

c) Berechnung der Abgleitung. (Zu 2f, 20c, 21a.) Der Zusammenhang zwischen einer kleinen Abgleitungszunahme da und der zugehörigen Dehnungszunahme dD bzw. Schiebungszunahme dD_φ ergibt sich auf Grund der Tatsache, daß die dabei geleistete Arbeit dA in beiden Koordinatensystemen denselben Wert besitzen muß. Nun ist in allen betrachteten Fällen im Koordinatensystem I nur eine Spannungskomponente (S bzw. S_φ), im Koordinatensystem II nur eine Deformationskomponente (da) von Null verschieden. Also bestehen die Beziehungen:

$$dA = \sigma\, da \begin{cases} = S\, dD & \text{bei der Dehnung und Biegung,} \\ = S_\varphi\, dD_\varphi & \text{bei der Torsion.} \end{cases} \qquad (7)$$

Aus ihnen ergeben sich unter Benutzung von (4), (5) und (6) die Beziehungen (8 I), (15 III) und (44 III).

d) Erzeugung einer beliebigen kleinen plastischen Verformung eines Kristalls durch Mehrfachgleitung nach fünf unabhängigen Gleitsystemen; Anwendung auf kubisch-flächenzentrierte Kristalle. (Zu 25 d.) Wir untersuchen im folgenden, ob und bejahendenfalls durch wieviel Gleitsysteme eine beliebige kleine plastische Verformung eines Kristalls durch Mehrfachgleitung erzielt werden kann, unter der Voraussetzung, daß das Gleiten zwar wie bei wirklichen Kristallen kristallographisch bestimmt ist, aber kontinuierlich erfolgt, also keine Gleitlamellen auftreten (vgl. hierzu **25 d**). Die Deformationskomponenten $d\varepsilon_{\lambda\varkappa}$ seien in einem rechtwinkligen Koordinatensystem mit den rechtwinkligen Achsen (e_1, e_2, e_3) gegeben. Für jedes Gleitsystem $(i) = (\mathfrak{g}_i, \mathfrak{N}_i)$ legen wir ein Koordinatensystem II fest, in dem außer $(d\varepsilon_{\mathfrak{g}\mathfrak{N}})_i = da_i/2$ alle Deformationskomponenten verschwinden. Nach (3 b) ist der Beitrag von da_i zu den $d\varepsilon_{\lambda\varkappa}$:

$$\left.\begin{aligned}(d\varepsilon_{\lambda\varkappa})_i &= \tfrac{1}{2}\left(\cos(e_\lambda\,\mathfrak{g}_i)\cos(e_\varkappa\,\mathfrak{N}_i) + \cos(e_\varkappa\,\mathfrak{g}_i)\cos(e_\lambda\,\mathfrak{N}_i)\right)da_i \\ &= (\alpha_{\lambda\varkappa})_i\,da_i.\end{aligned}\right\} \tag{8}$$

Die Summe der $(d\varepsilon_{\lambda\varkappa})_i$ über alle Gleitsysteme (i) muß gleich $d\varepsilon_{\lambda\varkappa}$ sein:

$$\sum{}^i (\alpha_{\lambda\varkappa})_i\,da_i = d\varepsilon_{\lambda\varkappa}. \tag{9}$$

Von den im allgemeinen 6 unabhängigen Komponenten $d\varepsilon_{\lambda\varkappa}$ ist bei einer plastischen Verformung eine durch die übrigen fünf bestimmt, da das Volumen ungeändert bleibt. Diese Volumbedingung lautet:

$$d\varepsilon_{11} + d\varepsilon_{22} + d\varepsilon_{33} = 0. \tag{10}$$

Die Beziehungen (9) stellen also fünf lineare inhomogene Gleichungen in den da_i dar. Damit diese eindeutig durch die $d\varepsilon_{\lambda\varkappa}$ bestimmt sind, ist notwendig und hinreichend, daß ihre Anzahl fünf beträgt, und daß die linken Seiten der Gleichungen linear unabhängig sind, d. h. ihre Koeffizientendeterminante von Null verschieden ist. Die letztere Bedingung legt der gegenseitigen Lage der fünf Gleitsysteme gewisse Einschränkungen auf derart, daß eine in einem Gleitsystem erzielbare Gleitung nicht durch Zusammensetzung geeigneter Gleitungen in den vier übrigen Systemen zu erzielen sein darf. Allgemein bezeichnet man eine Anzahl von Gleitsystemen, für welche diese Forderung erfüllt ist, als unabhängig voneinander[1]. Wir haben also das Ergebnis: **Eine beliebige kleine plastische Verformung eines Kristalls kann durch Mehrfachgleitung nach fünf unabhängigen Gleitsystemen erzielt werden.** Weniger als fünf unabhängige Gleit-

---

[1] Drei Gleitsysteme mit gemeinsamer Gleitebene, aber verschiedenen Gleitrichtungen (bei kubisch-flächenzentrierten Kristallen z. B. eine Oktaederebene mit ihren drei Rhombendodekaeder-Gleitrichtungen) sind nicht unabhängig voneinander, da man stets eine Gleitung nach einer Richtung durch eine geeignete Doppelgleitung nach den beiden andern gewinnen kann.

systeme reichen dazu nicht aus, mehr als fünf kann es in einem Kristall nicht geben. Dagegen gibt es bei Kristallen mit mehr als fünf Gleitsystemen, wie wir für die kubisch-flächenzentrierten Kristalle näher ausführen werden, im allgemeinen mehrere verschiedene Kombinationen von fünf unabhängigen Gleitsystemen.

Die Lösungen der Gleichungen ergeben sich bekanntlich in Determinetenform, wenn man in der Koeffizientendeterminante jeweils die Kolonne, in der die gesuchte Abgleitung da_i steht, streicht, dafür die gegebenen Größen $d\varepsilon_{\lambda\varkappa}$ einsetzt und diese Determinante durch die Koeffizientendeterminante dividiert.

Wir wenden diese Ergebnisse nun auf kubisch-flächenzentrierte Kristalle an. Als Koordinatensystem nehmen wir $e_1 = [100]$, $e_2 = [010]$ und $e_3 = [001]$. Sind die $d\varepsilon_{\lambda\varkappa}$ in einem andern, z. B. dem Koordinatensystem I, gegeben, so können sie mit Hilfe der Beziehungen (3b) leicht auf dieses System umgerechnet werden. Tabelle 11 enthält die erforderlichen Richtungskosinusse für alle zwölf Gleitsysteme und die sich damit ergebenden Koeffizienten $(\alpha_{\lambda\varkappa})_i$ der Gleichungen (9). Die Volumbedingung $d\varepsilon_{11} + d\varepsilon_{22} + d\varepsilon_{33} = 0$ ist stets erfüllt, wie auch die Gleitsysteme zusammengefaßt werden, da sie selbstverständlich für jedes einzelne Gleitsystem erfüllt ist. Wir lassen dementsprechend die dritte von den beiden ersten abhängige Gleichung weg; ihre Koeffizienten sind in Tabelle 11 eingeklammert.

Tabelle 11. Richtungskosinusse der Gleitebenennormalen $\mathfrak{N}_i$ und der Gleitrichtungen $\mathfrak{g}_i$ der zwölf Gleitsysteme eines kubisch-flächenzentrierten Kristalls bezüglich der Achsen $e_1 = [100]$, $e_2 = [010]$, $e_3 = [001]$ und damit berechnete Koeffizienten $(\alpha_{\lambda\varkappa})_i$ der Gleichungen (9). Numerierung der Gruppen und Gleitsysteme nach Tabelle 10.

Nummer der Gruppe	I			II			III			IV			
Nummer des Gleitsystems	1	2	3	4	5	6	7	8	9	10	11	12	
$\cos(e_1\mathfrak{N}_i)\ldots$	+1			−1			+1			+1			$\times$
$\cos(e_2\mathfrak{N}_i)\ldots$	+1			+1			−1			+1			$\dfrac{1}{\sqrt{3}}$
$\cos(e_3\mathfrak{N}_i)\ldots$	+1			+1			+1			−1			
$\cos(e_1\mathfrak{g}_i)\ldots$	−1	+1	0	−1	0	−1	+1	0	+1	+1	0	−1	$\times$
$\cos(e_2\mathfrak{g}_i)\ldots$	+1	0	+1	−1	+1	0	+1	−1	0	−1	−1	0	$\dfrac{1}{\sqrt{2}}$
$\cos(e_3\mathfrak{g}_i)\ldots$	0	−1	−1	0	−1	−1	0	−1	−1	0	−1	−1	
$(\alpha_{11})_i\ldots$	−1	+1	0	+1	0	+1	+1	0	+1	+1	0	−1	$\times$
$(\alpha_{22})_i\ldots$	+1	0	+1	−1	+1	0	−1	+1	0	−1	−1	0	$\dfrac{1}{\sqrt{6}}$
$(\alpha_{33})_i\ldots$	(0)	(−1)	(−1)	(0)	(−1)	(−1)	(0)	(−1)	(−1)	(0)	(+1)	(+1)	
$(\alpha_{12})_i\ldots$	0	+1	+1	0	−1	−1	0	−1	−1	0	−1	−1	$\times$
$(\alpha_{13})_i\ldots$	−1	0	−1	−1	+1	0	+1	−1	0	−1	−1	0	$\dfrac{1}{2\sqrt{6}}$
$(\alpha_{23})_i\ldots$	+1	−1	0	−1	0	−1	+1	0	+1	+1	0	−1	

Insgesamt gibt es $\binom{12}{5} = 792$ Möglichkeiten, fünf Gleitsysteme aus zwölf Gleitsystemen auszuwählen[1]. Diese Kombinationen sind aber nur zum Teil brauchbar, da bei vielen die fünf Gleitsysteme nicht unabhängig voneinander sind. Unmittelbar ausgeschieden werden können die 144 Kombinationen, in denen eine Gleitebene mit allen drei Gleitrichtungen vorkommt, da es in einer Gleitebene nur zwei unabhängige Gleitrichtungen gibt. Von den verbleibenden 648 Kombinationen bezeichnen wir diejenigen mit Doppelgleitung nach zwei Gleitebenen und Einfachgleitung nach einer dritten Gleitebene als **Kombinationen erster Art**, diejenigen mit Doppelgleitung nach einer Gleitebene und Einfachgleitung nach drei weiteren verschiedenen Gleitebenen als **Kombinationen zweiter Art**. Ihre Anzahl beträgt je 324. Unter ihnen müssen die „brauchbaren“ mit fünf unabhängigen Gleitsystemen durch Untersuchung ihrer Determinante ausgesucht werden. Diese Aufgabe ist verhältnismäßig einfach, da in den verschwindenden Determinaten entweder zwei Zeilen bzw. Kolonnen (bis aufs Vorzeichen) übereinstimmen oder die Summe zweier Zeilen (Kolonnen) gleich einer dritten ist. Von den Kombinationen erster Art mit je den beiden ersten Gleitsystemen (1,2 bzw. 4,5) der Gruppen I und II fallen von den sechs möglichen die Kombinationen (1,2; 4,5; 8) und (1,2; 4,5; 11) weg, die vier Kombinationen mit den Gleitsystemen 7, 9, 10 und 12 sind brauchbar. In gleicher Weise erhalten wir 20 weitere brauchbare Kombinationen, wenn wir in den übrigen fünf Paaren von Gruppen die beiden ersten Gleitsysteme mit Doppelgleitung nehmen, insgesamt also 24 brauchbare Kombinationen erster Art mit je den beiden ersten Gleitsystemen mit Doppelgleitung in den sechs möglichen Paaren von Gruppen. Nun gibt es neun verschiedene Möglichkeiten, je zwei Gleitsysteme in jeder Gruppe eines Paares auszuwählen, insgesamt also $9 \cdot 24 = 216$ **verschiedene brauchbare Kombinationen erster Art.**

Von den 27 möglichen Kombinationen zweiter Art, welche die beiden ersten Gleitsysteme der Gruppe I enthalten, kommen 13 in Wegfall, es verbleiben als brauchbar die 14 Kombinationen, welche neben den Gleitsystemen 1 und 2 die Gleitsysteme (4, 8, 10), (4, 8, 12), (5, 7, 10), (5, 7, 11), (5, 8, 10), (5, 8, 12), (5, 9, 11), (5, 9, 12), (6, 7, 10), (6, 7, 11), (6, 9, 10) und (6, 9, 11) enthalten. Da die ersten beiden Gleitsysteme in allen vier Gruppen, und zwei Gleitsysteme 3mal in jeder Gruppe gewählt werden können, so gibt es $4 \cdot 3 \cdot 14 = 168$ **verschiedene brauchbare Kombinationen zweiter Art** und insgesamt $216 + 168 = 384$ **brauchbare** und 408 **unbrauchbare Kombinationen.** Unter den ersteren hat man nach **25 d** für jede Kristallorientie-

---

rung diejenige mit der kleinsten Abgleitungssumme auszusuchen[1]. Bei vielen Kombinationen kann man die zeitraubende Auflösung der Gleichungen (9) umgehen: Für die Kombinationen, welche die Gleitsysteme der Gleitebenen mit Einfachgleitung und die Gleitebenen mit Doppelgleitung gemeinsam haben [z. B. (1,2; 4,5; 7) und (1,3; 4,5; 7)], stimmen die resultierenden Gleitrichtungen und die resultierenden Abgleitungen in den Ebenen mit Doppelgleitung überein. Sind letztere für eine Kombination berechnet, so können auf Grund der bekannten gegenseitigen Lage der drei Gleitrichtungen in einer Gleitebene die Abgleitungen für die übrigen Kombinationen einfach berechnet werden. Man erkennt leicht, daß es unter den Kombinationen erster Art 24 gibt, zwischen denen keine solchen einfachen Zusammenhänge bestehen, mit denen aber alle übrigen Kombinationen erster Art in dieser Weise zusammenhängen. Ihre Auswahl ist auf 9fache Weise möglich. Die zuerst genannten 24 Kombinationen bilden z. B. ein solches „irreduzibles" System.

29. Biegung und Torsion von Einkristallen.

a) Berechnung der Biegemomente. (Zu 18c und 20c.) Das Biegemoment ist gleich der Summe bzw. dem Integral über den ganzen Querschnitt der Momente $S(x) x\, df(x)$ der Flächenelemente $df(x)$:

$$\mathfrak{M} = \int\limits_{-r}^{+r} S(x)\, x\, df(x).$$

Dabei ist x der Abstand von der neutralen Faser, r der Halbmesser bei kreisförmigen, die halbe Höhe bei rechteckigen Querschnitten. Da sowohl bei einer elastischen als auch bei einer (hinreichend kleinen) plastischen Biegung der Spannungszustand bis aufs Vorzeichen symmetrisch zur neutralen Faser ist, so integrieren wir nur über eine Hälfte des Querschnitts und nehmen den so erhaltenen Wert doppelt. Es ist also:

$$\mathfrak{M} = 2 \int\limits_{0}^{r} S(x)\, x\, df(x). \tag{11}$$

Bei einer elastischen Biegung nimmt $S(x)$ proportional mit x zu:

$$S(x) = \frac{x}{r}\, S(r). \tag{12}$$

Für das elastische Biegemoment erhalten wir damit nach (11) die Beziehung (2a III):

$$\mathfrak{M}_{\text{elast}} = \frac{S(r)}{r} \int\limits_{0}^{r} 2x^2\, df(x) = \frac{S(r)\, J(r)}{r} = \frac{S(x)\, J(r)}{x}. \tag{13}$$

---

[1] In (1938, 1) hat Taylor alle Kombinationen zweiter Art als unbrauchbar bezeichnet und nur die Kombination erster Art mit kleinster Abgleitungssumme für jede Orientierung ausgesucht.

Dabei ist

$$J(r) = 2 \int_0^r x^2 \, df(x) \tag{14}$$

das Flächenträgheitsmoment des Querschnitts[1]. Für einen Teilquerschnitt $-y \leq x \leq +y$ ist das Flächenträgheitsmoment:

$$J(y) = 2 \int_0^y x^2 \, df(x). \tag{15}$$

Wir berechnen nun $J(y)$ für kreisförmige und rechteckige Querschnitte. Für erstere ist:

$$\overset{\odot}{df}(x) = 2 \sqrt{r^2 - x^2} \, dx. \tag{16}$$

Mit Hilfe der Substitution $x/r = \sin \delta$ wird mit $\varphi(y) = \arcsin y/r$:

$$\overset{\odot}{J}(y) = 4 r^4 \int_0^{\varphi(y)} \sin^2 \vartheta \cos^2 \vartheta \, d\vartheta = \frac{r^4}{2} \int_0^{\varphi(y)} (\sin 2\vartheta)^2 \, d(2\vartheta)$$

$$= \frac{r^4}{2} \left\{ \varphi(y) - \sin\varphi(y) \cos\varphi(y) (1 - 2\sin^2\varphi(y)) \right\}.$$

Setzen wir für $\varphi(y)$ seinen Wert ein, so erhalten wir das Ergebnis:

$$\left. \begin{aligned}
\overset{\odot}{J}(y) &= \frac{r^4}{2} \arcsin \frac{y}{r} - \frac{r^4}{2} \frac{y}{r} \sqrt{1 - \left(\frac{y}{r}\right)^2} \left(1 - 2\left(\frac{y}{r}\right)^2\right), \\
\overset{\odot}{J}(r) &= \frac{\pi r^4}{4}.
\end{aligned} \right\} \tag{17}$$

Bei rechteckigen Querschnitten mit der Breite $2b$ ist:

$$\overset{\square}{df}(x) = 2b \, dx. \tag{18}$$

Damit wird:

$$\overset{\square}{J}(y) = 4b \int_0^y x^2 \, dx = \left(\frac{y}{r}\right)^3 \overset{\square}{J}(r); \quad \overset{\square}{J}(r) = \frac{4}{3} b r^3. \tag{19}$$

Bei der plastischen Biegung hat nach 20 c die Spannung $S(x)$ von $x =$

$$x_1 = \frac{r \, a_{\text{elast}}^{(r)}}{a(r)} \tag{20}$$

[nach (29 III)] bis $x = r$ den konstanten Wert $\bar{\sigma}_0/\mu$. Der Beitrag $\mathfrak{M}_2$ dieses Querschnitteils zum Drehmoment ergibt sich damit nach (11) zu:

$$\mathfrak{M}_2 = \frac{2\bar{\sigma}_0}{\mu} \int_{x_1}^r x \, df(x) = \frac{\bar{\sigma}_0}{\mu} (F(r) - F(x_1)). \tag{21}$$

---

[1] Es ist zahlenmäßig gleich dem mechanischen Trägheitsmoment in $g \cdot cm^2$ einer Querschnittsebene bezüglich ihres neutralen Durchmessers, wenn sie mit der Massendichte $1 \, g/cm^2$ belegt ist.

Dabei ist:

$$F(y) = 2\int_0^y x\, df(x) \qquad (22)$$

das Flächenmoment[1] des Teilquerschnitts $-y \leq x \leq +y$. Für kreisförmige Querschnitte wird mit (16) und unter Benutzung derselben Substitution wie oben:

$$\left.\begin{aligned}
\overset{\odot}{F}(y) &= -4r^3\int_0^{\varphi(y)} \cos^2\vartheta\, d\cos\vartheta \\
&= \overset{\odot}{F}(r) - \frac{4}{3} r^3\left(1 - \left(\frac{y}{r}\right)^2\right)\sqrt{1 - \left(\frac{y}{r}\right)^2}, \\
\overset{\odot}{F}(r) &= \frac{4}{3} r^3 .
\end{aligned}\right\} \qquad (23)$$

Für rechteckige Querschnitte wird mit (18):

$$\left.\begin{aligned}
\overset{\square}{F}(y) &= \int_0^y 4bx\, dx = \left(\frac{y}{r}\right)^2 \overset{\square}{F}(r), \\
\overset{\square}{F}(r) &= 2br^2 .
\end{aligned}\right\} \qquad (24)$$

Neben $\mathfrak{M}_2$ tritt bei der plastischen Biegung noch der Beitrag (30a III)

$$\mathfrak{M}_1 = \frac{\bar{\sigma}_0\, J(x_1)}{\mu\, x_1} \qquad (25)$$

zum Biegemoment auf. Da x_1 in $\mathfrak{M}_1$ und $\mathfrak{M}_2$ nur in der Verbindung x_1/r auftritt, so wird nach (20) das Argument in beiden Beiträgen $a_{\text{elast}}^{(r)}/a(r)$. Wir entwickeln nun für $a(r) \gg a_{\text{elast}}^{(r)}$ $\mathfrak{M}_1$ und $\mathfrak{M}_2$ für beide Querschnittsformen nach

$$\frac{x_1}{r} = \frac{a_{\text{elast}}^{(r)}}{a(r)} = \varepsilon, \qquad (26)$$

wobei wir höhere als dritte Potenzen in ε vernachlässigen. Nach (17) wird:

$$\overset{\odot}{J}(x_1) = \frac{r^4\varepsilon}{2} - \frac{r^4\varepsilon}{2}\left(1 - \frac{\varepsilon^2}{2}\right)(1 - 2\varepsilon^2) = \frac{5}{4} r^4\varepsilon^3 + \cdots \qquad (27\,\text{a})$$

und nach (23):

$$\overset{\odot}{F}(r) - \overset{\odot}{F}(x_1) = \frac{4}{3} r^3(1 - \varepsilon^2)\left(1 - \frac{\varepsilon^2}{2}\right) = \frac{4}{3} r^3 - 2r^3\varepsilon^2 + \cdots. \qquad (27\,\text{b})$$

Damit ergibt sich nach (25), (21) und (17) für das gesamte Biegemoment $\mathfrak{M} = \mathfrak{M}_1 + \mathfrak{M}_2$ kreisförmiger Querschnitte die Beziehung (31 III):

$$\overset{\odot}{\mathfrak{M}} = \overset{\odot}{\mathfrak{M}}_{\text{elast}}\left(\frac{16}{3\pi} - \frac{3}{\pi}\varepsilon^3 + \cdots\right) \qquad (28\,\text{a})$$

---

[1] $F(r)$ ist zahlenmäßig gleich dem Drehmoment in $\text{g}\cdot\text{cm}$, das auf eine Querschnittsebene bezüglich ihres neutralen Durchmessers wirkt, wenn an ihr Normalkräfte mit der Dichte $1\,\text{g/cm}^2$ angreifen.

mit dem elastischen Moment:

$$\overset{\odot}{\mathfrak{M}}_{\text{elast}} = \frac{\pi\, r^3\, \bar{\sigma}_0}{4\,\mu}\,. \tag{28b}$$

In gleicher Weise erhält man aus (19) und (24) für rechteckige Querschnitte:

$$\overset{\square}{J}(x_1) = \tfrac{4}{3}\, b\, r^3 \varepsilon^3\,; \quad \overset{\square}{F}(r) - \overset{\square}{F}(x_1) = 2\,b\,r^2 - 2\,b\,r^2 \varepsilon^2\,. \tag{29}$$

Damit ergibt sich nach (25), (21) und (19) die Beziehung (32 III):

$$\overset{\square}{\mathfrak{M}} = \overset{\square}{\mathfrak{M}}_{\text{elast}}\, (\tfrac{3}{2} - \tfrac{1}{2}\varepsilon^2)\,, \tag{30a}$$

mit dem elastischen Moment:

$$\overset{\square}{\mathfrak{M}}_{\text{elast}} = \frac{4\,b\,r^2\,\bar{\sigma}_0}{3\,\mu}\,. \tag{30b}$$

b) Berechnung der Torsionsmomente. (Zu **19a** und **21b**.) Das Torsionsmoment eines kreiszylindrischen Kristalls mit dem Halbmesser r ist gleich der Summe bzw. dem Integral über den ganzen Querschnitt der Momente $S_\varphi(\varphi, x)\, x\, df(x)$ der Flächenelemente $df(x) = x\, dx\, d\varphi$:

$$\mathfrak{M} = \int_0^{2\pi}\!\!\int_0^{r} S_\varphi(\varphi, x)\, x^2\, dx\, d\varphi\,. \tag{31}$$

x ist der Abstand von der Kristallachse. Bei einer elastischen Torsion ist S_φ von φ unabhängig und nimmt linear mit x zu:

$$S_\varphi(x) = \frac{x}{r}\, S_\varphi(r)\,. \tag{32}$$

Für das elastische Torsionsmoment erhalten wir damit:

$$\mathfrak{M}_{\text{elast}} = \frac{2\pi\, S_\varphi(r)}{r} \int_0^{r} x^3\, dx = \frac{\pi}{2}\, r^3\, S_\varphi(r)\,. \tag{33}$$

Bei der plastischen Torsion eines Kristalls mit einem Gleitsystem sind nach **21b** fünf Gebiete zu unterscheiden. Der Beitrag $\mathfrak{M}_\text{I}$ des Gebiets I ist bereits in (56 III) angegeben. Für die Beiträge der Gebiete II—V erhält man nach (32) (mit den entsprechenden Integrationsgrenzen) mit den Werten (57 III), (59 III), (61 III) und (63 III) von $S\varphi$:

$$\left.\begin{aligned}
\mathfrak{M}_{\text{II}} &= \frac{4\,\bar{\sigma}_0}{\nu^0\, x_1^0} \int_{\varphi_\varepsilon}^{\varphi_1}\!\!\int_0^{x_1} x^3\, dx\, d\varphi\,; &\qquad \mathfrak{M}_{\text{III}} &= \frac{4\,\bar{\sigma}_0}{\nu^0} \int_{\varphi_\varepsilon}^{\varphi_1}\!\!\int_{x_1}^{r} \frac{x^2}{\cos\varphi}\, dx\, d\varphi\,; \\[2ex]
\mathfrak{M}_{\text{IV}} &= \frac{4\,\bar{\sigma}_0}{\nu^0\, x_\varepsilon^0} \int_0^{\varphi_\varepsilon}\!\!\int_0^{x_\varepsilon} \frac{x^3}{\cos^2\varphi}\, dx\, d\varphi\,; &\qquad \mathfrak{M}_{\text{V}} &= \frac{4\,\bar{\sigma}_0}{\nu^0} \int_0^{\varphi_\varepsilon}\!\!\int_{x_\varepsilon}^{r} \frac{x^2}{\cos\varphi}\, dx\, d\varphi\,.
\end{aligned}\right\} \tag{34}$$

Die Integrationen nach x führen unmittelbar auf die Beziehungen (58 III), (60 III), (62 III) und (64 III) für $\mathfrak{M}_{\mathrm{II}} - \mathfrak{M}_{\mathrm{V}}$. Die Summe aller Teilmomente $\mathfrak{M}_{\mathrm{I}} - \mathfrak{M}_{\mathrm{V}}$ ergibt nach (65 III) das Gesamtmoment

$$\mathfrak{M} = \mathfrak{M}_1 - \mathfrak{M}_2 - \mathfrak{M}_3 + \mathfrak{M}_4 ,$$

$$\left.\begin{array}{ll} \mathfrak{M}_1 = \dfrac{1 - \dfrac{2\varphi_1}{\pi}}{\cos\varphi_1}\, \overline{\mathfrak{M}}_{\mathrm{elast}} ; & \mathfrak{M}_2 = \left(\dfrac{2}{3\pi}\left(\dfrac{x_1^0}{r}\right)^3 \displaystyle\int\limits_{\varphi_\varepsilon}^{\varphi_1} \dfrac{d\varphi}{\cos^4\varphi}\right)\overline{\mathfrak{M}}_{\mathrm{elast}} , \\[4ex] \mathfrak{M}_3 = \left(\dfrac{2}{3\pi}\left(\dfrac{u_\varepsilon}{u^0(r)}\right)^3 \displaystyle\int\limits_{0}^{\varphi_\varepsilon} \cos^2\varphi\, d\varphi\right)\mathfrak{M}_{\mathrm{elast}} ; & \mathfrak{M}_4 = \left(\dfrac{8}{3\pi} \displaystyle\int\limits_{0}^{\varphi_1} \dfrac{d\varphi}{\cos\varphi}\right)\overline{\mathfrak{M}}_{\mathrm{elast}} , \end{array}\right\} \quad (35)$$

mit dem elastischen Moment

$$\overline{\mathfrak{M}}_{\mathrm{elast}} = \frac{\pi\, r^3\, \bar{\sigma}_0}{2\, v^0} .$$

Die Integrationen in (35) können einfach ausgeführt werden. Die unbestimmten Integrale sind:

$$\left.\begin{array}{l} \displaystyle\int \dfrac{d\varphi}{\cos^4\varphi} = \mathrm{tg}\,\varphi + \dfrac{\mathrm{tg}^3\varphi}{3} ; \qquad \displaystyle\int \cos^2\varphi\, d\varphi = \dfrac{1}{2}\left(\varphi + \sin\varphi\cos\varphi\right) , \\[3ex] \displaystyle\int \dfrac{d\varphi}{\cos\varphi} = -\ln\mathrm{tg}\left(\dfrac{\pi/2 - \varphi}{2}\right) . \end{array}\right\} \quad (36)$$

Setzen wir in die sich damit ergebenden Beziehungen für $\mathfrak{M}_1 - \mathfrak{M}_4$ die Werte von x_1^0, φ_ε und φ_1 aus (53 III), (55 III) und (49 III):

$$x_1^0 = \frac{r\, t_{\mathrm{elast}}^{0\,(r)}}{t} ; \qquad \cos^2\varphi_\varepsilon = \frac{u^0(r)}{u_\varepsilon}\,\frac{t_{\mathrm{elast}}^{0\,(r)}}{t} ; \qquad \cos\varphi_1 = \frac{t_{\mathrm{elast}}^{0\,(r)}}{t} \quad (37)$$

ein, so erhalten wir $\mathfrak{M}$ als Funktion von

$$z = t_{\mathrm{elast}}^{0\,(r)}/t \quad (38)$$

mit $u_\varepsilon/u^0(r)$ als Parameter. Nach einigen trigonometrischen Umformungen ergibt sich:

$$\left.\begin{array}{ll} \dfrac{\mathfrak{M}_1}{\overline{\mathfrak{M}}_{\mathrm{elast}}} = \dfrac{1}{z}\left(1 - \dfrac{2}{\pi}\arccos z\right) ; & \dfrac{\mathfrak{M}_4}{\overline{\mathfrak{M}}_{\mathrm{elast}}} = \dfrac{8}{3\pi}\ln\left(\dfrac{1 + \sqrt{1 - z^2} - z}{-1 + \sqrt{1 - z^2} + z}\right) , \\[4ex] \multicolumn{2}{l}{\dfrac{\mathfrak{M}_2}{\overline{\mathfrak{M}}_{\mathrm{elast}}} = \dfrac{2}{9\pi}\left(\sqrt{1 - z^2}\,(2z^2 + 1) - z^{3/2}\sqrt{\dfrac{u_\varepsilon}{u^0(r)}} - z\left(2z - \dfrac{u_\varepsilon}{u^0(r)}\right)\right) ,} \\[4ex] \multicolumn{2}{l}{\dfrac{\mathfrak{M}_3}{\overline{\mathfrak{M}}_{\mathrm{elast}}} = \dfrac{1}{3\pi}\left(\dfrac{u_\varepsilon}{u^0(r)}\right)^3\left(\arccos\sqrt{\dfrac{u^0(r)}{u_\varepsilon}z} + \sqrt{\left(1 - \dfrac{u^0(r)}{u_\varepsilon}z\right)\dfrac{u^0(r)}{u_\varepsilon}z}\right) .} \end{array}\right\} \quad (39)$$

Tabelle 12 gibt eine Übersicht über die Zahlwerte von $\mathfrak{M}_1 - \mathfrak{M}_4$ und $\mathfrak{M}$. Letztere dienten zur Konstruktion der Kurven in Abb. 63.

Tabelle 12. Werte der Teilmomente $\mathfrak{M}_1-\mathfrak{M}_4$ und des Gesamtmoments $\mathfrak{M}$ (bezogen auf das elastische Moment $\overline{\mathfrak{M}}_{\mathrm{elast}}$) bei der plastischen Torsion von Einkristallen mit einem Gleitsystem für verschiedene Verformungszeiten (bezogen auf die Zeitdauer $t_{\mathrm{elast}}^{0\,(r)}$ der plastischen Torsion) $1/z = t/t_{\mathrm{elast}}^{0\,(r)}$, berechnet nach (39).

$1/z$	1	2	10	∞	
$\mathfrak{M}_1/\overline{\mathfrak{M}}_{\mathrm{elast}}$ . .	1	0,67	0,64	0,64	$u^0(r) \gtreqqless u_\varepsilon$
$\mathfrak{M}_2/\overline{\mathfrak{M}}_{\mathrm{elast}}$ . .	0	0,04	0,06	0,07	$u^0(r) = u_\varepsilon$
	0	0,09	0,07	0,07	$u^0(r) = \infty$
$\mathfrak{M}_3/\overline{\mathfrak{M}}_{\mathrm{elast}}$ . .	0	0,14	0,16	0,17	$u^0(r) = u_\varepsilon$
	0	0	0	0	$u^0(r) = \infty$
$\mathfrak{M}_4/\overline{\mathfrak{M}}_{\mathrm{elast}}$ . .	0	1,11	5,82	∞	$u^0(r) \gtreqqless u_\varepsilon$
$\mathfrak{M}/\overline{\mathfrak{M}}_{\mathrm{elast}}$ . .	1	1,6	6,24	∞	$u^0(r) = u_\varepsilon$
	1	1,69	6,39	∞	$u^0(r) = \infty$

Bei einem Kristall mit mehreren Gleitsystemen betrachten wir einen Sektor $\varphi = 0 - \varphi'$, in dem ein Gleitsystem wirksam ist. Die bisherigen Ausdrücke für die Teilmomente bleiben bis auf die Multiplikation mit $^1/_4$ (da sie sich nur auf einen der vier gleichwertigen Sektoren beziehen) und die Änderung der Integrationsgrenzen, für welche φ' die obere Grenze ist, bestehen. Bis zur Zeit $t = t_{\mathrm{elast}}^{0\,(r)}$ ist die Verformung elastisch, das Torsionsmoment beträgt nach (67 III):

$$\overline{\mathfrak{M}}'_{\mathrm{elast}} = \frac{\varphi'}{2\,\pi}\,\overline{\mathfrak{M}}_{\mathrm{elast}}\,. \tag{40}$$

Von da an nimmt zunächst φ_1, dann φ_ε den Grenzwert φ' an. Die Zeiten t'_1 und t'_ε, bei welchen das zutrifft, sind nach (68 III) und (69 III) bestimmt durch:

$$\cos\varphi' = \frac{t_{\mathrm{elast}}^{0\,(r)}}{t'_1}\,; \qquad \cos^2\varphi' = \frac{u^0(r)}{u_\varepsilon}\,\frac{t_{\mathrm{elast}}^{0\,(r)}}{t'_\varepsilon}\,. \tag{41}$$

Für das Gesamtmoment $\mathfrak{M}'$ des Sektors wird dann nach (35) und (40) [der Ausdruck für $\mathfrak{M}'_1$ ist bereits in (70 III) angegeben]:

$$\begin{aligned}
&\mathfrak{M}' = \mathfrak{M}'_1 - \mathfrak{M}'_2 - \mathfrak{M}'_3 + \mathfrak{M}'_4, \\[1ex]
&\frac{\mathfrak{M}'_2}{\overline{\mathfrak{M}}'_{\mathrm{elast}}} = \frac{1}{3\,\varphi'}\left(\frac{x_1^0}{r}\right)^3 \int\limits_{\varphi_\varepsilon}^{\varphi_1} \frac{d\varphi}{\cos^4\varphi}\,; \qquad
\frac{\mathfrak{M}'_4}{\overline{\mathfrak{M}}'_{\mathrm{elast}}} = \frac{4}{3\,\varphi'} \int\limits_{0}^{\varphi_1} \frac{d\varphi}{\cos\varphi}\,, \\[1ex]
&\frac{\mathfrak{M}'_3}{\overline{\mathfrak{M}}'_{\mathrm{elast}}} = \frac{1}{3\,\varphi'}\left(\frac{u_\varepsilon}{u^0(r)}\right)^3 \int\limits_{0}^{\varphi_\varepsilon} \cos^2\varphi\,d\varphi\,. \qquad
\begin{pmatrix} \varphi_1 = \varphi' & \text{für } t \geq t'_1 \\ \varphi_\varepsilon = \varphi' & \text{für } t \geq t'_\varepsilon \end{pmatrix}
\end{aligned} \right\} \tag{42}$$

Die Integrationen sind nach (36) auszuführen.

Wir berechnen nun die Werte der Teilmomente für $u^0(r) = u_\varepsilon$ und $t = t'_1$ sowie $t = t'_\varepsilon$.

Für $t = t_1'$ ist nach (37) und (41):

$$\varphi_1 = \varphi'; \quad \cos^2 \varphi_\varepsilon = \cos\varphi'; \quad x_1^0/r = \cos\varphi'.$$

Damit wird:

$$\mathfrak{M}_1' = 0; \quad \frac{\mathfrak{M}_2'}{\overline{\mathfrak{M}}_{\text{elast}}'} = \frac{\cos^3\varphi'}{3\varphi'}\left(\operatorname{tg}\varphi' - \operatorname{tg}\varphi_\varepsilon + \frac{1}{3}(\operatorname{tg}^3\varphi' - \operatorname{tg}^3\varphi_\varepsilon)\right), \left.\right\}$$

$$\frac{\mathfrak{M}_3'}{\overline{\mathfrak{M}}_{\text{elast}}'} = \frac{1}{6\varphi'}(\varphi_\varepsilon + \sin\varphi_\varepsilon \cos\varphi_\varepsilon); \quad \frac{\mathfrak{M}_4'}{\overline{\mathfrak{M}}_{\text{elast}}'} = -\frac{4}{3\varphi'}\ln\operatorname{tg}\left(\frac{\pi/2 - \varphi'}{2}\right). \tag{43}$$

Für $t = t_\varepsilon'$ ist nach (37) und (41):

$$\varphi_\varepsilon = \varphi_1 = \varphi'.$$

Damit wird:

$$\mathfrak{M}_1' = \mathfrak{M}_2' = 0; \quad \frac{\mathfrak{M}_3'}{\overline{\mathfrak{M}}_{\text{elast}}'} = \frac{1}{6}\left(1 + \frac{\sin\varphi'\cos\varphi'}{\varphi'}\right); \quad \mathfrak{M}_4' \text{ wie in (43).} \tag{44}$$

Eine Übersicht über die Werte von $\mathfrak{M}_2' + \mathfrak{M}_3'$, $\mathfrak{M}_4'$ und $\mathfrak{M}'$ in beiden Fällen für verschiedene Werte von φ' gibt Tabelle 13. Man erkennt aus dieser Tabelle die in **21b** erwähnte Tatsache, daß $\mathfrak{M}_2' + \mathfrak{M}_3'$ für $t = t_1'$ und $t = t_\varepsilon'$ ungefähr dieselben Werte besitzt und daher $\mathfrak{M}$ von $t = t_1'$ an seinen Wert nicht mehr merklich ändert. Die mit den angegebenen Mittelwerten von $\mathfrak{M}_2' + \mathfrak{M}_3'$ erhaltenen Zahlwerte von $\mathfrak{M}'$ dienten zur Konstruktion der Kurve für $u^0(r) = u_\varepsilon$ in Abb. 64.

Tabelle 13. Werte der Teilmomente $\mathfrak{M}_2' + \mathfrak{M}_3'$ und $\mathfrak{M}_4'$ und des Gesamtmoments $\mathfrak{M}'$ (bezogen auf das elastische Moment $\overline{\mathfrak{M}}_{\text{elast}}'$) eines Sektors $\varphi = 0 - \varphi'$, in dem ein Gleitsystem wirksam ist, bei der plastischen Torsion eines Kristalls mit mehreren Gleitsystemen für verschiedene Werte von φ'.

φ'	0°	15°	30°	45°	60°	75°	90°	
$(\mathfrak{M}_2' + \mathfrak{M}_3')/\overline{\mathfrak{M}}_{\text{elast}}'$ . .	0,33	0,33	0,32	0,31	0,29	0,26	0,24	$t = t_1'$
	0,33	0,33	0,30	0,27	0,23	0,20	0,17	$t = t_\varepsilon'$
Mittelwert	0,33	0,33	0,31	0,29	0,26	0,23	0,20	
$\mathfrak{M}_4'/\overline{\mathfrak{M}}_{\text{elast}}'$	1,33	1,35	1,39	1,50	1,67	2,13	∞	$t \gtreqqless t_1'$
$\mathfrak{M}'/\overline{\mathfrak{M}}_{\text{elast}}'$	1,00	1,02	1,08	1,21	1,41	1,90	∞	

Für $u^0(r) \gg u_\varepsilon$ werden, wie in **21b** ausgeführt wurde, die Teilmomente $\mathfrak{M}_1' - \mathfrak{M}_3'$ praktisch unmittelbar nach Beginn der plastischen Verformung verschwindend klein, so daß in diesem Falle $\mathfrak{M} = \mathfrak{M}_4'$ ist. Die in Tabelle 13 angegebenen Werte von $\mathfrak{M}_4'$ dienten zur Konstruktion der Kurve für $u^0(r) = \infty$ in Abb. 64.

c) Integration der Zustandsgleichung (81 III) für gebogene Einkristalle. Wir multiplizieren die Zustandsgleichung

$$\sigma' = \sigma + \frac{dU}{da}$$

mit $x \cdot df(x)/\mu$ durch (x Abstand von der neutralen Faser; $df(x)$ Flächenelement im Abstand x; $\mu = \sin\chi \cos\lambda$ Orientierungsfaktor) und integrieren über den ganzen Querschnitt. Die Integrale von σ' und σ ergeben die Biegemomente $\mathfrak{M}$ und $\mathfrak{M}_\sigma$. Zur Auswertung des Integrals von dE/da formen wir den Integranden um: Nach (8 III) und (11 III) beträgt die Dehnungszunahme der Faser im Abstand x:

$$dD = \frac{dl}{l} = \frac{l^0\,dD^0}{l} = \frac{x}{l}\,d\left(\frac{l^0}{\varrho}\right) = \frac{x}{l}\,d\alpha$$

(ϱ Krümmungshalbmesser des gebogenen Kristalls, α Winkel zwischen den beiden Endquerschnitten, vgl. Abb. 55). Damit wird nach (8 I):

$$da = \frac{dD}{\mu} = \frac{x}{\mu l}\,d\alpha \quad \text{oder} \quad \frac{d\alpha}{da}\,\frac{x}{\mu} = l.$$

Mit dieser Beziehung wird:

$$\int_{-r}^{+r} \frac{x}{\mu}\,\frac{dU}{da}\,df(x) = \int_{-r}^{+r} \frac{dU}{d\alpha}\,l\,df(x) = \frac{d}{d\alpha}\left(\int_{-r}^{+r} U\,l\,df(x)\right).$$

$l\,df(x)$ ist das Volumen der Faser im Abstand x mit dem Querschnitt $df(x)$. Das Integral gibt also die Energie U_V der elastischen Verzerrungen der Gleitlamellen des ganzen Kristalls an. Insgesamt erhalten wir somit die Beziehung (83a III).

d) Beitrag der Verbiegung der Gleitlamellen zur Spannungsverfestigung in einem gebogenen Kristall mit einem Gleitsystem. (Zu 22 c). In einem elastischen gebogenen Kristall beträgt die Energiezunahme während einer kleinen Zunahme $d\alpha$ des Winkels α zwischen den Endquerschnitten $\mathfrak{M}_\mathrm{Kr}\,d\alpha$, wenn $\mathfrak{M}_\mathrm{Kr}$ das Biegemoment ist. Mit $S(r) = E D^0(r)$ (E Elastizitätsmodul) $= E r \alpha/l^0$ [nach (11 III)] wird nach (13) für einen Kristall mit rechteckigem Querschnitt $(2r, 2b)$:

$$\mathfrak{M}_\mathrm{Kr} = \frac{E\,\overset{\Box}{J}(r)}{l^0}\,\alpha = \frac{E\,\overset{\Box}{J}(r)}{\varrho}. \tag{45}$$

Die gesamte elastische Energie des Kristalls beträgt somit:

$$U_\mathrm{Kr} = \int_0^\alpha \mathfrak{M}_\mathrm{Kr}\,d\alpha = \frac{E\,\overset{\Box}{J}(r)}{2\,l^0}\,\alpha^2 = \frac{E\,l^0\,\overset{\Box}{J}(r)}{2\,\varrho^2}. \tag{46}$$

Eine elastisch gebogene Gleitlamelle mit der Dicke $2\,\delta$ hat nach (46) die Energie (l^0, r, b sind zu ersetzen durch $2r, \delta, b$): $E\,r\,\overset{\Box}{J}(\delta)/\varrho^2$ $= E\,r\,\overset{\Box}{J}(\delta)\,\alpha^2/(l^0)^2$, wenn wir wie in **22 c** die Annahme machen, daß die Lamelle im Ausgangszustand senkrecht zur Kristallachse liegt und im gebogenen Zustand denselben Krümmungshalbmesser ϱ hat wie der

Kristall. Da die Anzahl der Gleitlamellen dann $l^0/2\delta$ beträgt, so ist ihre gesamte Biegungsenergie:

$$U_V^\delta = \frac{E\, r\, \overset{\square}{J}(\delta)}{2\, l^0 \delta}\, \alpha^2, \tag{47a}$$

und ihr Beitrag zur Spannungsverfestigung:

$$\mathfrak{M}_V^\delta = \frac{dU_{\mathrm{Gl}}^\delta}{d\alpha} = \frac{E\, r\, \overset{\square}{J}(\delta)}{l^0 \delta}\, \alpha. \tag{47b}$$

Mit (19) erhalten wir aus (45) und (47b) die Beziehung (89a III).

In entsprechender Weise ergibt sich die Energie der Verzerrungen der Gleitlamellen infolge der submikroskopischen Unstetigkeit der Gleitung, wenn wir in (46) r durch $L/2$ ersetzen und mit der Zahl $2r/L$ der Stäbchen der Dicke L multiplizieren, zu

$$U_V^L = \frac{E\, r\, \overset{\square}{J}(L/2)}{l^0 L}\, \alpha^2. \tag{48a}$$

Der Beitrag zur Spannungsverfestigung wird damit:

$$\mathfrak{M}_V^L = \frac{dU_V^L}{d\alpha} = \frac{E\, r\, \overset{\square}{J}(L/2)}{l^0 L/2}\, \alpha. \tag{48b}$$

Mit (19) erhalten wir aus (45) und (48b) die Beziehung (91a III).

30. Auflösung der Gleichgewichtsbedingungen (124 I) und (130 I) für das Bestehen einer wahren Kriechgrenze bei Einkristallen.

Wir schreiben die Gleichungen in der Form:

$$c\,\frac{\partial F}{\partial \gamma_1} + \frac{\sigma}{\sigma_{01}} = f_1(\alpha;\, \gamma_1,\, \gamma_2^*;\, \Pi_0) = \frac{\sigma}{\sigma_{01}}, \tag{49a}$$

$$c\,\frac{\partial F}{\partial \gamma_2^*} + \frac{\sigma}{\sigma_{01}} = f_2(\alpha;\, \gamma_1,\, \gamma_2^*;\, \Pi_0) = \frac{\sigma}{\sigma_{01}}, \tag{49b}$$

mit
$$c = \frac{\pi q}{2\, \sigma_{01} L_0 v_0}.$$

Zur graphischen Bestimmung der Gleichgewichtswerte von α und σ/σ_{01} geben wir je einen Wert von Π_0 und γ_1 vor und berechnen für verschiedene Werte von γ_2^* die Werte der Funktionen:

$$z_1(\alpha) = f_1(\alpha;\, \gamma_1,\, \gamma_2^*;\, \Pi_0);\quad z_2(\alpha) = f_2(\alpha;\, \gamma_1,\, \gamma_2^*;\, \Pi_0). \tag{50}$$

Die Koordinaten der Schnittpunkte dieser Kurven sind die gesuchten Lösungen von (49a) und (49b). Für die Grenzwerte $\alpha = 0$ und $\alpha = 1$ ist:

$$z_1(\alpha) = \sin\gamma_1;\quad z_2(\alpha) = \infty \qquad \text{für}\quad \alpha = 0, \tag{51a}$$

$$z_1(\alpha) = z_2(\alpha) = \frac{A_1'}{A_1}\, \sin(\gamma_1 + \gamma_2^*) \quad \text{für}\quad \alpha = 1. \tag{51b}$$

In Abb. 91 sind mit $A_1'/A_1 = 0{,}9$ für $\Pi_0 = 20$, $\gamma_1 = 0{,}1\,\pi$ und die angegebenen Werte von $\gamma_1 + \gamma_2^*$ die z_1-Kurven (ausgezogen) und z_2-Kurven (strichpunktiert) sowie die sich ergebende (σ/σ_{01}, α-) Gleichgewichtskurve (gestrichelt) gezeichnet. Man erkennt aus dieser Abbildung die in **12** erwähnte Tatsache, daß für $\pi \lesssim \gamma_1 + \gamma_2^* \lesssim 2\pi$ die Gleichgewichtswerte von α sehr klein sind und die Gleichgewichtswerte von σ/σ_{01} praktisch mit dem Wert $\sin\gamma_1$ für $\alpha = 0$ übereinstimmen. Diese α-Werte, welche für die weitere Auswertung der Ergebnisse allein in Frage kommen, können durch Auflösung der Gleichgewichtsbedingungen berechnet werden. (49a) = (124 I) reduziert sich auf:

$$\frac{\sigma}{\sigma_{01}} = \sin\gamma_1. \qquad (52)$$

In (49b) = (130 I) ist für hinreichend kleine α $S_i(2\,\alpha\gamma_2^*/\Pi_0)\cos\gamma_1$ [vgl. (118 I)] klein gegenüber allen andern Beiträgen, insbesondere gegenüber $C_i(2\,\alpha\gamma_2^*/\Pi_0)\sin\gamma_1$, und kann gestrichen werden. Mit dem von α unabhängigen Ausdruck

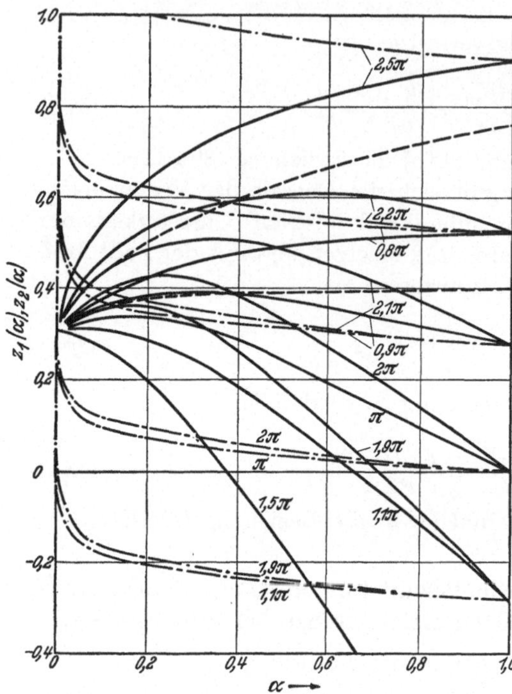

Abb. 91. Nach (50) berechneter Verlauf von $z_1(\alpha)$ (ausgezogen) und $z_2(\alpha)$ (strichpunktiert) mit α für $\Pi_0 = 20$ und $\gamma_1 = 0{,}1\,\pi$ für die den Kurven angeschriebenen Werte von $\gamma_1 + \gamma_2^*$. Gestrichelt gezeichnet ist die Gleichgewichtskurve $(\sigma/\sigma_{01}, \alpha)$.

$$\Phi(\gamma_1, \gamma_2^*; \Pi_0) = \frac{A_1'}{A}\sin(\gamma_1 + \gamma_2^*) +$$

$$+ \frac{2}{\Pi_0}\Big(S_i\Big(\frac{2\gamma_2^*}{\Pi_0}\Big)\cos\gamma_1 + C_i\Big(\frac{2\gamma_2^*}{\Pi_0}\Big)\sin\gamma_1\Big) - \sin\gamma_1$$

wird (49b) unter Berücksichtigung von (52):

$$C_i\Big(\frac{2\,\alpha\gamma_2^*}{\Pi_0}\Big) = \frac{\Pi_0}{2\sin\gamma_1}\,\Phi(\gamma_1, \gamma_2^*; \Pi_0). \qquad (53)$$

Daraus erhalten wir mit der für kleine x gültigen Näherung

$$C_i(x) = -\ln\frac{1}{x} + 0{,}577$$

die Beziehung:

$$\log\Big(\frac{\Pi_0}{2\,\alpha\gamma_2^*}\Big) = 0{,}434\Big(0{,}577 - \frac{\Pi_0}{2\sin\gamma_1}\,\Phi(\gamma_1, \gamma_2^*; \Pi_0)\Big). \qquad (54)$$

Aus (52) und (54) können die Gleichgewichtswerte von α für gegebene $\sigma/\sigma_{01}, \gamma_1, \gamma_2^*$ $(\pi \lesssim \gamma_1 + \gamma_2^* \lesssim 2\pi)$ und Π_0 berechnet werden.

Literaturverzeichnis.

Alichanian, A.
1931, 1 = Laschkarew, W. 1.
Alterthum, H.
1924, 1: Z. phys. Chem. **110**, 1.   *3.*
Andrade, E. N. da C.
1914, 1: Phil. Mag. **27**, 869.   *6.*
1935, 1 und P. J. Hutchings: Proc.
roy. Soc., Lond. A **148**, 120.   *7.*
1937, 1: Proc. roy. Soc., Lond. A **163**,
16.   *3.*
1937, 2 und R. Roscoe: Proc. Phys.
Soc. **49**, 152.   *7, 23, 79, 136, 138.*
1940, 1: Proc. Phys. Soc. **52**, 1. *5, 136.*
Ansel, G.
1937, 1 = Barret 1 und Mehl.
Ardelt, E.
1939, 1 = Hempel 1.
1939, 2 = Hempel 2.
Arkel, A. E. van.
1925, 1: Physica **61**, 316.   *3.*
1928, 1 und W. G. Burgers: Z. Phys.
48, 690.   *126, 240.*
1939, 1: Reine Metalle. Hrsg. von —.
Berlin: Julius Springer.   *224.*

Barbers, J.
1935, 1 = Möller 1.
Barbier, H.
1939, 1 und K. Löhberg: Metallw.
18, 735.   *237.*
Barret, C. S.
1937, 1 und G. Ansel und R. F.
Mehl: Trans. Amer. Soc. Met. **25**,
702.   *8.*
Bausch, K.
1935, 1: Z. Phys. **93**, 479.   *2, 4, 6,*
10, 11, 12, 78, 80.
Bauschinger, J.
1881, 1: Zivilingenieur **27**, 299. *202.*
Beck, P.
1931, 1 und M. Polanyi: Naturwiss.
19, 505.   *201.*
1931, 2 und M. Polanyi: Z. Elektro-
chem. **37**, 521.   *201.*

Becker, E.
1929, 1 = Föppl, O. 1 und
v. Heydekampf.
Becker, R.
1925, 1: Phys. Z. **26**, 919.   *59, 75, 77.*
1926, 1: Z. techn. Phys. **7**, 547.   *245.*
1939, 1 und W. Döring: Ferro-
magnetismus. Berlin: Julius Springer.   *198.*
Bernhardt, E.
1938, 1 und H. Hanemann: Z.
Metallkde. **30**, 401.   *256, 258.*
Betty, B.
1935, 1 = Moore 1 und Dollins.
Blank, F.
1929, 1 und F. Urbach: Wiener Ber.
138, 701.   *2.*
Boas, W.
1929, 1 und E. Schmid: Z. Phys.
54, 16.   *26.*
1930, 1 und E. Schmid: Z. Phys.
61, 767.   *29.*
1931, 1 und E. Schmid: Metallw.
10, 917.   *4.*
1931, 2 und E. Schmid: Z. techn.
Phys. **12**, 71.   *221.*
1931, 3 und E. Schmid: Z. Phys.
71, 703.   *29, 232.*
1935, 1 = Schmid 1.
1936, 1 und E. Schmid: Z. Phys.
100, 463.   *77, 80, 81.*
1937, 1 Z. Kristallogr. **97**, 354.   *14.*
Bollenrath, F.
1938, 1 und E. Schiedt: Z. VDI **82**,
1094.   *239, 269.*
1939, 1 und E. Osswald: Z. Metallkde. **31**, 151.   *250.*
1939, 2 und V. Hauk und E. Osswald: Z. VDI **83**, 129. *239, 269.*
1940, 1 und E. Osswald: Z. VDI
84, 539.   *239, 269.*
Bragg, W. L.
1926, 1 und C. G. Darwin und W. R.
James: Phil. Mag. **1**, 897.   *61.*
1940, 1 Proc. Phys. Soc. **52**, 105. *62.*

Bridgman, P. W.
1925, 1 Proc. Amer. Acad. **60**, 305,
                          2, 3.
1926, 1 Z. Metallkde. **18**, 90.   *2, 3.*
1933, 1 Proc. Amer. Acad. **68**, 95. *2, 3.*
Brill, R.
1938, 1 = Renninger 1.
Budgen, H. P.
1924, 1 = Lea 1.
Buerger, M. J.
1934, 1: Z. Kristallogr. **89**, 195.   *1.*
Bugakow, W.
1931, 1 = Davidenkow 1.
Bungardt, K.
1939, 1 = Handbuch der Werkstoffprüfung 1, S. 311.   *212.*
Burgers, J. M.
1935, 1 = Burgers, W. G. 1.
                    1, 56, 84.
1938, 1: Verh. d. Königl. Akad. d.
   Wiss. Amsterdam, 1. Abtlg. **16**, 200.
                    1, 56, 80.
1939, 1: Proc. Königl. Akad. d. Wiss.
   Amsterdam **42**, 293. *69, 127, 130.*
1939, 2: Proc. Königl. Akad. d. Wiss.
   Amsterdam **42**, 315. *69, 127, 130.*
1939, 3: Proc. Königl. Akad. d. Wiss.
   Amsterdam **42**, 378. *69, 127, 130.*
1940, 1: Proc. Phys. Soc. **52**, 23. *80,*
                        122.

Burgers, W. G.
1928, 1 = van Arkel 1.
1931, 1 und P. C. Louwerse: Z.
   Phys. **67**, 605.   *14.*
1935, 1 und J. M. Burgers: Verh. d.
   Königl. Akad. d. Wiss. Amsterdam,
   1. Abtlg. **15**, 173.   *1, 56, 84.*
   (Zusatz bei der Korrektur: Die
   2. Aufl. erschien 1939.)
1937, 1 in R. Houwink: Elasticity,
   plasticity and structure of matter,
   S. 71. Cambridge: University Press.
                     1, 56.
1938, 1 in R. Houwink: Elastizität, Plastizität und Struktur der
   Materie, S. 71. Dresden u. Leipzig:
   Th. Steinkopff.   *1, 56.*
Burkhardt, A.
1940, 1: Technologie der Zinklegie-
   rungen, 2. Aufl. Reine und angewandte Metallkunde in Einzeldarstellungen. Hrsg. v. W. Köster.
   Bd. 1. Berlin: Julius Springer. *237.*

Caglioti, V.
1932, 1 und G. Sachs: Z. Phys. **74**,
   647.   *199, 238.*
Carpenter, H. C. H.
1921, 1 und C. F. Elam: Proc. roy.
   Soc., Lond. A **100**, 329.   *2.*
1930, 1: Bull. Inst. Min. Metal. Eng.
   Nr. 357, 13.   *2.*
1939, 1 und J. M. Robertson: Metals. Oxford: University Press.
Cazaud, R.   *[203.*
1937, 1 und L. Persoz: La fatigue
   des metaux. Paris: Dunod. *253.*
Chalmers, B.
1935, 1: Proc. Phys. Soc. **47**, 733. *2,3.*
1936, 1: Proc. roy. Soc., Lond. A **156**,
   427.   *37, 38, 80, 138.*
1937, 1: Proc. roy. Soc., Lond. A **162**,
   120.   *221, 222.*
Chow, Y. S.
1937, 1 = Tsien 1.
Clenshaw, W. J.
1927, 1 = Tapsel 1.
Cox, H. L.
1930, 1 = Gough 1.
1930, 2 = Gough 2.
1931, 1 = Gough 1.
Czochralski, J.
1917, 1: Z. phys. Chem. **92**, 219.   *2.*
1924, 1: Moderne Metallkunde in
   Theorie und Praxis. Berlin: Julius
   Springer.   *2.*
1924, 2: Proc. Int. Congr. Appl.
   Mech. Delft, S. 67.   *170, 201.*
1925, 1: Z. Metallkde. **17**, 1. *12, 201.*

Darwin, C. G.
1922, 1: Phil. Mag. **43**, 800.   *61.*
1926, 1 = Bragg 1 und James.
Davidenkow, B. N.
1931, 1 und W. Bugakow: Metallw.
   10, 1.   *270.*
Dehlinger, U.
1927, 1: Z. Kristallogr. **65**, 615. *14.*
1929, 1: Ann. Phys. **2**, 749. *67, 249.*
1929, 2: Naturwiss. **17**, 545.   *267.*
1931, 1: Z. Metallkde. **23**, 147. *14.*
1931, 2: Metallw. **10**, 26.   *267.*
1933, 1 und F. Gisen: Phys. Z. **34**,
   836.   *39, 41, 57, 61, 114, 116.*
1934, 1 und F. Gisen: Phys. Z. **35**,
   862. *30, 40, 57, 61, 62, 65, 114,*
                   193, 241.

1937, 1: Z. Phys. **105**, 21.   *99.*
1939, 1 und A. Kochendörfer: Z.
    Kristallogr. **101**, 134.   *8, 14, 63,*
                            198, 238, 268.
1939, 2 und A. Kochendörfer: Z.
    Metallkde. **31**, 231.   *8, 14, 63,*
                            198, 238, 268.
1939, 3: Z. Metallkde. **31**, 187.   *10,*
                            40, 213, 242.
1939, 4: Chemische Physik der Me-
    talle und Legierungen. Physik und
    Chemie in Einzeldarstellungen.
    Bd. 3. Leipzig: Akad. Verlagsges.
    56, 58, 99, 106, 115, 127, 131.
1940, 1: Z. Phys. **115**, 625.   *146,*
                194, 242, 262, 267, 277.
1940, 2: Z. Metallkde. **32**, 199.   *262,*
                            273.
1940, 3 und A. Kochendörfer: Z.
    Phys. **116**, 576.   *99, 127.*
1941, 1: Z. Metallkde. **33**, 16.   *195,*
                            200.
1941, 2: Metallw. **20**, 159.   *99.*
1941, 3 und A. Kochendörfer,
    H. Held und E. Lörcher. Mit-
    geteilt auf der Arbeitstagung des
    K.-Wilh.-Inst. für Metallforschung,
    Stuttgart, März 1941. Erscheint in
    Z. Metallkde.   *239.*
Dollins, W.
1935, 1 = Moore 1 und Betty.
Donat, E.
1933, 1 und A. Stierstadt. Ann.
    Phys. **17**, 897.   *2.*
Dörge, F.
1936, 1 = Werkstoffhandbuch Nicht-
    eisenmetalle 1940, 1, Beitrag H. 3.
Döring, W.   [*227.*
1939, 1 = Becker, R. 1.

Eckstein, J.
1939, 1: C. R. Acad. Sci., Paris **208**,
    1098.   *60.*
Eichinger, A.
1940, 1 = Körber 1.
Elam, C. F.
1921, 1 = Carpenter 1.
1923, 1 = Taylor 1.
1925, 1 = Taylor 1.
1926, 1: Proc. roy. Soc., Lond. A **112**,
    289.   *55.*
1927, 1: Proc. roy. Soc., Lond. A **115**,
    133.   *56.*

1927, 2: Proc. roy. Soc., Lond. A **115**,
    148.   *56.*
1927, 3: Proc. roy. Soc., Lond. A **116**,
    694.   *56.*
1935, 1: Distortion of metal crystals.
    Oxford: Clarendon Press.   *I, 1,*
                            5, 18.
1936, 1: Proc. roy. Soc., Lond. A **153**,
    273.   *8, 211, 226.*
Emde, F.
1933, 1 = Jahnke 1.
Enders, W.
1934, 1: Mitt. K.-Wilh.-Inst. Eisenf.
    10, 159.   *245.*
Engelhardt, W.
1940, 1 = Werkstoffhandbuch Nicht-
    eisenmetalle 1. Beitrag D 7. *212.*
Eucken, A.
1938, 1: Lehrbuch der chemischen
    Physik. Bd. 1. Leipzig: Akad. Ver-
    lagsges.   *60.*
Evans, R. C.
1939, 1: Crystal chemistry. Cam-
    bridge: University Press.   *131.*
Ewald, P. P.
1929, 1: Lehrbuch der Physik. Von
    Müller-Pouillet.   11. Aufl.,
    Bd. 1/2. Braunschweig: F. Vie-
    weg & Sohn.   *18, 53, 54.*
1933, 1: Handbuch der Physik.
    2. Aufl., Bd. 23/2. Berlin: Julius
    Springer.   *61.*
1934, 1 und M. Renninger: Pap.
    and Disc. Intern. Conf. on Phys.
    Lond. Bd. 2, S. 57.   *61.*
1936, 1: Naturwiss. **24**, 277.   *I.*
1940, 1: Proc. Phys. Soc. **52**, 167. *61.*
Ewald, W.
1925, 1 und M. Polanyi: Z. Phys.
    31, 139.   *201.*
Ewing, G. A.
1900, 1 und W. Rosenhain: Phil.
    Trans. roy. Soc. Lond. A **193**. *6.*

Fahrenhorst, W.
1931, 1 und E. Schmid: Z. Metall-
    kde. **23**, 323.   *143.*
1932, 1 und E. Schmid: Z. Phys. **78**,
    383.   *8, 211, 226.*
Farren, W. S.
1926, 1 = Taylor 1.
Federn, K.
1939, 1 = Thum 1.

Fiek, G.
1926, 1 = Sachs 2.
Fischvoigt, H.
1925, 1 = Koref 1.
Föppl, L.
1935, 1 und H. Neuber: Festig-
keitslehre mittels Spannungsoptik.
München u. Berlin: R. Oldenbourg.
197.
Föppl, O.
1929, 1 und E. Becker und G. v.
Heydekampf: Die Dauerprüfung
der Werkstoffe. Berlin: Julius
Springer. *253.*
Förster, F.
1941, 1 und K. Stambke: Z. Metallkde. **33**, 97. *252.*
1941, 2 und H. Wetzel: Z. Metallkde. **33**, 115. *198.*
Frenkel, J.
1939, 1 und T. Kontorova: J.
Physics **1**, 137. *68, 97, 98, 99,*
110, 195.
Froiman, A. J.
1933, 1 = Palabin 1.

George, W.
1935, 1: Nature **36**, 392. *1.*
Gerlach, W.
1939, 1 und W. Hartnagel: Sitz.-
Ber. d. Bayr. Akad. d. Wiss., Math.
Naturwiss. Klasse S. 97. *241*
Gisen, F.
1933, 1 = Dehlinger 1.
1934, 1 = Dehlinger 1.
1935, 1: Z. Metallkde. **27**, 256. *3.*
Glocker, R.
1936, 1: Materialprüfung mit Röntgenstrahlen. 2. Aufl. Berlin: Julius
Springer. *3, 203, 204, 206.*
1938, 1: Z. techn. Phys. **19**, 289. *250.*
1938, 2 und G. Kemmnitz: Z. Metallkde. **30**, 1. *271.*
1940, 1 und G. Kemmnitz und
A. Schaal: Arch. Eisenbahnw. **13**,
89. *271.*
1940, 2 und H. Hasenmaier: Z.
VDI **84**, 825. *269, 270.*
1940, 3 = Handbuch der Werkstoffprüfung 1. S. 589. *197.*
1941, 1 und O. Schaaber. Mitgeteilt auf der Arbeitstagung des
K.-Wilh.-Inst. für Metallforschung,
Stuttgart, März 1941. *270.*

Goens, E.
1923, 1 = Grüneisen 1.
Goerens, P.
1913, 1: Ferrum **10**, 226. *240.*
Goetz, A.
1930, 1: Phys. Rev. **35**, 193. *2, 3.*
1930, 2 und M. F. Hasler: Proc. nat.
Acad. Sci., Wash. **15**, 646. *2.*
Göler, F. K. v.
1927, 1 und G. Sachs: Z. Phys. **41**,
103. *53.*
1927, 2 und G. Sachs: Z. techn.
Phys. **8**, 586. *53.*
1927, 3 und G. Sachs: Z. Phys. **41**,
873. *205.*
Gottschalt, P.
1940, 1 = Kersten 1.
Gough, H. J.
1926, 1 und S. J. Wright und
D. Hanson: J. Inst. Met. **36**, 173.
155, 262, 280.
1926, 2: The fatigue of metals. London: E. Benn. *253.*
1928, 1: Proc. roy. Soc., Lond. A **118**,
498. *8, 9, 155, 262.*
1930, 1 und H. L. Cox: Proc. roy.
Soc. Lond. A. **127**, 431. *155, 262.*
1930, 2 und H. L. Cox: Proc. roy.
Soc., Lond. A **127**, 453. *155, 262.*
1931, 1 und H. L. Cox: J. Inst. Met.
45, 71. *6, 155.*
1933, 1: Proc. Amer. Soc. Test. Mater.
33, II. Edg. Marb. Lect. *14.*
1936, 1 und W. A. Wood: Proc. roy.
Soc., Lond. A **154**, 510. *260, 262.*
1938, 1 und W. A. Wood: Proc. roy.
Soc., Lond. A **165**, 358. *260, 262.*
1938, 2 und W. A. Wood: J. Instn.
civ. Engrs. Nr. 5, 249. *260, 262.*
Graf, L.
1931, 1: Z. Phys. **67**, 388. *2.*
Graf, O.
1929, 1: Dauerfestigkeit der Werkstoffe und Konstruktionselemente.
Berlin: Julius Springer. *253.*
Greenland, K. M.
1937, 1: Proc. roy. Soc., Lond. A **163**,
28. *8, 9, 122, 132.*
Gross, R.
1924, 1: Z. Metallkde. **16**, 18. *158.*
1924, 2: Z. Metallkde. **16**, 344. *158.*

Grüneisen, E.
1923, 1 und E. Goens: Phys. Z. **24**, 506. *2.*
Gruschka, G.
1934, 1: VDI-Forsch.-Heft S. 364. *212.*
Guertler, W.
1939, 1: Metalltechnisches Taschenbuch. Leipzig: J. A. Barth. *211, 212.*
Gürtler, G.
1939, 1 und W. Jung-König und E. Schmid: Aluminium **21**, 202. *213, 214.*
1939, 2 und E. Schmid: Z. VDI **83**, 749. *214, 215, 244, 247, 257, 259.*

Haas, W. J. De.
1934, 1 und R. Hatfield: Engineering **137**, 331. *212.*
Haase, O.
1925, 1 und E. Schmid: Z. Phys. **33**, 413. *27.*
Handbuch der Werkstoffprüfung. Hrsg. von E. Siebel. Berlin: Julius Springer.
1939, 1: Bd. 2. Die Prüfung der metallischen Werkstoffe. *203, 208, 212, 258.*
1940, 1: Bd. 1. Allgemeine Grundlagen. Prüf- und Meßeinrichtungen. *203.*
Hanemann, H.
1938, 1 = Bernhardt 1.
1938, 2 = v. Hanffstengel 1.
Hanffstengel, H. v.
1938, 1 und H. Hanemann: Z. Metallkde. **30**, 45. *245.*
Hanson, D.
1926, 1 = Gough 1 und Wright.
Hartnagel, W.
1939, 1 = Gerlach 1.
Hasenmaier, H.
1940, 1 = Glocker 2.
Hasler, M. F.
1930, 1 = Goetz 2.
Hatfield, R.
1934, 1 = de Haas 1.
Hauk, V.
1939, 1 = Bollenrath 2 und Osswald.
Hausser, K. W.
1927, 1 und P. Scholz: Wiss. Veröff. Siemens-Konz. **5**, 144. *2.*

Held, H.
1938, 1: Stuttgarter Diplomarbeit. *34, 148, 149, 150, 153, 154, 157, 169, 170.*
1940, 1: Z. Metallkde. **32**, 201. *4, 139, 140, 141, 142, 145, 202, 266, 275.*
1941, 1 = Dehlinger 3, Kochendörfer und Lörcher.
Hempel, M.
1935, 1 = Körber 1.
1936, 1 und H. E. Tillmanns: Mitt. K.-Wilh.-Inst. Eisenforschg. **18**, 163. *214, 256, 258, 278.*
1936, 2 und H. E. Tillmanns: Arch. Eisenhüttenw. **10**, 395. *256.*
1938, 1 = Möller 1.
1938, 2 = Möller 2.
1938, 3 = Wever 1 und Möller.
1939, 1 und E. Ardelt: Mitt. K.-Wilh.-Inst. Eisenforschg. **21**, 115. *256.*
1939, 2 und E. Ardelt: Arch. Eisenhüttenw. **12**, 553. *256.*
1939, 3 = Wever 1 und Möller.
Herold, W.
1927, 1: Z. VDI **71**, 1029. *262.*
1934, 1: Die Wechselfestigkeit metallischer Werkstoffe. Berlin u. Wien: Julius Springer. *253, 256, 258, 271.*
Heydekampf, G. v.
1929, 1 = Föppl, O. 1 und E. Becker.
Heyn, E.
1921, 1: Festschrift d. Kaiser-Wilh.-Ges., S. 121. *198.*
Houdremont, E.
1939, 1: Techn. Mitt. Krupp, Anhg. S. 1. *271.*
Hoyem, A. G.
1929, 1 und E. P. T. Tyndall: Phys. Rev. **33**, 81. *1.*
Hutchings, P. J.
1935, 1 = Andrade 1.

Jahnke, E.
1933, 1 und E. Emde: Funktionentafeln. Leipzig u. Berlin: B. G. Teubner. *105.*
James, R. W.
1926, 1 = Bragg 1 und Darwin.
1934, 1: Z. Kristallogr. **89**, 295. *61.*

Jost, W.
1937, 1: Diffusion und chemische Reaktion in festen Stoffen. Die chemische Reaktion. Bd. 2. Dresden u. Leipzig: Th. Steinkopff.	58.
Jung-König, W.
1939, 1 = Gürtler, G. 1 und Schmid.

Kapitza, P.
1928, 1: Proc. roy. Soc., Lond. A 119, 358.	2, 3.
Karnop, R.
1927, 1 und G. Sachs: Z. Phys. 41, 116.	26, 55.
1927, 2 und G. Sachs: Z. Phys. 42, 283.	14.
1928, 1 und G. Sachs: Z. Phys. 49, 480.	30, 227, 231.
1929, 1 und G. Sachs: Z. Phys. 53, 605.	155, 156, 185, 186, 187.
Kemmnitz, G.
1938, 1 = Glocker 2.
1939, 1: Z. techn. Phys. 20, 129.	271.
1940, 1 = Glocker 1 und Schaal.
Kersten, M.
1932, 1: Z. Phys. 76, 505.	238.
1933, 1: Z. Phys. 82, 723.	238.
1938, 1: Probleme der technischen Magnetisierungskurve, Vorträge. Hrsg. von R. Becker. S. 51. Berlin: Julius Springer.	198.
1939, 1: Elektrotechn. Z. 60, 498 u. 532.	198.
1940, 1 und P. Gottschalt: Z. techn. Phys. 21, 345.	198.
Kochendörfer, A.
1937, 1: Z. Kristallogr. 97, 263.	2, 3, 6, 10, 12, 23, 24, 31, 32, 34, 43, 44, 45, 48, 51, 84, 90, 139, 175.
1938, 1: Z. Phys. 108, 244.	29, 73, 76, 79, 82, 87, 89.
1938, 2: Z. Metallkde. 30, 174.	10, 43, 47, 68, 71.
1938, 3: Z. Metallkde. 30, 299.	58, 62, 66, 68, 73, 119, 125, 128.
1939, 1: Z. Kristallogr. 101, 149.	14.
1939, 2 = Dehlinger 1.
1939, 3 = Dehlinger 2.
1940, 1 = Dehlinger 3.
1941, 1 = Dehlinger 3, Held und Lörcher.

Komar, A. P.
1936, 1: Z. Kristallogr. 94, 22.	159.
1936, 2: Phys. Z. Sowjet. 9, 97 u. 413.	159.
1936, 3 und M. Mochalov: Phys. Z. Sowjet. 9, 613.	14.
Kommers, J. B.
1927, 1 = Moore 1.
Konobejewski, S.
1932, 1 und J. Mirer: Z. Kristallogr. 81, 69.	158.
Kontorova, T.
1939, 1 = Frenkel 1.
Koref, F.
1925, 1 und H. Fischvoigt: Z. techn. Phys. 6, 296.	3.
1926, 1: Z. techn. Phys. 7, 544. 245.
Körber, F.
1924, 1 und W. Rohland: Mitt. K.-Wilh.-Inst. Eisenforschg. 5, 37. 240.
1935, 1 und M. Hempel: Mitt. K.-Wilh.-Inst. Eisenforschg. 17, 255.	267.
1939, 1 und A. Krisch = Handbuch der Werkstoffprüfung 1, S. 31. 208.
1939, 2: Stahl u. Eisen 59, 618. 250.
1940, 1 und A. Eichinger: Mitt. K.-Wilh.-Inst. Eisenforschg. 22, 57.	VI.
Kornfeld, M.
1936, 1: Phys. Z. Sowjet. 10, 605.	35, 36, 41, 116.
Krainer, H.
1935, 1: Meßtechn. Heft 3.	248.
1939, 1: Z. Metallkde. 31, 239. 248.
1939, 2 = Schmidt, M. 1.
Krisch, A.
1938, 1 = Pomp 1.
1939, 1 = Körber 1.
Kuntze, W.
1930, 1 und G. Sachs. Metallw. 9, 85.	240.
Kyropoulos, S.
1926, 1: Z. angew. Chem. 154, 308. 2.

Laschkarew, W.
1931, 1 und A. Alichanian: Z. Kristallogr. 80, 353.	14.
Lea, F. C.
1924, 1 und H. P. Budgen: Eng. 118, 500 u. 532.	214.
Lennard-Jonnes, J. E.
1940, 1: Proc. phys. Soc. 52, 38.	62.

Leonhardt, J.
1925, 1: Z. Kristallogr. **61**, 100. *158.*
Liempt, J. A. M. van.
1935, 1: Z. Phys. **96**, 534. *28.*
Löhberg, K.
1939, 1 = Barbier 1.
Lörcher, E.
1939, 1: Unveröffentlichte Versuche
unter Mitwirkung von U. Dehlinger und A. Kochendörfer. *34,*
148, 150, 153, 154, 157, 200.
1941, 1 = Dehlinger 3, Kochendörfer und Held.
Louwerse, P. C.
1931, 1 = Burgers, W. G. 1.
Love, A. E. H.
1907, 1 und A. Timpe: Lehrbuch
der Elastizität. Leipzig u. Berlin:
B. G. Teubner. *197.*
Ludwik, P.
1923, 1: Z. Metallkde. **15**, 68. *262.*
1929, 1 und R. Scheu: Metallw. **8**, 1.
262.
Mahnke, D.
1934, 1: Z. Phys. **90**, 177. *129.*
Mark, H.
1922, 1 und M. Polanyi und E.
Schmid: Z. Phys. **12**, 58. *4, 5, 11.*
1926, 1: Die Verwendung der Röntgenstrahlen in Chemie und Technik. Leipzig: J. A. Barth. *3.*
Martin, G.
1939, 1 = Möller 1.
Masima, M.
1928, 1 und G. Sachs: Z. Phys. **50**,
161. *56.*
Masing, G.
1924, 1: Wiss. Veröff. Siemens-Konz.
3, 231. *237.*
1924, 2 und M. Polanyi: Ergebn.
exakt. Naturw. **2**, 223. *201.*
1925, 1 und W. Mauksch: Wiss.
Veröff. Siemens-Konz. **4**, 74. *226,*
239.
1925, 2: Z. techn. Phys. **6**, 569. *226,*
237, 239.
1939, 1: Z. Metallkde. **31**, 235 u. 366.
121.
Mauksch, W.
1925, 1 = Masing 1.
Mehl, R. F.
1933, 1 = Smith 1.
1937, 1 = Barret 1 und Ansel.

Mesmer, G.
1939, 1: Spannungsoptik. Berlin:
Julius Springer. *197.*
Mirer, J.
1932, 1 = Konobejewski 1.
Mises, R. v.
1928, 1: Z. angew. Math. Mech. **8**,
161. *V.*
Mochalov, M.
1936, 1 = Komar 3.
Möller, H.
1935, 1 und J. Barbers: Mitt. K.-
Wilh.-Inst. Eisenforschg. **17**, 157.
239, 269.
1938, 1 und M. Hempel: Mitt. K.-
Wilh.-Inst. Eisenforschg. **20**, 15.
260.
1938, 2 und M. Hempel: Mitt. K.-
Wilh.-Inst. Eisenforschg. **20**, 229.
260.
1938, 3 = Wever 1 und Hempel.
1939, 1 und G. Martin: Mitt. K.-
Wilh.-Inst. Eisenforschg. **21**, 261.
250.
1939, 2: Mitt. K.-Wilh.-Inst. Eisenforschg. **21**, 295. *197, 250.*
1939, 3: Arch. Eisenhüttenw. **13**, 59.
250.
1939, 4 = Wever 1 und Hempel.
Moore, H. F.
1927, 1 und J. B. Kommers. The
fatigue of metals. New York u.
London: Mc. Grew Hill. *253.*
1935, 1 und B. Betty und W. Dollins: Univ. Illionis Eng. Exp. Stat.
Bull. Nr. 272. *245.*
Mott, N. F.
1940, 1 und F. R. N. Nabarro: Proc.
Phys. Soc. **52**, 86. *131.*
Mügge, O.
1898, 1: N. Jahrb. f. Min. **1**, 155. *11.*
Müller, H. G.
1939, 1: Z. Metallkde. **31**, 161. *241.*
Müller-Stock, H.
1938, 1: Mitt. Kohle- u. Eisenforschg.
2, 83. *258.*

Nabarro, F. R. N.
1940, 1 = Mott 1.
Nádai, A.
1927, 1: Der bildsame Zustand der
Werkstoffe. Berlin: Julius Springer. *VI.*

Neuber, H.
1935, 1 = Föppl, L. 1.
1937, 1: Kerbspannungslehre. Berlin: Julius Springer. *64, 271.*

Obinata, J.
1933, 1 und E. Schmid: Z. Phys. **82**, 224. *26.*
Obreimow, J.
1924, 1 und L. W. Schubnikoff: Z. Phys. **25**, 31. *2.*
Orowan, E.
1934, 1: Z. Phys. **89**, 605. *47, 48, 50, 59, 75, 76.*
1935, 1: Z. Phys. **97**, 573. *47, 48, 50, 59, 75.*
1936, 1: Z. Phys. **98**, 382. *82.*
1936, 2: Z. Phys. **102**, 112. *77.*
1939, 1: Proc. roy. Soc., Lond. A **171**, 79. *263, 273.*
Oschatz, H.
1936, 1: Z. VDI **80**, 48. *253.*
Osswald, E.
1933, 1: Z. Phys. **83**, 55. *3, 26, 41.*
1939, 1 = Bollenrath 1.
1939, 2 = Bollenrath 2 und Hauk.
1940, 1 = Bollenrath 1.
Ott, H.
1928, 1: Handbuch d. Exper.-Phys. Bd. 7/2. Leipzig: Akad. Verlagsges. *3.*

Palabin, P. A.
1933, 1 und A. J. Froimann: Z. Kristallogr. **85**, 322. *3.*
Peierls, R.
1940, 1: Proc. Phys. Soc. **52**, 34. *68, 71, 110.*
Persoz, L.
1937, 1 = Cazaud 1.
Pester, F.
1932, 1: Z. Metallkde. **24**, 67 u. 115. *212.*
Pohl, R.
1932, 1: Elektrotechn. Z. **53**, 1099. *254.*
Polanyi, M.
1921, 1: Z. Phys. **7**, 323. *56.*
1922, 1 = Mark 1 und Schmid.
1924, 1 und E. Schmid: Z. techn. Phys. **5**, 580. *216.*
1924, 2 = Masing 2.
1925, 1: Z. Kristallogr. **61**, 49. *11, 194, 195.*

1925, 2 und E. Schmid: Z. Phys. **32**, 684. *7, 8, 138.*
1925, 3 = Ewald, W. 1.
1929, 1 und E. Schmid: Naturwiss. **17**, 301. *48, 56.*
1931, 1 = Beck 1.
1931, 2 = Beck 2.
1934, 1: Z. Phys. **89**, 660. *67, 68, 71.*
Pomp, A.
1928, 1 = Siebel, E. 1.
1931, 1 und B. Zapp: Mitt. K.-Wilh.-Inst. Eisenforschg. **15**, 21. *267.*
1938, 1 und A. Krisch: Mitt. K.-Wilh.-Inst. Eisenforschg. **20**, 247. *213, 215.*
Poppy, W. J.
1934, 1: Phys. Rev. **46**, 815. *1.*
Prandtl, L.
1928, 1: Z. angew. Math. Mech. **8**, 85. *67.*

Renninger, M.
1934, 1: Z. Kristallogr. **89**, 344. *61, 62.*
1934, 2 = Ewald, P. P. 1.
1938, 1 und R. Brill: Ergebn. d. techn. Röntgenkde. Bd. 4. Leipzig: Akad. Verlagsges. *61.*
Rinne, F.
1915, 1: Ber. d. Sächs. Akad. d. Wiss. Math.-Phys. Kl. **17**, 223. *158.*
Robertson, J. M.
1939, 1 = Carpenter 1.
Rohland, W.
1924, 1 = Körber 1.
Rohn, W.
1932, 1: Z. Metallkde. **24**, 127. *245.*
Röhrig, H.
1936, 1 = Werkstoffhandbuch Nichteisenmetalle 1940, 1, Beitrag G 3. *212.*
Rosbaud, P.
1925, 1 und E. Schmid: Z. Phys. **32**, 197. *30.*
Roscoe, R.
1936, 1: Phil. Mag. **21**, 399. *31, 32, 43, 79, 80, 81, 88, 129, 138.*
1937, 1 = Andrade 2.
Rosenhain, W.
1900, 1 = Ewing 1.
Russel, R. S.
1936, 1: Austral. Inst. of Min. and Petr. N. S. Nr. 101. *245.*

Sachs, G.
1925, 1 und E. Schiebold: Z. VDI
69, 1557. *205.*
1925, 2 und E. Schiebold: Naturwiss. **13**, 964. *221.*
1926, 1: Z. Metallkde. **18**, 209. *201.*
1926, 2 und G. Fiek: Der Zugversuch. Leipzig: Akad. Verlagsges.
203.
1926, 3 = Schiebold 1.
1927, 1 und H. Shoji: Z. Phys. **45**,
776. *201, 202.*
1927, 2 = v. Göler 1.
1927, 3 = v. Göler 2.
1927, 4 = v. Göler 3.
1927, 5 = Karnop 1.
1927, 6 = Karnop 2.
1928, 1: Z. VDI **72**, 734. *210, 223,*
243, 280.
1928, 2 = Karnop 1.
1928, 3 = Masima 1.
1929, 1 = Karnop 1.
1930, 1: Handbuch d. Exp.-Phys.
Bd. 5/1, S. 70. Leipzig: Akad. Verlagsges. *1, 203.*
1930, 2 und J. Weerts: Z. Phys. **62**,
473. *26.*
1930, 3 = Kuntze 1.
1931, 1 und J. Weerts: Z. Phys. **67**,
507. *30.*
1932, 1 = Caglioti 1.
1934, 1: Praktische Metallkunde Bd. 2,
Spanlose Verformung. Berlin:
Julius Springer. *203.*
1937, 1: Handbuch der Metallphysik.
Hrsg. von G. Masing. Bd. 3.
Leipzig: Akad. Verlagsges. *197.*

Schaaber, O.
1941, 1 = Glocker 1.

Schaal, A.
1940, 1: Z. techn. Phys. **21**, 1. *271.*
1940, 2 = Glocker 1 und Kemm-
nitz.

Scheu, R.
1929, 1 = Ludwik 1.

Schiebold, E.
1925, 1 = Sachs 1.
1925, 2 = Sachs 2.
1926, 1 und G. Sachs: Z. Kristallogr. **63**, 34. *4.*
1931, 1 und G. Siebel: Z. Phys. **69**,
458. *4.*

Schiedt, E.
1938, 1 = Bollenrath 1.

Schmid, E. (Stuttgart).
1935, 1: Z. Kristallogr. **91**, 95. *4.*

Schmid, E. (Frankfurt a. M.).
1922, 1 = Mark 1 und Polanyi.
1924, 1: Proc. Intern. Congr. Appl.
Mech. Delft, S. 342. *25.*
1924, 2 = Polanyi 1.
1925, 1 = Haase 1.
1925, 2 = Polanyi 2.
1925, 3 = Rosbaud 1.
1926, 1: Z. Phys. **40**, 54. *26, 169.*
1928, 1: Z. Metallkde. **20**, 69. *143.*
1929, 1 = Boas 1.
1929, 2 = Polanyi 1.
1930, 1: Verh. d. 3. Intern. Kongr. f.
Techn. Mech., Stockholm. Bd. 2,
S. 249. *29.*
1930, 2 = Boas 1.
1931, 1 und G. Wassermann:
Handbuch d. physikal. u. techn.
Mech. Bd. 4/2, S. 319. Leipzig:
J. A. Barth. *203.*
1931, 2 und G. Wassermann:
Z. Metallkde. **23**, 242. *245.*
1931, 3 und G. Siebel: Z. Elektro-
chem. **37**, 447. *26.*
1931, 4 = Boas 1.
1931, 5 = Boas 2.
1931, 6 = Boas 3.
1931, 7 = Fahrenhorst 1.
1932, 1 = Fahrenhorst 1.
1933, 1 = Obinata 1.
1934, 1 und G. Siebel: Metallw. **13**,
765. *30.*
1934, 2: Pap. and Disc. Intern. Conf.
on Physics Lond. *131.*
1935, 1 und W. Boas: Kristallplastizität. Struktur und Eigenschaften der Materie. Bd. 17. Berlin: Julius Springer. *I, V, 1,*
2, 3, 5, 6, 11, 18, 19, 23, 26, 28,
54, 56, 64, 126, 136, 203, 245.
1936, 1 = Boas 1.
1939, 1: Metallw. **18**, 524. *237, 245.*
1939, 2: Z. Metallkde. **31**, 125. *237.*
1939, 3 = Gürtler, G. 1 und Jung-
König.
1939, 4 = Gürtler, G. 2.

Schmid, W. E.
1929, 1 = Wever 1.
1930, 1 = Wever 1.

Schmidt, M.
  1939, 1 und H. Krainer: Mitt. staatl. techn. Versuchsanst. Wien **24**, 5. *248.*
Scholz, P.
  1927, 1 = Hausser 1.
Shoji, H.
  1927, 1 = Sachs 1.
Schubnikoff, L. W.
  1924, 1 = Obreimow 1.
Schwinning, W.
  1934, 1 und E. Strobel: Z. Metallkde. **26**, 1. *212.*
Seith, W.
  1939, 1: Diffusion in Metallen. Reine und angew. Metallkde. in Einzeldarstellgn. Hrsg. von W. Köster. Bd. 3. Berlin: Julius Springer. *58.*
Siebel, E.
  1923, 1 und M. Ulrich: Z. VDI **76**, 659. *214, 215, 243.*
  1928, 1 und A. Pomp: Mitt. K.-Wilh.-Inst. Eisenforschg. **10**, 63. *209.*
  1932, 1: Die Formgebung im bildsamen Zustand. Düsseldorf. Stahleisen. *VI.*
  1940, 1 und K. Wellinger: Z. VDI **84**, 57. *252.*
Siebel, G.
  1931, 1 = Schiebold 1.
  1931, 2 = Schmid 3.
  1934, 1 = Schmid 1.
Smekal, A.
  1931, 1: Handbuch d. physikal. und techn. Mech. Bd. 4/2. Leipzig: J. A. Barth. *V, 1, 56, 59, 126.*
  1933, 1: Handbuch der Physik Bd. 24/2. Berlin: Julius Springer. *V, 1, 56, 59, 126.*
  1935, 1: Z. Phys. **93**, 166. *6, 9, 25, 129, 132.*
Smith, D. W.
  1933, 1 und R. F. Mehl: Metals & Alloys **4**, 31. *3.*
Smith, J. H.
  1910, 1: Iron Steel Inst. **82**, 246. *254.*
Späth, W.
  1934, 1: Theorie und Praxis der Schwingungsprüfmaschinen. Berlin: Julius Springer. *253.*
  1938, 1: Physik der mechanischen Werkstoffprüfung. Berlin: Julius Springer. *207, 208, 209.*

Stambke, K.
  1941, 1 = Förster 1.
Stepanow, A. W.
  1934, 1: Phys. Z. Sowjet. **6**, 312. *19.*
Stierstadt, A.
  1933, 1 = Donat 1.
Straumanis, M.
  1932, 1: Z. phys. Chem. Abt. B **19**, 63. *3.*
  1932, 2: Z. Kristallogr. **83**, 29. *7, 8.*
Strobel, E.
  1934, 1 = Schwinning 1.

Tammann, G.
  1923, 1: Lehrbuch der Metallographie. 3. Aufl. Leipzig: L. Voss. *2.*
  1932, 1: Lehrbuch der Metallkunde. 4. Aufl. Leipzig: L. Voss. *2, 126.*
Tapsel, H. C.
  1927, 1 und W. J. Clenshaw: Dep. of Scient. and Industr. Res., Eng. Res., Spec. Rep. Nr. 1 u. 2. Lond. *214.*
Taylor, G. J.
  1923, 1 und C. F. Elam: Proc. roy. Soc., Lond. A **102**, 643. *5, 176.*
  1925, 1 und C. F. Elam: Proc. roy. Soc., Lond. A **108**, 28. *55, 176.*
  1926, 1 und W. S. Farren: Proc. roy. Soc., Lond. A **111**, 529. *10.*
  1927, 1: Proc. roy. Soc., Lond. A **116**, 16. *10, 53, 55.*
  1927, 2: Proc. roy. Soc., Lond. A **116**, 39. *10, 12, 53, 55.*
  1928, 1: Proc. roy. Soc., Lond. A **118**, 1. *8.*
  1928, 2: Trans. Faraday Soc. **24**, 121. *14.*
  1934, 1: Proc. roy. Soc., Lond. A **14**, 362. *62, 67, 69, 71, 99, 120, 123.*
  1934, 2: Z. Kristallogr. **89**, 375. *67, 69, 71, 99, 120, 123.*
  1938, 1: J. Inst. Met. **62**, 307. *218, 219, 221, 230, 232, 234, 285.*
Thomassen, L.
  1933, 1 und J. E. Wilson: Phys. Rev. **43**, 763. *134.*
Thum, A.
  1939, 1 und K. Federn: Spannungszustand und Bruchausbildung. Berlin: Julius Springer. *197.*
  1939, 2 = Handbuch der Werkstoffprüfung 1, S. 175. *258.*

Tillmanns, H. E.
  1936, 1 = Hempel 1.
  1936, 2 = Hempel 2.
Timpe, A.
  1907, 1 = Love 1.
Trillat, J. J.
  1930, 1 Les Applications des ray-
  ons X. Paris Univers. Press.   3.
Tsien, L. C.
  1937, 1 und Y. S. Chow: Proc. roy.
  Soc., Lond. A 163, 19.   3.
Tyndall, E. P. T.
  1929, 1 = Hoyem 1.

Ulrich, M.
  1923, 1 = Siebel, E. 1.
Urbach, F.
  1929, 1 = Blank 1.

Voigt, W.
  1874, 1: Dissertation Königsberg. 202.
  1919, 1: Ann. Phys. 60, 638.   59.
Volmer, M.
  1939, 1: Kinetik der Phasenbildung.
  Die chemische Reaktion. Bd. 4.
  Dresden u. Leipzig: Th. Steinkopff.   2.

Wassermann, G.
  1931, 1 = Schmid 1.
  1931, 2 = Schmid 2.
  1939, 1: Texturen metallischer Werkstoffe. Berlin: Julius Springer. 203.
Webster, W. L.
  1933, 1: Proc. roy. Soc., Lond. A 140,
  653.   2.
Weerts, J.
  1928, 1: Z. techn. Phys. 9, 126.   4.
  1929, 1: Forsch.-Arb. VDI-Heft 323.
  1930, 1 = Sachs 2.   [50.
  1931, 1 = Sachs 1.
Wellinger, K.
  1940, 1 = Siebel, E. 1.
Werkstoffhandbuch.
  1937, 1: Stahl und Eisen. 2. Aufl.
  Hrsg. vom Ver. Dtsch. Eisenhüttenleute. Düsseldorf: Stahleisen. 211.
  1940, 1: Nichteisenmetalle.   Hrsg.
  von der Deutschen Gesellschaft für

Metallkunde im Verein Deutscher
  Ingenieure.   Berlin: VDI-Verlag
  1936—1940.   211, 212, 227.
Wever, F.
  1924, 1: Z. Phys. 28, 69.   205.
  1929, 1 und W. E. Schmid: Mitt.
  K.-Wilh.-Inst.   Eisenforschg. 11,
  109.   221.
  1930, 1 und W. E. Schmid: Z. Metallkde. 22, 133.   221.
  1938, 1 und M. Hempel und H. Möller: Arch. Eisenhüttenw. 11, 315.
       260.
  1939, 1 und M. Hempel und H. Möller: Stahl u. Eisen 59, 29. 260, 268.
Wetzel, H.
  1941, 1 = Förster 2.
Wiberg, O. A.
  1930, 1: Trans. Tokyo Sect. Meet.
  World Power Conf. 3, 1129.   214.
Widmann, H.
  1927, 1: Z. Phys. 45, 200.   249.
Wilson, J. E.
  1933, 1 = Thomassen 1.
Wolbank, F.
  1939, 1: Z. Metallkde. 31, 249. 237.
Wolff, H.
  1935, 1: Z. Phys. 93, 147.   9, 129.
Wood, W. A.
  1936, 1 = Gough 1.
  1938, 1 = Gough 1.
  1928, 2 = Gough 2.
Wright, S. J.
  1926, 1 = Gough 1 und Hanson.

Yamaguchi, K.
  1928, 1: Sci. Pap. Inst. Phys. Chem.
  Res. Tokyo 8, 289.   136.
  1929, 1: Sci. Pap. Inst. Phys. Chem.
  Res. Tokyo 11, 151 u. 223.   14.

Zapp, B.
  1931, 1 = Pomp 1.
Zeitschrift für Kristallographie.
  1934, 1: 89, 193.   57, 62.
  1936, 1: 93, 161.   57.
Zwicky, F.
  1923, 1: Phys. Z. 24, 131.   56.

Sachverzeichnis.